普通高等学校"十四五"规划环境科学与工程系列教材

资源环境规划教程

ZIYUAN HUANJING GUIHUA JIAOCHENG

主 编　邬红娟　李　森　孙　辰　黄　浩
　　　　王　训　王　孟

参 编　何芷妍　吴洪川　毕梦云　彭媛媛
　　　　顾　湘　张　琪　陈　柳　汤建建
　　　　徐　盼　张　怡　陈　舟　梁佳仪
　　　　吕赟婷

华中科技大学出版社
http://press.hust.edu.cn
中国·武汉

内 容 简 介

本书主要介绍了资源环境规划的理论、类型和基本内容、技术和方法、环境要素(包括水生态环境、大气环境、国土空间和固体废物)等方面的内容,并结合当前的资源环境问题剖析了资源环境规划与管理的意义、方法及实现资源环境可持续发展的途径。

本书可作为综合性大学、师范院校、农林院校等资源环境类相关专业本(专)科生、研究生的教材,也可作为有关管理部门的培训资料和科技工作者的参考用书。

图书在版编目(CIP)数据

资源环境规划教程／邬红娟等主编. -- 武汉:华中科技大学出版社,2024.9. -- ISBN 978-7-5772-1119-0

Ⅰ. X37

中国国家版本馆 CIP 数据核字第 202444LU38 号

资源环境规划教程
Ziyuan Huanjing Guihua Jiaocheng

邬红娟 李 森 孙 辰
黄 浩 王 训 王 盂   主编

策划编辑:王汉江
责任编辑:刘艳花
封面设计:潘 群
责任校对:李 琴
责任监印:周治超
出版发行:华中科技大学出版社(中国·武汉)　　电话:(027)81321913
　　　　　武汉市东湖新技术开发区华工科技园　　邮编:430223
录　　排:武汉楚海文化传播有限公司
印　　刷:武汉市洪林印务有限公司
开　　本:787mm×1092mm　1/16
印　　张:21.75
字　　数:502 千字
印　　次:2024 年 9 月第 1 版第 1 次印刷
定　　价:59.80 元

随着 20 世纪工业化进程的加速推进,人类社会取得了前所未有的经济发展成就,但与此同时,资源趋于枯竭,生态环境问题日益凸显。正是在这种背景下,资源环境规划应运而生,作为一门促进社会经济发展与生态环境和谐共生的新型交叉学科,它为保护生态环境、提升人类社会可持续发展能力提供了科学方案。资源环境规划是环境学科的重要分支学科之一,它深度融合了环境科学、系统科学、规划学、预测学、社会学、经济学以及现代信息技术等学科的理论与方法,其核心目标是通过科学、合理的方法,研究和制定出兼顾生态环境保护与社会经济发展的长远策略与实施方案。资源环境规划关注的核心问题是如何在保障经济社会发展需求的同时,最大限度地保护和提高环境质量,实现可持续发展。随着人类对社会经济系统与自然生态系统认识水平的逐步提高,环境规划的理论和技术方法也在不断更新,在理论和实践上都丰富和发展了资源环境规划。因此,资源环境规划是一门综合性、交叉性和应用性很强的学科,在解决实际环境问题、制定环境政策、指导环境管理等方面发挥着重要作用,已成为我国乃至全球环境保护事业的重要支撑。

资源环境规划产生于 20 世纪 60 年代末,经过五十多年的发展,它作为协调人类、环境和发展的规划越来越引起各国政府和管理部门的重视,并在城市环境规划、区域环境规划、流域环境规划、生态保护规划等具体实践中得到了广泛应用。进入 21 世纪以来,资源环境规划的发展与实践呈现出鲜明的时代特征,主要表现在:一是跨学科融合趋势日益明显,随着环境问题越来越复杂化和多样化,资源环境规划不断吸收其他学科的理论和方法,形成了跨学科的研究体系,同时,环境经济学、生态经济学等新兴学科理论不断融入环境规划框架,使得规划过程更加关注经济效益与环境效益的双重优化,大大提升了环境规划的精准化和科学化水平;二是注重实证研究和实践应用,资源环境规划强调理论联系实际,通过大量的实地调查、案例分析等手段,系统地总结出一系列适用于不同地区、不同环境问题的规划策略和方法,这些研究成果为政策制定者提供了有益的参考,也为资源环境规划实践提供了科学依据;三是公众参与和宣传教育日益普及,资源环境规划强调公众参与,认为环境保护是全社会共同的责任,环境规划过程中公众参与的重要性日益增强,从传统的政府主导的模式逐渐转向多元主体共同参与决策的新模式。

当前我国正在加快建立以发展规划为统领,以空间规划为基础,以专项规划、区域规划为支撑,由国家、省、市、县各级规划共同组成,定位准确、边界清晰、功能互补、统一衔接的"三级四类"国家规划体系。在新的历史时期,环境规划学的定位与目标更加清晰,它不仅是国家发展规划体系中的战略性、基础性和约束性要素的角色,更是我国生态文明建设的重要科技支撑。资源环境规划的发展为资源环境规划提供了理论基础、方法指导和技术支持。资源环境规划侧重于自然资源的有效管理和利用,以及环境保护措施的具体实施,以实现资源的合理利用、环境保护和可持续发展等目标。资源环境规划通常会涉及对自然资源的开发、利用、保护,以及对生态环境要素的改善和保护等方面的具体安排和措施。当前,资源环境规划应当紧密围绕国家生态文明建设的战略目标,将绿色低碳发展理念贯穿于国民经济和社会发展的全过程和各领域,在引导绿色发展、优化资源配置、保障生态安全、应对气候变化、促进区域协调发展等方面发挥积极作用。

本书除介绍了资源环境规划的理论基础、技术方法和相关实践案例外,还增加了新时代资源环境规划的新思想和新理念,增加了规划成果文本和图集的规范要求等内容,使本书的可读性和实践性更强。根据上述背景,本书可作为综合性大学、师范院校、农林院校等资源环境类相关专业本(专)科生、研究生的教材,也可作为有关管理部门的培训资料和科技工作者的参考用书。

本书是集体智慧的结晶。全书由邬红娟、孙辰、王孟策划设计。第一章由邬红娟、孙辰编写,第二、三、五章由邬红娟、李森编写,第四章由邬红娟、李森、黄浩编写,第六、七章由黄浩编写,第八章由王训编写。全书由邬红娟、李森、孙辰、黄浩、王训、王孟主编,邬红娟、李森、黄浩和王训修改定稿。何芷妍、吴洪川、毕梦云、彭媛媛、顾湘、张琪、陈柳、汤建建、徐盼、张怡、陈舟、梁佳仪、吕赟婷等为本书编排、资料整理、校对做了大量工作。本书编写组全体成员为本书的编写和出版付出了辛勤的劳动,在此一并表示感谢。

尽管编者试图将最新的研究成果纳入教材,但由于资源环境规划涉及的学科领域广泛,加之编者水平有限,书中难免存在不足和错误之处,希望广大读者给予批评、指正。

编　者

2024 年 6 月

CONTENTS

目录

第一章

绪 论

用中长期规划指导经济社会发展是我们党治国理政的一个重要方式,也是中国特色社会主义发展模式的关键体现。为实现社会主义现代化强国的奋斗目标,科学制定和切实执行国家发展规划,在规划时间段内引导资源配置、规范市场行为,有助于保持国家战略的连续稳定,确保规划蓝图的全面实施。改革开放特别是党的十八大以来,国家发展规划对创新和完善宏观调控的作用明显增强,对推进国家治理体系和治理能力现代化的作用日益显现。

资源环境规划是人类为未来能够达到资源利用和环境保护目标,预先调控人类自身活动,减少资源浪费,预防、减缓生态破坏和环境污染,以实现资源利用和环境保护目标的重要手段。它不仅是国家环境理念的具体体现,是实现资源环境目标管理的科学基础,也是国民经济和社会发展规划的重要组成部分,是国家重大发展战略的保障。资源环境规划的科学编制和有效实施有利于协调人与自然、经济与环境之间的关系,对实现可持续发展具有重要的意义。

第一节 资源环境及其规划的定义

一、资源的概念

资源最初来源于经济学,作为人类生产活动的物质基础被提出。马克思曾指出,土地和劳动力是形成财富的两个原始要素,是一切财富的源泉。其中土地指代自然资源,劳动力代表社会经济资源。因此,资源必须由两个部分组成:自然资源和以劳动力为代表的社会经济资源。

一般来说,资源主要是指自然资源。《辞海》中资源的定义是天然存在的自然物,如生物资源、土地资源、水利资源和海洋资源,是生产的原料来源和布局的场所,不包括人为加工制造的原料。《不列颠百科全书》将资源定义为人类可以利用的自然生成物以及生成这些成分的环境功能。前者包括土地、水、大气、矿物、岩石及其群聚体,如草地、森林、矿产和海洋,后者指太阳能、生态系统的环境功能、地球生物化学循环的功能等。联合国环境规划署将资源解释为一定的时间、地点条件下能够产生经济价值及提高人类福利的自然环境因素和条件的总和。资源对人类的生存与发展而言,是对人类生产和生活有用的材料,这些材料包括人为的创造物和天然的形成物,前者包括一切社会、经济、技术、信息和劳动力等,后者包括土地、水、生物、空气等自然物。从这个意义上讲,一切对人类生产和生活有用的物质要素和社会经济要素都是资源的范畴。

但自然界中存在的自然事物和人类创造物是否能被人类利用并为人类带来财富,取决于技术水平、经济条件和人类的需求。古代的洪水、野兽没有给古人带来财富,相反,洪水往往摧毁了人们的家园,野兽伤害了人们。随着科学技术的进步,人类可以将野兽变成观赏动物,驯化成家畜、药用成分,或作为遗传库和生态系统的重要组成部分,成为人类的资源;在发电或干旱期间积累洪水并将其用于灌溉,建立水库等水利设施。随着人类社会的发展,特别是近年来经济的快速增长,新技术的不断出现和人类需求的日益增长,人类已经将原始的自然景观或古人的遗骸(或遗产)变成了一个精神旅游的地方,使其成为旅游资源。自然或人造的东西是否可以用作资源,对人类的生产和生活来说不是绝对的,而是取决于科学、技术和经济水平以及人类的需求,这些需求随着时间的推移而变化。简而言之,自然物质是客观存在的,在人类社会的发展过程中,自然物质逐渐被认为是有价值的,人类也创造了实现其价值的技术,使其成为人类社会的财富来源。

资源是指在特定的技术和经济条件下能够满足人类生产和生活需要的物质和非物质要素。资源是动态和相对的,与人类的需求和能力密切相关,是一个随着社会生产力、科学技术水平和人类需求变化而变化的历史概念。随着社会的发展和科学技术的进步,资源的内涵和外延不断深化和扩大,资源科学研究将日益发展壮大,逐渐成为人类文明和社会可持续发展的重要基石。

二、环境的概念

环境通常指地球环境,被定义为人类生存所必需的多种物质条件的总和。环境相对于一个中心事物(主体)而言,包括一切超出中心事物范围的客观事物。

生物学家将环境定义为所有生物生存所需的所有外部条件,环境科学专注于人类所处的环境。所谓人类环境是指自然现象与人体主体的总和,包括空气、水、生物、土壤、岩石、矿物和太阳辐射等自然环境元素,通常指的是自然环境,即所谓的环境。自然环境对人类的影响至关重要,是人类生存、生活和生产所必需的自然条件和资源。

人类在开发、利用、干扰和改造自然环境过程中创造的与原始环境不同的新环境称为人工环境,如农田、水库、林场、草原、城市等。自然的开发、利用、干扰和改造活动是人类最基本、最主要的生产和消费活动,它们是人类与自然环境之间物质、能量和信息不断交流的过程。资源是从自然环境中提取出来的,直到以"三废"的形式返回自然环境,这已成为影响自然环境和人类监测活动的重要因素和制约因素。

从广义上讲,人类生存所依赖的环境还应包括社会和文化环境,社会和文化环境是指在自然环境的基础上,借助科学、技术和社会组织形成的环境。社会和文化环境是经过长期的社会劳动、物质生产和文化积累创造的环境,包括社会、经济体系和文化现象。环境科学的研究范围通常涉及自然环境,也包括经过人工改造的环境和建筑设施。环境科学所研究的环境一般是指自然环境,也包括经过人工改造过的环境和建造的设施等。《中华人民共和国环境保护法》定义的环境是"影响人类生存和发展的各种天然的和经过人工改造的自然因素的总体,包括大气、水、海洋、土地、矿藏、森林、草原、野生生物、自然遗迹、自然保护区、风景名胜区、城市和乡村等",是与人类关系最为密切而必须加以保护的那部分环境。

三、环境与资源的关系

资源与环境均是以人类为主体,客观存在于人类周围的物质世界的组成部分。两者的主要联系及区别体现在以下几个方面。

(1)从构成要素上看,构成资源与环境的基础要素是空气、水、土地和生物,这四种基础要素也是人类生活的首要条件,资源与环境两者间存在内在的联系。

(2)从功能上看,不同自然要素的集结构成了地形、地貌、气候、水文、植被和生态系统等。人类在生产或生活中利用这些要素,从中获取所需的物质和能量,即资源。环境除了包括由这些要素组成的自然环境外,还包括社会环境。

(3)资源和环境都具有"有限性",资源的有限性表现在它的量的方面,环境的有限性表现在它的承载力和容量上。

(4)资源的形成取决于一定的地质和地理的历史演化,非再生性资源无法人为地制造,而部分再生性资源可以被改造,自然环境的形成主要取决于地球表层的地理分布,改造的环境是由人的作用形成的。

(5)资源和环境都具有一定的价值,有可交易性。某些资源不足的国家和地区,可以向资源相对富裕的国家和地区购买资源,资源的可交易性表现在物的空间转移上。环境的价值表现在"质"和空间位置上,环境的可交易性表现在物质存在空间所有权和支配权的"易"主上,如领土、领空和领海等环境都是可交易的。

四、资源环境规划的定义

美国学者 Donald M 认为环境规划是合理安排环境以实现特定目标的过程。英国学者 Edington 等人认为环境规划是意在平衡和协调人类对环境开发的利益追求。陈传康认为,资源与环境规划通过环境监测和调查数据来评估环境质量,以了解环境的破坏和污染,制定改善环境的措施是环境规划的主要内容。刘天齐认为环境规划是时间和空间环境安排的决策。王华东等认为,环境规划是研究、评估和预测经济发展对城市、地区或流域区域环境变化的战略安排。根据生态原则,提出调整产业结构,将生产布局作为环境保护、改造和塑造环境的主要内容。

资源环境规划是在保障社会经济发展对资源需求的基础上,有效保护和合理利用资源、维护生态环境,根据资源特性、开发情况和生态环境现状,对资源的勘测、利用和生态环境保护做出总体安排及布局,以满足国家或地区发展的需求。

第二节 资源环境规划的意义

资源环境规划的重要性体现在协调环境与经济社会可持续发展。在遵循经济和生态规律的基础上进行资源与环境规划,可以提供合理的环境保护规划,实现经济、社会和环境效益的统一。其特点包括综合性、整体性和地域性,同时具备明确的目的性和目标性,以及可行性。资源与环境规划是任何环境项目建设的前提和保证,它的重要性体现在它贯穿于任何环境保护项目的实施过程中,为项目建设提供了系统的路线,在保证项目经济效益的同时保证了环境保护。

环境规划必须考虑两个方面:一个方面,必须根据环境需要限制人类的经济和社会活动,建立合理的生产规模、产业结构和设计,采用环境友好的技术和工艺;另一个方面,根据经济社会发展和人民生活水平提高的需要,制定长期环境保护和建设规划,设定长期环境质量目标,促进自然保护和生态建设。这两个方面相互反馈和作用,不断提高经济发展中保护环境的能力,消除造成环境破坏的贫困根源,同时通过保护和改善环境来保障人类自身的健康和经济的可持续发展。

资源环境规划是科学、合理的决策活动,其设计应符合技术发展状况和经济发展水平,摒弃盲目性和主观随意性。

资源环境规划是实施环境目标管理的基础,体现了国家环境保护政策和战略,是国民经济和社会发展规划的重要组成部分。它是协调人类与环境、经济与环境关系的重要手段,确保环境的持续改善和人类经济的可持续发展。

第三节 资源环境规划的基本特征和原则

一、基本特征

资源环境规划以一定空间范围、一定时期自然生态环境为主要规划对象,兼具整体性、区域性、综合性、动态性、政策性、信息密集性、可操作性、目标性和科学性等基本特征。

1. 整体性

一定空间范围内的生态环境要素和环境规划的各部分之间构成既相对独立又相互联系的整体。各个要素有其独立性和运行规律,但又相互联系和相互作用,形成完整的系统。因此编制环境规划时需要用整体的观念研究规划对象和考虑问题,研究各要素之间的相互关系,兼顾各要素的变化和影响。

2. 区域性

区域性是指区域的异质性,即不同地区的自然、地理、经济和社会的特异性,环境问题的地域特征显著,因此环境规划必须因地制宜,根据不同地区、不同环境、不同经济社会发展状况、不同意识形态等情况,认真研究不同规划区域社会经济发展的方向、规模和速度,确定合适的环境目标,提出合理的控制措施,达到环境保护的预期目标。

3. 综合性

资源环境规划综合性体现在规划对象和规划理论的综合性上。规划对象是经济社会自然复合生态系统,因此不仅要了解自然生态环境特征和规律,还要了解社会经济等因素对资源环境的影响,要综合运用人类生态学、生态经济学、环境经济学、环境法学、环境工程学、系统工程学、环境化学以及环境物理学等自然科学和社会科学多学科知识、理论和技术进行环境资源规划。

4. 动态性

资源环境规划是一段时期人类对资源环境保护活动的安排,资源环境社会经济及其影响因素会随着时间变化而发生变化,基于一定条件制订的资源环境规划,要考虑和预计到这些变化。

5. 政策性

资源环境规划必须在国家发展战略指导下,及国家主体功能区规划基础的国土空间规划约束下展开,因此其与国家、地方、行业的法律法规和政策制度密切相关,涉及人口能源结构、投资方向、发展战略、工业布局、重大项目建设等多个方面。作为资源环境规划者必须熟悉掌握和灵活运用最新国家、地方的法律法规、条例制度、办法标准等。

6. 信息密集性

由于规划具有整体性、综合性、动态性和政策性等特征,因此取得正确和完整的数据和资料是资源环境规划有效性和可操作性的重要保障。

7. 可操作性

环境规划必须做到总体目标可行,易于分步实施,方案具有弹性,措施得到落实,与现行管理制度相结合,充分利用科技进步,与经济社会规划密切结合,具有经济、法律、制度和科学技术的保障,才能使资源环境规划得到落实。

8. 目标性和科学性

环境规划是为实现一定的目标而制定的,因此环境规划必须提出明确的环境要求,还要做到目标有预见性、长期性、宏观指导性、相对稳定性、全面性和可分解性。为实现环境规划与经济社会协调发展的目标,必须利用最新科技成果进行科学规划、科学决策,使科学技术成为促进科学规划的有力武器。

二、资源环境规划的指导思想与原则

(一)指导思想

资源环境规划编制要以习近平新时代中国特色社会主义思想为指导,紧紧围绕建设社会主义现代化强国的宏伟目标,坚持以人民为中心的发展思想,把新发展理念贯穿经济社会发展各领域的全过程,按照高质量发展要求,紧紧围绕全面推进"五位一体"总体布局以及协调推进"四个全面"战略布局,使规划更好体现时代特色,更好贯彻国家发展战略要求;坚持目标导向与问题导向统一,坚持基于国家和全球视野的总体规划,坚持全面规划,突出重点,坚持战略与可操作性相结合;注意虚拟与现实、实用与有效的结合,同时强调战略导向作用,强调约束力和可操作性,使规划易于检查和评估。

(二)规划原则

1. 经济、城乡和环境建设同步的原则

第二次全国环境保护会议上提出了中国环境保护工作坚持经济建设、城乡建设和环境建设同步规划、同步实施、同步发展,实现经济效益、社会效益和环境效益统一的基本方针。资源与环境规划作为国民经济和社会发展规划的重要组成部分,必须以国民经济和社会发展战略为指导,兼顾人口、资源、发展与环境的关系,实现经济与环境的协调发展。这标志着中国的发展战略正在从过去强调经济发展、忽视环境保护的战略思想转变为环境与经济社会可持续协调发展的战略思想。

2. 遵循经济发展规律、符合国民经济计划的原则

环境和经济是相互依存和相互制约的;经济发展消耗环境资源、排放污染物,从而造成环境问题。保护自然生态环境和防治污染所需的资金、技术、人力资源和能源支持又受到经济发展水平和国力的限制。因此,环境问题也是一个经济问题,环境规划必须符合经济法和国民经济计划的要求。

3. 遵循生态规律、因地制宜的原则

不同区域的自然环境结构和自然资源具有差异,人类对自然环境的利用方式也不同,引起的环境问题也各不相同。因此,环境规划需要因地制宜,充分考虑自然环境的结构和自然资源的特点,遵循生态规律,避免造成过度开发的恶性循环。环境规划必须基于环境功能的要求,适当、合理地使用,减少防治污染的经济投资需求,遵循增加经济效益、社会效益和环境效益的原则,促进生态系统的良性循环,并使有限的财政资源效益最大化。

4. 坚持预防为主、防治结合的原则

环境规划的基本目标之一是"在问题发生之前预防问题"。在环境污染和生态破坏之前,必须消除和预防,环境保护的最终目的是减少对环境的损害和损失。同时,鉴于我国环境污染和生态破坏具有环境保护债务过多的特点,环境新账户不能再举债,环境损害旧账户必须逐步积极偿还。因此,《中华人民共和国环境保护法》要求环境规划以预防为主,预防与控制相结合,这也是编制资源与环境规划的重要原则。

5. 系统考虑原则

环境规划对象是一个综合体,使用系统论方法进行环境规划更为实用,只有将环境规划视为一个系统,并与大系统的其他部分建立广泛联系和协调关系,即采用系统的观点进行调控,才能实现保护和改善环境质量的目标。

6. 坚持依靠科技进步的原则

积极采用适宜规模、先进经济治理技术,大力发展清洁生产和推广"三废"综合利用,将污染消灭在生产过程中,是环境规划的基本要求。同时,环境规划必须借助科技的力量,寻求支持系统,包括数据收集、统计、处理和信息整理等。

7. 强化管理的原则

经过多年的探索,我国环境保护工作形成了一条具有中国特色的环境保护思路,其核心是强化环境管理,运用法律、经济和行政制度的手段保证和促进环境保护事业的发展。因此,在规划方案中要充分体现环境管理的作用和内容,使规划目标得以实现并提供可持续保障。

第四节　资源环境规划及在国家规划体系中的作用和地位

一、资源环境规划在国家规划体系中的作用和地位

以计划引领经济社会发展是中国特色社会主义发展模式的体现,是党执政的重要途径。科学制定和有效实施国家发展计划,明确规划期间的战略部署和具体安排,指导公共资源配置方向,规范市场主体行为,有利于保持国家战略的连续性和稳定性,确保计划的完成。改革开放以来,国家发展计划在创新和改善宏观调控方面的作用明显增强,在促进国家治理体系现代化和治理能力建设方面的作用日益明显。《关于统一规划体系更好发挥国家发展规划战略导向作用的意见》指出,加快统一规划制度建设,必须建立发展规划与财政、金融的政策协调机制,更好地发挥国家发展规划的战略指导作用。

随着我国社会经济的快速发展,区域发展不平衡问题日益突出,资源和环境压力逐渐加大。要解决这些问题,必须从国家战略高度合理规划国土空间,优化资源配置,促进经济、社会和环境的协调发展。

国家发展计划是在规划期间逐步实施和组织社会主义现代化战略的计划,目的是明确国家战略意图,明确政府工作的优先事项,指导市场主体的行为。这是经济和社会发展的宏伟计划,是全国各族人民的共同行动纲领,是政府履行经济监管、市场监管、社会管理、公共服务和生态环境保护职能的重要基础。国家发展计划是国务院根据中国共产党中央关于制定国家经济和社会发展五年计划的建议制定的,经全国人民代表大会审查批准,在规划体系中处于首位,是其规划水平和类型的总指南。

国家专项规划是管理特定地区发展、确定重大工程项目、合理配置公共资源、管理社会资本投资和制定相关政策的重要依据。国家一级的区域规划是管理具体区域发展和制定相关政策的重要基础。国家空间规划的重点是物资管理和结构优化,是实施土地利用控制、生态保护和恢复的重要基础。

国家级专项规划、区域规划、空间规划应在国家发展规划的基础上编制。国家级专项规划必须完善国家发展规划中所设想的战略目标,由国务院有关部门编制,其中国家级重点专项规划必须提交国务院批准。国家区域规划必须加强执行国家发展规划提出的战略任务,该规划同样由国务院有关部门编制并报国务院批准。国家空间规划必须完善国家发展计划中提出的国土空间开发和保护要求的执行情况,该规划由国务院有关部门编制,并提交国务院批准。如果国家级专项规划、区域规划和空间规划的规划期不一致,则应根据同期国家发展规划的战略安排,及时调整规划目标和任务。

1. 统一规划体系,形成规划合力

规划体系的构建要坚持下位规划服从上位规划、下级规划服务上级规划、等位规划相互协调的原则,建立以国家发展规划为统领,以空间规划为基础,以专项规划、区域规划为支撑,由国家、省、市县各级规划共同组成,具有定位准确、边界清晰、功能互补、统一衔接特点的国家规划体系。

2. 强化国家发展规划的统领作用

从国家发展规划的战略、宏观和政治层面,重点关注与国家长期发展相关的关键战略,包括跨部门、跨行业、跨具有全球影响的区域项目,将党的主张转化为国家意志,并为不同的规划体系实施国家发展战略提供指导。通过协调重大战略和措施,充分发挥国家发展规划的地理和时间安排功能,明确地理战略格局、物理结构优化方向和生产力布局安排,为国家层面的空间规划留下接口。科学选择需要集中精力突破的关键领域,开发或保护关键领域,以此作为制定国家指定规划清单、区域规划年度批准方案和相关工作的基础。

3. 强化空间规划的基础作用

国家级空间规划应该侧重空间开发强度管控和主要控制线实施,全面了解和分析国

家区域的基本条件,划定城市、农业、生态空间、生态保护红线、永久基本农业用地和城市发展边界,并以此为平台协调各种物理控制措施,整合形成"多规合一"的空间规划。强化国家层面空间规划在空间开发和保护领域的基础和平台功能,为实施国家发展规划确定的重要战略任务提供地理保障,并对其他规划提出的基础设施、城市建设、资源能源、环境保护等发展和保护活动提供指导和限制。

4. 强化专项规划和区域规划的支撑作用

原则上,国家级专项规划仅限于与国民经济和社会整体发展有关并要求国家发挥作用的市场失灵领域。其中,国家级重点专项规划应严格限于编制目录清单内,与国家发展规划同步部署、同步研究、同步编制。国家级专项规划应该侧重国家发展计划中提出的特定领域的关键任务,制定详细的实施时间表和路线图,提高针对性和效率。

国家主体功能区规划是国家层面的空间规划,旨在根据不同地区的资源环境承载能力、现有开发密度和发展潜力,将国土空间划分为优化开发、重点开发、限制开发和禁止开发四类主体功能区,并明确其各自的功能定位和发展方向,以构建有效、协调和可持续的国土空间开发格局。规划实施是深入贯彻和落实科学发展观的重要战略举措,推动建立人口、经济、资源、环境协调发展的国家空间发展模式,加快转变经济发展体制,促进经济长期、平稳、较快发展及社会和谐、稳定发展,对实现全面建成小康社会和建设社会主义现代化的长远目标,具有重要的战略意义。

资源环境规划是国家规划体系中的区域和专项规划,是在国家发展战略规划、主体功能区规划、国土空间规划等的基础和约束下的规划,是实现国家大政方针的支撑,包括生态环境综合规划和生态环境专项规划,如流域和区域环境保护规划、大气污染控制规划、水污染控制规划、土壤环境保护规划、固体废物处置和管理规划、噪声控制规划和环境质量达标规划等(见图 1-1)。

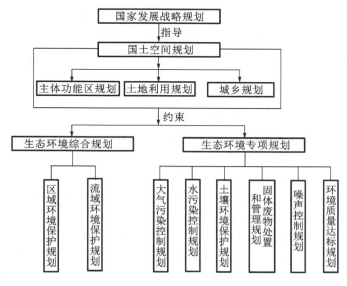

图 1-1 资源环境规划在国家规划体系中的地位

二、环境规划与其他规划的关系

环境是经济和社会发展的根本基石和支持框架,与这两者存在密不可分的互动关系。因此,环境规划不仅与其他各类规划项目相互关联,而且展现出明显的特异性,具备独有的领域内容和结构体系。

1. 环境规划与国民经济和社会发展规划

国民经济和社会发展规划是一个国家或地区(省)在较长历史时期内经济和社会发展的总体方案,包括经济和社会发展总体目标、任务、政策、重要发展阶段、战略实施和重要政策措施。环境规划是其中的重要组成部分,包括预防和控制环境污染以及维护生态平衡。

环境规划作为国民经济和社会规划体系的重要组成部分,是具体环境规划的综合名称,涵盖多个层次、多个调度内容。因此,编制和融合国民经济与社会发展规划显得十分必要。环境规划的目标要与国民经济和社会的发展目标保持一致,这是实现宏观发展目标的重要指标之一。诸如重点环境污染控制项目和环境建设项目等在环境规划中指定的主要任务应被纳入国民经济和社会发展的规划之中,确保它们能同步执行,并保障资金的平衡供给。

环境规划对于国民经济和社会发展规划目标的实现发挥着关键的补充作用,成为实现这些目标的重要先决条件之一。环境规划与国民经济和社会发展规划之间的紧密联系体现在四个主要方面:一是与人口和经济有关的方面,涉及人口密集度、整体素质、经济体量以及生产技术的水准;二是对产能和产业结构的规划设计,这些规划直接对环境产生影响;三是由经济增长特别是工业活动所引起的污染问题,这一直是环境保护工作的核心焦点;四是国民经济为环境保护提供的资金支持,它是完成环境保护目标的决定性因素。

通过将环境规划融入国民经济和社会发展规划中,可以从环境的视角合理制定人口控制和经济发展策略,推动生产力架构和产业结构的合理化布局。以防治为主,将污染控制与技术革新、设备更新和工艺创新结合,以实现环境的可持续性与经济发展的和谐统一。

2. 环境规划与城市总体规划

城市环境规划是城市总体规划的重要组成部分,是城市建设中独立的规划组成部分。它以城市总体规划为基础,是指目标与城市总体规划目标相协调的城市总体规划,包括城市总体规划的综合平衡和纳入。由于人类与城市环境之间存在明显的冲突,城市总体规划必须包含城市环境保护的重要内容。

城市总体规划的目标是通过合理利用城市土地、协调城市空间规划和各种建设,确定城市发展的性质、程度和方向,实现城市经济社会发展的目标。城市总体规划侧重通过城市规划实现经济和社会发展目标,环境保护和建设是城市总体规划的重要方面。

城市环境规划与城市规划的主要区别在于,城市环境规划主要致力于保护人这一生产力第一要素的健康,目的是维护或创造一个清洁、美丽、宁静、适合生存的城市环境。

城市规划与环境规划的相互关系主要包括三个方面:城市人口与经济、城市生产力和产业结构、城市基础设施。城市人口的生产规模和水平以及城市经济决定了城市的环境保护要求,而经济实力决定了可能的环境保护投资水平。城市生产力和产业结构定义了环境规划的功能分区类别和污染控制对象。城市基础设施是城市环境规划的重要内容和主要实施措施。

城市环境规划的设计和实施可以促进城市建设的发展,确保城市功能更好地发挥,保护城市的特色和居民的健康,引导城市建设走上健康发展的道路。

环境规划、国民经济和社会发展规划、城市总体规划相互关联,形成一个相互交叉、相互渗透的体系。

三、环境规划体系

环境规划是以环境保护和建设为主要目的和内容的规划,根据其时空边界和功能,包括环境战略规划、国家环境修复规划、中长期环境规划(俗称环境规划)等,构成了一个完整的环境规划体系。

制定环境战略规划的目的是明确长期的环境目标,制定环境保护政策,同时指导所有其他类型环境规划的制定,并确定环境规划的总体方向、任务和主要内容。

土地和环境改善规划是国家规划的重要组成部分,在全面协调和平衡环境保护与经济发展的关系、扩大环境保护面积、推动环境规划纳入国民经济和社会发展规划等方面发挥着重要作用。国家土壤环境修复规划将环境污染防治、生态保护和资源改善与合理利用结合,宏观提出目标任务和重大工程项目,为国家或地区(省)环境决策提供依据。

环境规划是以污染控制为主要内容的中长期环境保护规划,主要目的是指导编制五年和短期规划。

四、资源环境规划的层次结构

资源环境规划按照其制定与管理的隶属关系,分为国家级、省市级、地市级,按照从部门到行业的不同层次,形成了多个层次的结构体系。

不同层次的资源环境规划之间的关系是,上一级的规划是下一级规划的基础和综合。上一级的规划是下一级规划的指导和约束。下一级规划是上一级规划的状态和分解,这是其有机组成部分和实施基础。上、下两级规划既有区别,又紧密联系,因此在制定规划时,必须上下衔接,左右协调,实现全面平衡,实现整体优化。

第五节 资源环境规划的发展历程和趋势

一、资源环境规划的发展历程

(一)国外环境规划发展简述

20 世纪 60 年代,英国作为首个开始将环境问题纳入经济规划考虑范围的国家,开创了环境规划研究,是环境领域一个重要的里程碑。在后面10～20年里,由于环境污染的增加,环境规划逐渐引起了多个国家的关注。20世纪70年代早期,日本对包括福井、近畿、周方潭和鹿岛在内的多个工业区进行了环境规划分析。这些研究不仅设定了年度目标,还预测了开发活动对环境的潜在影响,并对拟议中的工程项目开展了环境影响评估。与此同时,美国在其多个州成立了环境规划委员会,致力于环境规划研究,以实现法规中规定的大气环境目标。同期,苏联也启动了对环境规划的系统性和协调性研究,它的原则不仅基于社会发展规划,而且着力于将环境规划与经济发展规划结合,并将这一规划并入国民经济发展中。

西方国家因其经济的快速发展而在环境规划研究领域取得了相对先进的进展,在20世纪70年代末,国外该领域已经发展到研究阶段。日本在此期间还发布了《区域环境管理规划编制手册》,明确区域环境规划的基本概念为在经济发展与公平分配的同时进行中长期的供需调整。手册将环境规划分类为四种:综合性、指导性、污染控制以及具体环境目标,进一步完善了日本的环境规划体系。日本体现出的环境规划特点包括:①强调人类健康的重要性超过经济发展;②重视对重金属污染、二氧化硫、多氯联苯和氮氧化物等造成严重公害的物质的控制。标准化成为规划的核心工具,包括环境质量标准和排放标准,主要作为控制污染的政策手段。同一时期,美国在环境规划研究中积极推进环境预测和优化计划的制定,主要通过模型预测方法来预测环境质量的动态变化,并基于此制定应对措施。此外,美国还将能源研究作为环境规划研究的基础,并在1980年向总统提交了一份关于“2000年世界”的环境问题研究报告。1987年,世界环境与发展委员会在其报告《我们共同的未来》中首次提出了可持续发展的概念。1992年,在巴西里约热内卢举行的联合国环境与发展会议进一步促进了环境规划研究的发展。此后,各国增加了对环境规划的投资并实施了相关法规,积极探索多样化的环境规划方法,为该领域的科学和技术发展提供了支持。

进入21世纪后,科学技术的发展使许多新技术方法应用于环境规划研究。对区域环境规划的深入研究、各种新理论的提出以及可持续发展理念的深化,使环境规划研究达到了前所未有的水平。

(二)我国环境规划发展历程

环境保护工作涉及的领域和因素较多,是最需要进行统一规划的,环境保护规划一直是政府的主要职能。1984年,国务院环境保护委员会的职责包括研究审定环境保护方针和政策、提出规划要求,领导和组织协调我国的环境保护工作。1988年,国家环保局独立成立,以加强全国环境保护的规划和监督管理。2008年,国家机构改革方案决定组建生态环境部,负责拟订、组织实施环境保护规划、政策和标准,编制和实施环境功能区划是其首要职能。

我国环境规划的制定是随着环境保护工作的开展而发展的,从时间上大致可划分为5个阶段,分别是起步阶段、探索阶段、发展阶段、提高阶段和深化阶段。由于受计划经济体制的影响,2000年以前的环境保护规划一般称为“环境保护计划”。

1. 起步阶段(1973—1985年)

1973年8月,国务院召开了第一次全国环境保护工作会议,审议通过了“全面规划、合理布局、综合利用、化害为利、依靠群众、大家动手、保护环境、造福人民"的环境保护"32字方针"和第一个国家环境保护文件《关于保护和改善环境的若干规定》。"32字方针"的第一个方针就是"全面规划",这表明自中国环境保护工作开始以来,规划工作就受到了重视。按照原国家计划委员会《关于拟定十年规划的通知》,国务院于1975年5月制定了第一个十年环境规划(1976—1985年)。该计划的总体目标是在五年内控制环境污染,并在十年内基本解决。这一时期的规划目标反映了当时国家对环境污染进行控制及治理的决心。然而,由于不了解环境污染的复杂性,长期的生产和环境污染控制挑战在这个时候还没有体现。总的来说,此时的环境保护计划属于污染控制计划。

"五五"(1976—1980年)计划:起步编制国家第一个环境保护规划。作为我国第一个环境保护规划,其内涵、重要性、方法论、环境规划与管理等方面的认识都不充分。环境保护规划的编制仍处于想做而不知如何去做的起步阶段。这一时期的具体环境保护目标是:大中型工矿企业和严重污染危险企业必须做好"三废"治理,并按照国家环境标准排放。第一次环保工作会议确定的18个重点环保城市的工业废水和生活污水已按国家标准处理排放;黄河、淮河、松花江、漓江、白洋淀、官厅水库、渤海等水系和主要港口的污染得到控制,水质有所改善。

"六五"(1981—1985年)计划:首次纳入国民经济和社会发展规划。国家环境保护计划是国家经济和社会发展计划的独立组成部分。同时提出了特别指标,可以被视为环境保护规划的正式开始。环境保护规划在某些地区和部门已经成为研究课题,并且取得了有价值的成果。此外,环境影响评价和环境容量研究作为环境保护规划的重要依据在国内广泛开展。

这一时期环境保护措施和目标是:项目必须提交环境影响报告书,该报告书只有在经过环境保护部门和其他部门的审查和批准后,项目才能进行设计;新建建设项目的污染防治设施应该与主体工程同时设计、同时建设、同时实施。分阶段、分批解决老企业的污染防治问题,按照国家有关规定和标准排放"三废"。控制长江、黄河、渤海、黄海、松花江、淮河等主要河段和港口水质恶化趋势,保护城市主要饮用水源和漓江、滇池、西湖、太湖等风景名胜区的水质。

"六五"期间,全国工业污染治理成绩显著,城市环境恶化的趋势有所控制。但是,国家"六五"环保计划并没有正式的独立文本。

2. 探索阶段(1986—1990年)

第七个五年计划(1986—1990年):环境保护规划编制工作全面完成。在此期间,环境保护规划工作是在国民经济和社会发展第七个五年计划的背景下进行的,并作为独立文件公布和实施。《环境保护第七个五年计划》的主要目标、基本任务和一些可量化指标作为独立的一章列入《中华人民共和国国民经济和社会发展第七个五年计划》(1986—1990年)。

国家环境保护"七五"规划的实施,基本实现了规划确定的主要目标和基本任务,污染防治工作取得显著成效。在此期间,各国进行了环境研究、评估、预测和规划,表明了城市发展与工业污染防治工作的重要性,不同地区和行业应将环境保护目标作为目标,关注经济区、城市地区和城市企业中出现的新环境问题,强调环境管理系统在环境保护计划中的重要作用。国家确定了51个重点环境保护城市,并提供了19个城市污染控制、环境保护和相关规划指标。

3. 发展阶段(1991—1995 年)

第八个五年计划(1991—1995 年)的重点是环境保护和经济社会协调发展。自 1989 年以来,环境保护第八个五年计划的编制准备工作已全面完成。在分析国情的基础上,以全面定量控制为技术路线,并将其纳入国民经济和社会发展计划以作为支持和保障手段,环境保护"八五"规划在科学和操作两个方面都取得了一些进展,规划的编制有一个共同的国家技术纲要,内容不仅涉及宏观层面的环境污染物总量控制规划,还涉及环境质量保护的污染控制规划。环境保护指标被纳入国民经济和社会发展计划,这在环境保护五年计划中尚属首次。从区域分布来看,国家环境保护计划的主要指标除国家规划外,还分为省、自治区和直辖市。在此期间,环境保护计划已从单一的污染控制转向污染防治。

"八五"期间,《国家环境保护规划》的实施在防止工业污染和大幅度改善城市环境方面取得了显著成效,自然保护区建设取得了重大进展。在此期间,环境保护规划的方法和技术规范得到了进一步完善,一些研究单位开发了复杂的环境污染控制规划模型和方法。首次制定了全国环境保护规划联合纲要,大大提高了规划的科学性,为进一步全面纳入国民经济和社会发展规划创造了有利条件。

4. 提高阶段(1996—2005 年)

国务院首次批准了第九个五年计划(1996—2000 年)。在此期间,环境保护目标开始独立纳入国民经济和社会发展计划,并强调可持续发展。国家明确了"经济建设、城乡建设和环境建设同步规划、同步实施、同步发展"的战略方针,要求各级政府和有关部门制定环境保护规划。1996 年 7 月,第四次全国环境保护工作会议在北京召开。同年 9 月,政府批准了《国家环境保护"九五"计划和 2010 年远景目标》。这标志着政府批准并实施了国家环境保护五年计划。该计划提出了实现"一控两标"、突破中心水域污染防治的任务,并启动了《"九五"期间全国主要污染物排放总量控制计划》和《中国跨世纪绿色工程规划》。根据"九五"规划,国家已将"三江三湖"和"两个控制区"确定为污染防治重点区域,并首次启动了水污染防治相关计划。

第十个五年计划(2001—2005 年)强调预防污染和保护环境。根据国民经济和社会发展规划的指导,国家环境保护规划"十五"坚持环境保护和可持续发展战略的基本国策,强调污染防治和生态保护相平衡的原则。目标是改善环境质量,确保环境安全,保护人民身体健康,以水域和区域环境区划为分类指导。同时,制定实施了《"十五"中国主要污染物排放总量控制退役方案》,明确了污染物总量控制的六项主要指标,并将总体控制目标细化到不同地区。国家环境保护目标、重点任务和政策被列入第十个国民经济和社会发展五年计划中。尽管一些规划目标未完全实现,但在环境保护方面取得了积极作用。这为后续的环境保护"十一五"规划提供了有益的经验。

同时,在"十五"期间进行了国家生态环境研究。五年计划"贯彻落实中央和国家政府关于国家生态功能区的要求",加强生态环境保护,省、自治区、直辖市的生态功能区划分工作暂时完成。随着区域经济发展战略的实施,重点地区的环境保护规划取得了重大进展。例如《珠江三角洲区域环境保护规划》和《广东省环境综合保护规划》获得了广东省人民代表大会批准实施,《长江三角洲和京津冀规划》的编制工作在二级区划分类和指标体系的基础上,进一步细分了 2813 个二级水功能区,为水环境保护提供了重要依据。

5. 深化阶段(2006 年至今)

第十一个五年计划(2006—2010 年)旨在促进环境保护方面的历史性变革。规划期间,中国经济社会发展规划发生了重大变化,从传统的 GDP 增长和资产负债表总体规划转向更加强调区域协调发展、实体布局和发展质量的规划。关于环境保护,中央认为这是落实科学发展观、转变经济发展方式、推进生态文明建设的重要内容。这一时期的主要特点是将污染物总体控制指标作为国民经济和社会发展的限制指标(COD 和 SO_2 排放总量减少 10%),并将减少污染作为环境保护的主要任务。中共中央政治局常委、国务院常务委员会委员首次听取专题报告。五年环境保护计划所需的国家环境保护投资已基本落实,环境保护计划的评估和实施已提上议事日程,环境保护已逐步成为各级政府的中心工作。

国家环境保护五年规划以落实科学发展观和加快历史变革为指导,与全面推进、重大突破的战略方针一致,重点解决危害人民健康、影响经济社会可持续发展的突出环境问题,把污染防治作为环境保护工作的最高优先事项。国家将"十一五"环境保护规划的主要指标划分为地方和相关部门量化评估,确保规划运行,明确实施的主要工程项目和资金渠道,加强环境监测能力建设。环境保护"十一五"规划的主要目标、指标、重点任务、政策措施和重点工程项目纳入国民经济和社会发展第十一个五年规划纲要。特别是首次将控制污染物总量的主要指标——二氧化硫和化学需氧量作为约束性指标纳入国民经济和社会发展五年计划。国家环境保护第十一个五年规划是迄今为止实施情况最好的五年规划,环境保护的 11 项目标和重大任务已完全实现。

在"十一五"期间,完成了国家生态环境功能区的划分并宣布实施。在"十五"时期形成的国家生态环境功能区划初稿的基础上,经过"十一五"时期十多次专家论证,国家生态环境功能区于 2008 年由环境保护部和中国科学院联合发布实施。在国家"十一五"规划纲要中,明确要求优先保护和适度开发 22 个重要生态功能区。

"十二五"规划(2011—2015 年):积极探索将环境保护转化为环境质量和风险。与以往的环境保护五年规划相比,国家环境保护"十二五"规划的制定体现了"保护与保护相平衡"的战略思想,体现了通过环境保护优化经济发展的历史定位和国家环境保护重大战略任务的总体规划。在规划指导方面,紧紧围绕科学发展主题,加快转变经济发展方式,努力提高生态文明水平,切实解决影响科学发展、危害人民健康的突出环境问题。总体而言,"十二五"规划推动环境保护发生历史性变化,积极探索实现廉价、有益、低排放和可持续环境保护的新途径,加快建设资源节约型和环境友好型社会。在规划和制定机制方面,更加强调"开放式规划"和加强对负责基础研究和初步研究的实体公开选择。开展网上民意调查和问卷调查,对不同地区的规划制定进行研究和讨论,广泛听取不同行业和领域的专家和研究人员的意见和建议。关于规划内容,提出了四项战略任务——深化主要污染物排放综合削减,改善环境质量,防范环境风险,确保城乡环境保护基本公共服务的平衡。

国家"十二五"环境保护规划的日常标准指标是在"十一五"指标执行情况、现有环境质量、未来经济社会发展和人口环境保护要求的基础上确定的,遵循简化和限制的原则,突出目标地区和行业的差异。关于污染物的总体减排指标,除了化学耗氧量和二氧化硫总排放量这两个限制性指标外,还增加了铵态氮和氮氧化物总排放量两个指标,并相应增加了减排间隔。在环境质量指标方面,地表水环境质量指标和城市空气质量指标分别为 11 项。但是,指标的范围和评价方法得到了进一步改进。必须指出的是,环境保护的目标和指标是在 12 个方面提出的。五年计划为追求成果和健康做出了重大努力。

"十三五"规划(2016—2020 年):落实生态环境保护工作,促进绿色发展,改善人民生活。以改善环境质量为核心,实施最严格的环境保护制度,打好大气、水、土壤污染防治三大攻坚战,加强生态保护和恢复,严格控制生态环境风险,加快国家生态环境管理体系和管理能力现代化。加强源头治理,完善环境标准和技术政策体系,淘汰高污染、高环境风险的工艺、设备和产品,节约开发资源,循环利用关键技术及环境管理与回收成套技术,加快发展节能环保产业。实施大气、水和土壤污染防治行动计划,主要目标是改善环境质量,实施重点区域、重点水域和重点行业排放总量控制,加快实施一批重大生态环境保护工程。促进重点区域和生态系统的保护和恢复,构建生物多样性保护网络。加强对重金属、危险废物、有毒有害化学品等风险的全过程管控。

(三)资源规划的发展历程

我国规划评估工作起步较晚。从国家的角度来看,国家发展和改革委员会于 2003 年组织了一次国家"十五"中期审查"五年计划",然后是"十一五"中期评估。在 2016 年,已经形成了中期评估、年度监测评估和总结评估的基本实施体系,评估工作的组织模式越来越丰富,程序不断完善,方法逐渐多样化。

总体而言,当前的理论和实践研究主要从评价要素入手,探讨开展评价工作的关键内容和基本方法,特别是如何选择合适的评价主体、理顺评价关系、审视评价指标体系结构、广泛应用多样化的评价方法和强调评价结果的应用。然而,基于规划和评估的系统总结研究的比例仍然相对较小,评估机制的总体框架设计仍然有点粗糙,缺乏对工作的全面介绍。如何有计划、有步骤地组织和开展定期评估工作,仍需细化并落实到具体的工作内容中,为相关评估工作的科学、有效实施提供思路,进一步促进评估实施的相对独立性、过程的规范性和结果的科学性。

在中国特色社会主义发展模式中,计划引领经济社会发展扮演着重要角色,是党治国理政的关键手段,也是取得显著成就的根本原因。国家统一规划体系不断完善,以适应中国特色社会主义制度的发展需求。在"十五"之前,五年规划体系存在管理缺失,导致各类规划"单打独斗"。自"十一五"时期以来,实施了"三级三类"发展规划管理体系和多规划体系,共同塑造了中国的发展格局。《中共中央 国务院关于统一规划体系更好发挥国家发展规划战略导向作用的意见》(以下简称"44 号文")的颁布,意味着建立了以发展规划为引领、以空间规划为基础、以具体规划和区域规划为支撑的三级四类联合规划体系。

自然资源规划作为规划体系的重要组成部分,其发展与自然资源管理体制改革紧密相连,并呈现出一定的发展趋势。"七五"期间及以前,国家要求有关部门编制产业规划,主要以规划的形式,包括生产计划、基本建设计划、物资分配计划等内容。1998 年,国土资源部成立,首次实现了自然资源协调由"分"向"联"的转变。随着自然资源协调管理和市场经济体系的逐步完善,自然资源领域的规划体系已经开始发展,各种自然要素和专业企业已经开始制定各个领域的专业规划。"十三五"期间,自然资源部组建,在自然资源领域制定了多达 46 项计划。其中,只有 4 个实物计划和 7 个专项计划获得政府批准。

自然资源领域规划主要包括综合事业发展规划、空间规划、专项业务领域规划、自然资源单要素规划,如图 1-2 所示。

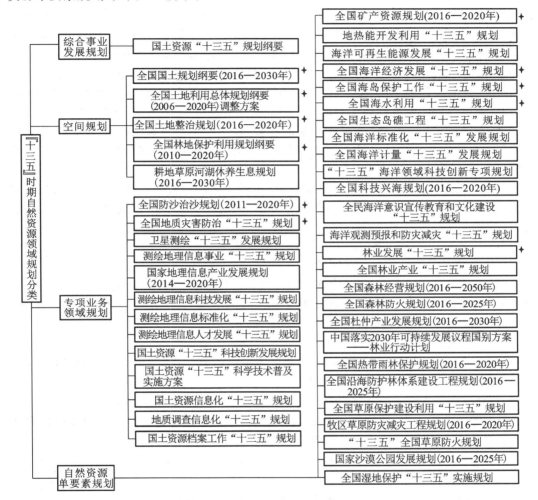

图 1-2　"十三五"时期自然资源领域规划分类

总体来看,自然资源领域规划在支撑社会经济快速发展、促进自然资源和国土空间的合理利用及有效保护方面发挥了积极作用。

二、资源环境规划的发展趋势

在 2023 年 12 月 27 日发布的《中共中央　国务院关于全面推进美丽中国建设的意见》指出,建设美丽中国是全面建设社会主义现代化国家的重要目标,是实现中华民族伟大复兴中国梦的重要内容。这一意见为全面推进美丽中国建设开启了新篇章、新时代、新路径,指明了未来中国资源环境中长期规划的方向。

党的十八大以来,以习近平同志为核心的党中央把生态文明建设摆在全局工作的突出位置,实现了治理转变,从重点整治到系统治理,从被动到主动,从参与到引领,从探索到理论指导,推动美丽中国建设迈向新阶段。当前,我国经济社会发展已进入加快绿色化低碳化的高质量发展阶段,但生态文明建设仍处于压力积聚和重大进展的关键时期,环境保护的结构性压力、根源性压力和趋势性压力没有得到根本缓解。经济社会发展绿色转型内生动力不足,环境质量基础还不牢固,一些地区生态系统退化的趋势没有得到根本扭转。因此,必须坚定推进生态文明建设,坚守文明发展之路,努力构筑清洁、美丽的家园。未来资源环境规划的发展目标是"十四五"深入攻坚,实现生态环境持续改善;"十五五"巩固拓展,实现生态环境全面改善;"十六五"整体提升,实现生态环境根本好转。

因此,随着国际和国内环境目标要求不断提高,社会经济持续发展,新的科学技术出现,资源环境规划的发展趋势是规划技术和方法不断提高,规划对象和内容更丰富。

由于资源环境和社会经济发展的紧密联系,要从根本上解决生态环境问题,资源环境规划对象和内容不再仅仅局限于生态环境领域,而是涉及全领域转型、全方位提升、全地域建设和全社会行动。

全领域转型。推动经济社会发展绿色化、低碳化,加快能源、工业、交通运输、城乡建设、农业等领域绿色低碳转型,加强绿色科技创新,增强美丽中国建设的内生动力、创新活力。

全方位提升。山、水、林、草、田要素统筹和城乡空间融合。

全地域建设。因地制宜全地域建设。

全社会行动。把生态文明建设转化为全体人民自觉行为,鼓励园区、企业、社区、学校等基层单位开展绿色、清洁、零碳引领行动,形成人人参与、人人共享的良好社会氛围。

具体表现在以下几个方面。

(1)加快发展方式绿色转型。

①优化国土空间开发保护格局。健全主体功能区制度,完善国土空间规划体系,统筹优化农业、生态、城镇等各类空间布局。

②积极、稳妥推进碳达峰碳中和。统筹推进重点领域绿色低碳发展。

③推进产业数字化、智能化与绿色化深度融合,加快建设以实体经济为支撑的现代化产业体系,大力发展战略性新兴产业、高技术产业、绿色环保产业、现代服务业。

④推动各类资源节约集约利用。实施全面节约战略,推进节能、节水、节地、节材、节矿。

(2)持续深入推进大气、水、固体废物和土壤污染防治攻坚。

(3)提升生态系统多样性、稳定性、持续性。筑牢自然生态屏障,实施山、水、林、田、湖、草、沙一体化保护和系统治理。

(4)开展美丽中国建设全民行动。培育弘扬生态文化,践行绿色、低碳生活方式,建立多元参与行动体系。

(5)健全美丽中国建设保障体系。改革完善体制机制,强化激励政策,加强技术支持和数字赋能。

(6)实施重大工程。实施减污降碳协同工程,支持能源结构低碳化、移动源清洁化、重点行业绿色化、工业园区循环化转型等。实施环境品质提升工程,支持重点领域污染减排、重要河湖海湾综合治理、土壤污染源头防控、危险废物环境风险防控、新污染物治理等。

习　题

1. 何谓环境？何谓资源？二者之间的关系如何？
2. 试述环境规划及其内涵，环境规划在规划体系中的作用和地位。
3. 环境规划的特征和基本原则是什么？
4. 试述我国资源环境规划与其他规划之间的关系。
5. 说明我国资源环境规划的发展历程及其特点和发展前景。
6. 试述我国资源环境规划的发展趋势。

第二章

资源环境规划的理论基础

　　资源环境规划是一项旨在克服人类经济社会活动的盲目性和主观随意性的科学决策活动,因此必须具备科学性和合理性。资源环境规划并非空想,而应当符合特定历史时期的技术和经济发展水平及支撑能力。其目标在于协调环境与社会、经济发展之间的关系,作为实施资源环境目标管理的基础,体现国家环境保护政策和战略,是国民经济和社会发展规划体系的重要组成部分,是协调人与环境、经济与环境关系的重要手段,是在特定条件下寻求资源环境目标最优解的合理安排。

　　资源环境规划既需要研究环境系统的规律,也需要研究人类社会发展的规律。因此,资源环境规划必须借助相关学科的理论支持,建立自身的理论体系和框架。环境是经济和社会发展的基础和支撑条件,环境问题与经济社会发展密切相关,资源环境规划与许多其他规划相协调或相关。然而,资源环境规划又具有明显的独特性,拥有自己独立的内容和体系。

　　资源环境规划的主要对象是环境保护和环境建设,涵盖了环境战略规划、国土环境整治规划、中长期环境规划等多方面,构成了一个完整的环境规划体系。本章重点介绍与环境规划和管理密切相关的生态学原理、可持续发展、人地系统理论、环境经济学理论、复合生态系统理论、资源环境承载力理论以及空间结构理论等。这些理论为资源环境规划提供理论支持,帮助规划并形成更加科学和有效的方案,促进社会经济可持续发展。

　　生态学的基本原理是环境规划的重要理论基础,这里重点介绍生态因子的综合作用特征、限制因子和 Shelford 的耐受性定律及在有限环境中的逻辑斯谛增长等几个重要的作用特征和规律。

(一)生态因子的综合作用特征

　　环境中各种因子不是孤立存在的,而是彼此联系、相互促进、相互制约的,任何一个单因子变化必将引起其他因子不同程度的变化及其反作用。

(二)限制因子和 Shelford 的耐受性定律

在众多的生态因子中,当生物的耐受性接近或达到极限时,生物生长发育、生殖、活动以及分布等直接受到限制甚至死亡的因子,称为限制因子。

Shelford 的耐受性定律指出,每种生物对一种环境因子都有一个生态上的适应范围,任何一个因子在质或量上的不足或过量都可引起有机体衰减或死亡。

(三)在有限环境中的逻辑斯谛增长

自然种群不可能长期按几何级数增长,当种群在一个有限空间或资源中增长时,随着密度上升,受有限空间资源和其他生活条件限制,种内竞争增加,影响种群出生率和死亡率,降低种群实际增长率,直至增长停止。

生态环境系统中的一切资源都是有限的,环境对污染和破坏所带来的影响的承受能力也是有限的。如果超出限度,就会使自然环境系统失去平衡,引起质变,造成严重后果。因此在编制环境规划时,应掌握上述生态学因子作用特征和规律,对环境系统中各因素的功能限度(如环境容量和环境承载力等)进行认真分析。

第一节 可持续发展理论

一、可持续发展的由来

人类历史上多次的产业革命推动了机器生产取代传统手工劳动的发展,创造了前所未有的生产力。传统经济模式是一个"资源—产品—废物"的单向直线过程,随着财富的增加,资源消耗和废物产生也相应增加,对环境资源的负面影响日益加剧。这种高消耗、高污染的传统发展模式导致了人口爆炸、粮食短缺、能源危机、环境污染等灾难性后果,严重挑战着传统发展模式的可持续性。

自 20 世纪 60 年代以来,各国纷纷采取环保措施,致力于治理污染、提高环境质量。然而,最初的环境问题并未得到根本解决,反而不断恶化,并且逐渐演变成全球性问题,全球气候变化、生物多样性锐减、土地退化和荒漠化、酸雨等问题跨越国界,影响全球范围内的生态系统和人类社会。

这一系列问题的出现,彰显了传统发展模式所带来的严峻挑战,也促使人们重新审视并转变发展理念。新的发展理念应当以环境可持续性为核心,追求经济增长与生态平衡协调,努力实现资源的有效利用和循环利用,推动人类社会朝着更加可持续的方向发展。

1962 年,美国海洋生物学家莱切尔·卡逊发布了具有开创性意义的著作《寂静的春天》,这部作品迅速在全球引起了巨大反响。莱切尔·卡逊女士通过对污染物在自然界中的累积、传播和转化进行深入研究,初步揭示了人类与大气、海洋、河流、土壤以及动植物之间紧密而错综复杂的相互关系。她不仅揭示了污染物对生态系统的破坏影响,还特别强调了杀虫剂在自然环境中的积聚对生态系统的生产力乃至人类健康所带来的无法挽回的伤害。

在《寂静的春天》中,莱切尔·卡逊指出"大自然正在自我保护",人类不断尝试改造自然,却徒劳无功,因为人类的行为最终可能导致与初衷相反的后果,甚至招致大自然的报复。她详细描述了污染物在自然界中的扩散和转变过程,揭示了环境污染对地球生态系统造成的深远影响。作品反复强调了人类与自然之间必须建立"合作的""协调的"关系,唤起人们对环境保护的高度警觉,呼吁人类尊重自然、珍惜生态平衡,实现人类与自然的和谐共生。

随着莱切尔·卡逊等先驱者的呼吁和倡导,广大民众对自然保护的关注逐渐升温,最终引发了国际社会对早已存在的环境问题进行认真审视。1970 年 4 月 22 日,超过 2000 万美国民众(相当于当时美国总人口的十分之一)参与了一场规模浩大的环保游行,他们要求政府重视环境保护问题,消除环境污染危害。随着全球各地环保呼声的日益高涨,许多国家纷纷设立了专门负责环境管理与保护等任务的政府部门,同时通过了一系列包括《清洁空气法》和《清洁水法》在内的环境保护法律。环境保护逐渐成为一项国家重要议题,并在各国政府的议事日程中占据突出位置,引起国际社会广泛关注。这股环保浪潮的兴起不仅促使政府采取实质性行动,也激励了全球范围内环保意识的觉醒。

可持续发展历史上的第一座里程碑是 1972 年 6 月 5 日至 14 日于瑞典首都斯德哥尔摩召开的联合国人类环境会议。这次会议的成果主要体现在两个文件中:一是大会秘书长委托完成的非正式报告《只有一个地球》;二是大会通过的《联合国人类环境宣言》。这次会议还确定了每年的 6 月 5 日为世界环境日。

在非正式报告《只有一个地球》中,明确提出了一项迫切的呼吁:我们需要重新构建地球秩序,重新审视人类与自然之间的关系。报告强调,人类必须珍爱并共同守护我们共享的生态系统,学会与科技和谐相处,共同制定可持续发展的战略。

这份报告的精髓在于呼吁保护珍贵的自然资源,倡导通过可行的技术手段恢复受损的自然环境,同时提出制定全新战略以促进国际合作。其中蕴含着对人类行为的反思,提倡在技术发展的同时保护生态平衡,实现人类与自然的和谐共生。这一理念引领着我们走向一个更加可持续、均衡发展的未来,激励着各国共同努力,共同应对全球性挑战,实现地球环境的可持续发展和人类福祉的长远利益。

大会通过的《联合国人类环境宣言》标志着与会各国已经在保持和改善人类环境方面取得了 37 个共同的看法,并制定了 26 项共同的原则。《联合国人类环境宣言》指出,人类改造环境的能力,如果使用不当,或轻率使用,就会给人类和人类环境造成无法估量的损害,保护和改善环境是关系到全世界各国人民幸福和经济发展的重要问题,也是全世界各国人民的迫切希望和各国政府的责任。保护和改善环境已经成为人类一个紧迫的目标。《联合国人类环境宣言》还指出,在工业化国家里,环境一般同工业化和技术发展息息相关,在发展中国家,环境问题大多数都是由发展不足造成的。《联合国人类环境宣言》最后呼吁各国政府和人民要为了全体人民和他们的子孙后代的利益而做出共同的努力。

在瑞典首都斯德哥尔摩举行的联合国人类环境会议标志着一个里程碑,首次将环境问题的紧迫性和重要性摆在各国政府的议事日程上,唤起全球对环境的关注。然而,这次会议也揭示了一个现实:尽管环境问题日益凸显,但却未能成功将其与经济和社会发展有机结合,无法确定问题的根源和责任,更谈不上找到解决之道。当时,发达国家对环境问题的关切并未获得广大发展中国家的积极响应。许多发展中国家缺乏意识,甚至认为环境污染只是发达国家的问题。一位巴西代表私下表示:"给我们一些你们的污染,只要我们也能享受到伴随而来的工业带来的好处。"这番言论真实地折射了当时国际舞台上各国对环境问题认知上的分歧和不一致。这场历史性的会议所引发的争论和反思,促使各国深入探讨环境挑战的本质,鼓励国际社会更加积极地合作,共同应对全球性环境问题,也成为推动环境保护意识的催化剂。

同年,罗马俱乐部约 30 位来自不同国家、不同领域的学者所组成的团体发表了著名的报告——《增长的极限》,引起了很大的震动。罗马俱乐部认为,按照当时的经济模式发展下去,人类不久就会遇到增长的极限,而改变这一趋势的最好方法就是停止增长,或者说是零增长。这种悲观的理论自然引起了很大的争议和批评,但同时《增长的极限》又从全新的角度启发了人类重新认识人与自然、经济发展之间存在的许多问题,提醒人们不要盲目沉迷于以环境问题作为代价取得的经济增长的成果之中。《增长的极限》无疑为人类敲响了重要的警钟。在《增长的极限》发表后的第二年,世界上便爆发了一系列以石油危机为代表的多重经济危机,这在某种程度上证明了《增长的极限》所做出的种种预言并不完全是危言耸听。

1983 年 12 月,联合国成立了世界环境与发展委员会(World Comission of Environment and Development,WCED)。此委员会为持续发展提出长期的环境战略,把对环境的关注转化成南、北双方的更大合作,找到国际社会更有效地保护环境的途径。该委员会于1987 年 12 月向联合国提交了报告——《我们共同的未来》。该报告分为"共同的问题""共同的挑战""共同的努力"三个部分。

《我们共同的未来》以丰富而真实的资料,针对世界环境与发展方面存在的问题,提出了各种具体而现实的建议。报告中首次采用了"可持续性"和"可持续发展"的概念,把环境与社会经济发展紧密地结合在了一起。报告中指出,人类需要一种全新的发展道路,在这条道路上,持续的发展不仅能够于某一时期在某些地区实现,还要在整个星球上延续到遥远的未来。这种全新的发展道路就是"可持续发展"道路。

1992 年 6 月,183 个国家和地区的代表团和 70 个国际组织的代表出席了在巴西里约热内卢举行的联合国环境与发展大会(UNCED)。这次会议通过了《21 世纪议程》《里约宣言》两个纲领性文件,签署了《关于森林问题的框架声明》《生物多样性公约》《气候变化框架公约》。这次会议上,国际社会就环境与发展密不可分、为生存必须结成"新的全球伙伴关系"等问题达成共识,明确了发达国家与发展中国家在环境问题上拥有"共同的但有区别的责任"。会议一致同意在文件中确认下列原则:发达国家对全球环境恶化负有主要责任,应当提供资金作为官方发展援助(Official Development Aid,ODA),并以优惠条件向发展中国家转让有益于环境的技术等。这些原则都已成为当下国际社会上处理环境与发展问题的重要准则。

与人类环境会议相比,UNCED 是人类认识环境问题的一大飞跃。UNCED 不仅扩展了人类在环境问题上的认识范围和认识深度,还把环境问题与经济社会发展结合起来研究它们之间的相互影响和相互依托关系。人类面临的环境问题,绝大多数都来自人类的经济和社会发展,因此只有正确协调环境与社会经济发展之间的关系,才有可能真正地解决环境问题。UNCED 中得到普遍接受的可持续发展战略就是在发展的过程中,同时防治环境问题,走经济、社会和环境协调发展的道路,这才是人类应做出的唯一正确的选择。

2004 年,我国国家发展和改革委员会提出,我国将从四个方面采取八项措施加快推动循环经济发展:一是大力推进节能、降耗,提高资源利用效率;二是全面推行清洁生产,从源头减少污染物的产生;三是大力开展资源综合利用,最大限度利用资源,减少废物的最终处置;四是大力发展环保产业,为循环经济发展提供物质技术保障。

随着对环境问题的关注,对发展道路的反思和探索在世界范围内展开,可持续发展的思路逐渐深入人心。循环经济与可持续发展一脉相承,强调社会经济系统与自然生态系统和谐共生,是集经济、技术和社会于一体的系统工程。循环经济不是单纯的经济问题,也不是单纯的技术问题和环保问题,而是以协调人与自然关系为准则,模拟自然生态系统运行方式和规律,使社会生产从数量型的物质增长转变为质量型的服务增长,推进整个社会走上生产发展、生活富裕、生态良好的文明发展道路,它要求人文文化、制度创新、科技创新、结构调整等社会发展整体协调。

二、可持续发展的定义与内涵

可持续发展是一个内涵十分丰富的概念。可持续发展把经济发展与自然资源、人口、制度、文化、技术进步,特别是生态环境等因素综合起来,涵盖了生态、经济、社会等多方面的内容。自 20 世纪 80 年代世界环境与发展委员会(WECD)正式提出可持续发展的模式后,可持续发展理论与战略得到了发达国家和发展中国家的普遍认同。如今,"可持续发展"这一词语成为各国大众媒体使用频率最高的词汇之一,可持续发展理论也成为世界各国竞相研究的一大热点问题。

正因为可持续发展涵盖了生态、经济、社会等多方面的内容,内涵丰富多样,于是学界与社会中形成了从不同角度考察得出的多种多样的对可持续发展的定义。据不完全统计,可持续发展的定义已达百种以上,目前比较普遍的受认可的可持续发展的定义有以下几种。

(1)从社会科学的角度,可持续发展是在不超出维持生态系统涵容能力的情况下改善人类的生活品质。

(2)从经济学的角度,可持续发展是建立在成本效益比较和审慎的经济分析基础上的发展和环境政策,加强保护,增加福利,提高可持续水平。

（3）从生态学的角度,可持续发展是在保证能够从自然资源中不断得到服务的情况下,使经济增长的净收益最大化。

（4）从社会学的角度,可持续发展是人类生活在永续的、良好的生态环境容量中,并不断提高人类的生活质量。

（5）从社会伦理学的角度,可持续发展是能够保证当代人的福利增加的同时,也不使后代人的福利减少。

目前在最一般的意义上得到广泛接受和认可的是 WECD 于 1987 年发表的《我们共同的未来》报告中提出的可持续发展的定义:可持续发展是既满足当代人的需求又不危及后代人满足其需求的发展。

这个可持续发展概念的核心思想就是:健康的经济发展应建立在生态有可持续能力、社会公正和人民积极参与自身发展决策的基础上;可持续发展追求的目标是,既使人类的各种需要得到满足,个人得到充分发展,又要保护资源和生态环境,不对后代人的生存和发展构成威胁;衡量可持续发展主要有经济、环境和社会三方面的指标,缺一不可。可持续发展的基本思想主要有以下三点。

（1）可持续发展以经济增长为手段。

可持续发展并不否定经济增长,尤其是发展中国家的经济增长,毕竟经济增长是促进经济发展、社会物质财富日趋丰富、人类文化和技能提高,从而扩大个人和社会选择范围的原动力。但是,可持续发展要求人类重新审视实现经济增长的方式和目的。可持续发展反对以追求最大利润或利益为取向,以贫富悬殊和资源掠夺性开发为代价的经济增长。可持续发展所鼓励的是适度、高质量的经济增长,这样的经济增长应该以无损生态环境为前提,以可持续性为特征,以提高人们的生活水平为目的,通过资源替代、技术进步、结构变革和制度创新等手段,从总体成本收益分析的角度出发,使有限的资源得到公平、合理、有效、综合和循环利用,使传统的经济增长模式逐步向可持续发展模式转化。

（2）可持续发展以自然资源为基础。

可持续发展以自然资源为基础,同环境能力相协调。可持续发展的实现需要运用资源保护原理,增强资源的再生能力,引导技术变革,使再生资源替代非再生资源逐步实现,同时运用经济手段和制定行之有效的政策,限制利用非再生资源,使非再生资源利用趋于合理化。可持续发展要求人类在发展社会经济的过程中必须兼顾保护环境,包括改变不适当的以牺牲环境为代价的生产和消费方式,控制环境污染,提高环境质量,保护生命保障系统,保持地球生态的完整性,使人类的发展不破坏地球生态的完整性,保持在地球承载能力之内。否则,环境退化的成本将是巨大的,将导致人类的发展崩溃。

（3）可持续发展以提高生活质量为目标。

可持续发展以提高生活质量为目标,同社会进步相适应,这一点是与经济发展的内涵及目的相同的。经济增长不同于经济发展已成为人们的共识。经济发展不只意味着 GNP 的增长,还意味着贫困、失业、收入分配不均等社会经济结构问题得到改善。可持续发展追求的正是这些方面的持续进步和改善。对发展中国家来说,实现经济发展是第一位的,因为贫困和不发达正是造成资源与环境恶化的基本原因之一,只有消除贫困,才能形成保护和建设环境的能力。世界各国所处的发展阶段不同,发展的具体目标也各不相同,但发展的内涵均应包括提高人们生活质量,保障人们基本需求,并创造一个自由、平等及和谐的社会。

可持续发展是一个涉及经济、社会、文化、技术及自然环境等的综合性概念。分析可持续发展,不能把经济、社会、文化和生态因素割裂开来,因为与物质资源增长相关的定量因素与确保长期经济活动和结构活动以及结构变化的生态、社会与文化等定性因素是不可分割的。同时,可持续发展又是动态的,它并不是要求某一种经济活动永远运行下去,而是要求不断地进行内部和外部的变革,在一定的经济波动幅度内寻求最优的发展速度,以达到持续、稳定发展经济的目标。

三、可持续发展的原则

可持续发展是一种新的人类生存方式,在贯彻可持续发展战略的过程中存在着一些必须遵从的基本原则。

(一)公平性原则

可持续发展所追求的公平性原则包括三层意思。

(1)同代人之间的横向公平性。

同代人之间的横向公平性即为本代人的公平。实现可持续发展需要满足全体人民的基本需求,同时给全体人民机会,满足他们希望实现更好生活的愿望。当今世界存在着贫富悬殊、两极分化的现象。极小一部分人群特别富足,然而另一部分人群(甚至达到世界人口五分之一的人口)仍处于或将长期处于贫困状态。贫富悬殊、两极分化的世界不可能实现可持续发展。因此,实现可持续发展首先要给世界人民以公平的分配和发展权,实现可持续发展要把消除贫困作为可持续发展优先考虑的问题。

(2)世代人之间的纵向公平性。

世代人之间的纵向公平性即代际间的公平。要想实现可持续发展,需要认识到人类赖以生存的自然资源是有限的,本代人不能仅仅为了满足自己的发展与需求就去损害人类世世代代满足需求的条件,即自然资源与地球环境,本代人要给人类的后代以公平利用自然资源的权利。

(3)公平分配有限资源。

目前的现实是,占全球人口 26% 的发达国家消耗的能源、钢铁和纸张等资源占了全球资源的 80%。富有的发达国家在利用地球资源上的优势限制了较为贫穷的发展中国家利用一部分地球资源来达到经济增长的机会。

(二)持续性原则

持续性原则的核心思想是指人类的经济建设和社会发展不能超越自然资源与生态环境的承载能力。这意味着可持续发展不仅要求维持人与人之间的公平,还要求维持人与自然之间的公平。资源与环境是人类生存与发展的基础,离开了资源与环境,人类的生存与发展就无从谈起。可持续发展主张人类社会的发展应该建立在保护地球自然系统的基础上,因此发展必须要有一定的限制因素。人类发展对自然资源的耗竭速度应充分顾及资源的临界性,应以不损害支持地球生命的大气、水、土壤、生物等自然系统为前提,即人类需要根据持续性原则调整自己的生活方式,确定自己的消耗标准,而不是过度生产和过度消费。发展一旦破坏了人类生存的物质基础,发展本身也会迅速衰退。

(三)共同性原则

由于世界各国历史、文化和发展水平存在较大的差异,可持续发展的具体目标、政策和实施步骤不可能是唯一的、相同的。但是,可持续发展作为全球发展的总目标,其本身所体现的公平性原则和持续性原则是世界各国应该共同遵从的。要实现可持续发展的总目标就必须全球采取一致的联合行动,人类应该认识到人类和人类的家园——地球所具有的整体性和相互依赖性。从根本上说,贯彻可持续发展就是要促进人类之间及人类与自然之间的和谐。如果每个国家与个人都能真诚地按"共同性原则"开展生存与发展工作,那么人类内部及人与自然之间就能维持互惠共生的关系,从而实现可持续发展。

四、联合国可持续发展目标

(一)可持续发展目标(SDGs)的发展历程

联合国可持续发展目标的发展历程可以概括为以下几个阶段。

起源与概念提出:SDGs 的背景和理论构建始于 1987 年的《布伦特兰报告》。该书由联合国世界环境与发展委员会(WCED)编写并发表,名为《我们共同的未来》和《东京宣言》,提出了"可持续发展"的概念。1992 年,在巴西里约热内卢召开的联合国环境与发展大会(UNCED)通过了《里约宣言》,102 个国家首脑签署了《21 世纪议程》,标志着可持续发展成为全球共识。

千年发展目标(MDGs)的制定与实施:2000 年,联合国第 55 届首脑会议上,189 个国家代表和领导人通过了《千年宣言》,形成了一套有完成时限的千年发展目标,其中包括 8 个目标、18 个具体目标和 48 个技术指标,涵盖了消灭极端贫穷和饥饿,普及小学教育,促进男女平等并赋予妇女权利,降低儿童死亡率,改善产妇保健,与艾滋病毒/艾滋病、疟疾和其他疾病作斗争,确保环境的可持续能力及全球合作促进发展等方面,作为 2000 年后全球发展的核心和基本框架。

可持续发展目标的提出:尽管 MDGs 在减少极端贫困和扩大教育普及率方面取得了一定进展,但不同地域和国家间的实现程度却呈现出显著的差异,尤其是在撒哈拉以南非洲地区表现尤为突出。MDGs 主要聚焦于社会和经济领域,然而,其对于环境可持续性的关注却显得不足,未能全面涵盖环境保护和气候变化等核心议题。全球化进程的不断推进,加速了资源的全球配置与环境问题的跨国传播,导致新的挑战(如气候变化、资源瓶颈、恐怖主义等)逐渐浮现。生态系统退化、生物多样性丧失、水资源短缺等问题日益严重,使得全球需要采取更为紧迫和全面的行动。MDGs 中的部分指标和目标在新的全球发展背景下已显得过时,亟待更新,以更好地反映当前的全球发展需求。同时,新技术的迅猛发展(特别是在清洁能源和信息通信技术领域)为实现可持续发展提供了新的契机和可能性。

2013年,联合国大会召开专门会议,呼吁制定一套普适性的可持续发展目标。在随后的一年多时间里,各国进行了多次协商讨论后提出了关于全球可持续发展目标的建议。到了2015年1月,联合国大会特别会议通过决议,确定了2015年后发展议程的内容,最终名称确定为"改变我们的世界:2030年可持续发展议程"。同年9月,联合国峰会正式批准通过《2030年可持续发展议程》,包含17个可持续发展目标和169个具体目标。

SDGs的出现是对MDGs不足之处的补充和完善,同时也是对外部环境条件变化的响应。SDGs的制定反映了国际社会对更加公正、包容和可持续的全球发展模式的追求。SDGs的发展历程体现了从概念提出到具体目标设定,再到全球范围内实施和监督的过程。这一过程不仅涉及国际社会的广泛合作,也要求各国根据自身实际情况采取行动,共同推动全球可持续发展。

(二)可持续发展目标的具体内容

相较于MDGs,SDGs显著扩大了可持续发展的目标范围,涵盖了17个主要目标及169个细分目标(见表2-1),并制定了超过300项技术指标,无疑是联合国历史上最为宏大且雄心勃勃的发展规划。全球各国领导人前所未有地达成共识,共同承诺为这一广泛且普遍的政策议程付诸行动、不懈努力。尤为值得一提的是,除了目标1、2、5、6、10、15、17外,其余10个目标均为新增,这标志着SDGs在MDGs的基础上实现了深度的拓展与提升,其目标体系更为丰富和全面。这些新增目标与详细任务紧密联系,蕴含了多个跨领域的核心要点,体现了统筹兼顾的战略思维。

表2-1 联合国17个可持续发展目标(SDGs)

主要目标	具体发展目标	
1.无贫穷	1.1	在全球所有人口中消除极端贫困
	1.2	按各国标准界定的、陷入各种形式贫困的各年龄段男女和儿童至少减半
	1.3	全民社会保障制度和措施在较大程度上覆盖穷人和弱势群体
	1.4	确保所有男女,特别是穷人和弱势群体,享有平等获取经济资源的权利,享有基本服务
	1.5	增强穷人和弱势群体抵御灾害的能力,降低他们遭受极端天气事件和其他灾害的概率和易受影响程度
2.零饥饿	2.1	消除饥饿,确保所有人全年都有安全、营养和充足的食物
	2.2	消除一切形式的营养不良,解决各类人群的营养需求
	2.3	实现农业生产力翻倍和小规模粮食生产者收入翻番
	2.4	确保建立可持续粮食生产体系并执行具有抗灾能力的农作方法,加强适应气候变化和其他灾害的能力
	2.5	通过在国家、区域和国际层面建立管理得当、多样化的种子和植物库,保持物种的基因多样性;公正、公平地分享和利用基因资源

续表

主要目标	具体发展目标
3. 良好健康与福祉	3.1　全球孕产妇每 10 万例活产的死亡率降至 70 人以下 3.2　消除新生儿和 5 岁以下儿童可预防的死亡 3.3　消除艾滋病、结核病、疟疾和被忽视的热带疾病等流行病，抗击肝炎、水传播疾病和其他传染病 3.4　通过预防等将非传染性疾病导致的过早死亡减少 1/3 3.5　加强对滥用药物（包括滥用麻醉药品和有害使用酒精）的预防和治疗 3.6　全球公路交通事故造成的死伤人数减半 3.7　确保普及性健康和生殖健康保健服务 3.8　实现全民健康保障，人人享有基本保健服务、基本药品和疫苗 3.9　大幅减少危险化学品以及空气、水和土壤污染导致的死亡和患病人数
4. 优质教育	4.1　确保所有男女童完成免费、公平和优质的中小学教育 4.2　确保所有男女童获得优质幼儿发展、看护和学前教育 4.3　确保所有男女平等获得负担得起的优质技术、职业和高等教育 4.4　大幅增加掌握就业、体面工作和创业所需相关技能 4.5　消除教育中的性别差距，确保残疾人、土著居民和处境脆弱儿童等弱势群体平等获得各级教育和职业培训 4.6　确保所有青年和大部分成年男女具有识字和计算能力 4.7　确保所有进行学习的人都掌握可持续发展所需的知识和技能
5. 性别平等	5.1　在世界各地消除对妇女和女孩一切形式的歧视 5.2　消除公共和私营部门针对妇女和女童一切形式的暴力行为 5.3　消除童婚、早婚、逼婚及割礼等一切伤害行为 5.4　认可和尊重无偿护理和家务 5.5　确保妇女全面有效参与各级政治、经济和公共生活的决策，并享有进入以上各级决策领导层的平等机会
6. 清洁饮水与卫生设施	6.1　人人普遍和公平获得安全和负担得起的饮用水 6.2　人人享有适当和公平的环境卫生和个人卫生 6.3　改善水质 6.4　所有行业大幅提高用水效率，确保可持续取用和供应淡水 6.5　在各级进行水资源综合管理，包括酌情开展跨境合作 6.6　保护和恢复与水有关的生态系统，包括山地、森林、湿地、河流、地下含水层和湖泊
7. 经济适用的清洁能源	7.1　确保人人都能获得负担得起的、可靠的现代能源服务 7.2　大幅增加可再生能源在全球能源结构中的比例 7.3　全球能效改善率提高 1 倍

主要目标	具体发展目标
8.体面工作和经济增长	8.1　维持人均经济增长率 8.2　实现更高水平的经济生产力 8.3　推行以发展为导向的政策支持生产性活动和创新 8.4　逐步改善全球消费和生产的资源使用效率 8.5　所有人实现充分和生产性就业 8.6　大幅减少未就业和未受教育或培训的青年人比例 8.7　根除强制劳动、现代奴隶制和贩卖人口,禁止和消除童工 8.8　保护劳工权利,创造安全和有保障的工作环境 8.9　制定和执行推广可持续旅游的政策,以创造就业机会 8.10　加强国内金融机构的能力,扩大全民获得金融服务的机会
9.产业、创新和基础设施	9.1　发展优质、可靠、可持续和有抵御灾害能力的基础设施 9.2　大幅提高工业在就业和国内生产总值中的比例 9.3　增加小型工业和其他企业获得金融服务的机会 9.4　升级基础设施,改进工业以提升其可持续性 9.5　提升工业部门的技术能力
10.减少不平等	10.1　逐步实现和维持最底层40%人口的收入增长 10.2　增强所有人的权能,促进他们融入社会、经济和政治生活 10.3　确保机会均等,减少结果不平等现象 10.4　采取财政、薪资和社会保障政策,逐步实现更大的平等 10.5　改善对全球金融市场和金融机构的监管和监测 10.6　确保发展中国家在国际经济和金融机构决策过程中有更大的代表性和发言权 10.7　促进有序、安全、正常和负责的移民和人口流动
11.可持续城市和社区	11.1　确保人人获得适当、安全和负担起的住房和基本服务 11.2　向所有人提供安全、负担得起的交通运输系统,改善道路安全 11.3　加强包容和可持续的城市建设及管理能力 11.4　努力保护和捍卫世界文化和自然遗产 11.5　大幅减少各种灾害造成的死亡人数和受灾人数及损失 11.6　减少城市的人均负面环境影响 11.7　向所有人提供安全、包容、无障碍、绿色的公共空间
12.负责任消费和生产	12.1　落实《可持续消费和生产模式十年方案框架》 12.2　实现自然资源的可持续管理和高效利用 12.3　减少生产和供应环节的粮食损失,包括收获后的损失 12.4　实现化学品和所有废物在整个存在周期的无害环境管理 12.5　通过预防、减排、回收和再利用,大幅减少废物的产生 12.6　鼓励各个公司将可持续性信息纳入各自报告周期 12.7　推行可持续的公共采购做法 12.8　确保获取可持续发展及与自然和谐的生活方式的信息,并具有上述意识

续表

主要目标	具体发展目标
13.气候行动	13.1　加强各国抵御和适应气候相关的灾害和自然灾害的能力 13.2　将应对气候变化的举措纳入国家政策、战略和规划 13.3　加强气候变化减缓、适应、减少影响和早期预警等方面的教育和宣传
14.水下生物	14.1　预防和大幅减少各类海洋污染 14.2　可持续管理和保护海洋及沿海生态系统,以免产生重大负面影响 14.3　通过合作等方式减少和应对海洋酸化的影响 14.4　有效规范捕捞活动,终止过度捕捞、非法捕捞 14.5　根据国内和国际法保护至少10%的沿海和海洋区域 14.6　禁止某些助长过剩产能和过度捕捞的渔业补贴 14.7　增加小岛屿发展中国家和最不发达国家通过可持续利用海洋资源获得的经济收益
15.陆地生物	15.1　保护、恢复和可持续利用陆地和内陆的淡水生态系统及其服务 15.2　推动对所有类型森林进行可持续管理 15.3　防治荒漠化,恢复退化的土地和土壤,包括受荒漠化、干旱和洪涝影响的土地 15.4　保护山地生态系统及其生物多样性,以便加强山地生态系统的能力,使其能够带来对可持续发展必不可少的益处 15.5　减少自然栖息地的退化,遏制生物多样性的丧失 15.6　公正和公平地分享利用遗传资源产生的利益,促进适当获取这类资源 15.7　终止偷猎和贩卖受保护的动植物 15.8　防止引入外来入侵物种并大幅减少其对土地和水域生态系统的影响 15.9　把生态系统和生物多样性价值观纳入国家和地方规划、发展进程、减贫战略和核算
16.和平、正义与强大机构	16.1　在全球大幅减少一切形式的暴力和相关的死亡率 16.2　制止对儿童进行虐待、剥削、贩卖以及一切形式的暴力和酷刑 16.3　促进法治,确保所有人都有平等诉诸司法的机会 16.4　大幅减少非法资金和武器流动,打击一切形式的有组织犯罪 16.5　大幅减少一切形式的腐败和贿赂行为 16.6　在各级建立有效、负责和透明的机构 16.7　确保各级的决策反应迅速,具有包容性、参与性和代表性 16.8　扩大和加强发展中国家对全球治理机构的参与 16.9　为所有人提供法律身份,包括出生登记 16.10　依法确保公众获得各种信息,保障基本自由
17.促进目标实现的伙伴关系	具体包括了筹资、技术、能力建设、贸易、政策和体制的一致性、多利益攸关方伙伴关系、数据、监测和问责制等方面19个具体目标

(三)中国应对 SDGs 的策略和进展

1. 中国针对《2030 年可持续发展议程》的策略构想

针对《2030 年可持续发展议程》为中国带来的历史性机遇与挑战,我们需深刻把握,这对中国的长远发展具有至关重要的意义。总体而言,中国在保持发展中国家身份的基础上,应积极参与相关活动,发挥积极作用。在国内层面,我们应深入理解和研究议程中的发展理念,将其融入国家战略,构建涵盖企业、地方政府和非营利组织的广泛参与体系,以催生新的经济增长点和就业岗位。从国际视角看,我们应在坚持"量力而行、互利共赢"原则的基础上,积极并深入推动全球发展合作与援助行动,支持其他发展中国家实现可持续发展目标。具体而言,我们可以从以下几个方面着手推进工作。

为了更有效地推进《2030 年可持续发展议程》,可以考虑建立专门的工作机制,包括成立国家级领导小组和专家咨询委员会。同时,应将该议程的核心思想融入国民经济与社会发展规划纲要中,并结合中国国情制定相应的发展路线。

为增强实施能力,应广泛动员社会各界参与,如启动国家技术创新与推广应用专项行动,并借助中国可持续发展研究会等民间组织加强宣传。

需要系统总结千年发展目标以来中国的发展理念创新和实践经验,提炼出融合中国制度和文化特色的"中国模式",并致力于其可移植性和借鉴性。分享和推广"中国模式"应成为我们在联合国发展峰会上宣布成立"国际发展知识中心"的重要工作之一。

应紧密结合"一带一路"建设与《2030 年可持续发展议程》,利用亚洲基础设施投资银行和丝路基金等资源,加大对"一带一路"合作伙伴实现议程的支持力度。

在中国设立的"南南合作援助基金"支持下,我们可以依托国家可持续发展实验区,构建"可持续发展最佳实践全球科技合作网络",深化南南科技合作。

启动周期性的国家可持续发展监测与评估报告编写工作,确保国家层面的评估进程与全球评估进程保持紧密合作,共同推动可持续发展目标的实现。

2. 中国实施千年发展目标的进展

中国高度重视 SDGs 的落实工作,将其深度融入"十四五"发展规划及 2035 年远景目标之中,使之成为国家发展的重要战略导向。为实现这一目标,我国精心构建了一个跨领域协同的框架体系,并与联合国各分支机构及在华发展组织保持紧密合作。至今,我国已发布了三次《中国落实 2030 年可持续发展议程进展报告》及两次《全球发展报告》,积极参与联合国主导的高级别政治会议,并主动接受可持续发展国家的自主评价。

从国际视角来看,中国无疑是落实 SDGs 最为迅速的发展中国家之一。一方面,中国成功攻克了绝对贫困这一历史性难题。2020 年底,我们如期完成了消除绝对贫困的艰巨任务,所有扶贫工作均按计划完成。现行标准下,9899 万农村贫困人口实现全面脱贫,甚至提前十年达到了 2030 年可持续发展议程减贫目标。同时,我们动态清零了义务教育阶段建档立卡的辍学学生问题,贫困地区基础设施得到显著改善,基本实现了稳定、可靠的供电服务全覆盖。另一方面,中国积极提出全球发展倡议,从 SDGs 的 17 个领域中提炼出减贫、粮食安全、公共卫生、发展筹资、能源转型、工业化、数字经济和互联互通等八大关键合作领域,为全球共同发展贡献了中国方案与智慧。我们构建了包括全球发展倡议之友小组、全球发展促进中心、全球发展倡议项目库、全球发展知识网络等在内的多边机制,为加快落实 2030 年议程、加强同联合国发展系统的政策对话与战略对接、发展合作理念交流和资源统筹等提供了重要平台与支持。此外,我们还通过多元化的途径向其他国家,特别是贫困地区提供经济援助,包括无偿援助、优惠贷款、全球发展和南南合作基金等方式,为发展中国家提供发展资金。2022 年,中国成功将南南合作援助基金升级为全球发展和南南合作基金,并在原有 30 亿美元的基础上增资 10 亿美元。2023 年,我们进一步建立了全球发展项目库资金池,丰富了资金运作模式,调动各方资源为项目的实施提供坚实的资金保障。

第二节 人地关系地域系统理论

一、人地关系及人地关系地域系统的发展

人地关系研究的核心科学问题在于揭示地球表层人类活动与自然环境之间的相互作用和反馈机制,这构成了地理学基础理论研究的核心内容。人类活动与自然环境之间存在着一系列规律性的相互作用,它们交织在一起形成了一个错综复杂的系统,即人地关系地域系统。人地关系以及人地关系地域系统的研究是人文地理学探讨的核心议题,贯穿于整个地理学研究的发展历程中。

人地关系以及人地关系地域系统的研究不仅揭示了地理环境本身的自然特征,还考虑了社会、经济、历史等综合人文因素,研究了人类活动与自然环境之间的相互作用及其影响,以及人地关系地域系统的结构、格局、演变过程和驱动机制等。这些研究成果不仅在人文经济地理学领域具有重要的学术意义,也对自然资源的合理利用与保护、区域经济发展规划的科学制定以及有效解决区域生态环境和人口等具有重要的经济社会意义。通过深入研究人地关系,我们能够更好地指导地方发展,促进社会可持续发展,实现人类与自然的和谐共处。

人地关系的重要性由来已久,自人类诞生之日起,人们就开始关注并思考人类与地球环境之间的关系。随着人类文明的不断进步和经济社会的发展,人们对人地关系以及人地关系地域系统的研究也越发深入,从最初的哲学探讨逐渐演变为更加注重定量实践。

中国人地关系思想源远流长,具有深厚的哲学底蕴。在中国古代,诸如“天人合一”“天人相关”等思想便体现了人们对人地关系的深刻思考。直到 20 世纪初,人们对人地关系的探索仍以定性描述为主,缺乏系统性。李旭旦先生和李振泉先生都对人地关系进

行了深入思考。李旭旦先生认为人地关系是人文地理学的基本理论,强调人地关系是一种协调的关系,主张人类应当与自然和谐相处;李振泉先生认为人地关系是人类长期以来存在的客观关系,其发展应在系统、协调、适应、共生的框架下进行抽象和升华。

1991年,吴传钧先生提出"人地关系地域系统是地理学的研究核心"的理念,标志着人地关系研究开始进入科学化、系统化、定量化阶段。人地关系研究的焦点议题从20世纪80年代的"地球表层与经济发展"逐渐转向20世纪90年代的"区域可持续发展与人类活动在全球变化中的角色",再发展至21世纪的"资源环境、承载能力、城市化"等主题。这一发展历程反映了中国现代人地关系研究的演进轨迹,凸显了人们对于人类与地球环境互动关系的不断探索与思考。

人地关系地域系统的研究范畴涵盖了对土地资源、水资源、森林、草场、矿产资源等单一要素的评价方法,并探讨它们与人类活动系统(如经济社会发展)之间的关系。此外,研究还包括人地系统脆弱性评价、人地系统耦合度评价以及人地系统动力学模型等综合性研究。这些评价手段和模型被用来衡量人地系统的脆弱性、协调度和动态变化,取得了显著的研究效果,对推动人地关系地域系统研究起到了重要作用。

进入21世纪,集成研究方法逐渐兴起,其中以资源环境基础、生态足迹、资源环境承载力等综合表征手段为代表。这些集成研究方法成为中国人地关系地域系统研究的热点,推动着人地关系研究不断向前深化发展。

人地关系及人地关系地域系统的核心研究范畴在于探讨人类活动与自然环境之间的相互作用关系,旨在实现经济社会子系统和资源环境子系统的可持续发展。从哲学和环境史、可持续发展、人地关系地域系统、生态足迹以及资源环境承载力等多个视角出发,各种理论体系和研究方法不断发展完善,但它们的根本目的都是优化调控和促进"人"与"地"的协调发展,实现二者之间的良性互动与平衡。

环境史是现代生态文明思想形成的重要基础,对促进人地关系思想的发展具有重要作用。它不仅对过去和现在有影响,也将在未来继续发挥重要作用。环境史是研究人类与其栖息地之间关系的学科领域。它通过考察历史时期人类与自然环境相互作用等多种方式,以地球的视角审视过去。在第二次世界大战后,环境保护引起了广泛关注,环境史首先在美国兴起。以生态学为理论基础,环境史关注人类与自然之间的长期相互关系,并具有明显的批判性。此外,学者们也对环境史和历史地理之间的关系进行了探讨,主要涉及地球变化、全球扩展、人类在自然中的位置,以及栖息地、经济和社会之间的关系。

在美国丹佛大学担任历史学教授的唐纳德·休斯是环境史的开创者之一,他深刻认识到生态在历史中的作用,并不断丰富了环境史的内涵。他主张将生态分析作为理解人类历史的重要工具,强调环境史研究自然因素对人类活动的影响以及人类活动对自然环境的影响。他的核心概念是生态过程,旨在重新探索人类社会历史的发展,并提供新的视角来解决环境问题。

在中国,环境史研究在新中国成立后的一段时间内主要局限于自然科学范畴,而在人文社会科学研究中存在明显的"环境缺失"。然而,自20世纪90年代以来,环境史逐渐发展为一门独立的学科,脱离了传统的历史地理学和自然科学的范畴。中国学者包茂宏认为,环境史以当代环境主义为指导,研究历史上人类社会与环境之间的相互作用关系。他强调通过反对环境决定论,反思人类中心主义文明观,为地球和人类文明的平衡寻找新的道路,即生态中心主义文明观。

二、人地关系及人地关系地域系统的内涵

人地关系是指人类社会及其活动与自然环境之间的相互作用和反馈关系。这一概念涵盖了广泛的范围,不同学者从不同角度对其进行定义和阐释。其中,"人"包括个体和群体,既具有自然属性,又具有社会属性。作为自然界长期进化的产物,人类依赖自然界的资源才能生存;同时,人类也是社会的产物,在认识和改造自然环境的过程中形成了复杂的社会关系。"地"指人类生活的地理环境,包括自然地理环境和人文地理环境。自然地理环境主要由地质、地貌、土壤、水、植被、气候等要素组成。人文地理环境由人口、民族、宗教、风俗、文化、经济、政治等要素构成。因此,人地关系不仅涉及人类与自然环境的关系,还包括人与人之间的社会关系以及彼此之间的相互影响。

早在1947年,中国人文地理学的先驱李旭旦先生在美国地理学会会刊上发表了关于将自然和人文因素结合起来划分地理区的文章,具有开创性意义。随后,吴传钧先生将人地关系地域系统定义为"以地球表层上一定地域为基础的人类活动与地理环境相互作用形成的开放复杂巨系统"。这一系统包括自然环境综合子系统和人类社会综合子系统,具有整体性、开放性、地域性、结构性、层次性、功能性、动态性和复杂性等特征。其复杂性表现在"人""地"内部各要素间、要素不同组合间以及"人"与"地"间的相互作用多样,随着人类活动与地理环境之间融合程度的加深,相互作用的内生化趋势加剧,作用关系的复杂程度也逐渐提高。

三、人地关系地域系统的研究方法

(一)人地系统脆弱性评价

脆弱性最初是在全球气候和环境变化领域频繁讨论的一个概念,通常与"风险""灾害""恢复力"等紧密相关。1981年,Timmerman首次在地学领域提出了脆弱性的概念,将其定义为系统在灾害事件发生时产生不利响应的程度。1996年,IPCC给出了脆弱性的定义"易损系统受破坏或伤害的程度,取决于其暴露程度、敏感性和适应潜力"。随后,脆弱性概念经历了内容扩展和学科综合化的过程,脆弱性评价的类型也逐渐丰富,覆盖了灾害管理、地质学、生态学、气候变化、土地利用等不同学科领域。

在人地系统脆弱性的研究中,初期主要关注自然系统的脆弱性,后来逐渐转向关注人文系统的脆弱性,即人地系统脆弱性的综合研究。脆弱性能够较好地反映人地系统动态演化的各种特征,研究人地系统脆弱性的目的是识别人地系统的敏感状态和调控能力,并通过应对措施降低人地系统敏感性,实现人地系统的可持续发展。因此,脆弱性理

论研究对地理学的核心问题——人地关系地域系统研究具有重要的理论价值。

人地系统脆弱性评价的难点在于精简的评价指标、系统的数据组织方式以及综合的理论模型等,国内外不同学者对此进行了大量针对性的研究。斯德哥尔摩环境研究所(SEI)的 Karsperson 和美国克拉克大学的 Turner 教授提出了"人类—环境"系统脆弱性分析框架,强调了扰动的多重性和多尺度性,突出了对脆弱性产生的内外因机制以及地方特性的分析,整个分析框架是一个多要素、多反馈、多尺度的闭合回路。Polsky 等人则发展了基于"暴露—敏感—适应"的 VSD 评价整合模型。该模型具有较好的兼容性,可以揭示自然与人文要素的相互影响机制,在人地关系地域系统研究中得到广泛的应用。

(二)人地系统动力学模型

系统动力学(System Dynamics,SD)是 20 世纪 60 年代由美国麻省理工学院的福勒斯特教授创建的一门学科,旨在分析和研究信息反馈、系统结构、功能与行为之间动态和辩证关系。其显著特点在于处理系统耦合问题中的非线性、复杂性、长期性和动态性,通过建立仿真模型并进行计算机仿真试验来探究系统内在的复杂交互关系。

系统动力学分析方法将定性与定量分析相结合,从系统结构和相互作用机制的角度对系统进行深入剖析和建模。通过计算机运算研究系统内部各要素间的耦合关系与演变联系,寻找解决问题的有效对策。这种方法对研究人地关系这类具有非线性复杂特征的巨系统非常实用。系统动力学方法强调整个系统的可持续协调发展,而非仅仅关注单个子系统,与人地关系地域系统的综合性研究思路是一脉相承的。

系统动力学的跟踪分析和预测能力与人类社会子系统的特点契合,对经济社会发展提供重要的指导意义。因此,系统动力学已成为人地关系及人地关系地域系统研究中的重要理论方法之一,其模型方法被广泛认为是模拟人地系统等复杂巨系统的主要工具之一。

人地关系的系统动力学建模思路主要包括以下 5 个基本步骤。

(1)系统结构分析:按照系统分解协调原则,将人地关系地域系统分解为若干子系统(如人口、环境、资源、经济等)。在确定各系统变量类型及变量间因果关系图及反馈结构流图的同时,选取具有代表性的指标来描述各个变量。

(2)SD 情景模型构建:根据系统的指标体系和反馈结构,构建不同情景下的人地系统流位、流率系,从而形成 SD 情景模型。

(3)情景模型参数确定:采用算术平均法、趋势外推法、一元和多元回归分析法、灰色系统预测法等方法,对模型参数进行估测和确定。

(4)模拟检验:将指标、参数及关联函数方程输入仿真系统,利用专门的系统动力学软件(如 DYNAMP Plus、Vensim PLE 等)进行真实性检验,以确保模型的准确性和可信度。

(5)仿真预测分析:利用 SD 软件对不同情景下的人地系统进行动态预测评估,通过调整指标和参数来寻求人地系统发展的最优模式。这一步骤旨在为决策者提供可行的发展路径和政策选择,以实现人地系统的可持续发展。

第三节　复合生态系统理论

一、复合生态系统理论的主要内容

20世纪80年代初,我国著名生态学家马世骏院士和王如松教授首次提出了复合生态系统理论,将社会、经济和自然三个子系统之间的物质循环、能量流动、信息传递等视为一个复合系统,称为"社会—经济—自然"复合生态系统(Social—Economic—Natuxal Complex Ecosystem,SENCE),这一生态系统具有生产、生活、供给、接纳、控制和缓冲功能,构成错综复杂的人类生态关系。可持续发展问题的实质是以人为主体的生命及其环境间相互关系的协调发展,社会是经济的上层建筑,经济既是社会的基础,也是社会与自然联系的媒介,而自然是整个社会与经济的基石,是整个"社会—经济—自然"复合生态系统的基础。三个子系统之间的关系包括物质代谢关系、能量转换关系和信息反馈关系,以及结构、功能和过程的关系。环境包括人的栖息劳作环境(包括地理环境、生活环境、构筑设施环境)、区域生态环境(包括原材料供给的源、产品和废物消纳的汇及缓冲调节的库)及文化环境(包括体制、组织、文化、技术等)。人类生态关系包括人与自然之间的促进、抑制、适应、改造关系,人对资源的开发、利用、储存、扬弃关系,以及人类生产和生活活动中的竞争、共生、隶属、乘补关系。

当今我们人类赖以生存的社会、经济、自然是一个复合大系统的整体。环境本身是一个由社会、经济、自然组成的复杂系统,因此环境规划工作必须结合多学科进行综合研究,借助相关学科的理论支持,而复合生态系统是其理论支持之一。要做好环境规划工作,就必须全面、综合地研究所规定区域的复合生态系统。发展中出现的问题的实质就是复合生态系统的功能代谢、结构耦合及控制行为的失调。

二、复合生态系统的结构及功能

现代生态学理论描述的人类复合生态系统是可持续发展思想的理论基础。复合生态系统由社会、经济和自然相互作用与相互依赖的子系统组成,其功能包括生产、生活、还原和信息传递四大功能。

社会子系统包括人的物质生活和精神生活的各个方面,以高密度的人口和高强度的消费为特征;经济子系统包括生产、外配、流通和消费等环节,以物资从分散到集中高密度运转、能量从低质到高质高强度集聚、信息从低序到高序连续积累为特征;自然子系统包括人类赖以生存的基本物质环境,以生物与环境的协同共生及环境对区域活动的支持、容纳、缓冲及净化为特征。这三个子系统之间相互联系、相互促进、相互制约,决定着复合生态系统的运行结构和发展规律。只有经济发达、社会繁荣、生态保护三者保持高度和谐,才能使复合生态系统结构和功能最优化。

在复合生态系统中,人是最重要的主体性要素。复合生态系统兼有复杂的自然属性与社会属性,人类是社会经济活动的主体,以其特有的高度文明与智慧改造自然,使自然适应自身的生产活动需要,并提升自身的物质水平与精神文化素养;人类作为大自然的一份子,受到自然规律的制约,必须遵守自然生态系统的基本规律,任何违背自然规律、破坏自然环境的行为终将反馈作用于人类身上。

从生态系统构成来说,复合生态系统是由无机环境、生产者、消费者、分解者组成的综合体,各部分通过物质循环和能量转化等方式密切地联系在一起,互相作用,互相依存,互为条件。

系统的功能与结构是相辅相成的。自然为社会提供物质与信息,人类通过自身的科技发展来改造自然,提高自然的生产力,但同时也产生了多种多样的人造物,影响了原生自然环境。复合生态系统中不同的部分实现的功能不一样,与其生产链中所包含的组分和组分之间的耦合关系有关。

三、复合生态系统的特性

复合生态系统除了具有系统的相关性与整体性等一般特性外,还具有人工性、脆弱性、可塑性、高产性、地域性与综合性等特性。复合生态系统的主导是人,人是生态系统的核心,即人工性。脆弱性是由于复合生态系统的结构和功能是由人类调节的,因此其稳定性取决于人类对自然经济和社会规律的认识。可塑性是人类对大自然的改造能力,但从可持续发展的角度看,这种可塑性是有限的。高产性是因为人类的活动加大了对自然资源的开采和利用的强度,所以物质的集约度高、周转快,系统的能量和物流量巨大。复合生态系统的地域性特征反映的是自然生态系统地理空间的特异性特征。综合性反映的是复合生态系统所具有的丰富内涵,包括社会、经济和自然等三个子系统的特征。三个子系统也各有其特征与影响因素,其中人类活动占据主体地位。社会系统受人口政策及社会结构制约,文化、科学水平和传统习惯都是分析社会组织和人类活动相互关系必须考虑的因素。价值高低通常是衡量经济系统结构与功能适宜与否的指标。随着科学技术的进步,自然界为人类生产提供的资源在量与质方面都将不断扩大,但它是有限度的。生态学的基本规律要求系统在结构上协调,功能在平衡基础上进行循环的代谢与再生,违背生态规律的生产管理方式将给自然环境造成严重的负担和损害。人类因素在复合生态系统中具有主体性,其既可以产生突出的积极影响,又可以产生强烈的负面影响,因而复合生态系统是一种特殊的人工生态系统,具有复杂的自然属性与社会属性。

四、复合生态系统的控制论原理

复合生态系统的控制论机制可以概括为三类:一是对有效资源及可利用的生态位的竞争或效率原则;二是人与自然之间、不同人类活动之间以及个体与整体之间的共生或公平性原则;三是通过循环再生与自组织行为维持系统结构、功能和过程稳定性的自生或生命力原则。从这三类中衍生出八个主要的控制论原理。

（1）开拓适应原理。

任一企业、地区或部门的发展都有其特定的资源生态位。成功的发展必须善于拓展资源生态位和调整需求生态位,以改造和适应环境。只开拓、不适应,缺乏发展的稳度和柔度;只适应、不开拓,缺乏发展的速度和力度。复合生态系统的发展初期需要开拓与发展环境,此时复合生态系统的发展速度较快,且对环境的适应最好,呈指数式上升;最后受环境容量或"瓶颈"限制,速度放慢,越接近某个阈值水平,其速度越慢,系统呈 S 形增长。但若能改造环境,扩展"瓶颈",系统又会出现新的 S 形增长,并出现新的限制因子或"瓶颈"。复合生态系统正是在这种不断逼近和扩展"瓶颈"的过程中波浪式前进,实现持续发展的。

（2）竞争共生原理。

系统的资源承载力、环境容纳总量在一定时空范围内是恒定的,但其分布是不均匀的。差异导致竞争,竞争促进发展,优胜劣汰是自然及人类社会发展的普遍规律。任一系统都由某种利导因子主导其发展,都由某种限制因子抑制其发展,资源的稀缺性导致系统内的竞争和共生机制。这种相生相克作用是提高资源利用效率、增强系统自身活力、实现持续发展的必要条件,缺乏其中任何一种机制的系统都是没有生命力的系统。

（3）连锁反馈原理。

复合生态系统的发展受两种反馈机制控制:一种是作用和反作用彼此促进、相互放大的正反馈,导致系统无止境增长或衰退;另一种是作用和反作用彼此抑制、相互抵消的负反馈,使系统维持在稳态附近。正反馈导致发展或衰退,负反馈维持稳定。系统发展的初期或崩溃期一般正反馈占优势,晚期负反馈占优势。在持续发展的系统中,正、负反馈机制相互平衡。

（4）乘、补协同原理。

当整体功能失调时,系统中某些组分(如人体内的癌细胞)会乘机膨胀成为主导组分,使系统歧变;而有些组分能自动补偿或代替系统的原有功能,使整体功能趋于稳定。系统调控中要特别注意这种相乘相补的协同作用。要稳定一个系统时,使补胜于乘;要改变一个系统时,使乘强于补。

（5）循环再生原理。

世间一切产品最终都会变成其功能意义上的废物,世间任一"废物"必然是对生物圈中某一生态组分或生态过程有用的"原料"或缓冲剂,人类一切行为最终都要反馈到作用者本身,或者有利,或者有害。物质的循环再生和信息的反馈调节是复合生态系统持续发展的根本动因。

（6）多样性、主导性原理。

系统必须以优势组分和拳头产品为主导,才会有发展的实力;必须以多元化的结构和多样化的产品为基础,才能外散风险,增强稳定性。主导性和多样性的合理匹配是实现持续发展的前提。

（7）生态发育原理。

发展是一种渐进的、有序的系统发育和功能完善过程。系统演替的目标在于功能的完善,而非结构或组分的增长;系统生产的目的在于对社会的服务功效,而非产品的数量或质量。

(8)最小风险原理。

系统发展的风险和机会是均衡的,大的机会往往伴随高的风险。强的生命系统要善于抓住一切适宜的机会,利用一切可以利用的力量(甚至对抗性、危害性的力量)为系统服务,变害为利;善于利用中庸思想和对策避开风险、减缓危机、化险为夷。

竞争强调发展效率、资源合理利用、潜力充分发挥,是促进生态系统演化的一种正反馈机制,在社会发展中的表现是市场经济机制。共生是维持生态系统稳定的一种负反馈机制,强调发展的整体性、平稳性与和谐性,注重局部利益和整体利益、眼前利益和长远利益、经济建设和环境保护、物质文明和精神文明间的协调和相互关系。自生是生态系统应对环境变化的一种自我调节能力,其基础是生态系统的承载能力、服务功能和可持续程度。实现可持续发展的有效途径是实现竞争、共生和自生机制的完美结合。

第四节 资源环境承载力

一、环境容量与环境承载力

环境容量是一个复杂的、反映环境净化能力的量,其数值应能表征污染物在环境中的物理、化学变化及空间机械运动性质。环境容量的制定目的是提供某一区域环境的污染物控制总量的可量化依据。环境容量是以反映生态平衡规律、污染物在自然环境中的迁移转化规律以及生物与生态环境之间的物质能量交换规律为基础的综合性指标。

环境容量是一个随时间、空间、环境质量要求变化而变化的变量,可以分为基本环境容量(或稀释容量)和变动环境容量(或自净容量)两部分。合理利用环境的稀释容量和自净容量,对环境污染防治具有重要的经济价值。从区域上,可以将环境变量分为自然环境容量(大气环境容量、水环境容量、土壤环境容量等)与人工环境容量(土地利用环境容量、人口环境容量、工业环境容量、建筑环境容量、交通环境容量等)。整体的环境容量等于各自环境容量的和。从对象上,环境容量又可分为标准时空容量、污染物极限容量、人口极限容量和生态容量。

(一)标准时空容量

环境标准时空容量是指以环境质量标准为基准的各类污染物浓度在时间和空间上分异的水平限值。根据我国目前实行的环境质量标准,大气、水、噪声、土壤等类别的环境质量均有规定的功能区分类、标准分级和浓度限值等标准。

大气质量功能区分为以下三类。

(1)Ⅰ类区:自然保护区、风景名胜区和其他需要特殊保护的地区。

(2)Ⅱ类区:城镇规划中确定的居住区、商业交通居民混合区、文化区、一般工业区和农村地区。

(3)Ⅲ类区:特定产业区。

大气质量标准分为以下三级。

(1)Ⅰ类区执行一级标准。

(2)Ⅱ类区执行二级标准,一般以二级标准评价环境质量。

(3)Ⅲ类区执行三级标准。

依据地面水的水域使用目的和水域保护目标将地面水划分为以下五类。

(1)Ⅰ类水质:主要适用于源头水和国家级自然保护区。

(2)Ⅱ类水质:适用于集中式生活饮用水水源地,以及保护区、珍贵鱼类保护区、鱼虾产卵场等。

(3)Ⅲ类水质:适用于集中式生活饮用水源地二级保护区、一般鱼类保护区及游泳区。

(4)Ⅳ类水质:适用于一般工业保护区及人体非直接接触的娱乐用水区。

(5)Ⅴ类水质:适用于农业用水区及一般景观要求水域。

环境评价中通常以Ⅴ类水质标准评价地面水环境质量,超过Ⅴ类水质标准的水体基本上已无使用功能。同一水域兼有多类功能的,按照最高功能划分类别。有季节性功能的水域可分季节划分类别。

根据土壤应用功能和保护目标,将土壤划分为以下三类。

(1)Ⅰ类:主要适用于国家规定的自然保护区(原有背景重金属含量高的除外)、集中式生活饮用水源地、茶园、牧场和其他保护地区的土壤,土壤质量基本保持自然背景水平。

(2)Ⅱ类:主要适用于一般农田、蔬菜地、茶园、果园、牧场等土壤,土壤质量基本上对植物和环境不造成危害和污染。

(3)Ⅲ类:主要适用于林地土壤及污染物容量较大的高背景值土壤和矿产附近等地的农田土壤(蔬菜地除外)。

土壤环境质量标准分级如下。

(1)一级标准:保护区域自然生态,维持自然背景的土壤环境质量限制值。

(2)二级标准:保障农业生产,维护人体健康的土壤限制值。

(3)三级标准:保障农林业生产和植物正常生长的土壤临界值。

土壤质量基本上对植物和环境不造成危害和污染。

各类土壤环境质量执行标准的级别规定如下。

(1)Ⅰ类土壤环境质量执行一级标准。

(2)Ⅱ类土壤环境质量执行二级标准。

(3)Ⅲ类土壤环境质量执行三级标准。

社会经济发展时空容量是指城市区域发展的时空层次,包括城市区域的社会经济增长、社会经济变革、社会经济进步三个层次。

(二)污染物极限容量

污染物极限容量主要包括大气环境、水环境和土地环境的污染物极限容量。

1. 大气环境污染物极限容量

大气环境污染物极限容量主要是指大气环境对大气污染物的最大容纳阈值。一般城市中的大气污染物主要来自工业废气和汽车尾气等气体排放。一般来说,大气环境容量的大小与该地区的气象条件、地理条件、大气资源总量等多种因素有关。大气环境容量越大,则该地区大气环境纳污能力越强,大气污染状况也相对更容易得到控制。

2. 水环境污染物极限容量

水环境污染物极限容量是指一定水体在规定环境目标下所能容纳的污染物的量。水环境容量大小与水质目标、水体特征及污染物特性等有关,还与污染物的排放方式以及排放的时空分布有密切的关系。水环境容量问题可表述为在选定的一组水质控制点的污染物浓度不超过其各自对应的环境标准的前提下,使各排污口的污染负荷排放量之和最大。水环境容量大小与水资源总量和水体本底值密切相关,水量大、水质清洁的水体水环境容量大,反之水环境容量就小。

对排入水体的各类污染物来说,水环境容量是水环境稀释和同化能力的测度,而对纳污的水体而言,水环境容量是水资源使用价值的大小和性质的量度。水环境容量这一指标是水资源管理的重要参数之一,其原因之一就是水环境容量可以同时反映水资源的社会属性和自然属性。水环境容量大的水体可以容纳更多的污染物,同时不降低其环境目标功能的要求,因而开发利用潜力更大,使用价值相对更大;水环境容量小或饱和的水体,会逐渐丧失水体的可利用性,从而使其使用价值降低,要恢复这类水体的社会属性,需要付出很大的经济代价。

水环境资源主要包括地表水体(湖泊、河流等)和地下水体(承压潜水等)。城市水体环境容量的确定要先计算城市水体的有效空间规模(也称为城市管辖区范围内水资源总量),一般通过市域常年水文观测资料获得,除此之外,城市水体环境容量的确定还需要合理选取城市水体环境质量标准体系。选取标准体系一方面要考虑城市的区域水文环境特点,以地区标准体系为依据和基础;另一方面要参考国家标准体系,加以综合考虑并调整。

3. 土地环境污染物极限容量

土地环境污染物极限容量主要是指土地上表面环境对土地上表面污染物的最大容纳阈值,土地环境污染物极限容量的大小与该地区的土地资源总量、地区污染物本底浓度值等因素有关,其大小可以反映出该地区土地资源的开发利用潜力的大小,土地环境容量大则说明该地区的土地承载力大,土地的开发利用潜力大。

土地环境资源无论是从其类型、构成,还是从其物理、化学过程等方面,相对于水体和大气两种环境资源来说都要复杂得多。就土地环境资源量的确定来说,至少有两个方面必须考虑:一,土地环境资源总量在宏观上应是区域范围内的国土总面积;二,从环境污染影响出发,土地环境资源有效总量微观上应为有土壤层覆盖和裸露的区域国土总面积。

(三)人口极限容量

人口极限容量可以包括水环境人口容量、粮食人口容量、经济人口容量和区域可用土地人口容量等。其中,粮食人口容量是指在一定的生产水平下市域内的土地资源所能供养的一定营养水平的人口数量。受到气候、土壤等环境因素的制约,土地不可能无限地满足人们的需求和容纳超过其容纳能力的人口。粮食人口容量是以土地生产潜力为依据进行计算的。土地生产潜力是指土地潜在的生产力,在干旱区一般把光温生产潜力作为土地生产潜力的上限,将土地的气候灌溉潜力作为土地开发利用的实现目标。

(四)生态容量

生态容量是生态规划研究中首次提出来的新概念,指的是能够持续地提供资源或消纳废物的、具有生物生产力的地域空间,是由环境容量决定的生命活动空间。

针对不同的研究层次,生态容量可以是个人的、区域的、国家的,甚至全球的,生态容量的含义就是要维持一个人、地区、国家或者全球的生存所需要的或者能够吸纳人类所排放的废物、具有生物生产力的地域面积或地理空间,生态容量通常用个人占有、城市或农村利用的资源量、生态污染物破坏控制指标等表示。

生态容量用于表示承载一定生活质量的人口需要的生态空间大小。这里的生态空间主要是指可供人类使用的可再生资源或者能够消纳废物的生态系统,又称为"占用的环境容量"。生态容量的概念和环境人口承载力既相似又略有不同。对于人类以外的动物而言,生态容量与人口容量的结果是相等的。但对于人类来说,容纳一定数量的人口所需要的面积在不同区域的差异非常大,因为人类的资源利用强度、消费水平、废物排放水平存在显著的区域差异性,所以使用人口容量这一概念时必须十分谨慎,必须清楚特定环境所能容纳的人口的生活质量,不同生活质量的人口资源承载力是不同的。因此,人口容量难以进行区域之间的比较。此外,人口容量还难以量化分析国际贸易对其的影响。国际资源贸易改变了资源利用的空间格局,许多发达国家的人口容量远远低于其目前的人口规模,超过人口容量的人口具有不同的文化背景,包括不同的生活质量,不具有直接可比性。而生态容量将每个人消耗的资源折合成全球统一的、具有生态生产力的地域面积,这种面积是不具有区域特性的,可以很容易地进行比较。区域的实际生态容量如果超过了区域所能提供的环境容量,就表现为生态赤字;如果小于区域所能提供的生态容量,则表现为生态盈余。区域生态容量总供给与总需求之间的差值,即生态赤字或生态盈余,可以准确反映不同区域对全球生态环境现状的贡献。

环境容量具有客观存在性、不确定性、可变性与跨学科性等特征,是反映环境系统对物质容纳能力的一种重要指标。我国污染控制经历了浓度控制、目标总量控制阶段,目前正在向基于环境容量的总量控制方向转变。20 世纪 70 年代末期,我国启动了环境容量与水体污染物总量控制研究,并将其应用于环境管理中,成为一种环境管理制度。由环境容量延伸的总量控制是指通过控制一定时间、区域内污染源允许排放的总量,并优化分配到各污染源,以实现预定环境目标的环境规划管理措施。总量控制可以分为以下三种。

(1)容量总量控制:把允许排放的污染物总量控制在受纳水体给定功能所确定的水质标准范围内。

(2)目标总量控制:把允许排放的污染物总量控制在管理目标所规定的污染负荷削减率范围内。

(3)行业总量控制:从行业生产工艺着手,控制生产过程中的资源、能源的投入以及控制污染物的产生,最终将排放的污染物总量限制在管理目标所规定的限额之内。

目前环境容量理论被广泛地用于区域环境的污染物排放总量控制中。例如,在进行城市环境综合整治规划时,通常根据污染源调查结果和已制定的社会经济发展规划,利用各种模型预测未来的环境质量,再根据预测结果和已确定的环境目标,通过浓度、排放量转换关系计算环境容量,然后根据环境容量和污染物总削减量,得到综合治理的总量控制方案。

在环境规划与管理实践中,人们逐渐发现,将环境这样一个复杂的自组织系统,简单地视为污染物收纳"容器"是不合适的。环境系统并不只是一个纳污容器,它对人类发展的作用是多方面的。环境容量反映了环境消纳人类活动及其污染物的一个功能,与此同时,环境也为人类提供了人类活动所需的各类物质资源、文化载体、精神内核等,环境对人类的支持效果远大于环境容量这一概念的内涵,环境容量只能表征环境的一部分功能。同时,人们发现,以环境容量为基础的环境规划,不能很好地解决未来经济发展和环境协调的问题,不能很好地达到规划目的。

承载力(Carrying Capacity,CC)是用以限制发展的一个最常用概念。承载力最早在生态学中用以衡量某一特定地域维持某一物种最大个体数目的潜力,被定义为"一个生态系统在维持生命机体的再生能力、适应能力和更新能力的前提下,承受有机体数量的限度"。早期承载力概念应用较多的是自然公园游人容量的控制。20 世纪 60 年代至 70 年代,承载力的概念被广泛用于讨论人类活动对环境的影响。1972 年,Odum 将承载力的概念引入环境科学领域,形成了环境承载力的概念。

环境承载力最初是用来概述环境对人类活动所具有的支持能力。环境是人类产生的物质条件,是人类社会存在和发展的物质载体,它不仅为人类的各种活动提供空间场所,也供给这些活动所需要的物质资源和能量。这一客观存在反映出环境对人类活动具有支持能力。

承载力概念在形式和意义上发生了深刻变化。1991 年,北京大学等在湄洲湾环境规划的研究中,科学定义了"环境承载力",即环境承载力是指在某一时期,某种状态或条件下,某地区的环境系统所能承受人类活动作用的能力阈值。环境承载力是指环境系统功能的外在表现,即环境系统具有依靠能流、物流和负熵流来维持自身隐态,有限地抵抗人类系统的干扰并重新调整自组织形式的能力。环境承载力是描述环境状态的重要参数之一，即某一时刻的环境状态不仅与环境自身的运动状态有关，还与人类作用有关。环境承载力反映了人类与环境相互作用的界面特征，是研究环境与经济是否协调发展的重要判据。由于环境系统的组成物质在数量上有一定的比例关系、在空间上具有一定的分布规律，所以它对人类活动的支持能力有一定的限度。眼下突出的各类环境问题大多是人类活动与环境承载力之间出现冲突的表现。当人类社会经济活动对环境的影响超过了环境所能支持的极限，即外界的"刺激"超过了环境系统维护其动态平衡与抗干扰的能力，意味着人类活动对环境的作用力超过了环境承载力。因此，环境承载力是一种衡量人类社会经济与环境协调程度的工具。要做好资源环境规划，必须掌握环境系统的运动变化规律，了解发展中经济与环境相互制约的辩证关系，在开发活动中做到发展生产与保护环境相协调。

环境承载力具有资源性、客观性、运动性、可调控性等特征，环境容量与环境承载力反映了环境质量的两个不同方面：环境容量反映了环境质量的量化特征；环境承载力反映环境质量的质化特征。两者的容载对象和服务对象有所区别，但却有着重要的联系，前者是环境对区域发展提供的阈值，是环境功能作用的"外部性"；后者是环境对区域社会经济发展支持的最大阈值，是环境功能作用的"内部性"。环境容量的存在为环境承受外界作用和影响提供了基础，而人类改造环境很大程度上是为了提高环境承载力，这一过程会改变环境容量（见表2-2）。

表 2-2　环境容量与环境承载力的关系

		环境容量	环境承载力
区别	容载对象	污染物的最大负荷量	人类社会经济活动的最大负荷量
	服务对象	污染物总量控制、规划布局方面的应用	社会经济发展规划
联系		①一个事物的两个方面：前者是环境对区域发展提供的阈值，是环境功能作用的"外部性"；后者是环境对区域社会经济发展支持的最大阈值，是环境功能作用的"内部性"；②环境承载力以环境容量为基础	

环境承载力本质上是环境系统组成与结构特征的综合反映，用来衡量环境承载力变化的指标体系一般包括自然资源供给、社会条件支持和污染承受能力等三类指标。环境承载力又可分为环境基本承载力、环境污染物承载力、环境抗逆承载力、环境动态承载力四个方面，反映大气、水、土地环境、社会经济环境的动态和静态变化水平。

1. 环境基本承载力

环境基本承载力是环境承载力的最基本性质，可通过拟订的环境质量标准减去环境本底值求得，或分别由大气、水、土地、社会经济环境指数表示。

2. 环境污染物承载力

环境污染物承载力主要从污染物角度考察污染物在一定的区域环境下对环境的侵

占度及破坏度,从而反映区域环境系统对社会发展(特别是工业发展)的承载力与支持力,即区域环境通过对污染物的负荷体现对社会发展的支撑力度和承载力度。一般选取大气污染指数、水污染指数、污染物排放密度指数和污染物排放强度指数作为环境污染物承载力指数因子。

3. 环境抗逆承载力

环境抗逆承载力主要是指环境本身自我调节和恢复的能力,一般可以用气候变异指数、生态脆弱指数和生态调控指数表示。生态调控指数反映区域生态环境的主动性和适应性,该指数包括污染物调控指数和环境调控指数。前者是人为改善生态环境的能力,体现了人在区域环境承载力中的作用;后者是自然环境本身对环境破坏的缓解与承载能力,体现了环境自然秉性对环境的承载能力。

4. 环境动态承载力

环境动态承载力主要取决于环境基本承载力、环境污染物承载力、环境抗逆承载力的变化程度,其中起决定性变化的是环境污染物承载力。

在生态建设过程中通过污染物的控制,可以提高环境基本承载力和环境抗逆承载力,保持环境承载力的稳定性。要量化环境承载力一般需要建立数值模拟模型和预测模型,分析大气、水、土地、社会经济环境的动态和静态变化趋势,确定环境承载力指数。对于环境承载力的定量表示,鉴于环境系统与人类社会经济系统的复杂性、变动性,目前很难将环境承载力的概念模型进行量化处理后得到一个具体的量化值,但是可以从环境承载力的关联系统建立可以量化的指标体系,对其进行间接的定量描述。

20 世纪 70 年代中期,环境科学专家提出了判别式,当 $\dfrac{人类活动强度}{环境承载力} \leqslant 1$ 时,可以认为,人类活动与环境是协调的。

浙江大学一位学者提出了用环境承载力的变化表示经济环境协调发展的四种模式。

(1)环境承载力呈阶梯形变化的"增长—顶点—下降"协调模式。

(2)环境承载力不变,生态系统量以 S 形渐近环境承载力的环境经济饱和型协调模式。

(3)环境承载力呈倒 S 形下降趋势的倒 S 形协调模式。

(4)环境承载力呈正弦波动的正弦型波动模式。

若将环境承载力(Environmental Bearing Capacity,EBC)看成一个函数,则它至少应该包含三个自变量,即时间 T、空间 S 和人类经济行为的规模与方向 B,环境承载力的函数可以解释为

$$EBC = F(T, S, B)$$

即在特定时间、特定空间范围内,环境承载力会随着人类经济行为规模和方向的变化而变化。

环境承载力是一个多维向量,其每一个分量又可能由多维指标构成,所以描述环境

承载力的指标构成了庞大的指标体系,具有多样性。

从环境系统与人类社会、经济系统之间物质、能量和信息联系的角度,环境承载力指标系统可以分为以下三个部分。

(1)资源供给指标:水、土地、生物、大气等自然资源。

(2)社会影响指标:经济实力、污染治理投资、公共设施、人口密度等。

(3)污染容纳指标:污染物排放量、绿化状况、污染物净化能力等。

指标体系中的指标要与环境承载力的大小成正比关系。而在实际应用中可以进一步列出更加具体的指标,进行分区定量研究,其结果可以作为判断人类活动与环境条件协调与否以及怎样进行协调的依据。

环境承载力理论是环境规划与管理领域的重要基础理论,有重要的应用价值。以环境承载力为约束条件,对区域产业结构和经济布局提出优化方案,可以使人类社会经济行为与资源环境状态相匹配,不断改善环境,提高环境承载力,在环境承载力范围内制定社会经济发展的最优方案。

二、资源承载能力

资源承载能力是资源环境领域持续争论近两个世纪的一个经典命题,在发展过程中,资源承载能力的概念与研究框架不断被更新,但始终聚焦在人地矛盾与可持续性上。

随着全球人口激增、人类需求的多样化增长,人类社会与自然资源、生态环境之间的矛盾在局部地区乃至全球范围等更大的尺度中日益尖锐,人类社会在不断发展、不断扩张、不断收获资源与财富的同时,也受到了自然系统的反噬,与资源环境承载能力有关的研究命题逐渐进入了人类科学与决策视野。

承载能力研究萌芽于第一次工业革命初期资源供给与人口增长成为社会主要矛盾的大背景下,绝大多数学者将承载能力研究追溯到 1798 年马尔萨斯发表的《人口论》。当时承载能力研究的主线是人口与粮食系统、动物种群与生物量的关系,侧重于研究自然系统的资源属性指向的承载能力,这一时期主要以人口学与生物学领域的土地资源、生物量等单要素承载能力研究为代表。

18 世纪末,马尔萨斯的《人口论》文中指出,人口的指数增长与食物的线性增长产生的矛盾必将造成食物短缺,这一思想为发展承载能力概念提供了理论基础,并深刻影响了达尔文及 19 世纪整体进化论思想。1838 年,比利时数学生物学家 Verhulst 首次用数学表示出了马尔萨斯关于人口增长和极限的假设,提出了著名的人口增长模型,即逻辑斯蒂方程。马尔萨斯关于人口指数增长与上限的假设与逻辑斯蒂方程的数学化表达一起奠定了资源承载能力研究的基础。

但具有划时代意义的逻辑斯蒂方程及其假设在当时并没有引起学界的广泛关注。1922 年,美国人口学家 Hawden 等将逻辑斯蒂方程及其假设应用于种群生物学研究中,并首次将承载能力定义为一定时期内一个牧场在不被破坏的情况下所能支持的牧畜数量。1943 年,Leopold 提出了类似的概念,将承载能力定义为生物量所能维系的种群"最大密度",并首次提出了"人口承载能力"的概念,即单位面积所能容纳的人口数量。

在工业化与城镇化等的作用下，世界人口快速增长，很多学者开始关注古典经济学讨论下的土地资源与粮食短缺问题，研究人口承载能力方向逐渐成为学界的主流方向。第二次世界大战后，各国相继迎来新生儿热潮，各国人口、土地与粮食之间的矛盾日益凸显。

1948年，现代马尔萨斯主义的代表人物、美国生态学家Vogt发表了著名的《生存之路》，这一报告将土地生产食物的能力与环境影响联系起来，呼吁大众减少消费，同时限制人口，以此减少对生态环境的破坏。1949年，英国Allan通过对非洲农牧业的研究指出，每一个粮食系统都有一个临界的人口密度，并且将土地资源承载能力定义为：在不引起土地退化的情况下，一定面积的土地所能支持的最大人口数量。1957年，马寅初在《人民日报》发表了关于人口急剧增长问题的代表性论著《新人口论》，文章指出，人口增长与资金积累、粮食、工业原料等之间存在矛盾，呼吁控制人口数量并提高人口质量。这一阶段的承载能力研究在事实上推进了人口学、生物学与古典经济学等学科的发展，其研究范畴与关键命题一直延伸并争论至今，批评者称之为马尔萨斯陷阱。

从18世纪末马尔萨斯的《人口论》，20世纪70年代罗马俱乐部的《增长的极限》，20世纪90年代至21世纪初的生态韧性、气候护栏、临界点等理论，再到现阶段伴随着地球系统科学与可持续科学发展兴起的地球边界、安全公正空间等概念与研究框架，承载能力的科学逻辑在丰富多样的理论系统里被继承。尽管在英文语境下，"Carrying Capacity"这一术语仍存在很多争议，很多学者对知识技术进步与市场机制等因素作用下承载能力是否存在及其可精确度量仍有争论，但承载能力作为一个经典且依然在不断推陈出新的研究方向，始终是受到国内外学者长期关注的前沿命题。

由于中国资源禀赋差异巨大，同时中国还具有人口基数大、经济体量大、经济增速高等特点，在短短40年内，中国便经历了以牺牲资源环境为代价的高速工业化、开始注重可持续与科学发展、生态文明建设与高质量发展等生态文明建设发展的不同阶段。中国与欧美发达国家不同的基本国情与阶段特点、学科发展与社会需求等，都决定了中国资源环境承载能力研究在研究尺度与聚焦问题、主导学科与基础理论、政治治理与话语体系等方面与欧美发达国家有较大差别。

中国对人口承载能力的研究可追溯到20世纪30年代，如张印堂通过对未来中国农牧业生产发展的上限进行测算，对中国食物生产可承载的人口容量进行了预测；陈长蘅进一步从食物、衣物等人们日常生活必需品供给的角度分析了中国土地与自然资源可承载的人口容量，并提出了实行人口政策的必要性。到了20世纪80至90年代，中国的承载能力研究仍然以"人口—粮食"链条为载体，并由单一的土地承载能力研究逐步拓展到环境、生态、水资源等多要素资源环境承载能力的研究。在2008年汶川地震灾后重建工作后，中国的学者们开发了中国特色的资源环境承载能力研究系统，提出了基于环境、生态、资源、灾害等可持续属性集成的综合承载能力研究范式，建立了不同尺度对应不同地域功能的承载能力评价方法，这一系列的研究工作在主体功能区划、国土空间规划编制、地震灾后重建规划、监测预警长效机制等工作中都发挥了重要作用，尤其在政府决策层面产生了重大影响，成为生态文明体制改革与优化国土空间开发保护格局的重要抓手。

　　"资源环境承载能力"这个科学概念当前在国内主要出现在国家政策文件中,并不能完全对应英文中"Carrying Capacity"的概念与研究框架,也不能完全继承或借鉴"Carrying Capacity"的研究进展。承载能力研究是关于人地关系的科学,具有综合性、交叉性和区域性的特点。当前我国的资源环境承载能力研究的重点方向是基于地理学长期坚守的人地关系方向,对国外"Carrying Capacity"概念的历史背景、学科基础、发展过程与当前主要趋势进行系统梳理,通过国内外对比研究并结合当前中国国内生态文明建设与空间治理需求,深化系统应用中国特色资源环境承载能力研究。

　　2020 年,我国自然资源部办公厅印发的《资源环境承载能力和国土空间开发适宜性评价指南(试行)》中将资源环境承载能力定义为"基于特定发展阶段、经济技术水平、生产生活方式和生态保护目标,一定地域范围内资源环境要素能够支撑农业生产、城镇建设等人类活动的最大合理规模"。

　　从承载体来看,自然系统由水、大气、土壤、岩石、生物等基本要素构成,可以为人类生存发展提供必要的资源与生存环境。在探讨自然系统与人类生存发展的关系时,自然系统具有生态、资源、环境、灾害等基本属性,并且自然系统可以为人类社会提供不同形式的服务、保障或负面影响。因此,承载能力研究范畴包含人地系统中单项要素、多项要素以及系统要素的研究。

　　从承载对象来看,人类社会系统是一个由政府、公民、社会组织、企业等行为主体构成,通过基础设施与公共服务,以及技术、知识与价值等基本制度规范联结起来的整体系统。当不同的主体行为与制度规范等元素投影到区域或空间时,在不同的空间位置会产生功能分异,分化出农业发展、城镇化、生态服务、牧业生产、游憩等不同功能。要维持不同功能的可持续性并保持安全、稳定供给,需要匹配相应的自然系统条件。当自然系统条件给定后,自然系统能够承载的人类社会不同生产生活功能的最大容量即是资源环境承载能力的概念,包括人口、牲畜、经济、基础设施及文化容忍度等标量。因此,承载能力研究的范围包括人口承载能力、经济承载能力、文化承载能力和旅游承载能力等不同概念。

　　无论是自然系统还是人类社会系统,在实际中,其系统构成要素与局部状态一直在不断发生变化,一些有规律可循,一些则是混沌运行,例如无法预测的极端天气、不可预期的技术进步与市场机制等。此外,广泛的能量、物质、信息等交换关系在不同要素、不同局部、不同尺度的系统之间普遍发生,如水-能源-食物关联关系、商品贸易产生的虚拟水等都会导致承载能力评价与归因产生争议。因此,如何界定人地系统的边界、自然与人类社会系统要素构成和运行机制、系统整体或局部多重稳态及阈值、系统代理与跨层级反馈能力等,从而构建人地关系分析框架,是定义、认知和理解资源环境承载能力的重要前提。

　　近期,一系列比较具有影响力的承载能力研究开始在政府层面开展,包括服务于灾后重建工作的资源环境承载能力评价、作为生态文明体制改革重点任务的资源环境承载能力监测预警、作为支持新时期国土空间规划改革的基础性工作的资源环境承载能力和国土空间开发适宜性评价等。在围绕区域可持续发展与空间治理的承载能力研究上已经形成了中国特色,在系统集成研究、区域政策支撑、不同类型区应用等方面,我国都处于先行或领先地位。未来,我国的中国特色资源环境承载能力研究有望进一步巩固发展并形成理论范式的区域研究,这将更有效地发挥中国话语体系下承载能力的作用,丰富和完善中国特色资源环境承载能力理论与实践研究,为更多发展中国家甚至发达国家提供借鉴。

三、生态系统承载能力

人类对地球生态系统的各种影响或破坏引起学界的广泛关注后,系统理论与生态学模拟模型、政策分析等各种学说与理论逐渐融合,多重稳态、适应性能力、生态系统韧性、脆弱性、扰沌等一系列生态系统概念与理论被提出或得到发展。这些生态系统概念与理论在 20 世纪末期至 21 世纪初期得到了广泛应用,并逐渐形成了生态系统承载能力的研究范式。因此,承载能力的研究不再停留在机械式的数理计算或阈值判断阶段,而是拓展到系统论、动态、非线性、多层级等多维视角,产生了复杂适应系统、多重均衡、自组织等概念,开始逐步发展了应用生态学、人类生态学等现代生态学理论。

1987 年,世界环境与发展委员会(WCED)发表的《我们共同的未来》是生态系统承载能力研究历史上又一个标志性的事件,会议上提出了"可持续发展"的概念。在此之后,生态系统承载能力的研究开始逐渐聚焦到可持续发展研究领域。但也有学者指出承载能力与可持续性存在明显的不同。1992 年,加拿大生态经济学家 Rees 提出了"占用承载能力"分析方法,此分析方法通过"生物生产性土地"的概念量化人类对自然资源的占用,后又重新被命名为"生态足迹"。此后,虚拟水、水足迹等一系列概念被提出,并被引入到国际贸易与水资源评估中,能值、转换率等概念与方法被不断应用到生态系统健康评估中。

20 世纪 60 年代左右,影响生态系统承载能力研究的另一条主线是 Lovelock 提出的盖亚假说,同时联合国政府间气候变化专门委员会(IPCC)成立并带来了广泛的影响。1990 年,IPCC 发布了第一次气候变化评估报告,报告中指出,人类活动导致的排放正在使大气中二氧化碳、甲烷、氟氯化碳和氧化亚氮等温室气体的浓度大幅增加。1992 年,联合国环境与发展会议(UNCED,也称地球高峰会议)召开。会议上,环境污染排放、不可再生能源开发、气候变化、水资源供需与海平面上升等议题引起各国的广泛关注。在政策应对上,经济增长不再被视为一种对环境保护的阻碍,而是被视为解决环境问题的方法之一。生态系统承载能力也因此逐渐成为环境治理市场的监管工具,而不是一种对经济发展的限制。生态经济学这一新兴交叉学科由此诞生,其内核是探讨社会经济和生态系统的时空依赖与共同演化。

与此同时,生态系统承载能力的概念被进一步推广应用到不同区域、不同地理尺度的城市规划、农业与旅游管理等多个领域,发展并丰富了城市承载能力、农牧最大持续产量、旅游承载能力等多个外延概念,例如 Oh 等学者将承载能力概念应用到城市规划与管理中,开发了城市承载能力评估的综合框架,并根据基础设施与土地利用等因素确定城市开发强度上限。Davis 等将旅游承载能力定义为生态环境在不发生不可逆转或不可接受的恶化且不显著降低用户满意度的情况下,能够承载的最大游客数量。

四、自然系统承载能力

随着对气候变化与复杂系统研究的逐渐深入,人类活动对地球系统产生的影响和作用变得更加不可忽视,"人类世"这一新地质时代的概念被提出,以凸显人类活动在全球变化中的主导地位。在生态学领域,人类社会不再被认为是生态系统的局部,而是被视为与生态系统对等的系统,且人类社会与生态系统共同构成了"社会-生态"复杂适应系统。

面对前所未有的资源环境压力与气候变化带来的危机,本时期承载能力研究的重点问题是如何确定地球或区域这一复杂适应系统所能承受的人类活动上限以及系统内部组织与恢复能力。1997年,Meadows首次提出了杠杆点概念,杠杆点被定义为复杂系统中发生微小变化便可以使得系统产生巨大变化的位置。2008年出版的《Thinking in Systems:A Primer》从参数、规则、反馈、目标等方面探讨了人地系统临界状态与促进可持续转型的方式。

受Meadows与Lovelock等学者们学术思想的启发,瑞典斯德哥尔摩韧性中心的Rockström等学者在2009年首次提出了"地球边界"的概念。"地球边界"的概念认为地球系统中的生物物理过程均存在"安全运行空间"。Schellnhuber等学者在美国科学院院刊专刊撰文,系统地探讨了地球系统临界要素的概念,指出一旦人类活动的干扰超过了临界条件,地球系统会由一个稳态跳跃进入另一个稳态,产生突变。2015年,Steffen等学者对地球边界的研究进行了更新与补充,对关键生物物理过程进行了调整。与2009年的结果相比,不仅基因多样性和氮循环仍然处于高风险区内,磷循环和土地利用变化也相继被列入了高风险区。同时,在众多国际会议中均能看到地球边界研究产生的影响,例如,2012年里约热内卢召开的地球高峰会(Rio+20)上确定了可持续发展目标(SDGs),并于2015年正式实施,同时还发布了未来地球计划,旨在建立全球环境变化与人类活动影响的跨学科知识体系与可持续解决方案,其中许多目标的制定充分考虑了地球边界框架,如生物多样性保护、海洋资源开发以及陆地生态系统的可持续利用等。

然而,一些批评者指出,地球边界框架仅适用于全球范围,无法有效指导不同国家和地区的环境政策,且仅关注环境保护可能会忽视极端贫困以及其他社会不公平的现象。许多学者对国家、城市、流域等不同尺度下的安全运行空间或临界点进行了研究,试图推动其向社会经济维度、区域尺度、政策应用等方面拓展。与此同时,得益于Ostrom提出的"社会-生态"系统框架,复杂性空间治理逐渐成为承载能力政策领域的目标与解决方案。Raworth等学者受到安全运行空间研究的启发,提出了"甜甜圈"经济学,并与地球边界团队共同提出了"安全公正运行空间"概念,将社会界限的实现引入到"地球边界"框架中,试图在可持续利用前提下实现自然系统的社会公平。Dearing等学者将人类福祉与安全运行空间的研究相结合,面向区域尺度的政策应用与空间治理,提出了人类安全公正运行空间的研究框架,并对中国两个农村地区进行了实证研究。O'Neill等学者对全球150多个国家和地区的安全公正运行空间进行了量化,指出没有一个国家能够在全球自然系统可持续开发前提下满足其公民的基本需求。

地球边界框架理论普遍被学界接受并认为是一个巨大的成功,但同样也在学界引起了许多质疑和批评,例如边界制定中如何体现区域或局域的差异性、边界之间的相互作用以及跨级联动效应等。社会科学领域学者同样对该理论进行批评并指出,无论是环境界限还是社会界限的评估都会受到客观和主观因素的影响,但最终的界限设定与否均由政策决定。此外,人地系统内部不同要素在不同尺度的级联与耦合机制被认为是影响承载能力或边界测算的重要因素。2011年,世界经济论坛提出了"水-能源-食物"关联系统的研究框架,该研究框架采用多区域输入/输出模型、生命周期评估(LCA)、综合评估模型等方法进行测度。该框架被联合国粮食及农业组织(FAO)所倡导,并不断演化,拓展为"土地-水-能源""水-能源-食物-生态"等关联系统。但同时,有批评者认为该框架缺少对资源获取和分配的讨论,很难满足跨时空尺度的数据需求。

第五节　空间结构理论

一、空间结构基本理论

区域环境规划是区域规划的重要组成部分,它从环境保护的目的出发,科学、合理地安排生产规划、生产结构和布局,调控人类自身行为,是一项涉及自然、社会和经济系统的复杂的系统工程,因而需要环境科学、经济学、生态学和地理学等多学科知识共同完成。区域性环境规划在进行区域选择时,除了考虑经济因素,还要以不破坏生态环境为选择前提,将环境和生态因素放在同等重要的地位考虑。区域经济空间结构是在长期经济发展过程中人类经济活动和区位选择的累积结果,具有相对稳定性,在形成后需要较长的时间跨度才会改变。

空间结构理论是指在一定区域范围内,社会经济各组成部分及其组合类型的空间相互作用和空间位置关系,以及反映这种关系的空间集聚规模和集聚程度的学说,是研究人类活动空间分布及组织优化的学科,是一门应用理论学科,为环境规划提供理论基础和方法支持。空间结构理论是在古典区位理论的基础上发展起来的、总体的、动态的区位理论。任何一个区域或国家,在不同的发展阶段,有着不同特点的空间结构。完善的、协调的、与区域自然基础相适应的空间结构对区域社会经济的发展具有重要意义。

空间结构理论的主要内容包括社会经济各发展阶段的空间结构特征、合理集聚与最佳规模、区域经济增长与平衡发展间的倒"U"形相关、位置级差地租与以城市为中心的土地利用空间结构、城镇居民体系的空间形态、社会经济客体在空间的相互作用、"点-轴"渐进式扩散与"点-轴系统"等。空间结构理论在实践中可用来指导制定国土开发和区域规划发展战略。

二、主体功能区划与分区管控理论

(一)城市空间结构理论

城市空间结构理论即城市形态理论,是指各种经济活动在城市内的空间分布状态及其空间组合形式。城市内部由于土地利用形态存在差异,因而形成了不同的功能区和地域结构。随着城市规模的扩大,城市内部地域结构趋于复杂多样化,各功能区之间的联系也变得更加紧密。当人口膨胀带来的压力积压旧的城市结构,城市结构无法负担时,便产生了环境污染、交通拥堵、住宅拥挤、电力和水供应紧张等问题。这时城市会以一定的方式向外围扩展,形成新的空间结构。因此,城市处于不同的发展阶段会具有不同的空间结构。城市空间结构是城市经济的一种重要结构,因为城市经济活动是在地理空间内进行的。

目前已存在多种城市空间结构理论模式,如西方的同心带理论、扇形理论和多核理论等,前苏联及其他东欧国家和中国提出的分散集团模式、多层向心城镇体系模式等。

在城市发展中,要考虑如何实现要素的空间优化配置和经济活动在空间上的合理组合,从而克服空间距离对经济活动的约束,降低成本,提高经济效益,同时也要考虑如何防止城市的生态环境遭到破坏,并取得环境效益的最大化。城市的发展具有阶段性,这种阶段性表现在城市发展与生态环境的相互作用上,在不同的发展阶段城市的生态环境具有其特殊性,正确认识城市空间结构的演化规律,才能因势利导地进行城市规划。

城市生态环境演化模式是城市发展的内部动因和外部压力共同作用的结果。一方面,内部动因可以是城市采用某种进化模式的能力和意愿,体现在经济发展水平、环境意识、工业和环境政策等方面。较强的内部动因可以缩短或跨越某个发展阶段,从而直接进入下一阶段。因此,通过调整内部动因可以实现在不同演化模式之间做出选择。另一方面,来自城市的外部压力也会影响城市生态环境问题的演化模式,这些外部压力包括城市自然条件和资源的制约、不断增长的环境意识及日益全面严格的国际环境公约。较强的外部压力可以影响甚至改变城市演化过程。

城市的演化过程可分为以下四个阶段。

(1)城市膨胀阶段。市区逐渐向四周扩展,形成向心环带的空间结构,其形态为团块状,我国的中小城市和一些人口数量少于100万的大城市处在这一阶段。

(2)市区蔓生阶段。由于中心对外围的吸引力与城市的膨胀逐渐减小,城市近郊沿交通线兴起了新的工业区、居民区、文明区,第一、二代卫星城被并入市区,其形态由团块状变为星状。

(3)城市向心体系。城市远郊区出现第三代卫星城,它们相对独立,又与中心城市保持一定联系,有的还起到反磁力作用。

(4)城市连绵带。多个大城市的卫星城相互衔接,连绵成带。

认识和正确理解城市发展演化的四个阶段,对科学地进行环境规划和预测具有重要的意义,不是所有的城市都经历从低级到高级的发展阶段,其规模受区域环境承载力和社会经济条件决定。因此规划适应视具体情况而定,团块状的中小城市如果盲目地进行分散规划,必将造成经济上的巨大浪费;星状的大城市应进行多中心集团式布局,不能片面地强调单一中心的集聚。

(二)主体功能区划

环境功能区划是环境规划的基础,也是城市环境规划的重要组成部分,旨在实现城市环境分区分类管理,便于环境目标管理和污染物总量控制,为城市社会发展和经济开发建设活动提供科学依据,为城市工业布局、产业结构调整提供指导意见。环境功能区划是从环境与人类活动相和谐的角度来规划城市或区域的功能区,它与城市和区域的总体规划相匹配。环境功能区是根据自然条件和土地利用现状及未来发展方向划分的,各功能区具有不同的环境承载力,因而对区域内城市的发展规模、生产结构和生产力布局产生一定限制和影响。

党的十八大以来,党中央部署了一系列新的区域重大战略,对国土空间布局、结构和功能关系提出了新要求。自然资源部发布的《主体功能区优化完善技术指南》自 2024 年 1 月 1 日起正式实施,该指南以资源环境承载能力和国土空间开发适宜性评价为基础,立足区域比较优势,开展主体功能定位综合评定,将"三条控制线"面积及占比纳入指标体系,作为各功能区优势度评估的重要因素,分别对县区的农业功能优势度、生态功能优势度、城镇功能优势度进行评估,并对原主体功能定位符合性进行判断,识别出需要优化调整的县区,更好地匹配资源环境承载能力,支持构建新发展格局,促进高质量发展,主要适用于省级和市、县级国土空间规划编制与修订,以及按照主体功能区动态调整要求等开展主体功能区优化调整。指南重点明确如何在国家和省级国土空间规划中完善落实主体功能区战略、优化主体功能分区,通过市级以下国土空间规划划定功能分区,明确详细规划单元等,自上而下逐级传导,推动主体功能区战略精准落地。指南中提出了要结合国土空间规划定期评估、行政区划调整、国家战略部署等,加强主体功能区实时监测和定期评估,动态管理主体功能区名录,提升主体功能区战略实施的灵活性,使其更加适应高质量发展要求,提升我国空间治理现代化水平。指南中强调发挥主体功能区作为战略融合的纽带和空间治理的基础底盘作用,在延续原农产品主产区、重点生态功能区、城市化地区三类主体功能区的基础上,统筹能源安全、文化传承、边疆安全等空间安排,叠加划定能源资源富集区、边境地区、历史文化资源富集区等其他功能区,形成"3+N"主体功能分区体系。

城市空间结构的要素构成主要包括城市自然要素、城市物质要素、城市经济要素和城市社会要素四个方面,城市自然要素与城市物质要素是城市空间的外在表象和载体,城市经济要素与城市社会要素是城市空间的内在机制与动力。城市是一个具有多种社会、经济功能的综合体,其不同的区域担负着不同的社会功能,同时它们对环境质量有不同的要求,环境功能区划是为了使其不同区域的社会、经济功能得以正常发挥,从环境保护的角度出发,并结合自然环境、社会经济条件将城市空间划分为不同的功能区域。

进行城市环境功能区划的原则如下。

（1）以城市生态环境特征为基础,选择最能反映区内相似性和区间差异性的城市生态环境指标体系。

（2）以城市生态系统的理论为指导。

（3）从整体性出发,局部利益服从全局利益。

（4）采用动态区划的方法,按目标区划从严、现状区划实事求是的原则,以环境功能确定控制目标,分期实施。

（5）各功能区分别执行相应的国家环境质量标准。

（6）以科学发展观和以人为本的可持续发展战略总目标为指导,对目前未确定形成的开发区,根据其发展的需要及生态环境适宜度的可能性确定其目标功能。

城市或区域各功能区之间是由许多网络相互联系的,例如城市具有经济、能源、交通、市政、商业、文教、卫生和信息网络等,它们各自构成区域大系统的子系统。贯穿城市功能区的各种网络相互联系和制约着系统生产和生活的正常运转,充分发挥其总体功能。城市功能区的分布多种多样,但基本上遵循距离衰减规律,大体上呈向心环带分布。但城市功能区自然条件之间的差异,如山脉的不同走向、河流和地下水的不同流向、常年主导的不同风向,有时会改变这种地带性分布。

城市环境功能区划是城市管理者为使城市环境与经济社会协调发展而对自身活动和环境所作的时间和空间的合理安排,其目的在于调控城市中人类自身活动,减少污染,防止资源破坏,以取得最佳的环境、经济和社会效益。

（三）分区管控理论

生态文明建设是我国的发展大计,生态文明建设事关国家安全,事关永续发展,事关民族未来。生态文明建设的重要内容包括发挥国家发展规划的战略导向作用、健全主体功能区制度、统筹山水林田湖草系统治理、推进国土空间治理体系和治理能力现代化等。

国土空间是指在时空上连续分布的、由一系列不同类型和不同功能的地理单元组合而成的有机整体。2019年5月,中共中央、国务院颁布了《关于建立国土空间规划体系并监督实施的若干意见》(中发〔2019〕18号),要求"建立国土空间规划体系并监督实施,将主体功能区规划、土地利用规划、城乡规划等空间规划融合为统一的国土空间规划",搭建起"四梁八柱""五级三类"的国土空间规划体系。

不同范围的国土空间包含了资源、生态、环境、经济、社会等多种要素组成的功能单元,这些功能单元在国土空间整体功能形成中所起的作用不同,其中的某一种或某几种要素在国土空间整体功能中起主导作用。主导功能是事物作为主体应发挥的起支配地位、主导作用的核心功能。对一定范围的国土空间而言,主导功能有多重选择,例如以提供工业品和服务产品为主导功能,以提供农产品为主导功能,或者以提供生态产品为主导功能。同时,空间区域的主导功能并不排斥其他功能。国土空间主导功能型分区定位根据国土空间的整体定位和整体功能,按照区域分工和协同发展的原则,在多重功能要素中找出不同空间单元在整体功能中起主导作用的要素,以确定某个特定空间单元的功能或优势功能。国土空间相关的主导功能分区可以为国土空间生态修复分区提供科学依据和基础支撑。

改革开放以来,在国土空间规划与空间治理体系中,我国逐渐摸索并推出了多种主体功能或主导功能相关的区划。自 20 世纪 50 年代以来,中国在地域主导功能型区划中,相继开展了城市功能分区、农业区划、土地利用区划、经济区划、生态功能区划、"三区三线"、国土主体功能区划、国土空间规划等区划工作。因为不同分区的目标、功能定位不同,所以不同侧重点的国土空间功能区划有着不同的划分方法和依据、评价因素和指标、划定空间类型和分区定级。

国土空间生态修复分区是国土空间规划和管控的具体举措,也是生态文明建设的基础支撑。这一举措以生态保护红线为底线、以生态主导功能为依据,将政府主导的"自上而下"和公众参与的"自下而上"相结合,综合考虑区域发展差异、土地利用格局、典型生态单元等多方面国土要素,并在不同空间尺度上进行统筹规划,旨在构建"整体保护、系统修复、分类施策、综合整治"的国土整治与生态建设格局。

自上而下的划分方法主要基于国土空间的整体性和系统性展开,通过对地域分异和功能主导进行评价界定,逐步划分不同等级的分区;而自下而上的划分方法侧重区域单元的异质性和相似性,通过对功能状况和主要问题进行评价分析,层层合并划分不同等级的分区。在国土空间生态修复分区研究中,这两种划分方法相互补充、相辅相成。大范围尺度内适用"自上而下"划分,小范围尺度内适用"自下而上"划分,二者有机结合更能突出分区的整体性、系统性、综合性和科学性。这种综合划分方法有助于促进国土空间生态修复工作的科学实施,推动生态环境保护和可持续发展目标的实现。

国土空间生态修复涉及的基础理论包括人地关系理论、生态经济理论、系统工程理论、地域分布理论、景观生态学理论、可持续发展理论、生态文明理论、恢复生态学理论等。

新时代生态修复要树立生态文明建设六大理念。

(1)树立尊重自然、顺应自然、保护自然的理念。

(2)树立发展和保护相统一的理念。

(3)树立绿水青山就是金山银山的理念。

(4)树立自然价值和自然资本的理念。

(5)树立空间均衡的理念。

(6)树立山水林田湖草是一个生命共同体的理念。

生态修复分区的核心理念是要树立"大系统、大生态、大格局"的理念,这意味着在统一行使所有国土空间用途管制和生态保护修复职责的基础上,必须从战略性、整体性、系统性、综合性等多个方面进行统筹考虑。国土空间生态修复必须坚定地奠定在"大系统、大生态、大格局"的理念之上,持续贯彻"生命共同体""三生协调""适宜性管理"等理论指导,以优化空间结构、提高资源利用效率、提升生态功能为目标。这些理论将指导国土空间的生态修复工作,确保生态环境的持续改善和可持续发展。生态修复分区实施必须围绕这些理论指导原则展开,以推动国土空间生态修复工作朝着更加科学、有序、可持续的方向前进。需要精心规划国土空间生态修复工作,通过规划实施调整和优化空间结构,提高国土空间功能的高效利用,以及通过生态系统的修复打造美丽生态国土。同时,建设健全的整治修复制度体系,统筹打造结构完整、功能完善的生态空间,绿色安全、特色明显的农业空间,高质高效、协同互补的城镇空间。这样才能最终实现全域覆盖、分类施策、系统修复、综合整治的国土整治与生态建设格局。

1."生命共同体"理论

国土空间生态保护修复是一个复杂的任务,需要全面考虑各个方面、各地区、所有要素以及整个过程。"山水林田湖草是一个生命共同体"理念是新时代国土整治与生态修复的基本原则。这一理念要求我们充分考虑国土空间格局的协调性、生态系统各功能组分的关联性,并从地域、流域、区域整体性出发,从生态因子、生态单元、生态功能系统性出发,综合考虑自然地理、生态环境和人文社会等多个生态系统之间的联系,统筹推进国土空间山水林田湖草全要素整体保护、系统修复、综合治理,而不是仅仅针对单一对象或目标进行局限性的干预。

2."三生协调"理论

"三生协调"包括生产、生活、生态的协调,是人地关系理论、生态文明理论和可持续发展理论的融合体现。在生态修复方面,"三生协调"强调实现生产发展、生活富裕和生态良好的整体统一。从国土空间规划和主体功能区划的角度来看,国土空间生态修复分区是实施"三区三线"分区管控、推动"三生协调"的重要举措。生态修复分区需要统筹考虑"三类空间"总体格局,以实现对国土空间的综合管理和控制。例如,针对生产空间,包括矿山生态修复、工矿废弃地的土地复垦、农用地的综合整治等措施;针对生活空间,涉及闲置建设用地整治、村庄环境综合治理、人居生态环境综合整治等工作;针对生态空间,包括植被生态修复、河湖岸线生态修复、海岸生态修复等方面的工作。这些措施将有助于促进生态修复工作的全面展开,实现"三生协调"的目标。

3."适应性管理"理论

"适应性管理"是指建立可测定目标,同时考虑生态系统功能和社会需求两个方面,在科学管理、监测和调控活动的基础上满足生态系统容量和社会需求变化的生态管理方法。生态系统适应性管理的核心目标是实现区域生态系统功能的可持续性,在不断探索和了解生态系统内在规律和干扰过程的基础上,制定相应的管理策略,以恢复和维持生态系统功能的稳定性和可持续性。国土空间生态修复分区是在对区域生态系统结构、组成、过程和功能系统有深入认识的基础上,结合资源环境承载力和国土空间开发适宜性的"双评价"采取的一种管控措施,旨在实现地域单元生态功能修复和整体生态功能提升。这种管理模式有助于有效引导地区生态系统的恢复和发展,促进地区生态环境的持续改善和可持续发展。

基于主导功能的国土空间生态修复分区理论所遵循的基本原则如下。

(1)目标导向。

生态修复应与区域发展和生态建设的定位相契合,旨在实现国土空间格局优化、生态系统稳定和功能提升,推动"三生协调",改善人居环境,提高人民福祉。生态修复分区需要同时解决生态环境问题和满足人们对美好生活的追求,致力于打造美丽的国土,为资源管理、土地利用、生态安全和区域经济可持续发展提供服务。在这一过程中,要注重保护生态系统的完整性和稳定性,促进生态功能的恢复和提升,同时考虑人类社会的需求和发展,实现生态修复与经济社会发展的良性互动。这样的生态修复工作将有助于构建可持续的生态文明,推动区域可持续发展,确保未来代代相传的美好生活环境。

（2）功能导向。

生态修复分区的初衷和着眼点均是以"主导生态功能"为核心,其实践了生态优先、绿色发展和"三生协调"的理念,以确保生态空间得到有效保护、生态质量得到提升、生态功能得到增强,进而保障国家的生态安全,促进生态文明建设取得实质成效。通过生态修复分区,各生态地域单元的主导生态功能将得到更加显著的彰显,从而更好地实现局部和整体国土空间生态功能的协调和提升。这一过程将有助于塑造更加健康、稳定和繁荣的生态格局,为人类社会和自然生态和谐共生提供了可持续的基础支撑。

（3）问题导向。

生态修复是针对生态系统功能退化、受损和破坏等生态问题进行的必然举措。在面临的问题中,既有自然因素的影响,也存在人为因素和综合因素的作用,生态修复必须直面问题、针对问题着手解决。生态修复分区需全面考虑生态问题的成因、程度和影响,并因地制宜地选择应对措施。在实施过程中,要紧紧抓住主要问题,突出问题的主导地位,同时尊重客观事实,充分考虑当地的自然环境、社会经济状况和人文特点,以确保生态修复工作的有效性和可持续性。生态修复分区的目标是通过有针对性的措施,最大限度地恢复和提升生态系统的功能,实现生态环境持续改善和生态平衡重建。

（4）任务导向。

生态修复分区在实施过程中应遵循《全国重要生态系统保护和修复重大工程总体规划》的指引,以国土空间管控目标为总体要求。根据各区域的国土空间资源禀赋、发展阶段、重点问题和治理需求,确定全域国土综合整治和生态修复的目标任务、重点区域和重大工程布局。针对任务需求,进行生态修复整体部署,确保国土空间治理在上下、前后环节之间实现有效衔接。通过制定详细的工作计划和实施方案,生态修复分区能够有条不紊地推进各项工作。充分考虑当地的自然生态环境和社会经济特点,科学、合理地确定生态修复的重点和优先领域,以达到最佳的生态修复效果。同时,要加强与相关部门和利益相关者的沟通和协调,形成合力,共同推动生态修复工作的顺利进行。生态修复分区实施需要坚持科学规划、依法治理,注重生态系统的整体恢复和提升,促进生态环境的持续改善和可持续发展。只有通过系统性规划和有序实施,才能有效推进生态修复工作,实现国土空间的可持续利用和生态安全保障。

三、城市空间结构的聚集规模效应

根据空间相互作用理论,社会经济客体在不断发展、扩大和发挥职能的过程中,必然与周围的同类事物或其他社会经济客体发生相互作用。这种作用的强度和密切程度通常取决于事物的集聚规模以及它们之间的距离。换句话说,当社会经济要素相互靠近且规模适当时,它们更容易发生互动和相互影响。

合理的地域和产业结构对提高资源利用率和劳动生产率至关重要。通过科学规划和布局地域和产业结构,可以在最少的土地、人力、物力、财力、时间和环境投入费用下,获得最大的环境经济效益。这种结构的合理性不仅可以有效地促进各项资源的高效利用,还有助于提升整体生产效率和经济效益。

因此,在实践中,应该重视空间相互作用的影响,充分考虑集聚规模和距离对社会经济客体之间相互作用的影响。同时,通过优化地域和产业结构,实现资源的高效配置和生产要素的最佳组合,从而实现经济发展和环境保护的良性循环,推动可持续发展目标的达成。

(一)城市空间结构的环境经济效应

1. 企业的集聚效应

将工业、商业和服务业等行业的企业集聚在一起运作,有助于实现公用交通运输、环境治理以及其他基础设施的共享利用。这种集聚模式不仅可以促进区域内各企业之间的技术、产品和信息交流,还便于实施统一的环境管理和污染治理措施,最终实现环境经济效益的最大化。通过企业集聚运作,不同行业之间的企业可以共享公共基础设施,减少资源浪费,提高资源利用效率。同时,企业之间的紧密联系也有助于技术创新和经验分享,促进产业升级和发展。此外,集聚运作还能够降低交通拥堵和环境污染,提升整个区域的可持续发展水平。

2. 功能区的邻近效应

居民区与工业区的邻近会促进工业生产,但也增加了受到工业污染的风险。因此,在城市规划中应考虑将工业区位于主导风向的下风向位置,以减少对居民区的污染影响。同时,居民区可以布置在上风向的地方,或者选择交通便利的区域,以确保居民生活环境的质量和安全。通过将工业区设置在下风向位置,可以最大限度地减少工业排放对周边居民区的污染影响。这种规划方式有助于保护居民的健康和环境质量,提升整个城市的宜居性和可持续发展水平。同时,将居民区置于上风向或交通便利的地方,不仅可以提供便利的交通条件,还能够避免受到工业排放的直接影响,保障居民的生活品质和安全。因此,在城市规划中,应当考虑工业区和居民区的合理布局,充分考虑风向、交通等因素,确保工业生产与居民生活之间的协调发展。这样的规划方式既有利于促进工业发展,又能保障居民身体健康和环境保护,实现城市可持续发展。

3. 城市设施间的协调效应

对城市内的市政公用设施(如给排水系统)、交通网络、电力供应等基础设施,以及工商业生产设施、农业区域,以及文化、卫生和环保设施等社会服务设施,都应该进行统一和长远的规划。这种规划需要合理布局,让各个设施之间紧密配合,从而方便居民的生产和生活。通过统一规划和协调布局,不仅可以提高城市的运行效率,还能够降低城市建设和运营成本。在城市规划中,对各类设施的位置、容量、功能等要素都应该进行全面考虑,确保它们之间协调配合,以满足城市发展的需要。例如,合理规划交通网络和交通枢纽,可以提高交通效率,减少交通拥堵,同时也方便居民出行。统一规划市政公用设施,可以优化资源利用,提高服务质量,降低维护成本。此外,对工商业生产设施和社会服务设施的布局要符合城市整体发展方向,既要促进产业发展,又要保障居民生活品质。通过统一规划和合理布局,城市各项设施之间可以形成有机联系,相互支持,为居民提供更便捷、高效的生产和生活条件。这种方式不仅有利于提升城市整体竞争力,还可以大大降低城市建设和运营费用,实现资源的最优利用,推动城市可持续发展。

4. 土地利用的密度效应

根据地租理论,现代城市的土地利用应该呈现出从中心到外围逐渐降低的集约化趋势。考虑到我国人口众多、土地资源相对稀缺的特点,可以通过实行征收级差地租等政策手段来提高城市土地利用的集约化程度,促进城市的垂直发展,实现土地价值的最大化。在城市规划和土地利用方面,应该注重优化土地资源配置,推动城市土地的高效利用。一方面,可以通过征收级差地租的方式,对土地利用进行激励性调控,促使开发者更加合理地利用土地资源。这种政策可以引导开发商将土地用于更高效的建设和开发项目,避免低效、盲目地开发土地,实现土地资源的最大化利用。另一方面,鼓励城市垂直发展也是提高土地利用效率的重要途径。通过引导建筑向上发展,充分利用空中空间,可以在有限的土地资源下实现更多建筑面积,提高土地利用效率。这样不仅可以减少城市用地面积,还可以缓解土地资源紧张的问题,同时推动城市的可持续发展。通过征收级差地租等政策措施,以及鼓励城市垂直发展,可以有效提高城市土地利用的集约化程度,最大限度地发挥土地资源的效益,促进城市的可持续发展和繁荣。这种做法不仅符合地租理论的基本原则,也符合我国土地资源稀缺的实际情况,有利于推动城市规划和土地利用的科学发展。

5. 时间的经济效应

当现代化城市的高效率和快节奏运转成为迫切需求时,城市各个环节之间的精准、合理衔接就显得尤为重要,以避免造成时间上的延误和资源浪费。举例而言,商业区和大型公共场所应当紧邻交通站和停车设施,以缩短人们在转换过程中的时间,提高出行效率。这就要求在城市规划时,将不同功能需求相互衔接的区域进行集中布置。为确保城市运转的高效性,各个功能区域的规划与布局应当相互协调、紧密连接。商业区、公共服务设施和交通枢纽等应当相互靠近,形成便捷的交通网络,方便市民出行和利用城市资源。在城市设计中,需要考虑到人们的出行习惯和需求,合理设置交通节点和服务设施,以提升城市运转的效率和便利性。此外,城市规划还应该注重不同功能区域之间的协调发展,避免功能过度集中或分散而导致资源浪费和效率降低。通过合理的功能区域布局,可以使城市内部各项活动有序进行,提高城市运作的整体效率。同时,科学规划城市布局还能够更好地满足市民的生活和工作需求,提升城市的整体品质和竞争力。因此在设计现代化城市时,应当注重各个功能区域的合理布局和衔接,促进城市各部分之间的互动与协同,从而实现城市运转的高效率和顺畅运行。这样的规划方式不仅有利于提升城市的整体运行效率,也有助于提升市民的生活质量和城市的整体竞争力。

6. 城市合理配置及对外联系效应

城市与郊区以及相邻城市之间通常存在生产协作,涉及产品、信息等方面的交流与合作。为了实现区域内各城市的协调发展,促进经济效益的统一,区域性环境规划应当对各城市的规模、生产结构和工业布局进行合理配置。在区域性环境规划中,需要考虑城市与郊区、相邻城市之间的互动关系和合作需求。通过科学规划和布局,可以有效整合资源、优化产业结构,实现区域内各城市间产业互补、优势互补,促进经济协作与发展。例如,可以通过合理确定产业集聚区和发展重点,促进产业链的完善和优化,提高整个区域的产业竞争力和经济效益。此外,区域性环境规划还应关注环境保护和可持续发展。在规划过程中,需要考虑生态环境的保护和资源的合理利用,避免环境污染和资源浪费问题。通过制定合理的环境规划政策,可以实现经济效益与环境效益的统一,推动区域经济的可持续发展。最终,区域性环境规划的目标是实现区域内各城市的协同发展,促进经济效益的统一。通过科学规划和有序布局,可以促进城市间的合作与交流,推动整个区域经济的健康发展,实现经济效益和环境效益的统一。这样的规划方式有助于提升区域的整体竞争力和可持续发展水平,为城市群的协同发展奠定坚实基础。

(二)城市空间结构的集聚规模效应

集聚规模经济是指随着生产规模的扩大,产出和平均投入呈现变化的经济现象。一般情况下,在生产规模扩大的初期,平均成本会下降,产出会增加,但随着投入的进一步增加,其平均产出反而会减少。因此,明确企业、工业区和城市的合理规模阈值对规划城市空间至关重要。

在实践中,我们需要认识到集聚规模经济的重要性。通过明晰企业、工业区和城市的适宜规模范围,可以最大限度地发挥规模经济效应,提高生产效率,降低单位成本,并最终实现经济效益的最大化。同时,对于城市规划者来说,了解规模经济的特点和影响,有助于合理布局城市空间,避免过度扩张或规模不足所带来的不利后果。

此外,随着城市化和工业化进程的不断推进,规模经济效应对城市空间规划的影响日益凸显。科学地确定企业、工业区和城市的合理规模阈值,有利于优化资源配置、提升产业效益和推动城市可持续发展。通过合理规划城市空间,可以有效促进产业集聚,形成产业链条,提高整体经济效益。

深入理解集聚规模经济的特点和作用对规划城市空间至关重要。科学、合理地确定企业、工业区和城市的规模阈值,有助于实现经济效益的最大化,推动城市发展朝着高效、协调、可持续的方向前进。这样的规划方式有助于提升城市整体竞争力,促进经济社会的健康发展。

规模经济主要包括以下三种类型。

(1)企业内部规模经济,指企业个体内部的集聚。

(2)布局规模经济,指同一行业序列的企业群的集聚。

(3)城市化规模经济,指城市内不同行业的多类企业的集聚。

在企业自身扩张或规模集聚初期,由于成本的降低和联系的加强,规模经济效益显著。然而,如果人口密集、经济活动过于集中以及土地利用过度密集,可能导致交通拥堵、地租上升等成本问题,同时也会造成生态环境恶化,出现规模经济效应的负面影响。因此,进行合理的环境规划至关重要,只有在一定条件下才能实现经济、社会和环境效益的最佳平衡,最大限度地减少投入成本,获取最大的环境经济效益。

在实践中,我们必须认识到规模经济效益的双重性质。一方面,规模扩大可以带来成本效益和生产效率的提升,从而促进企业的发展和竞争力的提高。另一方面,过度的规模扩张可能引发各种问题,如资源浪费、环境破坏等,进而影响可持续发展目标的实现。因此,需要在发展过程中充分考虑环境规划,确保经济增长与环境保护之间的平衡。

在规划过程中,应该注重整体发展思路,综合考虑经济、社会和环境因素,寻求最佳的发展路径。通过科学规划和管理,可以有效避免规模经济效益的负面影响,最大限度地实现资源利用效率和环境可持续性。这样的环境规划不仅可以提升城市的整体品质和生活环境,也有助于推动经济的健康增长,实现经济、社会和环境效益的三赢局面。

四、自然生态空间格局构建理论

广义的生态空间是指那些具有自然属性,主要提供生态系统服务的空间。它包括自然生态空间、城镇生态空间和农业生态空间。自然生态空间是指分布在城镇和农业空间之外的国土空间,与两者并列,并具有完整性和连续性。构建自然生态空间格局的最终目的是对国土空间开发行为进行管控,理顺保护与发展的关系,从而最终实现对重要生态空间的保护并促进区域的可持续发展。

在贯彻生态文明战略、维护国家生态安全的背景下,构建自然生态空间格局对优化国土空间开发格局、指导生态保护与建设具有重要意义。这一格局的建立不仅可以有效保护生态环境,也有利于促进经济与社会的协调发展。因此,我们需要积极推动自然生态空间格局的构建,以实现生态保护和经济发展的双赢局面。同时,这也需要政府、企业和社会各界的共同努力,形成合力,共同推动自然生态空间格局的落实和完善,为未来的可持续发展打下坚实的基础。

"生态空间"一词的理解是确定"自然生态空间"概念的先决条件和基础。目前,无论国内外,对"生态空间"的定义尚未明确和统一。早期,国外对生态空间的研究通常使用"绿色空间"或"绿色开敞空间"等术语,主要指城市中保持自然景观或经过恢复的地区,作为城市发展规划中的绿色基础设施。自1957年以来,国内学者开始关注城市绿地系统,并在1981年最早提出了"绿色空间"的概念。随后,学者赵景柱于1990年提出了"景观生态空间"的概念,强调对景观生态空间进行有针对性和适时的调控,以促进社会经济的可持续发展。此外,在规划领域,生态用地这一概念被国内学者广泛应用,如裴相斌等提出在规划土地利用时应"协调安排农业用地、生态用地和建设用地",董雅文专门阐述了"生态用地"的概念。因此,对生态空间的理解大致包括绿地、绿色空间、生态用地和生态空间。其中,绿地和绿色空间在城市规划、林学、生物学等领域应用较多,侧重于表达城市地表空间的物理特性和可塑性,而生态空间和生态用地在地理学、生态学等领域得到更多应用,着重于表达地表空间的性质、功能和结构等方面。

　　总体而言,对生态空间概念的界定和阐述,不同学者从多种角度可以分成三种观点。首先,一些学者从生态要素的角度出发,认为生态空间是指生态系统中水体、动植物等生态要素的空间载体。这种观点下定义的生态空间类似于生态用地,侧重将林地、草地、湿地等土地利用的空间范围归为生态空间。其次,另一些学者认为只要提供生态系统服务功能或生态产品的空间都应被视为生态空间,如农田和城市中的绿地,它们也提供生态功能,因此应纳入生态空间的范畴。此外,还有一种观点强调从生态功能的角度出发,将生态空间定义为以提供生态服务为主体的地域空间,例如各类自然保护区等保护地。其他空间虽然也提供一定的生态系统服务,但并不作为其空间的主体功能,因此不能被定义为生态空间。这三种观点展示了对生态空间概念的多元理解,反映了学术界对生态空间复杂性的不同认知角度。

　　在行政管理领域,常常会涉及对"生态空间"和"自然生态空间"的讨论和提及,如在《主体功能规划》中指出,"生态空间"包括绿色生态空间和其他生态空间两大类。其中,绿色生态空间包含了天然草地、林地、湿地、水库、河流、湖泊等。其他生态空间包括荒草地、沙地、盐碱地、高原荒漠等多种类型。在《关于划定并严守生态保护红线的若干意见》中,对生态空间的定义为"具有自然属性、以提供生态服务或生态产品为主体功能的国土空间,包括森林、草原、湿地、河流、湖泊、滩涂、岸线、海洋、荒地、荒漠、戈壁、冰川、高山冻原、无居民海岛等"。另外,《自然生态空间用途管制办法(试行)》将自然生态空间简称为生态空间,并定义为"具有自然属性、以提供生态产品或生态服务为主导功能的国土空间,包括需要保护和合理利用的森林、草原、湿地、河流、湖泊、滩涂、岸线、海洋、荒地、荒漠、戈壁、冰川、高山冻原、无居民海岛等"。从管理的角度来看,当前对生态空间的定义主要集中在对地类和生态功能两个方面。

　　不同学者对生态空间的定义存在差异,这主要源于对生态空间的尺度和属性认识不同,有时会导致混淆生态空间与土地利用之间的区别。提出生态空间概念的初衷在于将其区分为农业和城镇空间,强调其相对独立的空间或区域范围,着重保护生态环境、提供生态服务,并确保其生态属性永久不变。同时,构建生态空间应该基于现状,但不能被现状所限制,必须从长远发展角度综合考虑生态空间对国土开发的限制性和适宜性,以及经济社会发展对生态功能需求的协调性。因此,生态空间定义为:以提供生态系统服务或生态产品为主导功能,为生态、经济和社会的长远发展提供重要支撑作用的空间范围。

　　生态空间必须具备三个基本条件:首先,在土地属性上,主要由林地、草地、湿地等生态用地组成;其次,在功能上,主要目的是提供生态系统服务;最后,在作用上,为生态保护和经济社会发展提供生态支撑。

自然生态空间可以分为广义和狭义两种定义。在广义范畴中,自然生态空间可以等同于生态空间的概念,包括了除城镇空间和农业空间以外的所有国土空间。而在狭义的理解下,自然生态空间是对生态空间进行更为细致的划分,将其中具有自然属性的生态空间定义为自然生态空间,这是生态空间中最重要和主要的组成部分。同时,在城镇中具有人工或半人工景观特征的生态空间被定义为城镇生态空间(例如城市中的植物园、森林公园),而在农村地区中,部分具有农林牧混合景观特征的生态空间被定义为农村生态空间(例如农村地区中的大型农林防护网)。

自然生态空间的内涵主要是以下四点。

(1)层级性与相对性。

在国家国土空间的层面上,自然生态空间与农业空间以及城镇空间是为了保护具有重要功能的生态系统和景观而设立的区域。在宏观层面上,考虑到全域空间管控的需要,国土空间可被划分为生态空间(即广义上的自然生态空间)、城镇空间和农业空间,这三者总体上是相互独立且不会重叠的。然而,国土空间实际上是一个由各种因素在不同范围、单元和尺度上构成的复杂多维整体。在宏观尺度上的城镇空间和农业空间内部也必然包含大量林地、湿地、草地等,从系统性角度来看,这些空间也可以被视为自然生态空间的组成部分。当进行某个城市的空间规划时,自然生态空间的布局应被视为一个至关重要的组成部分。在更为精细的尺度上,我们可以最大限度地解决各种空间交叉带来的问题。因此,为了准确理解自然生态空间,我们必须特别关注其层级性和相对性,以便更好地保护和利用这些宝贵资源。

(2)以提供生态系统服务为主导功能。

自然生态空间的主要用途在于提供各种重要生态服务,其中包括但不限于水源涵养、土壤保持、防风固沙、生物多样性维持等关键生态功能。此外,自然生态空间还承担着防止土地沙漠化、石漠化、水土流失以及盐碱化等生态功能的责任。这些生态服务和功能在维护生态平衡、促进可持续发展以及保障人类福祉方面发挥着至关重要的作用。因此,保护和合理利用自然生态空间,不仅有助于维护生态系统的稳定性和健康,也有利于实现人与自然的和谐共生。

(3)空间分布上的完整性和连续性。

由于空间的特性,连续性和相对完整性在空间分布中是必不可少的特征,尤其是在考虑自然生态空间时,这种连续性和完整性显得尤为重要,因为这关乎着自然生态空间划定的意义。然而,需要明确指出,自然生态空间的划定是为未来考量的,因此,在目前确定的自然生态空间内部,虽然以生态用地为主,但也可能包含其他类型的用地,如农业用地、建设用地等。在保证不影响生态功能的前提下,其他类型的用地与生态用地功能匹配、共存是必然的。同时,采取类型学的划分方式(即同一类型在区域内可以重复出现),而非区域性的划分方式(即区划单元不重复,就必须包含其他次要成分)是实现自然生态空间精准落地的一种有效策略。通过这种划分方式,可以更好地保持自然生态空间的连续性和完整性,确保各类用地在空间上更合理地分布与组合,最大限度地发挥自然生态空间的功能和效益,实现生态保护与可持续发展的有机结合。

(4)国土空间管控作用。

规划和保护自然生态空间是国土空间管理的重要工具。相较于建立土地用途管制制度对国土空间生态功能进行详细控制,自然生态空间的用途管制能够实现对国土空间生态功能的整体管理。不同于一旦划定便需严格保护的生态保护红线,自然生态空间与城镇空间、农业空间在符合一定条件下,可以根据资源环境承载能力和国土空间开发适宜性评价以及功能变化情况进行动态的相互转化。通过对自然生态空间的规划和保护,可以有效实现国土空间内生态功能的整体控制和优化布局。自然生态空间的灵活运用不仅有利于保护生态环境,也有助于促进可持续发展和资源合理利用。在实践中,需要综合考虑自然生态空间与其他空间类型的协调发展,确保在保护生态功能的同时最大限度地实现国土空间资源的有效利用。这种动态管理方式能够更好地适应不同时期国土空间发展的需求,为实现生态保护与经济发展的良性互动提供支撑。

区域生态学的研究范围围绕着"区域综合体"展开,不仅关注区域内部的自然属性,还特别关注各个区域之间的联系、相互影响,以及区域内资源环境对经济社会发展的支持能力。因此,区域生态学被视为指导自然生态空间格局构建的基础学科。换言之,构建自然生态空间格局必须从区域的整体视角出发,全面考虑区域内供应与需求之间的关系,以及环境保护与经济发展之间的平衡。

区域生态学基于生态系统理论,但在更高层次上研究区域生态结构、过程和功能,强调在了解区域自然特征的基础上,重点关注区域综合体内外资源环境与经济社会之间的相互作用和协同发展规律。这种研究方法为我们提供了全新的视角和研究框架,有助于更好地认识和解决当前的生态环境问题。

基于区域生态学和景观生态学,涉及自然生态空间格局构建的相关理论主要包括以下理论。

(1)生态供体-受体双耦合理论。

在区域生态学中,生态供体指的是在特定区域内提供生态系统服务的生态功能体,而生态受体是指接受这些生态系统服务的生态功能体。这两者之间通过水、风、资源等因素相互联系。生态供体-受体双耦合理论强调了生态供体和生态受体之间的地-地耦合以及人-地耦合关系。地-地耦合指的是生态供体和受体在空间上的布局和相互影响关系,而人-地耦合是指自然生态系统与社会经济系统之间的紧密联系。自然生态空间在国土范围内扮演着重要角色,为更广阔尺度的空间和人类生存提供生态服务和产品。构建区域自然生态空间格局的过程必须以生态供体-受体双耦合理论为基础。在这一过程中,不仅需要考虑区域内生态系统的重要性,还需要兼顾农业空间、城镇空间在空间布局上的相互影响,以及它们所提供的物质、能量和信息对区域社会经济的支持能力和耦合关系。这种综合考量有助于实现区域生态系统的健康发展,促进生态环境保护和经济社会可持续发展之间的平衡。

(2)生态格局-过程-功能三位一体理论。

生态格局涵盖了生态域内各种生态功能体空间布局和彼此之间的关系。生态过程是指不同生态功能体之间物质循环和能量流动的路径和方式。生态功能表示基于生态结构,在各种生态过程中提供服务和产品的能力。自然生态空间中各种生态要素或功能体的空间组合形式影响并限制着它们的过程和功能的变化,反之,这些过程和功能也会对空间格局产生影响。构建自然生态空间格局需要深入理解生态域内的生态过程和生态功能,识别那些对维护生态过程和功能至关重要的生态功能体,分析它们的空间位置和相互关系,从而建立功能完整、结构连续的自然生态空间格局。在确定自然生态空间时,不仅需要考虑生物多样性丰富的区域,还需要注意那些能够提供重要生态服务的区域,如大江大河的源头地区,以及那些生态脆弱易遭受灾害的地区。在这些区域中,生态供体与受体之间的稳定格局、流畅过程和匹配功能是构建自然生态空间格局的基础所在。通过综合考量和有效规划,我们可以实现自然生态空间的可持续发展,促进生态系统的健康与平衡。

(3)生态承载力与生态适宜性理论。

生态承载力是一个综合概念,包括两个重要方面:一是区域内各类生态系统的自我调节和维持能力,也就是它们为社会经济子系统提供资源环境容量的能力,这构成了生态承载力的支撑部分;二是区域内经济社会子系统对生态系统服务和产品的需求量,即构成了生态承载力的压力部分。如果生态系统的支撑能力无法满足社会经济的需求压力,那么该区域的生态承载力将面临超负荷的挑战。在构建自然生态空间格局时,需要综合考虑生物多样性保护的空间需求以及经济社会发展的承载需求。基于生态承载力评价和国土空间开发适宜性评价,我们可以分析区域内社会经济发展活动与生态环境之间的适宜状态和程度。区域内独特的生态资源和环境条件对人类居住环境、产业布局和结构有着约束作用,同时也是支撑社会经济发展的基础。城镇空间和农业空间内的产业布局、人口分布等因素会影响自然生态空间内生态系统服务的空间流转。因此,在识别出生态承载力超载或已超载地区的基础上,需要更多地规划生态空间,并合理构建格局,以满足区域社会经济发展对生态系统服务和产品的需求。通过科学评估和有效规划,我们能够实现生态系统与社会经济的良性互动,促进可持续发展。

(4)阈值理论。

阈值是指在系统的各个组成部分之间存在某种或多种相互作用的负反馈机制,当系统出现一定幅度的偏离时,这种负反馈机制会抑制其继续发展,并进行反向调节,使系统重新回到平衡状态。然而,如果系统偏离幅度过大,负反馈机制将失去作用,最终导致系统走向失衡和崩溃。系统失去负反馈机制作用的偏离幅度即为其阈值。在构建区域生态保护空间格局时,重点考虑最小保护面积、最小生态安全距离、生态系统服务辐射效应、潜在退化可能性等因素,在格局、过程、退化三个环节上建立生态阈值判定和识别技术方法。例如,确定自然生态空间面积阈值时,需要综合考虑生态供体提供生态系统服务的能力和受体需要的承载力两者之间的匹配程度。通过科学评估和运用技术方法,我们可以更好地管理和保护生态系统,确保其可持续发展和生态平衡。

(5)生态系统服务权衡理论。

由于生态系统服务种类的多样性、空间分布的异质性以及人类选择的偏好,生态系统服务之间常常呈现出相互影响的复杂非线性关系。这些关系包括权衡(负相关关系)、协同(正向关系)和兼容(无显著关系)等多种类型。根据分析的尺度以及是否可逆,生态系统服务的权衡类型包括空间权衡、时间权衡和可逆性权衡。总体来看,生态系统服务的权衡不仅存在于区域内部,也存在于区域间;不仅涵盖当前生态系统服务之间的权衡,还包括当前与未来生态系统服务之间的关系冲突。因此,生态系统服务权衡理论为构建自然生态空间格局提供了一个更加综合而辩证的视角。在特定的时空尺度下,自然生态空间所提供的生态系统服务并非完全独立的,而是呈现出复杂的相互作用关系。在生态系统服务权衡理论的指导下,我们可以有效识别对维持区域生态系统服务至关重要、需要重点保护的自然生态空间,并构建能够最大限度规避生态风险、保障区域生态安全的自然生态空间格局。这一综合的视角和方法有助于维护生态系统的稳定性和健康发展,为人类和自然之间的和谐共处提供重要的理论和实践支持。

第六节　环境经济学理论

一、环境经济学的产生与发展

环境与经济增长之间对立、统一关系的理论随着人类经济活动的不断发展一直不断发展更新。经济学是研究物品数量与选择之间依存关系的学科。环境经济学是在经济学不断完善的过程中逐渐形成与发展起来的一门新学科。资源的稀缺性限制了人类满足自身各种需要的条件,人类所在自然环境的质量也是约束条件之一。

20 世纪初期,经济学家意识到传统经济学的研究对象是整个人类社会系统,环境和自然资源的影响被排除在外,因而传统经济理论不能解决环境污染和资源枯竭等环境问题。传统经济学的一个重要缺陷是认为自然环境是无价的,主要表现在两个方面:一是不考虑由于环境污染和破坏产生的外部不经济性,以损害环境质量为代价,获取自己的经济效益,将一笔隐蔽而沉重的损失和费用转嫁给社会,其后果是破坏了生态环境,增加了公共费用的开支;二是衡量经济增长的经济学标准——国内生产总值(GDP)并不能真实地反映社会福利情况,经济增长并不能全面反映人们生活水平的提高。这两点本质上都是经济发展对环境的不利影响,在经济方面有充分显示,但却没有纳入经济分析中。自然环境价值不仅体现在对经济系统的支撑和服务上,也体现在对生态系统的支持上。

针对传统经济学的这些缺陷,一些经济学家开展了经济发展与环境质量关系的研究。俄裔美国经济学家、诺贝尔经济学奖得主瓦西里·里昂惕夫用投入-产出分析方法研究世界经济结构,把清除污染工业单独列为一个物质生产部门,从宏观上定量分析环境保护与经济发展的关系。美国两位著名经济学家詹姆斯·托宾和威廉·诺德豪斯针对国内生产总值不能准确反映经济福利的缺陷,提出了"经济福利量"(Measure of Economic Welfare,MEW)的概念,主张把污染等经济行为所产生的社会成本从 GDP 中扣除。美国经济学家、诺贝尔经济学奖得主保罗·萨缪尔森在托宾和诺德豪斯研究的基础上,把经济福利量改为经济净福利(Net Economic Welfare,NEW)。根据这个理论计算美国 1925—1965 年的经济福利量结果表明,经济福利量的增长慢于国内生产总值的增长,尤其是 20 世纪 50 年代以后更缓慢,说明环境污染和生态破坏的代价越来越大。

随着环境问题经济学研究的深入,人类开始重视经济发展、社会发展与环境保护之间的相互关系,也开始产生与形成了环境经济学。

1973 年,我国成立了国务院环保领导小组及其办公室和省市环保机构,开始将环境保护纳入政府正式工作内容。1978 年底,在北京召开的全国经济科学发展规划会议上,我国提出要建设和发展社会主义环境经济学,并将其纳入了规划。1979 年推出了《中华人民共和国环境保护法(试行)》,并引进了当时国际上常用的环境影响评价制度和污染者付费原则,规定了环境影响报告和排污收费制度。我国环境经济学在学习并吸收西方环境经济学理论的基础上,与中国实践理论相结合,走出了自己的道路,逐渐发展完善成为一套较为完善的环境经济学体系。

二、环境经济系统

环境经济学和资源经济学、生态经济学密切相关,但三者之间的关系在学术界还存在争议,其主要争议在于环境经济学研究是否应该包括自然资源合理利用的研究。生态经济学是研究经济发展和生态系统之间的相互关系、经济发展如何遵循生态规律的学科,与环境经济学有密切的联系,其中既有共同的部分,又有不同的部分。它们分别研究环境系统和生态系统在人类利用中的经济问题,虽然有一部分重叠交叉,但研究的范围、重点和角度不同。环境经济学、资源经济学和生态经济学都是年轻的新兴交叉学科,需要加强研究和应用,促进其加快发展,不断充实,不断完善。

传统的经济系统模型不特别考虑环境的影响,它把人类的经济社会看作一个封闭系统,系统中有两个基本的行为主体:家庭和企业。这两个行为主体由物质流和货币流连接起来,形成产品和要素两大市场。在要素市场上,家庭将生产要素出售给企业,企业将货币支付给家庭;在产品市场上,企业将产品出售给家庭,家庭将货币支付给企业。

传统的经济系统模型框架没有考虑自然资源耗费和环境污染问题,家庭和企业通过物质流和货币流交互共同构成一个与周围环境没有物质或能量交换的孤立封闭系统。这一模式框架下的经济增长理论将产出视为资本和劳动的函数,环境对产出没有影响。哈罗德-多马模型认为任何经济单位的产出取决于向该单位投入的资本量,索洛和丹尼森等人对哈罗德-多马模型进行了补充,引入自然资源存量和技术进步的因素,将产出视为资本、劳动、自然资源存量和投入要素效率的函数。索洛和丹尼森的模型中以自然资源存量的形式考虑了环境因素,但其参考柯布-道格拉斯函数,将生产函数表示为一个乘法式。由于在乘法式中各个要素间是可以相互替代的,所以该公式中虽然环境对生产的作用被视作必要的,但其所需的量却可以无限小,因此在索洛和丹尼森模型中,环境因素不会对生产增长造成限制。此外,传统经济模型中的各类生产函数都没有考虑环境容量的有限性问题。

环境经济学将环境系统视作经济系统的支持系统(见图 2-1),将环境系统视作能提供各种服务的财产,这种财产可以提供人类进行经济活动的生存支持系统,环境系统与经济系统的关系是母系统与子系统间的关系。

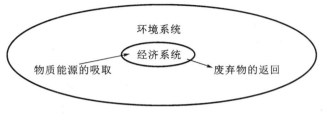

图 2-1　环境经济系统

环境经济系统是由环境系统和经济系统复合而成的大系统。在环境经济系统内,环境是一个子系统,经济也是一个子系统,两个子系统都有其特殊的本质。如果把环境定义得足够大,如整个宇宙,则环境经济系统是一个封闭系统。如果将环境定义为地球,除了从太阳得到能源外,这个系统基本上不与外界进行物质交换,因此仍符合封闭系统的部分条件。封闭系统遵守热力学两条定律的约束。

马克思指出,劳动首先是人和自然之间的过程,是人以自身的活动来引起、调整和控制人和自然之间物质变换的过程。因此,经济再生产过程和自然再生产过程结合在一起形成社会再生产过程,研究经济系统不能脱离环境系统,研究环境系统也不能脱离经济系统。把环境和经济作为一个系统进行研究是因为在环境与经济共同发展过程中,通过物质、能量和信息的流通和相互作用,经济系统和环境系统必然耦合为一个整体,两者是紧密地结合在一起的。

环境系统和经济系统之间存在着重要的复杂联系。环境系统是经济系统的自然物质基础,经济系统是在环境系统的基础上产生和发展起来的人类经济物质基础,经济再生产过程是以自然再生产过程为前提的。环境系统向经济系统提供各种资源,也要承受经济系统废弃的各种物质,同时,经济系统又为环境系统的保护提供资金和技术等保障。

环境经济系统作为系统,有层次性和边界性等特征。环境经济系统作为分析对象,既可以是宏观的,也可以是微观的。

环境经济系统可以从不同的角度划分为一些子系统。

(1)从环境因子划分,可以分为水环境经济系统、大气环境经济系统、生态环境经济系统等。

(2)从地域划分,可分为全球经济系统、区域环境经济系统、国家环境经济系统、城市环境经济系统和企业环境经济系统等。

(3)从污染区划分,可分为生产部门环境经济系统、生活环境经济系统、交通环境经济系统等。

不同的划分方法侧重面不同,可以满足对环境经济系统从不同角度研究的需要,在实际环境规划工作中,对不同方面也应该采取相应对策和措施。

环境经济系统是一个多相的非线性系统,由于自然环境的行为与人类活动的行为具有随机性与难以预测的特点,环境资源的储量和影响环境资源储量变化的因素非常多样,环境经济系统的运行非常复杂。人类生存和发展依赖的环境经济系统不仅受客观经济规律制约,还受客观自然规律制约。人类在自然环境中搬运的物质总量非常庞大,并且随着人类发展尚在快速增加,这种对自然界进化进程的快速扰动,必会对环境经济系统产生短期与长期的负面效应,从而危及人类的可持续发展。

对经济系统来说,物质的流动包括输入量、输出量和储存量三个部分,根据质量守恒定律与物质平衡原理,在一定时期内经济系统的物质输入量应等于物质输出量和储存量之和。在储存量基本不变的情况下,物质输入量越大,则废物产生量就越多,用于废物处理的物质和能量消耗将产生相应增加;物质输入量越小,则废物产生量就越少,用于废物处理的物质和能量消耗也会相应减少。物质输入量是衡量环境经济系统可持续性运行的基础指标。

人类避免环境经济系统功能退化的办法可以分为两类:一是减少经济系统从自然物质中攫取的量,二是减少经济系统向环境系统排放废物的量。环境系统的变化取决于经济系统再生产的方式、结构与规模。当前出现的全球性环境问题都与人类经济再生产的方式、结构及规模有关,要扭转这种不利于人类生存与发展的环境系统的变化,必须调整现有经济发展方式、结构与规模,使经济系统再生产顺应环境系统的再生产。

三、环境价值评估

环境总经济价值包括环境的使用价值与非使用价值。使用价值指的是环境资源被使用时满足使用者需求的功能,包括直接使用价值、间接使用价值和选择价值等。非使用价值指的是环境资源的内在价值,主要包括存在价值与馈赠价值。

进行环境价值评估可以提供开发项目的经济决策依据,还可以提供环境损害赔偿的依据。环境损失往往难以计算评估,环境价值评估指的是对环境的状况、质量与环境所提供的服务的经济价值进行定量评估的方法,包括市场价值法、替代市场价值法、假想市场价值法等方法。在环境规划中实际使用环境价值评估时应该根据实际情况进行选择。

环境价值评估的市场价值法是利用市场价格对环境状况及其变化情况进行评估的方法,一般不需要求出需求曲线,也不能用标准的经济学方法对福利分变动进行衡量,主要有以下几种。

(1)生产率变动法:将环境质量视作一个生产要素,利用生产率变动对环境状况变动的影响进行评价的方法,是最简单、直接的方法,当环境变化的影响主要通过生产率的变化进行反映并且这种变化可以用市场价值来衡量时多采用生产率变动法。

(2)疾病成本法与人力资本法:采用损害函数估算环境污染状况对人类健康尤其是劳动力数量和质量的影响,其中疾病成本法是计算所有由疾病导致的成本,人力资本法用损失的工资来衡量人力资本的损失,主要用于劳动力、教育等方面的研究。

(3)机会成本法:采用所牺牲的最高替代选择的价值来衡量对象的价值,开发的净现值可以用一个函数表示为 $NPV = D - C - P$,其中 D 为开发总收益的现值,C 为开发总成本的现值,P 为保护资源不开发收益的现值。这是从成本角度对环境污染进行估价的方法。

(4)预防性支出法：利用人们为了避免环境危害而支付的预防性支出来评估环境危害的最小成本，这种方法使用预防性支出来替代环境污染所造成的损失，不需要对治理环境所带来的效益进行直接计算。

(5)重置费用法：可分为狭义与广义的重置费用法，狭义的重置费用法指用因环境危害而损坏的生产性物质资产的重新购置费用来估算消除这一环境危害所带来的效益，广义的重置费用法指用重置被损坏的环境资源的成本来估算环境资源的价值。

(6)重新选址成本法：是重置费用法的变体，指采用由于环境质量变化而重新安置某一固定资产的地理位置的实际成本来替代评估环境保护的潜在效益。

当所研究的对象本身不能用市场价格来直接进行衡量时，可以用替代物的市场价格来进行评估，即替代市场价值法，主要有以下两种。

(1)旅行费用法：即用人们旅行费用作为旅游景点或其他娱乐品效益的替代物来衡量其效益，属于一种替代性、间接性的评估方法。

(2)内涵资产定价法：同一件物品往往包含多重特性，内涵资产定价法是建立在消费者对一件物品的满意程度取决于该物品所拥有的特性的理论基础上的经验分析方法，其主要应用领域是不动产价值的衡量。

当替代市场都难以找到时，只能人为地创造假想的市场来衡量环境质量及其变动的价值，即假想市场价值法或市场创建法，其代表方法是意愿调查评估法，通过直接询问人们对环境的评价来对环境质量及其变动的价值进行评估，常包括投标博弈、比较博弈、无费用选择和优先性评价等方式。这种方法的缺点是可能出现信息、工具、初始点、假想和策略的偏差。

四、环境经济手段

环境商品往往不能由市场进行有效配置，市场失灵是引起环境问题的主要原因，经济学用公共厌恶品和外部性的概念来刻画导致市场失灵的环境商品的特征。

厌恶品的对立面是物品，物品是个体从中获益并且人们愿意得到的东西，物品在经济学中存在两种基本特征，即排他性与竞争性。厌恶品是会对人们造成损害并且人们不愿意获得的东西，例如环境污染。对于一种厌恶品，如果有选择地允许消费者避免对它的消费是切实可行的，则其具有排他性；如果一个人消费了一单位的厌恶品从而使得其他人可以消费它的数量减少了，则说明对其他人来说存在一个和该消费相关的负的收益，则其具有竞争性特征。

外部性的定义是指一个人或一个企业的消费或生产选择在没有得到另一个实体许可或者补偿的情况下进入这个实体的效用函数或生产函数，这时就会存在外部性。例如在交通拥堵时，每一个多加入这条道路的司机都会对所有其他的司机产生外部性。现实中也存在正的外部性，例如果园的主人为邻近的养蜂场提供了正外部性，而蜜蜂会给苹果花授粉，所以养蜂人也对果园提供了正外部性。外部性概念中很重要的一点是要排除两个经济体之间相互达成一致并且有支付行为发生。两个经济体本质上应该是相互独立的。外部性带来的影响主要体现在外部性的生产者可以决定生产多少外部性，但不会考虑外部性对他人的影响。

市场可以提供一部分物品与厌恶品,但由于市场机制本身存在问题,市场往往不能充分提供公共物品并且会过量地提供公共厌恶品。环境物品与传统物品的一个最明显的区别是市场的存在与否,环境物品包括空气污染、水污染、土壤污染等,与传统意义上的物品定义不同。对一个普通的物品来说,市场允许各种不同价格以及在不同价格下的不同购买行为,但环境物品的需求曲线难以获取,市场缺失是难以发现环境物品需求曲线的重要因素。传统的需求曲线将需求数量作为价格的函数,在没有市场时自然没有价格,在环境物品市场缺失的情况下,就需要一个没有市场也可以诠释需求的概念,即考虑消除污染的支付意愿。

随着我国市场化改革的不断深入,如何采用合理、正确的经济手段去调节和改善环境与经济的矛盾显得格外重要,这也是环境经济学的重要内容。与命令控制型的手段相比,环境经济手段不改变市场结构和市场运行规律,它利用经济主体追求自身利益最大化的本能,通过调整经济主体的成本收益对比调整其行为,是一种相对简便、经济的环境管理方法。环境经济手段的主要内容包括庇古税和排污权交易等。

庇古税也常被称为排污收费,是指根据污染所造成的危害对排污者进行征税的形式,用税收收入来弥补私人成本与社会成本之间的差距使它们相等的环境经济手段。庇古税的特点是对排污者而非受害者征税,但实施时常出现信息不对称的问题。对排污进行收费的目的之一是鼓励企业安装污染处理设备,企业控制污染的成本就是设备的价值。最有效率的控制或污染排放量是总成本最低的控制或污染排放量。与制定排污标准相比,庇古税可以达到最优排污量,而排污标准并不总能达到最优排污量,而在同样达到最优排污量的情况下,庇古税的成本比较低。

排污权交易是指利用激励机制鼓励个人与企业保护环境的一种政策工具。排污权交易一般由管制当局制定总排污量上限,并发放相应的排污许可,排污许可可以在市场上作为商品进行买卖。排污权交易为降低污染控制的成本提供了一种激励机制,各个企业可以根据成本的不同做出选择,从而使得排污权交易的成本最小,管制当局可以通过发放或购买排污权来人为创造环境商品市场,调控排污权的价格。和庇古税相比,排污权交易不需要事先一次性决定税额,也不需要对税额进行直接的调整,避免了管制部门对控制成本的估计错误从而造成企业不愿加以投资的问题。排污权交易也有缺点,如果初始分配采用拍卖的方式,则会产生与庇古税类似的双重付费问题,同时,企业可能会对排污权市场进行垄断,控制排污权市场,而这实际上相当于控制了产品市场。

习　题

1. 可持续发展的三大支柱是经济、社会和环境,请解释这三个支柱在可持续发展中的重要性,并给出一个具体的例子说明它们之间的相互关系。

2. 什么是环境容量和环境承载力?从环境规划学上如何认识它们?

3. 公平性原则是可持续发展的重要原则之一,请解释公平性原则的意义。

4. 试述复合生态系统的结构、功能和特点，及其对环境规划的作用。

5. 简述人地关系的系统动力学建模思路。

6. 从环境规划学的角度，如何理解人地系统的协调共生理论？

7. SD 情景模型构建在人地关系的系统动力学建模中扮演着怎样的角色？它如何帮助分析人地系统的发展趋势？

8. 试述循环经济及其基本特征，并说明其在环境规划中的作用。

9. 复合生态系统中的能量流动和物质循环是如何影响系统稳定性的？简要说明其作用机制。

10. 试述城市地域结构和集聚效应在环境规划中的作用。

11. 复合生态系统中的控制论原理如何帮助解决生态系统恢复和保护的挑战？请给出一个具体案例说明。

12. 某湖泊的环境容量为每年最多支持 1000 吨鱼类的捕捞量，当前该湖泊的捕捞量为 800 吨/年。假设每年湖泊中自然增长的鱼类数量为 200 吨，问在这种情况下，该湖泊的净生产率是多少？

13. 某城市的水资源承载力为每年最多支持 10 亿立方米的用水量。已知该城市当前年用水量为 8 亿立方米，而预计未来十年内每年的用水量增长率为 5%。请问未来十年内该城市的水资源承载力是否能够满足需求？

14. 请简要解释"三区三线"的含义与意义。

15. 某公司在一年内连续进行了三次投资，分别为 100 万元、150 万元和 200 万元。根据庇古税计算公式，假设庇古税率为 10%，请计算该公司需要缴纳的庇古税金额。

16. 试述循环经济在环境规划中的作用。

17. 我国如何实现可持续发展战略？

第三章

资源环境规划的类型和基本内容

　　资源环境规划是一个综合性的决策过程,旨在协调人类活动与自然资源和环境之间的关系,确保资源的合理利用和环境的可持续发展。它需要建立明确的规划目标,用于指导整个资源环境规划过程;通过对现有资源的详细评价,了解其分布、类型及利用状况;根据资源特性和地区需求,划分资源管理区域或环境单元,为实施具体的保护和利用策略提供依据;基于资源评价和预测结果,设计一系列针对性的资源保护和合理利用措施;确定实施规划所需的技术、组织、管理和资金支持措施。

　　资源环境规划过程强调科学决策和动态管理,不仅要考虑资源的保护,还要考虑社会经济的发展需求,力求在资源利用和环境保护之间找到一个平衡点。通过精确的资源评价与预测、合理的区域划分、科学的规划设计和有效的执行管理,可以促进资源的合理利用和环境的可持续发展。

　　本章介绍了资源环境规划的重要性、核心内容和步骤,旨在通过科学决策和动态管理协调人类活动与自然资源和环境之间的关系,确保资源的合理利用和环境的可持续发展。

第一节　资源环境规划的类型

一、按规划年限划分

　　从研究时间的远近来分,资源环境规划可分为短期(1~5年)、中期(5~10年)、长期(10~20年)、超长期(20年以上)资源环境规划。

　　长期资源环境规划是纲要性计划,规划时间一般为10年以上,宏观地制定长远环境目标和战略措施。其主要内容是：①确定资源环境保护战略目标；②确定主要资源环境问题的重要指标；③确定重大政策措施。例如我国制定的"二氧化碳排放力争于 2030 年前达到峰值，努力争取 2060 年前实现碳中和"便是属于资源环境的长期规划。

中期资源环境规划是基本计划，规划时间一般为 5～10 年，在长期资源环境规划的框架下做更具体的工作。其主要内容是：①确定资源环境保护目标、主要指标；②确定环境功能区划；③确定主要的资源环境保护设施建设和技改项目及环保投资的估算和筹集渠道。值得注意的是，我国国民经济计划体系是以五年规划为核心的，资源环境规划应与国民经济社会发展规划同步，因此中期资源环境规划以五年规划最为常见，五年环境规划也是各种环境规划的核心。

短期资源环境规划也称年度资源环境规划，内容比中期规划更具体、可操作且有所侧重。通常来讲，长期资源环境规划着重对长远环境目标和战略措施的制定，年度资源环境计划是措施、工程、项目以及任务的具体安排。年度资源环境规划是五年规划的年度安排，将五年规划分年度实施具体部署，也对五年规划进行修正和补充。

二、按环境要素划分

按环境要素可将资源环境划分为水资源环境规划、大气资源环境规划、土壤资源环境规划、固体废物管理规划。

(一)水资源环境规划

在将水视为人类赖以生存和发展的环境资源条件的前提下，基于对水环境系统的分析，着重了解水质和供需情况，然后合理确定水体功能，以便统筹安排和决策水的开采、供给、使用、处理、排放等各个环节。这一过程被称为水资源环境规划。

水资源环境规划包括水污染控制系统规划和水资源系统规划，这两个方面相辅相成，缺一不可。前者以实现水体功能质量要求为目标，是水环境规划的基础；后者强调水资源的合理利用和水环境保护，旨在满足国民经济增长和社会发展对供水的需要，是水资源环境规划的重点。

水资源环境规划是区域规划中的重要组成部分，其制定必须贯彻可持续发展和科学发展的原则。根据规划类型和内容的不同，需要体现一些基本原则，包括前瞻性和可操作性、突出重点和分期实施、以人为本、生态优先、尊重自然、预防为主、防治结合、水环境保护与水资源开发利用并重、社会经济发展与水环境保护协调发展等原则。

目前我国的水资源环境规划主要侧重于污染防治，而对水生态保护以及水环境资源综合保护体现得较少。因此，要做好水资源环境规划，需要重点关注水资源系统规划和提高或充分利用水环境容量两个方面。

(1)水资源系统规划。

水资源系统是以水为主体构成的一种特定的系统，是一个相互联系、相互制约及相互作用的若干水资源工程单元和管理技术单元组成的有机体。水资源系统规划是指应用系统分析的方法和原理，在某区域内为水资源的开发利用和水患的防治所制定的总体措施、计划和安排。根据水资源系统规划的范围不同,水资源系统规划又可以分为流域、地区和专业水资源规划三个层次。

(2)提高或充分利用水环境容量。

水环境容量是环境的自然规律参数与社会效益参数的多变量函数,它反映在满足特定功能条件下水环境对污染物的承受能力。水环境容量是水环境规划的主要环境约束条件,是污染物总量控制的关键参数。水环境容量的大小与水体特征、水质目标和污染物特性有关。水污染控制系统规划的主要目的是在保证水环境质量的同时,提高水体对污染物的容纳能力,进而提高水环境承载力,减少水环境系统对经济发展的约束。

(二)大气资源环境规划

大气环境是人类赖以生存的重要组成部分,其质量直接关系城市生态系统和社会经济的可持续发展。为了协调城市社会经济的发展与大气环境的保护,制定与社会经济相适应的大气资源环境规划具有重要意义。

大气资源环境规划旨在平衡和协调特定区域的大气环境与社会经济之间的关系,以实现大气环境系统功能的最优化,充分发挥大气环境系统的作用。在规划过程中,首先需要对大气环境系统进行全面分析,确定各子系统之间的关系;其次,对规划期内的主要资源进行需求分析,重点关注城市能源流动过程,找出主要污染原因和控制途径,为实现大气环境目标提供可靠保障。

大气资源环境规划可总体划分为大气环境质量规划和大气污染控制规划两类。这两类规划相互交织、相互影响,共同构成了大气环境规划的完整过程。

(1)大气环境质量规划规定不同功能区的大气污染物浓度限值。正确划分大气环境功能区是制定大气资源环境规划的基础和重要内容,也是实施大气环境总量控制的前提。

(2)大气污染控制规划为城市及其工业发展提供充足的环境容量,并提出可实现的大气污染物排放总量控制方案。在大气污染控制规划中,最重要的是总量控制,通过控制特定区域的污染源允许排放总量,并将其优化分配到能源上,以确保实现大气环境质量目标。随着我国城市经济的不断发展,单纯的浓度控制和 P 值控制已无法阻止污染源密集区的形成,也无法实现大气环境质量目标。因此,建议我国城市实行区域大气总量控制法。

(三)土壤资源环境规划

土壤资源环境规划是指在一定规划时间内在特定规划区域,为平衡和协调土壤环境与社会、经济之间的关系,对土壤环境保护目标和措施所做出的统筹安排和设计,以期达到土壤环境系统功能的最优化。

目前我国土壤环境方面的研究多集中于污染土壤的理化性质与修复技术,关于土壤资源环境规划的系统研究较为缺乏。一些土壤相关规划研究多集中于针对土壤功能、水土保持、污染风险控制、农作物种植适宜性的土壤环境规划。因此制定土壤资源环境规划非常必要,是实行环境管理的系统性手段。

土壤资源环境规划也可划分为土壤环境质量规划和土壤污染控制规划两类。

(1)土壤环境质量规划:土壤环境质量是指土壤根据自身性质对其持续利用,以及对其他环境要素(尤其对人类或其他生物生存、繁衍和社会经济发展的适宜性)度量。制定土壤环境质量规划是土壤资源环境规划的重要组成部分。我国土壤环境质量标准已从基于质量达标的思路转变为基于风险管控的理念,根据土壤生态毒理学效应和人体健康风险制定相应的保护生态和人体健康的土壤质量指导值。

(2)土壤污染控制规划:我国目前的大气和水环境污染控制采用达标排放管理思路,但土壤污染的特点不同,即使污染源达标排放,土壤中的污染物也可能在长期累积下超出标准。因此,土壤污染控制规划应基于受体安全风险管控的思路,根据当前和未来土地利用情况进行风险评估和规划。我国相关法律法规已对土壤污染治理与修复规划以及土壤污染防治规划进行了规定,但在新时代下,需要加快健全土壤环境规划的规范和标准,提升其技术支持力度;加强土壤环境规划的地位和作用,推动其与水、大气资源环境规划整合;进一步完善土壤环境法律法规,构建健全的土壤规划保障体系。

(四)固体废物管理规划

固体废物管理规划是在资源利用最大化、处理费用最小化的条件下,对固体废物管理系统中的各个环节、层次进行整合调节和优化设计,进而筛选出切实的规划方案,以使整个固体废物管理系统处于良性运转状态。通常,固体废物管理规划有三个层次:操作运行层、计划策略层、政策制定层。其中计划策略层是管理规划的重点,一般来说,该层次规划的系统主要由各固体废物产生源及各种处理和处置设施组成。

固体废物管理对象主要有城市工业固体废物、生活垃圾和危险废物。工业固体废物主要考虑处置率、综合利用率等指标,我国坚持企业自行处理的原则,开展资源化利用,着眼于再生利用生产建材和进行各种应用途径的研究。危险废物作为一类特殊的固体废物,一般以法律或法规的方式规定其管理程序。早在 1987 年国家环境保护局就颁布了《城市放射性废物管理办法》,这是我国第一个危险废物管理的专门法规。该办法对危险废物的管理概括为四个方面:①制定危险废物判别标准;②建立危险废物清单;③建立关于危险废物的存放与审批制度;④建立关于危险废物的处理与安置制度。这些标准和制度至今仍是我国管理危险废物的主要手段和方法。

因此固体废物管理规划的对象主要是城市生活垃圾。目前我国正在大力推行垃圾分类,垃圾分类收集可以实现垃圾的减量化、资源化和无害化,是践行绿色发展理念、推进循环经济发展、打赢污染防治攻坚战的根本途径和必然要求,也是生活垃圾管理规划最有效的手段。我国生活垃圾分类经历了开始(20 世纪 90 年代)、试点探索(2000—2015 年)和快速发展(2016 年至今)三个阶段,目前国家和各省市正逐步采用可操作性强的垃圾分类方法,融合互联网＋的宣传方式,采用实用性的法规章程,实行完善的分类收集—分类运输—分类处理循环链来推进生活垃圾分类,生活垃圾分类工作逐步向市场化方向发展。

三、按地域和管理层次划分

当综合考虑一个区域的环境各组成要素进行全局性环境规划称为总体资源环境规划或综合资源环境规划,这里又包括两大类:一类是按政区行政界限为研究范围的综合环境规划,可称为政区环境规划;另一类是跳出行政边界而把一个完整的地理单元作为研究对象的综合环境规划,也就是通常所说的区域环境规划。

区域环境规划一般是针对区域社会发展状况、环境特征及其环境发展趋势,对人类自身活动和环境建设所做的时间和空间上的合理安排,因此其具有很强的综合性和地区性,它既是国家资源环境规划的基础,又是制定城市资源环境规划、工矿区资源环境规划等的前提。由于区域是地域范围较大及经济-社会-环境复合的系统,这意味着区域环境规划必须首先注重宏观的协调,如生产力布局的环境合理性,产业结构与资源优势的配置,污染物总量的地域分布等。宏观规划应特别注重资源环境规划或资源环境功能规划。区域资源环境规划打破了行政区界面,把一个完整的地理单元作为研究对象的综合资源环境规划。一般情况下,区域资源环境规划按其研究对象可分为山区资源环境规划、平原资源环境规划、流域资源规划等,但无论研究对象如何变化,区域资源环境规划的要点都是寻求经济、社会和环境的协调发展,保护人民健康,促进社会生产力持续发展及资源和环境的持续利用,因此需要结合区域特点,注重宏观规划的合理性,通过将宏观规划与微观规划结合的方式,加强对区域资源、经济特征分析。

政区环境规划按不同的层次可分为国家环境规划,省、市(地)、县级环境规划,部门资源环境规划等。例如国务院印发并实施的《国家环境保护"十二五"规划》《"十三五"生态环境保护规划》等,都属于国家资源环境规划的一种,其目的主要是协调全国经济社会发展与环境保护之间的关系,同时也为全国的环境保护工作提出指导性的要求,各省(区)、市(地)、县级政府和环保部门都要依据国家环境规划提出奋斗目标和要求,结合实际情况制定本地区的环境规划,并加以贯彻和落实。然而,在进行政区环境规划时,可能会出现由于省区单元区域面积较大,一省区内可能存在多个跨省区域流域的自然经济特征区,而省区内的某一地域只是此特征区域或流域的一部分,因此这就要求在编制省区级规划时必须进行省区间协调;当一省区内包含多种环境特征区、经济特征区和社会文化特征区时,做好省区环境保护规划必须预先进行各类特征区的小区域规划,即实现区域规划之间的协调和平衡。

因此,政区规划与区域规划之间的差别不是绝对的,有时一个政区规划常被分成几个区域规划分别进行,最常见的是将其分成城区环境规划与农村生态环境规划两大块进行,如武汉市的环境规划就是在完成城区环境规划的基础上再进行郊县农村生态环境规划的。同样地,有时为了便于工作也常将区域环境规划按政区分布分解成若干政区环境规划进行。

四、按规划目的和性质划分

按照资源环境规划的目的和性质,资源环境规划可分为生态规划、污染防治规划、专项专题规划和环境科技与产业发展规划。本文主要介绍最为常见的生态规划和污染防治规划。

(一)生态规划

一切经济活动都离不开土地利用,各种不同的土地利用对地区生态系统的影响是不一样的,在综合分析各种土地利用的"生态适宜度"的基础上,制定土地利用规划,通常称为生态规划。生态规划是根据生态规律及社会经济发展计划,对一定地域生态平衡的维系、保护所做的安排、打算。按不同层次划分,生态规划有全国性、区域性和局部地区的生态规划;按不同类型划分,生态规划有城市生态规划、农村生态规划、牧区生态规划、海洋生态规划等。生态规划的内容主要是:①提出增加自然系统的经济价值,合理、有效地利用土地、矿产、能源、水等不可再生资源的措施、安排;②保护可再生资源稳定增长、迅速恢复、提高质量的措施、安排;③实施严格的自然生态系统平衡政策,建立健全各类生物繁殖、移植、保护的物质保障及监视、研究的措施、安排;④综合治理"三废"污染及保护人类生存空间的措施、安排。科学安排生态规划,合理、有效地利用各种自然资源,以最有效地发挥自然界的功能,促进人类身心健康。

在实际工作中编制国家或地区经济社会发展规划时,不应单纯考虑经济因素,而应把当地的生态系统和社会经济系统紧密结合在一起进行考虑,使国家或地区的经济发展符合生态规律,既能促进和保证经济发展,又使当地的生态系统不遭到破坏。

(二)污染防治规划

污染防治规划也称为污染控制规划,随着工业化的加快,人类向环境中排放了大量的污染物,已对资源环境和人类身心健康造成了严重的影响。因此,污染防治规划是当前资源环境规划的重点,按内容可将其划分为工业(行业、工业区)污染控制规划、农业污染控制规划、交通污染控制规划和城市污染控制规划等。

此外,根据范围和性质的不同,污染防治规划又可分为区域污染综合防治规划和部门(或专业)污染综合防治规划。区域污染综合防治规划包括经济协作区、能源基地、城市和水域等的污染综合防治规划。部门(或专业)污染综合防治规划包括工业系统污染综合防治规划、农业污染综合防治规划、商业污染综合防治规划以及企业污染综合防治规划等。工业系统污染综合防治规划还可以按行业分为化工污染防治规划、石油污染防治规划、轻工污染防治规划和冶金工业污染防治规划等。

五、我国环境规划体系

本节深入探讨了资源环境规划的分类方法和整体框架,概括地提出资源环境规划可按四个主要方向进行分类(见表 3-1)。尽管这一领域的分类繁多,中国的资源环境规划体系主要展现为一个结合"横向＋纵向"二维结构的模式(见图 3-1)。

从纵向层面看,资源环境规划按照不同的行政级别划分,分为国家级、省区市级、县区级、乡镇级等,形成了一个层级化的规划体系。而从横向角度出发,资源环境规划根据不同的环境要素(如水资源、大气、固体废物、土壤和噪声污染控制)以及生态环境保护等进行划分,构建环境要素的规划层次。

在这个"横向＋纵向"的二维结构中,国家层面的资源环境保护宏观规划处于核心位置,所有其他层级的规划均以此为基础。值得注意的是,近年来,资源环境规划领域已开始向包括环境风险评估、有毒有害物质管理等非传统领域扩展。同时,规划的范围也逐步从传统的国家和地区级别扩展到乡镇、乡村,甚至是园区和企业等更微观的层次。

表 3-1　资源环境规划的类型

分类方式	资源环境规划类型
规划年限	短期(1~5 年)
	中期(5~10 年)
	长期(10~20 年)
	超长期(20 年以上)
环境要素	大气资源环境规划
	水资源环境规划
	土壤资源环境规划
	固体废物管理规划
地域和管理层次	政区环境规划
	区域环境规划
规划目的及性质	生态保护规划
	污染防治规划
	专项专题规划
	环境科技与产业发展规划

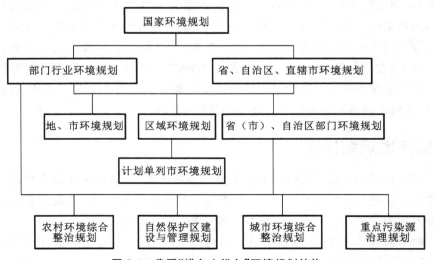

图 3-1　我国"横向＋纵向"环境规划结构

第二节 资源环境规划的基本内容

一、资源环境规划的编制原则

资源环境规划是一个综合性的过程,旨在平衡经济发展与环境保护的需求,确保可持续发展。它关注自然资源的保护、恢复和可持续利用,同时解决环境问题,提高环境质量。资源环境规划的基本内容包括资源评估、环境影响评价、目标设定、方案设计和实施、监测和评价。这一过程不仅涉及土地、水、矿物、植被和动物等自然资源的管理,还包括工业农业生产、交通规划、建筑施工、土地利用等方面的综合考虑,确保规划方案不会对环境质量造成不利影响。

作为社会与国家高质量发展和可持续发展的重要前提,合理的资源利用和环境保护具有战略意义。它在环境管理中占据基础性地位,提供了一个综合性解决平台,使得企业、公众和政府部门能在其中表达各自的利益诉求,明确各自的责任、权利和义务。通过这一平台,政府能够实施包括排污收费、排污许可证制度、环境税在内的政策手段,有效监管污染源,与公众沟通,了解环境需求,接受公众监督,提高环境管理绩效。环境规划的目标是确保环境污染物达标排放、确立功能区环境质量标准以及制定环境保护行动方案等,是保护自然资源的重要途径,与资源规划相辅相成,是构成国民经济和社会发展其他方面规划的重要基础。因此,这也要求在设计任何规划时,都必须考虑规划方案对环境质量的影响,评估影响的大小及涉及的人群,从而确保在推动社会经济发展的同时,不牺牲环境质量。

因此,资源环境规划是一个跨学科、多方参与的过程,通过科学、合理的管理策略,旨在实现资源的有效管理和环境的可持续保护。它要求在任何发展规划中都要考虑环境保护的要求,确保经济活动与环境保护之间达到平衡,支持可持续发展的目标。总体而言,资源环境规划的原则主要有以下几点。

(1)坚持全面规划、合理布局、突出重点、兼顾一般的原则。环境规划需要满足可持续发展、环境经济协调发展的原则,与工业农业生产、交通规划、建筑施工、土地利用等各个方面结合考虑。以生态理论和社会主义经济规律为依据,正确处理开发建设与环境保护的辩证关系。

(2)坚持经济效益、社会效益、环境效益相统一的原则。我国发展国民经济的战略思想就是社会、经济、科学技术相结合,人口、资源、环境相结合地协调发展,这就清楚阐述了发展经济与保护环境的关系。我们发展生产的目的就是满足人们日益增长的物质文明和精神文明的需要。因此既要合理地进行经济发展以丰富人们的物质生活,又要注重环境保护,深刻理解"绿水青山就是金山银山"的环境保护理念,坚持经济、社会与环境的协调发展。

（3）坚持依靠科技进步的原则。在资源环境规划设计时需要了解最新和权威的理论技术，资源环境规划必须在存在与规划目标相适应的物质条件与技术条件的前提下才能实现。确定目标时应考虑现有的管理、防治技术和人才结构问题，要充分分析现有经济水平能够提供多少资金用于环境保护，这一点至关重要。正确的做法是把环境规划目标和经济目标协调起来加以综合平衡，以保证资金投入。虽然不同地区的技术经济条件不同，但都应在现有和可能有的技术和经济条件下确定环境规划目标。

（4）坚持环境综合整治的原则。在处理环境问题时，不能"头痛医头、脚痛医脚"，要采取多方面、多角度的方法和措施，以实现环境问题的根本解决。既要追根溯源，明确污染来源，又要层层布控，防止污染二次发生；既要鼓励公众参与环境保护的决策过程，保障公众对环境问题的监督和建议权，又要保证环境整治的所有活动都遵循现行的法律法规。

（5）坚持自然资源开发利用与保护并重的原则。建立以保护资源为核心的环保战略，合理开发利用自然资源，保证资源的永续利用。

（6）坚持实事求是、因地制宜的原则。环境目标应符合国民经济规划总要求，要从实际出发，不能片面地追求环境指标，而忽略了现实工作中的人员、资金以及物资的状况，使得规划目标难以实现。

（7）坚持强化环境管理的原则。运用经济、法律、行政手段促进环保事业发展，充分体现中国特色的环境管理思想、制度和措施。

（8）坚持资源环境规划的规范性原则。环境规划指标体系是一个由多项指标构成的体系，这些指标的性质和特点不尽相同，需要对各项规划指标进行分类和规范化处理，使各类环境规划指标的含义、范围、量纲和计算方法等具有统一性，并且要在较长时间内基本保持不变，以保证环境规划指标的精确性和可比性。

二、资源环境规划的基本内容

(一)资源环境规划目标

资源环境规划目标是制定资源环境规划的关键，是环境战略的具体体现，是进行环境建设和资源管理的基本出发点和归宿。资源环境规划目标是通过环境指标体系表征的，环境指标体系是在一定时空范围内所有环境因素构成的环境系统的整体反映。

(二)资源环境规划目标的概念

资源环境规划目标是资源环境规划的核心内容，是对规划对象（如国家、城市、地区等）未来某一阶段的资源管控要求和环境质量状况的发展方向和发展水平所做的规定。资源环境规划目标应体现资源环境规划的根本宗旨，要将保障国民经济和社会持续发展，促进经济效益、社会效益、生态环境效益协调统一放在首要位置。因此，规划目标既不能过高,也不能过低,要实事求是、因地制宜,做到经济层面合理、技术层面可行、社会层面满意。

(三)资源环境规划目标的基本要求

1. 具有一般发展规划目标的共性

资源环境规划目标必须有时间限定和空间约束,必须可以量化并能反映客观实际,而不是由规划人员或决策者的主观要求和愿望决定。

2. 与经济社会发展目标相协调

环境保护的根本目的是实现人与自然的和谐发展,保障环境与经济社会协调发展。环境规划目标应集中体现这一方针,实现与经济社会发展目标综合平衡。平衡中一般可能出现三种情况。

(1)发展经济与环境保护投入这两个目标都可达到,即同时保障经济发展并实现环境保护两方面的要求,这是一种协调型的环境规划。

(2)环境保护投入受经济力量限制,必须降低环境目标。这种情况是为了解决经济发展所带来的环境后果而做出的经济制约型环境规划。这类环境目标的制定必须重视协调工作,并体现在经济社会发展总体规划中。

(3)必须保证环境目标。这种情况充分体现了经济发展服从环境保护的需要,即经济发展受环境保护的制约,属环境制约型的环境规划。为实现这一强制性目标,一般会进行产业转型或产业结构调整,以实现环境清洁和降低能耗,然而,一般来说,这种环境目标在一定时期内会限制经济的发展规模或速度,造成一定的经济损失。

3. 保证目标的可实施性

可实施性主要是指技术、经济条件的可达性,以及目标本身的时空可分解性,并且资源环境目标要便于管理、监督、检查和实行,要与现行管理体制、政策、制度相配合,特别要与责任制挂钩。

4. 保证目标的先进性和科学性

目标应能满足经济社会健康发展对环境的要求,保障人们正常生活所必需的环境质量;同时,应考虑技术层面的要素,既要确保规划目标的实现,也要保证规划目标的及时性和先进性。

(四)资源环境规划的指标体系

资源与环境规划的指标体系各不相同,资源的规划指标体系一般可分为国家、省、市、县级规划以及相关专项规划等。相关专项规划一般是指在特定区域(流域)、特定领域,为体现特定功能,对资源开发保护利用做出的专门安排。而环境规划方面的指标更加多样,从内容上看有数量方面的指标、质量方面的指标和管理方面的指标;从表现形式上看有总量控制指标和浓度控制指标;从复杂度上看有综合性指标和单项指标;从范围上看有宏观指标和微观指标;从地位和作用上看有决策指标、评价指标和考核指标;从其在环境规划中的作用上看有指令性规划指标、指导性规划指标和相应性指标。

在众多的资源规划指标中,国土空间规划因其复杂性、多样性、综合性以及代表性而被广泛研究。下面以市级国土空间为例进行规划指标说明。市级国土空间总体规划指标体系分为空间底线、空间结构与效率、空间品质三个维度,对应市域和中心城区两个规划层级,共计 35 个指标,分为约束性指标、预期性指标和建议性指标三大类。约束性指标是规划期内不得突破或必须实现的指标,聚焦自然资源保护和开发的总量,也是下级分解落实上级规划的主要指标。预期性指标是规划期内努力实现或不突破的指标,涉及经济社会发展、人居环境建设相关指标。约束性指标和预期性指标为各地市级规划必选指标,建议性指标为可选指标(见表 3-2,源自《市级国土空间总体规划编制指南(试行)》)。市级国土空间总体规划体检评估指标体系分为安全、创新、协调、绿色、开放和共享 6 个维度,根据工作开展的可操作性划分为基本指标、推荐指标和自选指标。其中,33 项基本指标聚焦与国土空间规划紧密关联的底线约束、用地规模、设施、管理等方面,所有城市必须选用(见表 3-3,源自《国土空间规划城市体检评估规程》)。

表 3-2 市级国土空间总体规划指标

分类方式	指标名称	指标属性
空间底线	生态保护红线面积、用水总量、永久基本农田保护面积、耕地保有量、建设用地总面积、城乡建设用地面积、林地保有量、基本草原面积、湿地面积、大陆自然海岸线保有率	约束性
	自然和文化遗产	预期性
	地下水水位、新能源和可再生能源比例、本地指示性物种种类	建议性
空间结构与效率	人均城镇建设用地面积、道路网密度	约束性
	常住人口规模、常住人口城镇化率、人均应急避难场所面积、每万元 GDP 水耗、每万元 GDP 地耗	预期性
	轨道交通站点 800 m 半径服务覆盖率、都市圈 1 小时人口覆盖率	建议性
空间品质	公园绿地、广场步行 5 分钟覆盖	约束性
	社区公共服务设施步行 15 分钟覆盖率、城镇人均住房面积、每千名老年人养老床位数、每千人医疗卫生机构床位数、人均体育用地面积、人均公园绿地面积、绿色交通出行比例、降雨就地消纳率、城镇生活垃圾回收利用率、农村生活垃圾处理率	预期性
	工作日平均通勤时间	建议性

表 3-3　市级国土空间总体规划体检评估基本指标

维度	方面	指标名称
安全	水安全	人均年用水量、地下水水位
	粮食安全	永久基本农田保护面积、耕地保有量
	生态安全	生态保护红线面积
	文化安全	历史文化保护线面积
	城市韧性	人均应急避难场所面积、消防救援 5 分钟可达覆盖率、城区透水表面占比、城市内涝积水点数量、超高层建筑数量
	规划管控	违法违规调整规划、用地用海等事件数量
创新	发展模式	闲置土地处置率、存量土地供应比例、城乡工业用地占城乡建设用地的比例、土地出让收入占政府预算收入比例、城区道路网密度
	智慧城市	"统一平台"建设及应用的县级单元比例
	集聚集约	常住人口数量、城区常住人口密度、建设用地总面积、城乡建设用地面积、城区建筑密度
协调	生态保护	森林覆盖率、森林积蓄量
	低碳生产	每万元 GDP 地耗
开放	对外交往	城市对外日均人流联系量
共享	宜业	工作日平均通勤时间
	宜居	15 分钟社区生活圈覆盖率、每千人医疗卫生机构床位数、每千名老年人养老床位数、城镇人均住房面积
	宜游	人均公园绿地面积

尽管环境规划的指标体系非常多元，但目前一般都采用按照表征对象、作用以及在环境规划中的重要性或相关性来划分的方式，主要划分为环境质量指标、污染物总量控制指标、环境规划措施与管理指标和相关指标。

1. 环境质量指标

环境质量指标主要表征自然环境要素和生活环境的质量状况，一般以环境质量标准为基本衡量尺度。环境质量指标是环境规划的出发点和归宿，所有其他指标的确定都是围绕完成环境质量指标进行的。

2. 污染物总量控制指标

污染物总量控制指标是根据一定地域的环境特点和容量确定的，其中又有容量总量控制和目标总量控制两种。污染物容量总量控制指标体现环境的容量要求，是自然约束的反映；污染物目标总量控制体现规划的目标要求，是人为约束的反映。我国现在执行的指标体系是将两者有机地结合起来，同时采用。

污染物总量控制指标将污染源与环境质量联系起来考虑，其技术关键是寻求源与汇

(受纳环境)的输入响应关系,这与目前盛行的浓度标准指标有根本区别。浓度标准指标对污染源的污染物排放浓度和环境介质中的污染物浓度做出规定,易于监测和管理,但此类指标对排入环境中的污染物量没有直接约束,未将源与汇结合起来考虑。

3. 环境规划措施与管理指标

环境规划措施与管理指标是首先达到污染物总量控制指标,进而达到环境质量指标的支持性和保证性指标。这类指标有的由环保部门规划与管理,有的由城市总体规划控制。这类指标的完成与否与环境质量的优劣密切相关,因此应将其列入环境规划中。

4. 相关指标

相关指标主要包括经济指标、社会指标和生态指标三类。相关指标大都包含在国民经济和社会发展规划中,与环境指标有密切的联系,对环境质量有深刻影响,但又是环境规划包容不了的。因此,环境规划将其作为相关指标列入,以便更全面地衡量环境规划指标的科学性和可行性。对于区域来说,生态指标为环境规划所特别关注,在环境规划中将占有越来越重要的位置。

(五)资源环境规划的内容

作为一种克服人类经济活动盲目性的科学决策活动,资源环境规划必须包括两方面内容:一是要根据环境保护要求,对人类经济社会活动提出约束要求,如制定正确的产业发展政策、确立合理的生产规模、优化产业结构的布局、采用先进工艺等;二是要根据经济社会发展对环境发展和环境保护的目标要求,对环境保护与建设做出长远的安排与合理的部署。一般资源环境规划的主要内容如下。

(1)环境现状调查与评价。通过环境质量、污染来源的现状调查与评价,可以了解区域环境状况,获取规划需要的科学数据信息,这是规划工作的基础。基础资料的主要内容和要求如表 3-4 所示。

表 3-4　基础资料的主要内容和要求

资料类型	搜集内容与要求
综合资料	包括政府及有关部门制定的相关法律、法规、规范、政策文件、规划区划等资料
自然条件资料	包括地形地貌、工程地质、水文及水文地质、河流水系、湖泊水库、海湾海域、气候气象、生态系统、野生动植物等资料
自然资源资料	包括土地资源、水资源、矿产资源、生物资源、能源、岸线滩涂、旅游资源等资料
经济发展资料	包括经济规模、产业结构、各类开发区、产业集聚区、主要工业企业、碳排放、交通、能源与水利等重大基础设施建设布局等资料
社会发展资料	包括行政区划变动、城镇与农村人口和常住人口、消费、教育、海域使用、旅游服务设施等资料

续表

资料类型	搜集内容与要求
国土空间资料	包括农业空间、生态空间、城镇空间、城镇开发边界、基本农田、生态保护红线、建设用地、绿地等资料
生态环境资料	包括生态环境质量、生态环境分区管控、应对气候变化、污染源以及排污量、生态保护、农业农村生态环境、固体废物排放、环境健康、核安全与放射性污染防治、生态环境基础设施、生态环境治理体系与治理能力建设及主要生态环境问题等资料

（2）环境预测。环境预测是结合区域经济社会发展趋势，对未来环境状况进行定量、半定量分析和描述。环境预测是编制环境规划的先决条件。

（3）环境区划与功能分区。根据区域自然及社会经济条件差异划分不同功能的环境单元并研究不同单元的环境容量（承载力），便于分类指导、因地制宜地规划。

（4）环境目标。环境目标及其指标体系的制定是环境规划的核心工作，目标高低决定投资大小及实施是否可能，也决定了规划是否合理和可实施。

（5）环境规划设计。结合规划区域存在的问题和环境目标要求，拟订污染防治及产业调整、生态保护方案。环境规划设计是环境规划的关键。

（6）规划方案优选。通过综合分析、科学比较，提出投资少、效益好的规划方案或组合方案，体现环境经济的协调统一，保证规划目标的实现。

（7）实施环境规划的支持与保证。根据规划重点项目编制投资预算和年度计划，提出环境规划的组织、管理、技术与资金支持措施，确保规划的顺利实施。

三、资源环境规划的概念区分

资源环境规划、环境规划和生态规划虽然有着紧密的联系，但它们侧重点和应用范围存在一定的差异。

资源环境规划主要关注自然资源的合理利用和环境保护的平衡，强调在促进经济发展的同时保护环境和资源。这种规划考虑了水、土地、矿产和生物多样性等多种自然资源的管理与保护，以及如何减轻人类活动对这些资源和环境的负面影响，目的是实现资源的可持续利用和环境的可持续健康。

环境规划更加侧重环境保护和管理，包括污染防治、环境质量监测、生态环境评估等，主要目的是保护环境质量，防止环境退化。环境规划通常聚焦于如何减少工业、城市化等人类活动对环境的影响，确保环境质量符合国家或地区的标准和目标。

生态规划更加侧重生态系统的完整性和生物多样性的保护。它关注的是生态过程、物种多样性以及自然和人工系统的健康和恢复。生态规划试图在人类活动和自然环境之间找到一种平衡，以促进生态系统服务的持续提供和生物多样性的保护。

总的来说，资源环境规划是一种更为综合的规划，涵盖了环境规划和生态规划的关键要素，但它在资源利用效率和可持续性方面有更广泛的考量。环境规划更偏重于环境保护和污染控制。生态规划侧重于保护和恢复生态系统的健康和多样性。这三种规划都是为了实现可持续发展的目标,但各自从不同的角度和侧重点出发。

第三节　资源环境规划的工作流程

无论资源环境规划所涉及的范围有多大,其制定需有以下步骤:确立目标和获取基础信息,组织工作,分析问题,提出问题解决方案,评价资源环境的可用性,评价利用和保护方式的影响,选择利用和保护方式,准备规划,实施规划,监测和修正规划。

一、确立目标和获取基础信息

需要做的工作主要有:①规划区的界定;②与规划相关的各方人员保持接触;③获取规划区的基本信息;④确立目标;⑤找出问题;⑥确定影响规划实施的限制因素;⑦建立资源环境利用决策所需的标准;⑧设定规划深度;⑨确定规划期;⑩在规划内容和形式上达成一致。

二、组织工作

要做好规划工作的组织,应当列出重要的规划任务和行动,对每项任务落实工作内容、人员和经费,建立工作考核表,使每个工作人员明确其职责。表明工作计划的简洁形式是列表,包括行动地点、需要的物资、所需的时间、经费预算、预期产出(如报告、图件资料)等内容。

三、分析问题

首先,需要分析现在的资源环境状况,并与所提出的目标比较,确定区划单元。其次,需要认清当前资源环境利用和保护中存在的问题,包括其特征和程度。最后,分析产生这些问题的原因。

四、提出问题解决方案

当明确需要解决的问题后,下一步将考虑怎样做才能解决问题,这需要规划人员和资源环境利用者相互协作。规划人员应建议和提出各种改变现状的利用和保护方式,资源环境利用者对这些利用和保护方式进行评价并提出建议,决策者从这些利用和保护方式中选择出候选方式供进一步分析。

五、评价资源环境的可用性

这一步是资源环境评价的核心部分,评价过程:描述有前途的土地资源环境利用和保护类型;对于每种资源和土地类型确定其需求;进行必要的调查并以图面形式表达,描述各土地单元和资源的自然特征;比较资源环境类型的需求。

六、评价利用和保护方式的影响

在评价不同的资源环境利用和保护方式是否可持续后,就需要对不同的利用和保护方式所产生的环境、经济和社会影响进行评价。

七、选择利用和保护方式

规划者必须收集和总结出一个综合决策(即结果)所需的各种事实和依据,而决策者必须选择能满足经营目标的最好的资源利用和保护方式。决策作为一个在多种利用方式中进行选择的过程,与前述的各步骤组成了决策支持系统。

八、准备规划

规划的三个因素应当确定:①应当做什么? 哪些利用和保护方式应当改变? 它们应当或建议用到哪里? ②应当怎样做? 从措施细节、成本和时间来考虑;③采取措施的理由,需要考虑的工作有准备图件资料、编写规划,需考虑规划的可行性、格式、人员、时间和资金投入等。

为了满足不同使用者的需要,编写的规划经常可划分为以下几个部分:①概要部分,写给非技术的决策人员,是现状、问题、建议的概括,简要说明决策的理由;②主报告,解释所采用的方法、发现的问题和规划的事实依据,主要针对的是技术和规划人员;③图册,它是主报告的重要组成部分;④附件,支持主报告的技术数据。

九、实施规划

在实施规划时,应根据制定的经营目标,分年度、分地区进行任务的安排,将任务和责任落实到人,任何单位和个人不得随意修改、变更。同时需要考虑:合理的所有利益团体参与机制;地方政府机构权力适当下放和授权;认识并考虑到特殊群体的习惯和传统权益;保障合理利用和保护期限;有效的合作机制和解决矛盾的程序。

十、监测和修正规划

对规划的实施进行检查和监督,其目的是评价规划执行效果、提高工作效率、充分发挥资金的效益、检查规划中涉及的可持续经营指标和评价指标,以全面反映经营单位的经营水平和管理水平。

除在实施规划当地进行全面抽样检查验收外,运用先进的科学技术手段(如卫星遥感、地理信息系统、全球定位系统、计算机管理等)对规划进行有效、及时的检查和监督是今后一个重要的发展趋势。

通过检查、监督和评价,分析规划中可能存在的问题并加以修订,同时采取奖惩机制或改变资金投入量来促使经营单位按照规划开展各项工作,从而有利于经营目标的实现。

在规划制定的整个过程中,需要各相关利益者共同参与,制出的规划能代表大多数人的意愿,这样也利于规划的实施。同时,规划的最终确定是一个反复多次的过程。

第四节 规 划 成 果

一、规划文本

(一)规划文本的类型

一次环境规划工作结束时,一般应有以下三类文本。

(1)技术档案文本。该文本是将规划过程所收集的背景材料调查或检测所采集的信息、规划编制过程的技术档案或记录进行整理而成的背景材料文本。此文本存放在当地,供规划时核查、调整,或下次编制规划时参考。

(2)环境规划文本。该文本是正式的环境规划文本,由环境规划管理部门管理,作为进行规划实施与管理的蓝本。

(3)环境规划报审文本。该文本是正式的环境规划文本的缩编文本或简编文本,主要用于申报、审批。简编文本内容应包括:自然环境特点,经济和社会简况;前期环境规划(或计划)执行简况;规划要解决的主要环境问题;规划目标(时空限定);主要措施;主要工程项目及说明;投资预算及来源;主要困难及要求提供的条件等。

环境规划报审文本应简洁明了,突出主要内容,一般不罗列计算过程等繁杂内容。

(二)规划文本的内容

环境规划的内容应根据规划对象和实际情况选取。下述内容均为区域或城市综合性规划所应包括的内容。

1. 自然环境现状和社会发展状况概述

自然环境概述着重规划区域特殊的气候、地理、生态状况和开发历史等。这是规划的重要基础之一,是保证规划的适应性和针对性所必需的内容。

经济社会发展概述着重经济发展规模,产业结构与布局,资源利用分析,科技水平、经济发展与环境的相互依赖关系,经济发展对环境的影响以及环境污染或破坏对持续性经济发展的影响等。在规划中对上述问题进行追述和概略分析,作为整个规划的重要出发点和依据。

2. 环境保护工作情况概述

概述前几年环境保护计划完成情况,包括污染控制、环境建设、完成工程项目、投资与效益等,以及规划目标存在的主要问题、困难及原因等,以此作为新规划的重要参考。

3. 环境变化趋势分析

环境变化趋势分析包括环境质量总的发展趋势、污染发展趋势、生态环境变化趋势以及重大环境问题的发展趋势等。环境变化趋势是环境调查、评价、预测的综合描述与分析。列入描述与分析的内容项目应与规划目标基本对应,同时应说明今后注意的问题、发展方向等。

趋势分析是编制规划的重要基础和起点。

4. 规划总目标

概括阐明新的环境规划的总目标以及将要达到的主要指标。综合性规划的总目标必须包括两个主要方面:环境质量目标和污染物总量控制目标。区域(如省区)环境规划总目标视情况还可能包括生态环境目标。

5. 制定规划方案

根据不同的规划目标和资源环境的实际情况,明确规划原则和重点内容,制定切实可行的规划方案,并提出相应的环境影响预测与评价方法。一般的资源环境规划内容有国土空间规划、重点城市和经济区环境综合整治规划、工业污染防治或部门行业污染控制规划、水源与水环境保护规划以及自然保护规划等。

6. 环保系统自身建设计划

环保系统自身建设计划主要包括政策研究、法规建设、标准制定、监测体系完善、信息收集与传递、宣传教育以及环保系统职工素质的提高等问题。在编制计划时,应综合考虑人员编制、机构设置、建筑面积、装备条件等,纳入计划。

7. 费用预算和资金来源

必要的经费是实现规划目标的重要保证,实施规划所需的费用及其来源是规划的重要内容,也是规划可行性的重要依据。规划中应就费用预算、用途、来源以及可行性分析加以论证和说明,以便纳入国民经济和社会发展规划和城市总体规划。对于重大环境工程,还应有专门的规划文本和投资预算。

二、图件

图件是规划内容的空间体现,它能形象、直观地展现难以用文字阐述清楚的科学规划成果,增加规划的空间约束力,提高规划的可操作性。因此有必要探讨资源环境规划图集的设计编制,规范图件的绘制,从而提高资源环境规划的实施效果。

资源环境规划编制过程涉及几个编制重点。一是前瞻性界定开发"红线"空间,确保和维护生态安全,划定生态红线应在充分掌握自然保护区、森林公园、地质公园、水源保护区等矢量化图件基础上进行。二是深入研究污染物的影响机理,通过环境容量数理模型,建立污染物排放量与环境质量之间的响应机制,得到的结果要借助图进行展示。三是结合资源环境目标指标,完善地区的环境功能区划体系,环境功能区划应尽可能详细,运用地理信息系统分析并绘制图。可以看出,图件在资源环境规划中起到关键性作用。

(一)图件编制思路

资源环境规划图件是在对资源环境现状分析的基础上,绘制出重点环境问题的区域分布情况,展现资源分布、环境容量、环境质量、生态功能等分析预测结果在空间上的分布,最后进行环境控制区划分和污染处置设施摆布等。

在规划编制前要充分利用现状图,对规划范围进行研究分析,为科学规划提供依据。在规划编制过程中要合理利用各种趋势预测图、效果对比图等进行合理的项目规划和布局规划。在规划的实施环节要充分发挥图件的空间量化优势,确保规划项目按时完成,空间管制分区严格执行,生态基底不被破坏,生态安全格局不被打破。

(二)图件编制原则

资源环境规划图件的编制应满足以下原则。

(1)协调性、系统性原则。在设计资源环境规划图件时应注意协调性,包括图件与规划文本协调统一、图件的内部信息统一、图件与其他规划图集统一。同时也要注意系统性,要具有一定的内容结构体系。

(2)可比性原则。资源环境规划的图件要有一定的可比性,要能够帮助人们形象地理解资源环境现状和把握环境问题。不同区域、年份、季节和气象条件等所对应的污染物浓度一般都会有差异,如表示一个区域环境污染或环境质量,既要交代该区域的环境污染状况、变化和发展趋势,还要展现该区域的污染防治对策与规划内容,并保证相应的内容科学、具体,最终形成比较系统和完整的图件,对现实工作具有更实际的指导意义。

(3)动态变化原则。由于资源环境规划具有强烈的时空动态性,因此应该加强图件的即时修改或调整,使图件更新与规划的修编同步进行,要展现出规划实施前后各种变量的动态变化趋势,体现出规划成果。例如,在规划实施前后,污染物处理设施数量及位置、污染物排放量、污染物浓度都会有相应的变化;生态红线、生态保护区面积、环境风险防范体系、环境监测网络等也会有合理的调整。

(三)图件编制规范

根据《环境影响评价技术导则 生态影响》(HJ 19—2022)、《市级国土空间总体规划制图规范(试行)》以及《市级国土空间总体规划数据库规范(试行)》提出的制图要求,在资源环境规划图件的编制过程中,首先要确定表现方法,应根据资源环境要素特点和需要表达的内容进行方法选择,以简单易懂、突出重点为原则。

(1)图名。图名可采用"城市名称+关键词+图+(规划起止年)"的命名方法,如"武汉市资源环境规划图(2020—2025年)",图名应该放在图纸上方(正中或偏左侧)。

(2)图廓。图廓由外图廓和内图廓构成,外图廓用粗实线绘制,内图廓用细实线绘制。

(3)图例。图例应该简明、直观地反映图中主要内容,且上方应有图例二字。对于方块、直线、点状的图例在大小、位置、颜色、间距方面都有统一的要求,应保持规范、美观。图例放置于右下方。

(4)指北针与风玫瑰图。风玫瑰图是气象学科专业统计图表,用来统计某个地区一段时期内风向、风速发生频率,因图形似玫瑰花朵而得名。一般而言,风玫瑰图中包含了指北针信息,是资源环境规划图件重要的组成部分。一个地区的风玫瑰图可以从当地政府部门获得,也可以通过气象数据使用 Matlab 或 Microsoft Office 自行绘制。

(5)空间参照系统和比例尺。正式图件的平面坐标系统采用"2000 国家大地坐标系",高程基准采用"1985 国家高程基准",投影系统采用"高斯-克吕格投影",分带采用"国家标准分带"。规划图件中比例尺设置要求统一,内部结构要协调一致,在市级国土空间总体规划中,市域图件挂图的比例尺一般为 1∶100000(可适当调整),中心城区图件挂图的比例尺一般为 1∶10000~1∶25000;标记的内容要丰富,但不要过于繁杂。

(6)图件说明。图件说明是需要在图件上进行说明的内容,尽量采用表格形式加载到图的右下方,表格格式为简明表格。表格的横纵坐标以及内容要简明扼要,数字尽量采用整数表达。在图件上加载图片内容,需要对图片进行编辑,图片的大小和位置不能影响底图所表现的内容,图片的色彩要与整幅图色彩保持协调一致。

(7)图件编号与编制日期。图件要按顺序进行编号,号码写在右下角处。各个图件编号汇总形成图件集目录,目录放图件集最前页。此外每个图件右下方应注明编制单位与编制日期,编制单位在前,编制日期在后。图件的编制日期按照"年月日"标志,数字采用阿拉伯数字。

(8)规格及成果文件格式。图件的大小规格应按实际情况定,推荐使用 A3 图幅。此外,规划成果的各类文档应采用 pdf 文件格式,各类表格应采用 xls、mdb 文件格式,栅格图件应采用 jpg、jpeg 文件格式,并且分辨率至少为 300dpi,航片、卫片、带坐标信息的栅格图件,应采用 GeoTiff 文件格式,文件后缀为 *.tif,数据库采用国土空间数据库空间数据交换格式,文件后缀为 VCT,按中华人民共和国国家标准《地理空间数据交换格式》(GB/T 17798—2007)的规定进行描述。

(9)封皮。图件编制完成汇总成集后,应设置封皮。封皮可选取体现该城市生态和资源环境特色的图片作为图集背景,图集名称为"城市名称+资源环境规划图集",位于封皮正中,字体为黑体。封皮中下部可加入编制单位和编制日期,字体大小应比图集名称的小。

(四)图件内容要求

环境规划与环境评价类图件的内容要求如表 3-5 所示。

表 3-5　环境规划与环境评价类图件的内容要求

图件名称		图件和属性数据要求	图件类型
规划数据	规划范围图	规划范围（面积）	面状矢量图
	规划布局图	规划空间布局，各分区范围（面积）；规划不同时期线路走向（针对轨道交通等线性规划）	面状矢量图或线状矢量图
	规划区土地利用规划图	规划范围内各地块规划用地类型（用地类型名称、面积）	面状矢量图
环境现状和区域规划数据	生态保护红线分布图	评价范围内各生态保护红线区范围（红线区名称、面积）	面状矢量图
	环境管控单元图	评价范围内大气、水、土壤等环境管控单元图（管控单元名称、面积）	面状矢量图
	全国/省级主体功能区规划图	评价范围内全国/省级主体功能区范围（主体功能区类型名称）	
	全国/省级生态功能区划图	评价范围内全国/省级生态功能区范围（生态功能区类型名称）	
	城市大气环境功能区划图	评价范围内大气环境功能区范围（功能区类型和保护目标）	
	城市声环境功能区划图	评价范围内声环境功能区范围（功能区类型和保护目标）	
	城市水环境功能区划图	评价范围内水环境功能区范围（功能区类型和保护目标）	
	土地利用现状和规划图	规划所在市（县）土地利用现状和规划（用地类型）	
	城市总体规划图	规划所在市（县）城市总体规划（各功能分区名称）	
	环境质量（水、大气、噪声、土壤）点位图	评价范围内环境质量（水、大气、噪声、土壤）监测点位置（监测点经纬度、监测时间、监测数据、达标情况）	
	主要污染源（水、大气、土壤）分布图	评价范围内水、大气、土壤主要污染源位置（污染物种类、排放量、达标情况）	
	其他环境敏感区分布图	评价范围内自然保护区、风景名胜区、森林公园等除生态保护红线外的其他环境敏感区范围（名称、级别、面积、主要保护对象和保护要求）	
	珍稀、濒危野生动植物分布图	评价范围内珍稀、濒危野生动植物分布位置（名称、保护级别）	

图件名称		图件和属性数据要求	图件类型
现状评价成果	规划布局与生态保护红线区位置关系图	划分功能区或具体建设项目与生态保护红线区位置关系（最小直线距离或重叠范围和面积）	
	规划布局与除生态保护红线外的其他环境敏感区位置关系图	规划功能分区或具体建设项目与除生态保护红线外的其他环境敏感区位置关系（最小直线距离或重叠范围和面积）	
	规划区与全国/省级主体功能区叠图	规划区所处主体功能区位置（功能区名称）	
	规划区与全国/省级生态功能区叠图	规划区所处生态功能区位置（功能区名称）	
	环境质量评价结果图	评价范围内各环境功能区达标情况	
	生态系统演变评价结果图	评价范围内生态系统演变情况，如土地利用变化情况、水土流失变化情况等（评价时段、变化范围和面积等）	
	环境质量变化评价结果图	评价范围内环境质量变化情况（评价时段、各环境功能区环境质量变好或恶化）	
环境影响评价成果	水环境影响评价结果图	规划实施后水环境影响范围和程度（各规划期水环境影响范围、面积或长度，规划实施后各环境功能区达标情况）	
	大气环境影响评价结果图	规划实施后大气环境影响范围和程度（各规划期大气环境影响范围、面积，规划实施后各环境功能区达标情况）	
	土壤环境影响评价结果图	规划实施后土壤环境影响范围和程度（各规划期土壤环境影响范围、面积）	
	噪声环境影响评价结果图	规划实施后噪声环境影响范围和程度（各规划期噪声环境影响范围、面积，规划实施后各环境功能区达标情况）	
规划优化调整成果	规划布局优化调整成果图	规划布局调整前后对比（边界变化情况、面积变化情况）	面状矢量图
	规划规模优化调整成果图	规划规模调整前后对比（各规划期规模变化情况，对应规划内容建设时序调整情况）	面状矢量图
环境管控成果	环境管控成果图	规划范围内环境管控单元划分结果（各管控单元空间范围、面积、管控要求、生态环境准入清单）	面状矢量图
跟踪评价计划成果	监测点位布局图	跟踪监测方案提出的大气、水、土壤、生态等跟踪监测点位分布情况（位置、监测频率、监测内容）	点状矢量图

在绘制资源环境规划图件时要求有图名、图例、指北针、比例尺以及图件编号与编制日期。

三、数据库

资源环境规划数据库的内容一般要包括基础地理信息要素、分析评价信息要素和资源环境规划信息要素。在进行要素分类时,一般原则为大类采用面分类法,小类及以下采用线分类法,且编码原则一般为大类、小类、一级类、二级类、三级类、四级类,分类代码采用十位数字层次码组成,其结构如图 3-2 所示。

图 3-2　数据库编码原则

(1)大类码为专业代码,设定为二位数字码,基础地理专业码为 10,土地专业码为 20,其他专业码为 30;小类码为业务代码,设定为二位数字码,空位以 0 补齐,分析评价的业务代码为 80,国土空间规划的业务代码为 90;一至四级类码为要素分类代码,一级类码为二位数字码、二级类码为二位数字码、三级类码为一位数字码、四级类码为一位数字码,空位以 0 补齐。

(2)基础地理要素的一级类码、二级类码、三级类码和四级类码引用《基础地理信息要素分类与代码》(GB/T 13923—2022)中的基础地理要素代码结构与代码。

(3)各要素类中如含有"其他"类,则该类代码直接设为"9"或"99"。市级国土空间总体规划数据库(全域)要素与代码可在《市级国土空间总体规划数据库规范(试行)》表 1 中查找。

在构建数据库时,应采用"高斯-克吕格投影"及"国家标准分带",并以"2000 国家大地坐标系"(CGCS2000)作为坐标系,高程基准为"1985 国家高程基准",在进行数据库结构定义时应符合以下基本规则。

(1)图层采用中文文字命名,一般采用全称,名称较长时可采用关键字名称。

(2)属性表名采用字母命名,一般采用汉语拼音首字母命名,名称较长时采用关键字的汉语拼音首字母命名。如果出现属性表名重复,则应进行修改并加以区分。

(3)在属性数据结构字段类型描述中,Char 表示字符型,Float 表示双精度浮点型,Int 表示长整型。

对于非空间要素属性数据结构,其字段名称中的行政区代码和行政区名称是考虑数据管理及应用需要的基础字段,在无特殊注明要求时,默认填写到市级行政区;若地方行政区划管理制度存在特殊情况,可根据实际情况填写并在图层备注中说明。

习　题

1. 资源环境规划的目标包括哪些？如何确定？

2. 资源环境规划指标体系的类型和确定的原则是什么？

3. 资源环境规划预测的主要内容是什么？

4. 环境功能区划的目的和基本内容是什么？

5. 资源环境规划成果要求和内容有哪些？它们对资源环境规划起的作用是什么？

6. 资源环境规划的类型有哪些？

7. 资源环境规划的编制原则是什么？

8. 资源环境规划的目标是什么？

9. 资源环境规划目标的基本要求是什么？

10. 什么是资源环境规划的指标体系？

11. 制定资源环境规划指标体系的原则是什么？

12. 资源环境规划、环境规划、生态规划有什么区别？

13. 规划文本的类型有哪些？

14. 资源环境规划图件的必须要素有哪些？

第四章

资源环境规划的技术和方法

　　资源环境规划的技术方法主要指环境规划编制过程中包括各类数据资料收集、分析评价、预测与决策等所应用到的技术方法,是在资源环境规划编制过程中进行环境评价、环境预测和环境规划决策的重要技术支持。资源环境规划技术和方法运用得正确与否决定了环境规划决策实施的成败。本章重点介绍环境规划中常用的评价、预测与决策的基本技术方法和模型,以及环境资源监测数据采集的先进技术和方法。

第一节　环　境　评　价

　　环境评价是按照公布的评价标准和评价方法确定规划区域范围内环境质量状况,预测环境质量变化趋势和评价人类行动对环境影响的技术方法。

一、环境评价的分类

　　环境评价按时间次序可以分成环境质量回顾性评价、环境质量现状评价及环境影响预测评价三种类型。

1. 环境质量回顾性评价

　　环境质量回顾性评价是指根据历史资料对规划区域在过去某一特定时期的环境质量进行评估。通过这种评价可以了解规划区域环境污染的发展变化过程,并推测未来的发展趋势。然而,进行这种评价需要大量的过去环境历史资料,而实际可获取的资料通常是有限的,特别是对不发达地区而言,这一局限性更为显著,因此评价结论的可靠性较差。

对已经开展过环境规划的区域,环境质量回顾性评价还要对前一轮规划实施的效果进行评价,以便拟规划的措施可以扬长避短,有利于规划的实效性。

2. 环境质量现状评价

这种评价通常基于近一至两年的环境监测调查数据,对特定区域内环境质量的变化和现状进行评估。它有助于反映环境质量的当前状况,为该区域的综合环境污染防治和环境规划制定提供科学依据,也是进行环境影响评价的基础工作。

3. 环境影响预测评价

环境影响预测评价是对拟定开发行动方案或规划所产生的污染源识别,并使用相关专业技术指南推荐的预测模型来预测和评价拟开发行动方案或规划对环境的影响。在评估的基础上,提出减少或消除负面环境影响的合理措施。环境影响评价内容广泛,评价结论是环境保护决策的重要依据。

根据评价要素的不同,环境评价分为单项环境要素评价、多项环境要素联合评价和区域环境综合评价。单项环境要素评价如对大气、地表水、地下水等的评价。多项环境要素联合评价涉及对土壤与作物、地表水与地下水,以及土壤、地表水和地下水的联合评价。区域环境综合评价是对城市、地区甚至全球范围内环境的整体评价。

二、环境评价的原则

环境评价是环境保护和治理规划的先行和基础工作。开展环境评价必须遵循以下原则。

(1)环境保护是国家的一项基本国策,环境评价的实施应当以法律法规为指导。《中华人民共和国宪法》第二十六条规定,国家保护和改善生活环境和生态环境,防治污染和其他公害。在《中华人民共和国宪法》指引下,环境评价遵循《中华人民共和国环境保护法》和《中华人民共和国海洋环境保护法》等法律法规作为指导方针,保证在社会主义现代化建设中,合理地利用自然资源,防治环境污染和生态破坏,为人民造成清洁适宜的生活和劳动环境,保护人民健康,促进经济发展。《中华人民共和国环境保护法》第二条中对环境保护的任务做出了规定。在《中华人民共和国环境保护法》第四条中,明确了环境保护的任务,包括全面规划、合理布局、综合利用、化害为利、依靠群众、共同参与,以保护环境、造福人民。

(2)以国家环境政策为依据,包括国土空间规划中的主体功能区中的工业建设布局,能源和水域环境政策与自然环境保护政策等。

(3)以国家最新颁布的各项环境质量标准(大气、水体环境质量标准与食品标准等)和污染物排放标准为评价环境质量等级的尺度。

三、环境评价在环境规划中的作用

环境规划是控制和解决人为环境问题、控制污染、保护自然资源、限制危害环境质量的人类行为、进一步改善环境质量、改善资源和环境可持续性以及实现协调和可持续环境发展和社会经济发展的预期目标的过程。环境规划包括环境数据监测调查、环境评价、环境预测,环境规划经济、技术和法律保障措施。其中环境评价直接影响环境规划决策和环境规划方案布局。

环境评价是根据大量监测调查数据的综合和分析,在确定区域主要污染源和主要污染物的基础上,识别区域主要的环境问题,阐明区域环境质量发展的规律。这为制定区域污染综合防治规划、确定重点治理工程方案以及制定环境保护法规提供了基础。长期的监测和调查数据积累为各种环境质量模型的开发提供了可靠的基础,这些模型是进行环境影响评估的基本工具。环境影响评估是解决规划开发活动与环境保护之间矛盾的有效途径,是实施预防性政策、加强环境治理的重要手段。

四、环境评价的方法

(一)污染源评价——等标污染评价法

污染源评价的主要目的是通过比较分析确定主要污染源和次要污染源。评估污染源的方法有很多,这里我们重点介绍一种等标污染评价法。

等标污染评价法需要确定等标污染负荷和等标污染负荷比两个特征数(见表4-1)。

表 4-1 等标污染负荷和等标污染负荷比

	分类	公式
等标污染负荷(P)	第 j 个污染源第 i 种污染物的等标污染负荷 P_{ij}	$P_{ij} = \dfrac{C_{ij}}{C_{0j}} Q_{ij}$
	第 j 个污染源(或某区第 i 种污染物)等标污染负荷	$P_j = \sum\limits_{i=1}^{n} P_{ij}$ $P_i = \sum\limits_{j=1}^{m} P_{ij}$
	总等标污染负荷	$P = \sum\limits_{j=1}^{m} \sum\limits_{i=1}^{n} P_{ij}$
等标污染负荷比(K)	第 j 个污染源第 i 种污染物的污染负荷比 K_{ij}(确定一个污染源内主要污染物)	$K_{ij} = \dfrac{P_{ij}}{P_j}$
	第 j 个污染源的污染负荷比 K_j(确定最重要污染源)	$K_j = \dfrac{P_j}{P}$
	某区第 i 种污染物的污染负荷比 K_i(确定一个地区的主要污染物)	$K_i = \dfrac{P_i}{P}$

其中,C_{ij} 表示第 j 个污染源第 i 种污染物的排放浓度;C_{0j} 表示第 i 种污染物的排放标准;Q_{ij} 表示第 j 个污染源含有第 i 种污染物的介质的排放流量。

该方法的关键问题就是要确定等标污染负荷和等标污染负荷比,然后在此基础上确定主要污染源和次要污染源。

(二)环境指数评价法

环境指数评价法是目前最常用的环境质量评价方法,也是我国环境质量评价技术导则推荐使用的方法。环境质量指数评价法包括评价各种单因子污染的单因子指数评价法和评价多种污染的多因子指数评价法等。

1. 单因子指数评价法

单因子指数是环境质量因子的实测浓度值除以相应的评价标准,即

$$I_i = \frac{C_i}{S_i} \tag{4-1}$$

式中:I_i 为第 i 种环境因子的环境质量指数;C_i 为第 i 种环境因子的实测浓度;S_i 为第 i 种环境因子的评价标准。

环境质量指数是无量纲量,表示超标倍数。数值越大表示该单项的环境质量越差。不同环境因子的表征有所不同,如对于水质因子来说,$I_i \leqslant 1$,表明该水质因子在评价水体中的浓度符合水域功能及水环境质量标准的要求,即达标。而对于空气质量,$I_i < 1$ 表示达标。

环境质量指数的计算还有特例,如水环境评价中的溶解氧和 pH 值。

溶解氧指数(I_{DO})计算方式为

$$\begin{cases} I_{DO} = \dfrac{|O_s - C_{DO}|}{O_s - S_{DO}}, & C_{DO} \geqslant S_{DO} \\ I_{DO} = 10 - 9\dfrac{C_{DO}}{S_{DO}}, & C_{DO} < S_{DO} \end{cases} \tag{4-2}$$

式中:O_s 表示对应温度下的饱和溶解氧浓度;C_{DO} 表示溶解氧浓度检测值;S_{DO} 表示溶解氧评价标准值。

pH 的环境质量指数(I_{pH})计算方式为

$$\begin{cases} I_{pH} = \dfrac{7.0 - pH}{7.0 - pH_d}, & pH < 7.0 \\ I_{pH} = \dfrac{pH - 7.0}{pH_u - 7.0}, & pH > 7.0 \end{cases} \tag{4-3}$$

式中:pH 表示 pH 的实际检测值;pH_d 表示 pH 评价标准的下限;pH_u 表示 pH 评价标准值的上限。

环境质量指数是依据环境质量标准计算而得,进行横向比较时,需要注意各地所采用的标准可能存在差异。

2. 多因子指数评价法

多因子指数是在单因子指数的基础上经过综合运算而来,常用的多因子指数包括均值多因子指数、加权多因子指数、内梅罗指数等。

(1)均值多因子指数计算方式为

$$I = \frac{1}{n}\sum_{i=1}^{n} I_i = \frac{1}{n}\sum_{i=1}^{n}\frac{C_i}{S_i} \tag{4-4}$$

式中：n 为总环境因子数；I_i 为第 i 种环境因子的环境质量指数；C_i 为第 i 种环境因子的实测浓度；S_i 为第 i 种环境因子的评价标准。

该指数基于各种环境因子数对环境的影响是等价的。

(2)加权多因子指数计算方式为

$$I = \sum_{i=1}^{n} W_i I_i = \sum_{i=1}^{n} W_i \frac{C_i}{S_i} \tag{4-5}$$

式中：n 为总环境因子数；I_i 为第 i 种环境因子的环境质量指数；C_i 为第 i 种环境因子的实测浓度；S_i 为第 i 种环境因子的评价标准；W_i 表示第 i 种环境因子的加权系数，$\sum_{i=1}^{n} W_i = 1$。

该指数基于各种环境因子数对环境的影响是不一样的，确定环境因子的权重系数是关键。

(3)内梅罗指数计算方式为

$$I = \sqrt{\frac{(\max I_i)^2 + (\mathrm{ave} I_i)^2}{2}} \tag{4-6}$$

式中：$\max I_i$ 表示各单因子环境质量指数中最大者；$\mathrm{ave} I_i$ 表示单因子环境质量指数的平均值。

内梅罗指数是一种兼顾极值的加权多因子指数，该指数考虑了污染最严重的因子，避免了主观因素，是应用较多的一种环境质量指数。

(三)空气环境质量指数

(1)橡树岭空气质量指数（QRAQI）（美国）计算方式为

$$\mathrm{QRAQI} = \left(5.7\sum_{i=1}^{5}\frac{C_i}{S_i}\right)^{1.37} \tag{4-7}$$

式中：C_i 为参与评价的污染物 i 的 24 小时环境平均浓度；S_i 为污染物 i 相应的大气质量评价标准。

该指数将空气环境质量分为 6 级，包括 5 种污染物（CO、SO_2、NO_x、O_3 和 TSP）参与评价。根据 QRAQI 的计算，当空气环境浓度相当于未受污染的背景值时，QRAQI＝10；当污染物 i 环境浓度等于评价标准时，即当 $C_i = S_i$ 时，QRAQI＝100。

(2)污染物标准指数 PSI（美国，1976）。PSI 按照 6 个污染因子（SO_2、CO、O_3、TSP、NO_x、$SO_2 \times$ TSP）与环境浓度的乘积来判定空气的环境质量，将大气质量分为良好、中等、不健康、很不健康和有危险五个等级。

PSI 和上述 6 个参数之间的关系是分段线性函数，用内插法计算各污染物的分指数，以各分指数中最大者作为 PSI。

(3)空气污染指数（API）、空气质量指数（AQI）（中国）。自 1997 年以来，中国发布了关于二氧化硫、二氧化氮和空气中颗粒物空气质量报告的环境信息公报。使用空气污染指数(API)进行每周和每日报告。

API 根据我国空气环境质量标准和上述污染物的生态与环境效应来确定 API 分级及相应的污染物浓度限制。API 空气质量级别划分如表 4-2 所示。

表 4-2　API 空气质量级别划分

API	0～50	51～100	101～200		201～300		300 以上
			101～150	151～200	201～250	251～300	
空气质量级别	清洁Ⅰ	较清洁Ⅱ	轻微污染Ⅲ1	轻度污染Ⅲ2	中度污染Ⅳ1	中度重污染Ⅳ2	重度污染Ⅴ

空气环境污染分指数的计算方式为

$$I_i = \left[\frac{C_i - C_n}{C_{n+1} - C_n} \right] * (I_{n+1} - I_n) + I_n, \quad C_n \leqslant C_i \leqslant C_{n+1}$$

$$\text{API} = \max(I_1, I_2, \cdots, I_n)$$

(4-8)

式中：I_i 为第 i 种环境因子的环境质量指数；C_i 为第 i 种环境因子的实测浓度。

采用线性内插法计算不同污染物的子指标，在计算不同空气污染物的子指数时，取最高值作为城市的 API 值，空气污染物分级浓度如表 4-3 所示。注意：计算的结果保留整数。

表 4-3　空气污染物分级浓度

API	空气污染物浓度/(mg/m³)			
	TSP	PM_{10}	SO_2	NO_2
500	1.000	0.600	2.620	0.940
400	0.875	0.500	2.100	0.750
300	0.625	0.420	1.600	0.565
200	0.500	0.250	0.700	0.240
100	0.300	0.150	0.150	0.120
50	0.120	0.050	0.050	0.080

从 2011 年底开始，我国许多城市出现严重的雾霾天气，市民的实际感受与 API 显示出的良好环境质量反差巨大，于是国家于 2012 年上半年用空气质量指数(AQI)替代原有的空气污染指数(API)。

AQI 与原来发布的 API 有着很大的不同。AQI 分级计算参考的标准是 2012 年颁布的《环境空气质量标准》(GB 3095—2012)，参与评价的污染物包括 SO_2、NO_2、PM_{10}、$PM_{2.5}$、O_3 和 CO；而 API 分级计算参考的标准是 1996 年颁布的《环境空气质量标准》(GB 3095—1996)，参与评价的污染物只有 SO_2、NO_2 和 PM_{10}。AQI 和 API 评价方法差别如下。

1. 参评指标

AQI 空气质量日报(时间周期 24 h)的指标包括 CO、SO_2、NO_2、PM_{10}、$PM_{2.5}$ 的 24 h

平均,以及 O_3 的日最大 1 h 平均、日最大 8 h 平均,共计 7 项指标;实时报(时间周期 1 h)指标包括 SO_2、NO_2、CO、PM_{10}、$PM_{2.5}$、O_3 的 1 h 平均,O_3 的 8 h 滑动平均,PM_{10}、$PM_{2.5}$ 的 24 h 滑动平均,共计 9 项指标。API 日报的评价指标为 SO_2、NO_2。

2. 发布内容与形式

AQI 具有日报和实时报两种方式,要求公布的内容包括 7 个方面:评估期、监测点的位置,每种污染物的浓度和空气质量分指标,空气质量指数,主要污染物和空气质量水平等,由地级以上环境保护行政主管部门(含地级)或其授权的环境监测站公布,由地级以上(含地级)环境保护行政主管部门或其授权的环境监测站发布。API 只有日报一种方式,包括时间周期、污染指数、首要污染物、区域范围(或测点位置)和空气质量级别等 5 个方面的信息。

3. 统计时间

AQI 日报时间周期为 24 h,时段为当日零点前 24 h;实时报以 1 h 为间隔,滚动发布前 24 h 空气质量状况。API 日报时间周期为 24 h,时段为前日 12:00 到当日 12:00。

4. 指数类别及颜色表征

AQI 和 API 均分为 6 级,但颜色表征不同。AQI 分别是优(绿色)、良(黄色)、轻度污染(橙色)、中度污染(红色)、重污染(紫色)、严重污染(褐红色)。API 分别是优(浅蓝)、良(海绿)、轻微污染(浅黄)、轻度污染(浅黄)、中度污染(红色)、重污染(褐色)。

(四)水质指数

为客观反映地表水环境质量状况及其变化趋势,依据《地表水环境质量标准》(GB 3838—2002)和有关技术规范制定本办法。本办法主要用于评价全国地表水环境质量状况,地表水环境功能区达标评价按功能区划分的有关要求进行。

1. 基本规定

1)评价指标

(1)水质评价指标。

地表水水质评价指标为《地表水环境质量标准》(GB 3838—2002)表 1 中除水温、总氮、粪大肠菌群以外的 21 项指标。水温、总氮、粪大肠菌群作为参考指标单独评价(河流总氮除外)。

(2)营养状态评价指标。

湖泊、水库营养状态评价指标为叶绿素 a(chla)、总磷(TP)、总氮(TN)、透明度(SD)和高锰酸盐指数(COD_{Mn}),共 5 项。

2)数据统计

(1)周、旬、月评价。

可采用一次监测数据评价；当有多次监测数据时，应采用多次监测结果的算术平均值进行评价。

（2）季度评价。

一般应采用 2 次以上（含 2 次）监测数据的算术平均值进行评价。

（3）年度评价。

国控断面（点位）每月监测一次，全国地表水环境质量年度评价以每年 12 次监测数据的算术平均值进行评价，对于少数因冰封期等原因无法监测的断面（点位），一般应保证每年至少有 8 次以上（含 8 次）的监测数据参与评价。全国地表水不按水期进行评价。

2. 评价方法

1）河流水质评价方法

（1）断面水质评价。

河流断面水质类别评价采用单因子评价法，即根据评价时段内该断面参评的指标中类别最高的一项确定。描述断面的水质类别时，使用"符合"或"劣于"等词语。断面水质类别与水质定性评价分级的对应关系如表 4-4 所示。

表 4-4　断面水质类别与水质定性评价分级的对应关系

水质类别	水质状况	表征颜色	水质功能类别
Ⅰ～Ⅱ类水质	优	蓝色	饮用水源地一级保护区、珍稀水生生物栖息地、鱼虾类产卵场、仔稚幼鱼的索饵场等
Ⅲ类水质	良好	绿色	饮用水源地二级保护区、鱼虾类越冬场、洄游通道、水产养殖区、游泳区
Ⅳ类水质	轻度污染	黄色	一般工业用水和人体非直接接触的娱乐用水
Ⅴ类水质	中度污染	橙色	农业用水及一般景观用水
劣Ⅴ类水质	重度污染	红色	除调节局部气候外，使用功能较差

（2）河流、流域（水系）水质评价。

河流、流域（水系）水质评价：当河流、流域（水系）的断面总数少于 5 个时，计算河流、流域（水系）所有断面各评价指标浓度算术平均值，然后按照"1.断面水质评价"方法评价，并按表 4-4 指出每个断面的水质类别和水质状况。

河流、流域（水系）的断面总数在 5 个（含 5 个）以上时，采用断面水质类别比例法评价其水质状况，即根据评价河流、流域（水系）中各水质类别的断面数占河流、流域（水系）所有评价断面总数的百分比来评价其水质状况。河流、流域（水系）的断面总数在 5 个（含 5 个）以上时不作平均水质类别的评价。

河流、流域（水系）水质类别比例与水质定性评价分级的对应关系如表 4-5 所示。

表 4-5　河流、流域(水系)水质类别比例与水质定性评价分级的对应关系

水质类别比例	水质状况	表征颜色
Ⅰ~Ⅲ类水质比例≥90％	优	蓝色
75％≤Ⅰ~Ⅲ类水质比例<90％	良好	绿色
Ⅰ~Ⅲ类水质比例<75％,且劣Ⅴ类比例<20％	轻度污染	黄色
Ⅰ~Ⅲ类水质比例<75％,且20％≤劣Ⅴ类比例<40％	中度污染	橙色
Ⅰ~Ⅲ类水质比例<60％,且劣Ⅴ类比例≥40％	重度污染	红色

(3)主要污染指标的确定。

①断面主要污染指标的确定方法。

评价时段内,断面水质为"优"或"良好"时,不评价主要污染指标。

断面水质超过Ⅲ类标准时,先按照不同指标对应水质类别的优劣,选择水质类别最差的前三项指标作为主要污染指标。当不同指标对应的水质类别相同时计算超标倍数,将超标指标按其超标倍数大小排列,取超标倍数最大的前三项为主要污染指标。当氰化物或铅、铬等重金属超标时,优先将它们作为主要污染指标。

确定了主要污染指标的同时,应在指标后标注该指标浓度超过Ⅲ类水质标准的倍数,即超标倍数,如高锰酸盐指数(1.2)。对水温、pH 值和溶解氧等项目不计算超标倍数。

$$超标倍数 = \frac{某指标的浓度值-该指标的Ⅲ类水质标准}{该指标的Ⅲ类水质标准}$$

②河流、流域(水系)主要污染指标的确定方法。

将水质超过Ⅲ类标准的指标按其断面超标率大小排列,一般取断面超标率最大的前三项为主要污染指标。对于断面数少于5个的河流、流域(水系),按"断面主要污染指标的确定方法"确定每个断面的主要污染指标。

$$断面超标率 = \frac{某评价指标超过Ⅲ类标准的断面(点位)个数}{断面(点位)总数} \times 100\%$$

2)湖泊、水库评价方法

(1)水质评价。

①湖泊、水库单个点位的水质评价按照"断面水质评价"方法进行。

②当一个湖泊、水库有多个监测点位时,计算湖泊、水库多个点位各评价指标浓度算术平均值,然后按照"断面水质评价"方法评价。

③湖泊、水库多次监测结果的水质评价,先按时间序列计算湖泊、水库各个点位各个评价指标浓度的算术平均值,再按空间序列计算湖泊、水库所有点位各个评价指标浓度的算术平均值,然后按照"断面水质评价"方法评价。

④对于大型湖泊、水库,也可分不同的湖(库)区进行水质评价。

⑤河流型水库按照河流水质评价方法进行。

(2)营养状态评价。

①评价方法。

采用综合营养状态指数法（TLI(∑)）。

②湖泊营养状态分级。

采用0~100一系列连续数字对湖泊（水库）营养状态进行分级：

$$TLI(\Sigma)<30,贫营养$$

$$30\leqslant TLI(\Sigma)\leqslant 50,中营养$$

$$TLI(\Sigma)>50,富营养$$

$$50<TLI(\Sigma)\leqslant 60,轻度富营养$$

$$60<TLI(\Sigma)\leqslant 70,中度富营养$$

$$TLI(\Sigma)>70,重度富营养$$

③综合营养状态指数计算。

综合营养状态指数计算公式如下：

$$TLI(\Sigma)=\sum_{j=1}W_j \cdot TLI(j)$$

式中：$TLI(\Sigma)$为综合营养状态指数；W_j为第j种参数营养状态指数的相关权重；$TLI(j)$为第j种参数的营养状态指数。

以chla作为基准参数，则第j种参数的归一化相关权重计算公式为

$$W_j=\frac{r_{ij}^{2}}{\sum_{j=1}^{m}r_{ij}^{2}}$$

式中：r_{ij}为第j种参数与基准参数chla的相关系数；m为评价参数的个数。

中国湖泊（水库）chla与其他参数之间的相关关系r_{ij}及r_{ij}^{2}如表4-6所示。

表4-6　中国湖泊（水库）chla与其他参数之间的相关关系r_{ij}及r_{ij}^{2}

参数	chla/(mg/m³)	TP/(mg/L)	TN/(mg/L)	SD/m	COD_Mn/(mg/mL)
r_{ij}	1	0.84	0.82	-0.83	0.83
r_{ij}^{2}	1	0.7056	0.6724	0.6889	0.6889

3. 水质变化趋势分析方法

1）基本要求

在进行河流（湖库）、流域（水系）、全国及行政区域内水质状况与前一时段、前一年度同期或多时段变化趋势分析时，必须满足下列三个条件，以保证数据的可比性。

（1）选择的监测指标必须相同。

（2）选择的断面（点位）基本相同。

（3）定性评价必须以定量评价为依据。

2）不同时段定量比较

不同时段定量比较是指同一断面、河流（湖库）、流域（水系）、全国及行政区域内的水

质状况与前一时段、前一年度同期或某两个时段进行比较。比较方法有单因子浓度比较和水质类别比例比较。

(1)断面(点位)单因子浓度比较。

在评价某一断面(点位)不同时段的水质变化时,可直接比较评价指标的浓度值,并以折线图表征其比较结果。

(2)河流、流域(水系)、全国及行政区域内水质类别比例比较。

对不同时段的某一河流、流域(水系)、全国及行政区域内水质的时间变化趋势进行评价,可直接进行各类水质类别比例变化的分析,并以图表表征。

3)水质变化趋势分析

(1)不同时段水质变化趋势评价。

对断面(点位)、河流、流域(水系)、全国及行政区域内不同时段的水质变化趋势分析,以断面(点位)的水质类别或河流、流域(水系)、全国及行政区域内水质类别比例的变化为依据,对照表 4-4 或表 4-5 的规定,按下述方法评价。

①按水质状况等级变化评价。

当水质状况等级不变时,评价为无明显变化。

当水质状况等级发生一级变化时,评价为有所变化(好转或变差、下降)。

当水质状况等级发生两级以上(含两级)变化时,评价为明显变化(好转或变差、下降、恶化)。

②按组合类别比例法评价。

设 ΔG 为后时段与前时段 I ～ III 类水质百分点之差:$\Delta G = G_2 - G_1$,ΔD 为后时段与前时段劣 V 类水质百分点之差:$\Delta D = D_2 - D_1$。

当 $\Delta G - \Delta D > 0$ 时,水质变好;当 $\Delta G - \Delta D < 0$ 时,水质变差。

当 $|\Delta G - \Delta D| \leqslant 10$ 时,评价为无明显变化。

当 $10 < |\Delta G - \Delta D| \leqslant 20$ 时,评价有所变化(好转或变差、下降)。

当 $|\Delta G - \Delta D| > 20$ 时,评价为明显变化(好转或变差、下降、恶化)。

(2)多时段的变化趋势评价。

分析断面(点位)、河流、流域(水系)、全国及行政区域内多时段的水质变化趋势及变化程度,应对评价指标值(如指标浓度、水质类别比例等)与时间序列进行相关性分析,可采用 Spearman 秩相关系数法,检验相关系数和斜率的显著性意义,确定其是否有变化和变化程度,可用折线图表征变化趋势。

第二节　环境预测

环境预测是预测社会经济活动对环境的影响和环境质量变化的趋势,是环境规划决策和管理的依据,也是贯彻预防为主方针的具体实践。环境预测包括预测人口、经济和科技的发展趋势,能源消耗、资源开发、土地利用的速度和规模,排污量或污染负荷的增长及其分布,生态环境质量破坏和环境影响状况,经济损失,对人体健康的危害,以及达到环境目标所需的投资和效益分析。

一、环境预测的基本概念

环境预测是在对规划区域社会经济发展环境质量做出预测的基础上进行的,所以预测是环境规划的重要环节。所谓预测是对未来发展趋势做出推断。

预测包括定性与定量两种。定性预测往往带有强烈的主观色彩,与现代化的管理水平是不相适应的。定量预测有时可能相当复杂,但由于计算机技术的广泛使用,只要能够获得上一时期的有用信息,就可以建立一定的数学模型,通过计算机完成预测工作。由于环境规划旨在实现环保产品合理投资、开发和处置的目标,因此有必要尽可能量化预测。

定量(或半定量)预测是通过建立一定的数学模型完成的。只有具有外推选项的模型才具有预测功能。所谓外推法是指从时间演化的角度看事物具有的一定规律性。

目前,世界上的预测方法种类繁多,据统计不下 300 种,但一般采用回归分析法、德尔菲法、最小方差预测、趋势外推法等几种。环境质量预测与单纯的数学预测模型是有区别的。有时也可用数学预测模型直接预测环境质量,但多数情况下数学预测模型只是用来预测未来时期的污染物排放强度,将排放强度预测值作为源强引入扩散模式求得未来的环境质量,即环境质量预测模型是由污染物排放量的预测模型与污染物扩散模式耦合而成的。

排放量的预测方法也可分为两大类:一类是直接预测法,一类是间接预测法。所谓直接预测法是指根据往年资料采用数学预测模型或通过专家函询等方法直接获得预测年的污染物排放量的方法。间接预测法要先根据以往资料进行一些处理,将排放量资料换算成万元产值排污量或人均排放量等所谓的"排污系数",再根据预测年的产值或人口数(这些指标既可直接引用工业发展规划、人口预测部门预测的数据,也可自行预测)确定预测年的排污量。由于"排污系数"随时间改变而改变,如由于人们管理水平、生产效率的提高,万元产值排污量逐年降低;由于人们生活水平的提高,人均垃圾排放量也随之增高等。因此对"排污系数"也需进行预测。可见,间接预测法要比直接预测法复杂得多,但由于它考虑了引起内部变化的主要机制,其准确度是远远高于直接预测法的。因而,在实际工作中,"排污系数"法(即间接预测法)是一种使用十分广泛的方法。

二、环境预测的分类

在进行环境(质量)预测时,根据预测目的的不同,所采用的数据不一样,因而其结果也就不一样。按预测目的可分警告性预测、目标导向预测和规划性预测三种基本类型。

(一)警告性预测

指在工业结构等不发生显著变化,环保投资与总投资比例保持不变的情况下,按照当前状况等比例发展,预测未来环境污染可能达到的状态。

(二)目标导向预测

指使年平均污染物浓度符合环保要求,确定排放系数应具有的递减速率,以及应达到的污染排放量基准。

(三)规划性预测

考虑技术不断进步、环保治理水平提升、企业管理水平不断改善以及产品结构更新换代等动态因素,在此基础上对实际环境质量的达成进行预测。

三、环境预测的方法

(一)时间统计模型

根据历年的污染源监测数据,如果污染物或介质的排放量与时间呈线性关系,则可以用下式进行预测:

$$Q = a + bt \tag{4-9}$$

式中:Q 为预测年的污染物(或介质)的排放量;t 为计算年份;a 和 b 是参数,可以根据多年的数据用最小二乘法估计,如

$$a = \frac{\sum\limits_{i=1}^{n} Q_i t_i \sum\limits_{i=1}^{n} t_i - \sum\limits_{i=1}^{n} Q_i \sum\limits_{i=1}^{n} t_i^2}{\left(\sum\limits_{i=1}^{n} t_i\right)^2 - n\sum\limits_{i=1}^{n} t_i^2} \tag{4-10}$$

$$b = \frac{\sum\limits_{i=1}^{n} Q_i \sum\limits_{i=1}^{n} t_i - n\sum\limits_{i=1}^{n} Q_i t_i}{\left(\sum\limits_{i=1}^{n} t_i\right)^2 - n\sum\limits_{i=1}^{n} t_i^2} \tag{4-11}$$

式中:n 为所采用的资料的年数;脚标 i 为历年的数据。

如果污染物(或介质)排放量与时间不是线性关系,也可以采用别的模型,其中以指数模型应用较多。指数模型的形式为

$$Q = Q_0 (1 + \alpha)^{t - t_0} \tag{4-12}$$

式中:Q 和 Q_0 分别表示预测年和基准年的污染物(或介质)的排放量;t 和 t_0 分别表示预测年和基准年;α 为参数,表示年排放量增长率。根据历史资料求得 α 值。

根据污染物(或介质)排放量与时间的关系进行预测,没有考虑社会活动、经济活动的影响,在经济结构没有重大变化的条件下,这种方法是简单易行的。

(二)弹性系数模型

弹性系数定义为污染物(或介质)年增长率与国内生产总值年增长率的比值。通过研究弹性系数,可以利用国内生产总值的增长趋势来预测污染物(或介质)的排

放量。

假定污染物(或介质)和国内生产总值的年增长率分别为 α 和 β，计算方式为

$$\begin{cases} Q = Q_0(1+\alpha)^{t-t_0} \\ M = M_0(1+\beta)^{t-t_0} \end{cases} \tag{4-13}$$

式中：M 和 M_0 分别为历史资料的预测年(t)和基准年(t_0)的国内生产总值。

由式(4-12)和(4-13)可得

$$\begin{cases} \alpha = \left(\dfrac{Q}{Q_0}\right)^{\frac{1}{t-t_0}} - 1 \\ \beta = \left(\dfrac{M}{M_0}\right)^{\frac{1}{t-t_0}} - 1 \end{cases} \tag{4-14}$$

式中：α 为污染物(或介质)年增长率；β 为国内生产总值年增长率。

根据弹性系数的定义，得

$$\varepsilon = \frac{\alpha}{\beta} = \frac{\left(\dfrac{Q}{Q_0}\right)^{\frac{1}{t-t_0}} - 1}{\left(\dfrac{M}{M_0}\right)^{\frac{1}{t-t_0}} - 1} \tag{4-15}$$

式中：ε 为弹性系数。

如果知道基准年的污染物(或介质)的排放量 Q_0 和国内生产总值 M_0，以及预测年的国内生产总值 M，就可以计算预测年的污染物(或介质)的排放量，具体为

$$Q = Q_0 \left\{ \varepsilon \left[\left(\frac{M}{M_0}\right)^{\frac{1}{t-t_0}} - 1 \right] + 1 \right\}^{t-t_0} \tag{4-16}$$

(三)大气污染预测方法

大气污染预测包括两个基本方面：一是大气污染源源强预测，主要是大气污染物排放量预测；二是大气环境质量预测，即对污染物排放所造成的大气环境影响进行预测。

1.大气污染源源强预测

源强作为研究大气污染的基础数据，是指污染物的排放速率。对于瞬时点源，源强表示点源一次性排放的量；对于连续点源，源强表示点源在单位时间内的排放量。

预测源强的一般模型为

$$Q_i = K_i W_i (1-\eta_i) \tag{4-17}$$

式中：Q_i 为源强，对瞬时排放源以 kg 或 t 计，对连续稳定排放源以 kg/h 或 t/d 计；W_i 为燃料的消耗量，对固体燃料以 kg 或 t 计，对液体燃料以 L 计，对气体燃料以 100 m³ 计，时间单位以 h 或 d 计；η_i 为净化设备对污染物的去除效率；K_i 为某种污染物的排放因子；i 为污染物的编号。

例如，二氧化硫排放量预测可以这样进行：若将燃烧量记为 W，煤中的全硫分含量记为 S，根据硫燃烧的化学反应方程式，可用下式计算煤燃烧后二氧化硫的排放

量,即

$$G_{SO_2} = 1.6WS \tag{4-18}$$

式中:G_{SO_2} 为二氧化硫排放量,单位为 t/a;W 为燃煤量,单位为 t/a;S 为煤中的全硫分含量,单位为%。

烟尘排放量预测可用下式计算:

$$G_{尘} = WAB(1-\eta) \tag{4-19}$$

式中:$G_{尘}$ 为烟尘排放量,单位为 t/a;A 为煤的灰分,单位为%;B 为烟气中烟尘占灰分的百分数,单位为%;W 为燃煤量,单位为 t/a;η 为除尘效率,单位为%。

若有二级除尘器,则 $\eta = (1-\eta_1)(1-\eta_2)$,$\eta_1$ 为第一级除尘效率,η_2 为第二级除尘效率。

2. 大气环境质量预测

大气环境质量预测的主要内容是预测大气环境中污染物的含量。常用的模型有箱式模型、高斯扩散模型、多源扩散模型、线源扩散模型、总悬浮颗粒物扩散模型、面源扩散模型、灰色预测模型等。以下主要介绍前 4 种模型。

1)箱式模型

箱式模型用于预测和模拟大气质量,是研究大气污染物排放与大气环境质量关系的最简单模型。箱式模型如图 4-1 所示。使用箱式模型预测大气环境质量主要适用于城市家庭炉灶和低矮烟囱分布不均匀的面源。基本假设是,调查的地理区域被视为一个固定大小的"箱子",从地面开始计算的箱子高度为混合层的高度,盒子内各处的污染物浓度相等。

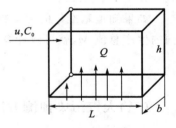

图 4-1　箱式模型

$$\frac{dC}{dt}Lbh = ubh(C_0 - C) + LbQ - KCLbh$$

当 $K=0$,$t \rightarrow \infty$ 时,得出箱式模型,即

$$C = C_0 + \frac{QL}{uh} \tag{4-20}$$

式中:C 为大气污染物浓度预测值,单位为 mg/m³(标);C_0 为预测区大气环境背景浓度值,单位为 mg/m³(标);Q 为面源源强,单位为 mg/(m² · s);L 为箱体的边长,单位为 m;u 为进入箱内的平均风速,单位为 m/s;h 为箱高,即大气混合层高度,单位为 m。

2)高斯扩散模型

高斯扩散模型是一种常见的用于预测环境空气质量的模型。当空气中污染物的浓度分布呈现正态分布时,此模型适用。其基本假设包括:①在烟气扩散过程中,污染物在烟道流的中心轴附近浓度高于外侧,水平和垂直方向的浓度分布呈高斯分布;②在湍流扩散场中,平均风速保持稳定,不随位置或时间变化而变化;③污染源连续均匀排放;④在扩散过程中,污染物不会被吸收或吸附,而是完全反射,不会在大气中沉积、分解或结合。

气体污染物高斯扩散原理示意图如图 4-2 所示。

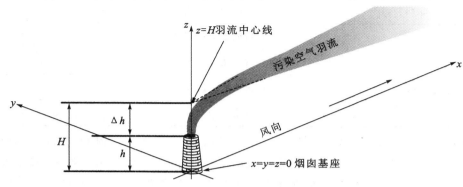

图 4-2　气体污染物高斯扩散原理示意图

（1）一般高斯扩散模式。

根据上述假设导出高斯扩散模式，数学形式为

$$C(x,y,z,H)=\frac{Q}{2\pi u_x\sigma_y\sigma_z}\exp\left(-\frac{y^2}{2\sigma_y^2}\right)\left\{\exp\left[-\frac{(z-H)^2}{2\sigma_z^2}\right]+\exp\left[-\frac{(z+H)^2}{2\sigma_z^2}\right]\right\}$$

$$(4-21)$$

式中：C 为某种污染物在大气中的预测浓度，单位为 mg/m^3；Q 为污染物排放源强，单位为 g/s；u_x 为平均风速，单位为 m/s；σ_y 为用浓度标准差表示的 y 轴上的扩散系数，单位为 m；σ_z 为用浓度标准差表示的 z 轴上的扩散系数，单位为 m；H 为烟囱的有效高度，即烟流中心线距地面的高度，单位为 m。

烟囱的有效高度为

$$H=h+\Delta h$$

式中：h 为烟囱的物理高度；Δh 为烟囱的抬升高度。

当烟气热释放率 Q_h 大于或等于 2100 kJ/s，且烟气温度与环境温度的差值 ΔT 大于或等于 35 K 时，Δh 采用下式计算：

$$\Delta h=n_0 Q_h^{n_1} h^{n_2} u^{-1} \tag{4-22}$$

$$Q_h=0.35 P_a Q_v \frac{\Delta T}{T_s} \tag{4-23}$$

$$\Delta T=T_s-T_a \tag{4-24}$$

式中：Δh 为烟囱的抬升高度，单位为 m；n_0 为烟气热状况及地表状况系数，取值如表 4-7 所示；n_1 为烟气热释放率指数，取值如表 4-7 所示；n_2 为烟囱高度指数，取值如表 4-7 所示；Q_h 为烟气热释放率，单位为 kJ/s；h 为烟囱的物理高度，单位为 m，当超过 240 时，取 $h=240$ m；P_a 为大气压力，单位为 hPa，如无实测值，可取邻近气象台季或年平均值；Q_v 为实际排烟率，单位为 m^3/s；ΔT 为烟囱出口温度和环境温度差，单位为 K，T_s 为烟气出口温度，单位为 K；T_a 为环境大气温度，单位为 K，如无实测值，可取邻近气象台季或年平均值；u 为烟囱出口处平均风速，单位为 m/s。

表 4-7 参数 n_0、n_1、n_2 取值表

Q_h(kJ/s)	地表状况（平原）	n_0	n_1	n_2
$Q_h \geqslant 21000$	农村或城市远郊区	1.427	1/3	2/3
	城市及近郊区	1.303	1/3	2/3
$21000 > Q_h \geqslant 2100$ $\Delta T = T_s - T_a \geqslant 35$ K	农村或城市远郊区	0.332	3/5	2/5
	城市及近郊区	0.292	3/5	2/5

计算大气稳定度的步骤包括以下几个步骤：首先计算太阳的倾角，接着根据给定的经纬度、北京时间以及太阳倾角，推算出太阳的高度角；然后结合云量数据，确定太阳辐射的级别；最后利用太阳辐射级别和地面风速等气象数据，对大气的稳定度进行分类划分。

太阳倾角计算方式为

$$\sigma = [0.006918 - 0.39912\cos\theta_0 + 0.070257\sin\theta_0$$
$$- 0.006758\cos(2\theta_0) + 0.00907\sin(2\theta_0) \tag{4-25}$$
$$- 0.002697\cos(3\theta_0) + 0.001480\sin(3\theta_0)] \cdot \frac{180}{\pi}$$

式中：σ 为太阳倾角，单位为°；$\theta_0 = \frac{360°d_n}{365}$，单位为°，$d_n$ 为一年中日期序数，n 为 $0,1,2,\cdots,364$。

太阳高度角计算方式为

$$h_0 = \arcsin[\sin\varphi\sin\sigma + \cos\varphi\cos\sigma\cos(15t + \lambda - 300)] \tag{4-26}$$

式中：h_0 为太阳高度角，单位为°；σ 为太阳倾角，单位为°；φ 为当地地理纬度，单位为°；λ 为当地地理经度，单位为°；t 为进行观测时的北京时间，单位为 h。

根据太阳高度角和云量查表得出太阳辐射等级，如表 4-8 所示。表 4-8 中的太阳辐射等级：+3 表示强太阳射入辐射；+2 表示中等射入辐射；+1 表示弱射入辐射；0 表示射入辐射与射出辐射相平衡；-1 表示存在弱的地球射出辐射；-2 表示存在强的地球射出辐射。

表 4-8 太阳辐射等级

总云量/低云量	夜间	太阳高度角 h_0			
		$h_0 \leqslant 15°$	$15° < h_0 \leqslant 35°$	$35° < h_0 \leqslant 65°$	$h_0 > 65°$
$<4/\leqslant 4$	-2	-1	+1	+2	+3
$5\sim7/\leqslant 4$	-1	0	+1	+2	+3
$\geqslant 8/\leqslant 4$	-1	0	0	+1	+1
$\geqslant 7/5\sim7$	0	0	0	0	+1
$\geqslant 8/\geqslant 8$	0	0	0	0	0

由地面风速和太阳辐射等级查表得出大气稳定度等级,如表 4-9 所示。表 4-9 中的地面风速是指距离地面 10 m 高度处 10 min 平均风速。稳定度级别中 A 表示强(或极)不稳定;B 为中等不稳定;C 为弱不稳定;D 为中性;E 为弱稳定;F 为(中等)稳定。稳定度级别 A~B 表示按 A~B 级别的数据内插。

表 4-9　大气稳定度等级

地面风速/(m/s)	太阳稳定度的等级					
	+3	+2	+1	0	−1	−2
≤1.9	A	A~B	B	D	E	F
2~2.9	A~B	B	C	D	E	F
3~4.9	B	B~C	C	D	D	E
5~5.9	C	C~D	D	D	D	D
≥6	C	D	D	D	D	D

扩散参数的确定如下。

根据我国环境保护行业标准 HJ/T2.2—1993《环境影响评价技术导则——大气环境》中的规定,有风时确定扩散参数要求的采样时间为 0.5 h,公式如下,其中具体参数取值如表 4-10 和表 4-11 所示:

$$\sigma_y = \gamma_1 x^{\alpha_1}, \quad \sigma_z = \gamma_2 x^{\alpha_2} \tag{4-27}$$

式中:σ_y 为用浓度标准差表示的 y 轴上的扩散系数,单位为 m;σ_z 为用浓度标准差表示的 z 轴上的扩散系数,单位为 m;γ_1、α_1 为横向(y 向)扩散系数的回归系数和回归指数;γ_2、α_2 为垂向(z 向)扩散系数的回归系数和回归指数。

表 4-10　横向扩散参数幂函数表达式

扩散参数	P.S稳定度等级	α_1	γ_1	下风距离/m
$\sigma_y = \gamma_1 x^{\alpha_1}$	A	0.901074	0.425809	0~1000
		0.850934	0.602052	>1000
	B	0.914370	0.281846	0~1000
		0.865014	0.396353	>1000
	B~C	0.919325	0.229500	0~1000
		0.875086	0.314238	>1000
	C	0.924279	0.177154	0~1000
		0.885157	0.232123	>1000

表 4-11　垂直扩散参数幂函数表达式

扩散参数	P.S 稳定度等级	α_2	γ_2	下风距离/m
$\sigma_z = \gamma_2 x^{\alpha_2}$	A	1.12154	0.0799904	0～300
		1.51360	0.00854771	300～500
		2.10881	0.000211545	>500
	B	0.964435	0.127190	0～500
		1.09356	0.057025	>500
	B～C	0.941015	0.114682	0～500
		1.00770	0.0757182	>500
	C	0.917595	0.106803	>0

应用一般高斯扩散模式可以求出下风向任一点的污染物浓度。但是,在实际预测工作中,更关心的是地面浓度、地面轴线浓度。

(2)高架连续点源地面浓度的高斯扩散模式。

若烟气输送方向上的扩散可以忽略,即 $z=0$ 时可以得到地面浓度,即

$$C(x,y,0,H)=\frac{Q}{\pi u_x \sigma_y \sigma_z}\exp\left(-\frac{y^2}{2\sigma_y{}^2}\right)\exp\left[-\frac{H^2}{2\sigma_z{}^2}\right] \tag{4-28}$$

(3)高架连续点源地面轴线浓度的高斯扩散模式。

根据正态分布的原理,在高斯扩散模型中,大气污染物的地面浓度呈现以 x 轴为对称的分布,即在轴线上达到最大值,向两侧(y 方向)逐渐减少。当 $y=0$ 时,可推导出下式用于预测地面轴线上的浓度:

$$C(x,0,0,H)=\frac{Q}{\pi u_x \sigma_y \sigma_z}\exp\left[-\frac{H^2}{2\sigma_z{}^2}\right] \tag{4-29}$$

(4)高架连续点源地面轴线最大浓度模式。

由于高斯模式中,扩散系数 σ_y、σ_z 是距离 x 的函数,它随 x 的增大而增大。从地面轴线浓度模式中可以看出,$\dfrac{Q}{\pi u_x \sigma_y \sigma_z}$ 项会随 x 的增大而减少,而指数项 $\exp\left(-\dfrac{H}{2\sigma_z{}^2}\right)$ 随 x 的增大而增大,这两项共同作用,必然在某一距离 x 处出现浓度的最大值 $C_{\max}$。这个最大值就是地面最大浓度,其计算公式为

$$C(x,0,0,H)=\frac{2Q}{\pi u_x H^2 e}\cdot\frac{\sigma_z}{\sigma_y} \tag{4-30}$$

并有地面轴线最大浓度 σ_z 值,即

$$\sigma_z\big|_{x=x_{C_{\max}}}=\frac{H}{\sqrt{2}} \tag{4-31}$$

出现最大浓度值的距离 $x_{C_{\max}}$ 可由 σ_z 在帕斯奎尔曲线图中查得。

(5)地面点源扩散模式。

若令 $H=0$,可得到地面点源轴线浓度扩散模式,即

$$C = \frac{Q}{\pi u_x \sigma_y \sigma_z} \tag{4-32}$$

3）多源扩散模型

若在一个接受点的污染物来源于 m 个排放源，那么在 m 个排放源的相互独立作用下，该接受点大气污染物的浓度应由 m 个排放源贡献的浓度通过叠加计算获得，即

$$C(x,y,z,H) = \sum_{i=1}^{m} C_i(x,y,z,H) \tag{4-33}$$

式中：C_i 为第 i 个排放源对接受点的浓度贡献。

4）线源扩散模型

线源扩散模型主要应用于预测机动车辆在行驶过程中对环境造成的污染。在这一场景下，高速公路可以被视为无限长的线源。因此，无限长的线源可以被看作是由无限多个点源组成的。给定地理点的线源所产生的浓度相当于该地点所有点源（单位长度的线源）所产生的浓度之和。点源扩散的高斯模式可以通过对变量 y 的积分来实现线源扩散模式，即

$$C(x,y,0,H) = \frac{2Q}{\sqrt{2\pi} u_x \sigma_z} \exp\left[-\frac{1}{2}\left(\frac{H}{\sigma_z}\right)^2\right] \tag{4-34}$$

式中：C 为某种污染物在大气中的预测浓度，单位为 mg/m^3；Q 为污染物排放源强，单位为 g/s；u_x 为平均风速，单位为 m/s；σ_y 为用浓度标准差表示的 y 轴上的扩散系数，单位为 m；σ_z 为用浓度标准差表示的 z 轴上的扩散系数，单位为 m；H 为烟囱的有效高度，即烟流中心线距地面的高度，单位为 m。

在风向与线源垂直的情况下，考虑连续排放的无限长线源对下风向浓度的模式。

当风向不与线源垂直，且无限线源与风向的交角为 φ 时，无限线源下风向的浓度模式为

$$C(x,y,0,H) = \frac{2Q}{\sin\varphi \sqrt{2\pi} u_x \sigma_z} \exp\left[-\frac{1}{2}\left(\frac{H}{\sigma_z}\right)^2\right] \tag{4-35}$$

（四）水污染预测方法

水环境管理和规划涉及多方面内容，其中不仅需要了解水污染物的排放情况，还需要深入探讨污染物的迁移转化规律以及水质未来的变化趋势。这两个方面共同构成了水环境污染程度的基本内容。

1. 水污染源预测

1）工业废水排放量预测

工业废水排放量预测计算公式为

$$W_t = \omega_0 (1 + r_w)^t \tag{4-36}$$

式中：W_t 为预测年工业废水排放量；ω_0 为基准年工业废水排放量；r_w 为工业废水排放量年平均增长率；t 为基准年至某水平年的时间间隔。

在上式中,预测工业废水排放量的关键是求出 r_w,如果资料比较充足,则可采用统计回归方法求出 r_w;如果资料不太完善,则可结合经验判断方法估计 r_w。为了使预测结果比较准确,一般常采用滚动预测的方式进行。

2)工业污染物排放量预测

工业污染物排放量预测计算公式为

$$W_i = (q_i - q_0)C_{B_0} \times 10^{-2} + W_0 \tag{4-37}$$

式中:W_i 为预测年某污染物排放量,单位为 t;q_i 为预测年工业废水排放量,单位为 10^4 m³;q_0 为基准年工业废水排放量,单位为 10^4 m³;C_{B_0} 为含某污染物废水的工业排放标准或废水中污染物浓度,单位为 mg/L;W_0 为基准年某污染物排放量,单位为 t。

3)生活污水排放量预测

生活污水排放量预测计算公式为

$$Q = 0.365AF \tag{4-38}$$

式中:Q 为生活污水量,单位为 10^4 m³;A 为预测年人口数,单位为万人;F 为人均生活污水量,单位为 1/(天·人);0.365 为单位换算系数。

2. 水环境质量预测

水环境质量预测目前尚处于发展、形成阶段,其方法可分为水质相关方法和水质模型法。

水质相关方法是指建立水质参数与主要影响因素之间的相关性,并基于此进行水质参数的预测。然而,由于需要忽略一些次要因素,这种方法的预测准确性会受到一定程度的限制。

水生环境污染预测的核心问题在于确定污染排放变化与水体控制点处主要污染物含量水平之间的关系,以预测环境对经济和社会发展计划的影响。因此,可以采用或建立水质模型进行预测。下面介绍了三种常用的水质模型。

1)河流完全混合模式

当污染物排入河流后能够与河水完全混合时,河流水质预测模型为

$$C = \frac{C_p Q_p + C_h Q_h}{Q_p + Q_h} \tag{4-39}$$

式中:C 为河流下游断面污染物浓度,单位为 mg/L;C_p 为河流上游断面污染物浓度,单位为 mg/L;C_h 为旁侧流入废水中的污染物浓度,单位为 mg/L;Q_p 为河流上游断面河水流量,单位为 m³/s;Q_h 为旁侧废水流量,单位为 m³/s。

该模型适用于相对狭窄和较浅的河流,河流状态稳定,河段均匀,排放稳定,这意味着河流的水流量和污染排放量不会随着时间的推移而变化,污染物难以分解有机物、可溶性盐和悬浮物。

2)一维河流水质模型

一维河流水质模型是目前应用最广的水质模型,即

$$\frac{\partial \rho}{\partial t} + \frac{\partial}{\partial x}(v\rho) = \frac{\partial}{\partial x}(D\frac{\partial \rho}{\partial x}) + S \qquad (4-40)$$

式中:v 为断面平均流速,单位为 m/d;D 为纵向弥散系数,单位为 m²/d;S 为源汇项,单位为 mg/(L·d)。

(1)一维稳态水质模型:在均匀河段正常排污的条件下,河段横截面、流速、流量、污染物的输入量和弥散系数都不随时间变化而变化。同时污染物按一级化学反应,无其他源和汇,具体为

$$\begin{cases} \frac{\partial}{\partial x}(v\rho) = v\frac{d\rho}{dx} \\[2mm] \frac{\partial}{\partial x}(D\frac{\partial \rho}{\partial x}) = D\frac{d^2\rho}{dx^2} \\[2mm] S = -k_1\rho \end{cases} \qquad (4-41)$$

式中:k_1 为污染物降解的速率常数,稳态时 $\frac{\partial \rho}{\partial t} = 0$,微分方程为

$$v\frac{d\rho}{dx} - D\frac{d^2\rho}{dx^2} + k_1\rho = 0 \qquad (4-42)$$

这是一个二阶线性常微分方程,其特征方程为

$$v\lambda - D\lambda^2 + k_1 = 0 \qquad (4-43)$$

由此可以求出特征根,如下式所示:

$$\begin{cases} \lambda = \frac{v}{2D}(1 \pm m) \\[2mm] m = \sqrt{1 + \frac{4k_1 D}{v^2}} \end{cases} \qquad (4-44)$$

式(4-43)的通解为

$$\rho = Ae^{\lambda_1 x} + Be^{\lambda_2 x} \qquad (4-45)$$

对于保守或降解的污染物,λ 不应该取正值,在边界条件($x=0$ 时,$\rho = \rho_0$;$x = \infty$ 时,$\rho = 0$)的情况下,式(4-43)的解为

$$\rho_x = \rho_0 \exp\left[\frac{v}{2D}(1-m)x\right] \qquad (4-46)$$

(2)忽略弥散系数的一维稳态水质模型:适用于河流较小,流速不大,弥散系数很小的情况。可以近似认为 $D=0$,则微分方程为

$$v\frac{d\rho}{dx} = -k_1\rho \qquad (4-47)$$

在 $x=0,\rho=\rho_0$ 初始条件下,其解为

$$\rho_x = \rho_0 \exp\left(-\frac{k_1 x}{v}\right) \qquad (4-48)$$

式中,$\frac{x}{v} = t$。式(4-48)可化简为

$$\rho_x = \rho_0 \exp(-k_1 t) \qquad (4-49)$$

根据上述方程,只需了解河水初始截面中污染物的起始浓度和 k_1 的值即可计算出下游某点的浓度。这种方法通常用于预测河流中易降解有机物的浓度变化。

在稳态条件下,这两种方法的计算结果非常相近,这表明在存在一定推流作用时,纵向扩散系数对污染物分布的影响较小。

3)生化需氧量-溶解氧(BOD-DO)耦合模型

1925 年,美国工程师 Streeter 和 Phelps 提出 S-P 模型用于研究 Ohio 河水质污染与自净。模型的核心是建立耗氧过程(BOD 耗氧)与复氧过程(大气复氧)之间的耦合关系。

该模主要包括两个基本假设:①耗氧量是由生化需氧量(BOD)衰减造成的,溶解氧是由大气复氧带来的,并且耗氧量和溶解氧的变化速率都符合一级反应规律;②耗氧量和复氧之间的反应速率是恒定的。

S-P 模型基本形式为

$$\begin{cases} \dfrac{\mathrm{d}L}{\mathrm{d}t} = -k_d L \\ \dfrac{\mathrm{d}D}{\mathrm{d}t} = k_d L - k_a D \end{cases} \tag{4-50}$$

式中:L 为河水中的 BOD 值,单位为 mg/L;D 为河水中的氧亏值,单位为 mg/L,是饱和溶解氧浓度 C_s(单位为 mg/L)与河水中的实际溶解氧浓度 C(单位为 mg/L)的差值;k_d 为河水中 BOD 衰减(耗氧)速度常数,单位为 1/d;k_a 为河水中的复氧速度常数,单位为 1/d;t 为河水的流行时间,单位为 d。

在边界条件 $t=0$,$L=L_0$,$D=D_0$ 的情况下,S-P 模型的解为

$$\begin{cases} L = L_0 \mathrm{e}^{-k_d t} \\ C = C_s - (C_s - C_0)\mathrm{e}^{-k_a t} + \dfrac{k_d L_0}{k_a - k_d}(\mathrm{e}^{-k_a t} - \mathrm{e}^{-kdt}) \end{cases} \tag{4-51}$$

式中:C_s 为饱和溶解氧浓度,单位为 mg/L;C 为实际溶解氧浓度,单位为 mg/L;L_0 为河流起始点的 BOD 值,单位为 mg/L;D_0 为河流起始点的氧亏值,单位为 mg/L。

河流中的溶解氧 O 为饱和溶解氧 O_s 减去 D 值,即

$$O = O_s - D = O_s - \frac{K_d L_0}{K_a - K_d}(\mathrm{e}^{-k_d t} - \mathrm{e}^{-k_a t}) - D_0 \mathrm{e}^{-k_a t} \tag{4-52}$$

式中:O 为河水中的溶解氧值,单位为 mg/L;O_s 为饱和溶解氧值,单位为 mg/L,它是温度、盐度和大气压力的函数。

在 101.32 kPa 压力下,淡水中的饱和溶解氧浓度计算公式为

$$O_s = \frac{468}{31.6 + T} \tag{4-53}$$

式中:T 为温度,单位为 ℃。

式(4-52)称为 S-P 氧垂公式,根据此式绘制的溶解氧沿程变化曲线称为氧垂曲线(见图 4-3)。

在很多情况下,人们希望能找到临界点,即溶解氧浓度最低的点。在临界点,河水的

氧亏值最大,且变化速率为零,即

$$\frac{\mathrm{d}D}{\mathrm{d}t}=k_dL-k_aD_c=0 \tag{4-54}$$

由此得

$$D_c=\frac{k_d}{k_a}L_0\mathrm{e}^{-k_dt_c} \tag{4-55}$$

式中:D_c 为临界氧亏值,单位为 mg/L;t_c 为由起始点到达临界点的流动时间,单位为 d。

临界氧亏发生的时间 t_c 的计算公式为

$$t_c=\frac{1}{k_a-k_d}\ln\frac{k_a}{k_d}\Big[1-\frac{D_0(k_a-k_d)}{L_0k_d}\Big] \tag{4-56}$$

式中:L_0 为河流起始点的 BOD 值,单位为 mg/L。

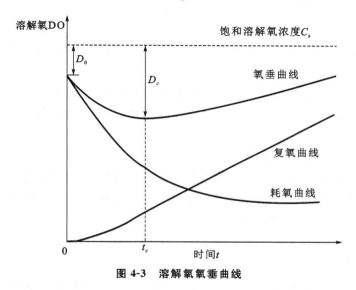

图 4-3　溶解氧氧垂曲线

(五)固体废物与噪声污染预测方法

1. 固体废物污染预测

固体废物污染主要来源于工业的固体废物和生活垃圾。固体废物排入环境后会污染水环境,破坏植被和污染土地,降低土地的利用能力。此外,还会污染大气环境。

1)工业固体废物产生量预测

工业固体废物有不同的种类,应分别对其进行预测。常用的预测方法有以下三种。

(1)系数预测法。

系数预测法公式为

$$W=PS \tag{4-57}$$

式中:W 为预测年固体废物排放量,单位为万吨/年;P 为固体废物排放系数,即单位工业产量的固体废物产生量；S 为预测的年产品产量，单位为万吨/年。

（2）回归分析法。

根据固体废物产生量与产品产量或工业产值的关系，可建立一元回归模型，即

$$y = a + bx \tag{4-58}$$

若固体废物产生量受多种因素影响，还可建立多元回归模型进行预测。

（3）灰色预测法。

固体废物产生量灰色预测根据历年固体废物产生量序列来建立灰色预测模型。其基本方法可参见大气、水环境污染预测有关内容。

2）城市垃圾产生量预测

与工业固体废物预测一样，城市垃圾产生量预测也常采用系数预测法、回归分析法和灰色预测法。例如，利用系数预测方法的公式为

$$W_{生} = f_{生} N \tag{4-59}$$

式中：$W_{生}$ 为预测年城市垃圾产生总量，单位为万吨/年；$f_{生}$ 为排放系数，单位为千克/（人·天）；N 为预测年人口总数。

在没有第一手资料的情况下，利用经验数据估计排放系数 $f_{生}$，如在中小城市的生活垃圾排放系数可取值 1～3 千克/（人·天），粪便（湿）的排放系数可以取值 1 千克/（人·天）。

3）固体废物的环境影响预测

固体废物对环境的影响是多方面的，对这类预测问题，一般是进行某种模拟试验，根据试验建立预测模型，再进行相应环境问题预测。常用的一般方法可采用大气、水影响预测模型，以及因果关系分析法等。

2. 噪声预测

噪声预测主要包括两个方面：一是交通噪声预测；二是环境噪声预测。

1）交通噪声预测方法

常用的交通噪声预测方法有预测多元回归方法，它基于车辆流量、道路宽度、背景噪声值和等效交通噪声水平的比值建立预测多元回归模型。另一预测方法是采用灰色预测方法，其原理是基于多年来噪声的相应声级值生成和处理原始数据，以建立相应的灰色预测模型。除此之外，还可以尝试采用随机车流量预测方法。

2）环境噪声预测方法

常见的环境噪声预测方法主要有两种：一种是多元回归预测方法，它通过分析车流量、固定噪声源、本底噪声等与噪声等效声级之间的关系，建立多元回归预测模型；另一种是灰色预测方法，该方法基于多年环境噪声值的数据建立灰色预测模型。

建筑施工噪声问题是一类重要的环境噪声污染问题。来自建筑设备的噪声经常用声源在特定距离（r_1）的声压级（L_1）表征。预测建筑噪声一般用已知的 L_1、r_1 求出声源在指定距离（r_2）上的声压级（L_2）。对于最简单的情况，设备装置在没有障碍物影响声音传

播的平地上,在这种情况下,由于"波的发散",当与噪声源的距离增加时,散发出的声能散布到越来越大的表面积上,所以声音随着原先距离的增加而减小。声音的衰减用下式预测:

$$L_2 = L_1 - 10 \lg(r_2/r_1) \tag{4-60}$$

式中:r_1、r_2 为设置的特定距离与指定距离;L_1、L_2 为特定距离与指定距离的声压级。

该公式表明,对于有障碍而没有环境损耗的点源,距离每增加一倍,声压级就减少一定分贝。如果噪声源被附近的墙壁或建筑物干扰,由于障碍物表面对声波的反射,则必须对上述公式进行修正。声波的发散不是使声压级随距离增加而减少的唯一因素,物体阻碍、大气吸收作用和气候影响等综合作用也会使声音进一步消弱。这种"额外衰减"的影响可由以上公式给出的声压级减去一个具有代表性的经验因素(以分贝为单位)估算。

这个关系式适用于点源的预测,如气锤的噪声污染。而对于线源,如有固定运输流量的公路等,则使用不同的方程。

(六)环境预测与社会经济预测方法

1. 环境预测

环境预测是环境领域中针对相关问题进行的一项预测活动,其主要目的是在对当前环境状况进行深入研究和评价的基础上,结合经济社会发展趋势进行科学实验,对环境趋势进行科学分析和评价。在环境影响分析和评价中,环境预测扮演着至关重要的角色。在实践中,环境影响通常被视为一个或多个环境质量测量的特定变化。对这些变化进行分析和理解是环境预测的核心内容。

在环境规划中,环境预测是实现环境协调和经济发展目标不可或缺的组成部分,也是环境规划决策的基础。

1)环境预测的主要内容

环境规划中的环境预测是围绕社会经济活动的污染排放与相应环境质量变化进行的,主要内容包括以下方面。

(1)社会发展预测。

社会发展预测重点在于人口变化的预测,也包括其他社会因素的分析和确定。

(2)经济发展预测。

这方面关注经济总量的增长,例如国内生产总值和工业生产总值的预测,以及经济结构和布局的分析。此外,还包括能源和水资源消耗的预测,以及交通和其他重要经济项目的预测和分析。

(3)环境质量与污染预测。

环境污染防治规划是环境规划中的关键问题之一,其中与环境质量和污染源相关的预测活动扮演着重要角色。例如,为了预测污染物总量,需要建立合理的排放系数(如产品排放单位)和弹性系数(如工业废水排放与工业生产之间的弹性系数)。预测环境质量的核心问题是确定排放源、汇以及环境介质之间的输入-响应关系。

（4）其他预测。

根据规划对象的具体情况和规划目标的需求，还可以进行其他方面的预测，包括重大工程建设对环境的效益或影响预测，对土地利用、自然保护和区域生态环境趋势分析，以及技术进步与环境保护能力建设等方面。这些预测活动对社会经济的发展至关重要，必须综合考虑环境保护与经济发展之间的平衡和协调。

2）环境预测遵循的基本原则

（1）经济和社会发展是环境预测的基本依据。环境预测应强调经济、社会和环境系统与整个系统之间的相互关系和不断变化的模式。

（2）科技进步的作用。科学技术对经济社会发展的驱动力及其对环境保护的贡献是影响环境预测的重要因素。

（3）突出重点。要着重考虑那些对未来环境发展具有最重要影响的因素。这不仅可以显著减少工作量，还可以提高预测的准确性。

（4）具体问题具体分析。环境预测涉及的范围广泛，通常可以分为宏观和中观两个层面。重要的是要注意不同层面的特点和需求。

3）预测方法选择与结果分析

（1）基本思路。

环境预测是基于对当前环境的研究和评估，结合规划或经济发展预测，通过综合分析或某些数学模拟方法来推断未来的环境状况。其技术要点包括以下几点。

①辨识影响环境的主要社会经济因素并获取充分信息。

②探索合适的数理模型以及了解预测对象的专家系统，以表征环境变化的规律。

③对预测结果进行科学分析，得出准确的结论。这取决于规划者的素质以及解决问题的综合能力和水平。

（2）预测方法选择。

与一般预测的方法类似，有关环境预测的方法也大致分为以下两个方面。

①定性预测方法。包括历史回顾法、专家调查法（召开会议、征询意见）、列表定性直观预测法等。这些方法依赖逻辑思维，在分析复杂、交叉和宏观问题时具有很高的效力。

②定量预测方法。常见的包括回归分析法、外推法以及环境系统的数学模型等。这些方法基于运筹学、系统理论、控制理论、系统动态仿真和统计学等。特别是环境系统的数学模型更能有效地定量分析环境的发展演变，描述经济、社会和环境之间的关系。用于环境系统的数学模型是通过综合代数或微分方程建立的。通常，它们是基于科学规律、数据统计分析或两者的结合。例如，物质不灭定律是用来预测环境质量（水、空气）影响的多数数学模型的基础。

选择环境预测方法时应注重简便和实用两大原则。由于目前发展的预测模型大多尚不完善，各有不足和缺点，因此在实际预测中可以同时使用几种模型对某一环境对象进行预测，然后通过比较、分析和判断，得出可接受的结果。

（3）综合分析和评估预测结果。

综合分析和评估预测结果的目的是确定主要的环境问题及其根源，并进一步明确规划的目标、任务和指标。综合分析预测内容主要包括以下方面。

①资源态势和经济发展趋势分析。包括对规划区内经济趋势和资源供需状况的研究，以及经济发展的主要局限性。这些分析为制定发展战略和规划方案提供了重要依据。

②环境发展趋势分析。在环境问题方面，特别需要注意两类问题：一类是重大环境问题，其可能造成全球或区域性的危害，如全球气候变化、臭氧层破坏或严重的环境污染；另一类是意外事件，其对环境和公众健康构成重大威胁，如水库溃坝、化工厂爆炸、核电站泄漏、采油井喷、海上溢油、交通事故中的有毒物质泄漏，以及尾矿库或发电厂灰库溃坝等。预测和评估这类环境风险有助于采取有针对性的行动或制定应急措施来预防事故，从而减少事故发生时的损失。

（4）其他重要问题分析。

分析规划区域内的某些重要问题，如特殊保护、重大项目的环境影响或效益等。

2. 社会经济发展预测方法

社会经济预测本身并不是环境预测的基本内容，但直接影响环境排放和质量预测的结果。

1）人口预测

人口是环境规划的基本参数之一。通常，人口预测变量主要使用直接影响人口自然变化的出生率、死亡率和迁移率等参数。这些参数的选择应考虑限制因素。通过对大量数据的回归分析，中国人口预测常用的经验模型为

$$N_t = N_{t_0} e^{k(t-t_0)} \tag{4-61}$$

式中：N_t 为 t 年的人口总数；N_{t_0} 为 $t=t_0$ 年（即预测起始年）的人口基数；k 为人口增长系数或人口自然增长率。

上述预测的核心在于确定增长率 k 的数值。人口自然增长率（k）是指人口出生率与死亡率之间的差异，通常以每年人口净增长的千分比表示。其计算方法为：在特定的时间和空间范围内，将人口的自然增长数（出生人数减去死亡人数）与同期平均人口数相除，并以千分比形式呈现。而所谓的平均人口数是指计算期间（如一年）初期和末期人口总数之和的一半。k 值的选择不仅与时间 t 相关，还与预测的约束条件息息相关，即与社会的平均物质生产水平、文化水平、战争与和平状态、人口政策以及人口年龄结构等密切相关。

2）国内生产总值（GDP）预测

国内生产总值是指一个国家所有常住单位在一定时期内生产的最终物质产品和服务的价值总和。

通过大量数据的回归分析，我国国内生产总值预测的常用经验模型为

$$Z_{GDP_t} = Z_{GDP_0}(1+a)^{(t-t_0)} \tag{4-62}$$

式中：Z_{GDP_t} 为 t 年的 GDP 值；Z_{GDP_0} 为 t_0 年（即预测起始年）的 GDP 值；a 为 GDP 年增长率，单位为％。

规划期国内生产总值的平均年增长率是国民经济发展规划的主要指标。环境预测可直接用它来预测有关的参数。

3）能耗预测

在环境规划中进行的能耗计算主要包括原煤、原油、天然气三项，按规定折算成每千克发热量 7000 kcal（$7000 \times 4.1859 \times 10^3$ J $= 2.93 \times 10^7$ J）的标准煤，折算的系数为原煤 0.714 kg/m³、原油 1.43 kg/m³、天然气 1.33 kg/m³。

（1）能耗指标。

①产品综合能耗为

$$单位产值综合能耗 = \frac{总能耗量（t标准煤）}{产品总产值（万元）} 单位产量综合能耗$$

$$= \frac{总能耗量（t标准煤）}{产品总产值（t 或 10^4 m 等）} \tag{4-63}$$

②能源利用率。有效利用的能量与供给的能量之比。

③能耗弹性系数。规划期内平均能耗量增长速度与平均经济增长速度之间的对比关系，即

$$能源弹性指数 = \frac{规划期内平均能耗量增长速度}{规划期内平均经济增长速度}，或 \quad e = \frac{\Delta E/E}{\Delta G/G} \tag{4-64}$$

式中：E 为能耗量；G 为总产值。

经济增长速度可采用工业总产值、农业总产值、社会总产值或国民收入的增长速度等表示。

（2）能耗预测方法。

目前广泛采用的能耗预测方法主要分为人均能耗法和能耗弹性系数法两种。

①人均能耗法是根据人们在日常生活中衣食住行等方面对能源的需求来估算生活用能的一种方法。根据美国对 84 个发展中国家进行的调查表明：当每人每年的消耗量为 0.4 t 标准煤时，仅能勉强维持生存；当为 1.2～1.4 t 标准煤时，则可以满足基本的生活需求。在现代社会中，为满足各种需求，每人每年的能耗量通常不低于 1.6 t 标准煤。以上海市为例，其人均能耗为 0.7 t 标准煤。

②能耗弹性系数法是根据能耗与国民经济增长之间的关系，求出能耗弹性系数 e，然后根据确定的国民经济增长速度，粗略地预测能耗的增长速度，计算公式为

$$\beta = e \cdot a \tag{4-65}$$

式中：β 为能耗增长速度；e 为能耗弹性系数；a 为工业产值增长速度。

能耗弹性系数 e 受经济结构影响。一般来说，在工业化初期或国民经济高速发展时期，能耗的年平均增长速度超过国内生产总值年平均增长速度 1 倍以上，e 大于 1，甚至超过 2。后来，随着工业生产的发展和技术水平的提高，人口增长率降低，国民经济结构改

变,能耗弹性系数 e 下降,大都低于 1,一般为 $0.4\sim1.1$。

若已知能耗增长速度,规划期能耗预测计算公式为

$$E_t = E_0(1+\beta)^{t-t_0} \tag{4-66}$$

式中:β 为能耗增长速度;E_t 为规划期 t 年的能耗量;E_0 为规划期起始年 t_0 的能耗量。

4)用水预测方法

水的利用直接关系到废水的排放,对水资源和水环境的可持续性产生影响。在环境规划中,对各种用水量的预测方法多种多样,有简单的时间序列法和投入产出分析法,还有更为复杂的基于用水设备的预测分析方法。对比较常用且简便的定额法介绍如下。

(1)用水总量预测。

对一区域用水总量的供需平衡预测,可采用下式:

$$Q_t = KZ_{\text{GDP}_t} \tag{4-67}$$

式中:Z_{GDP_t} 为规划期 t 年的国内生产总值,单位为万元;K 为用水系数,单位为吨/万元;Q_t 为规划期 t 年用水总量,单位为万吨。

其中,K 值需要在调查、统计分析等基础上,通过综合分析确定,既要考虑以往的用水水平,又要注意技术进步、节水措施等作用。

(2)生活用水量预测。

一般而言,生活用水可分为城市生活用水和农村生活用水两大类。在城市生活用水中,包括城镇居民家庭、工矿企业、机关、学校、宾馆、餐厅等单位的饮用、洗涤、烹饪、清洁等方面所需的水量,以及公共市政设施所需的水量。农村生活用水指农村居民的日常生活所需的水量。

预测生活用水量通常可以采用人均生活用水定额法,即

$$Q = Nqk \tag{4-68}$$

式中:Q 为生活用水量;N 为规划年的人口数;k 为规划年用水普及率;q 为用水定额,包括城镇综合生活用水定额和农村生活用水定额。

(3)工业用水量预测。

利用万元工业增加值用水定额,可使用式(4-69)对工业用水量进行预测:

$$Q = \sum_{i=1}^{n} W_i \cdot A_i \tag{4-69}$$

式中:Q 为工业用水量,单位为 m^3;W_i 为不同行业 i 在规划年的万元工业增加值取水量,单位为立方米/万元;A_i 为不同行业 i 在规划年的工业增加值,单位为万元。

(4)农业灌溉用水。

农业灌溉用水,可按作物分别进行用水预测,然后求总和,即

$$Q = \sum_{i=1}^{n} K_i S_i \tag{4-70}$$

式中:Q 为预测年农业灌溉用水总量,单位为万吨/年或 m^3;S_i 为预测年某种作物 i 灌溉面积,单位为公顷/年;K_i 为预测年某种作物 i 灌溉系数,单位为万吨/公顷。

第三节　环境决策

一、环境决策分析基本概念

(一)决策与决策学

决策是为了解决某一问题,对拟采取的行动做出决定。决策是决策者对理想、意图、目标、方向、原则、方法和手段的决定,以确定这些目标和未来活动的方向。决策的本质及哲学意义是在主观与客观、理论与实践的矛盾对立统一体不断变化和发展过程中,主观或理论对客观世界的认识和对未来行为的驾驭能力。决策过程受所要解决的问题(目的)制约。

因此,决策是一个总体过程,我们不能把它理解为决定采取某一个方案的瞬时行动,而应该理解为识别问题、设计解决方案、选择方案、执行方案,最后总结经验的整个过程。在现实中,每一次解决问题的经验都会进入下一个决策情境中,决策是一个动态循环往复的过程。

决策分为定性(经验)决策分析和定量决策分析。定性(经验)决策分析:主要依靠人的经验评估。定量决策分析:给出明确的数量结果,便于使用数学方法和计算机技术,可以有效识别行动方案的效果,有利于对规划方案进行比较、选择。识别决策问题中是否有不可量化的因素,合理选择定性和定量决策分析并将它们有机结合。

决策已经从定性决策演变为定量决策,从单一目标演变为具有多个目标的整体发展。系统工程学、仿真技术、预测学、当代新数学(如运筹学、博弈论、排队论、对策论、模糊数学等)引进决策与管理活动中,为决策和管理的科学化奠定可能性的基础。现代决策科学已经产生并建立了许多有效的决策分析技术,特别是通过整合决策理论、系统分析和心理学等多个领域的研究成果,并针对定量和计算机化的方向开发决策分析技术和计算工具,广泛渗透到各种决策问题及其决策过程中。

决策分析是辅助决策方案选择过程中的一套系统分析方法,用来辅助决策过程。决策系统基本结构如图 4-4 所示。

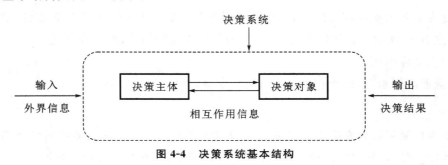

图 4-4　决策系统基本结构

决策主体(或决策者)对客观情况、主观条件及事物发展变化规律进行掌握,并且采用科学决策方法。决策对象(或决策问题)是指待解决的问题。信息包括内信息和外信息。

(二)环境决策过程及其特征

1. 环境决策过程

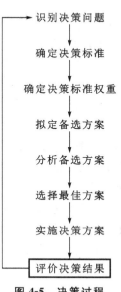

图 4-5　决策过程

环境决策过程包括八个步骤(见图 4-5)。先识别决策问题、确定决策标准、确定决策标准权重,再拟定备选方案、分析备选方案、选择最佳方案,然后实施决策方案,最后评价决策结果。下面将详细介绍决策过程中的每一个步骤。

步骤 1:识别决策问题。

决策源于对问题的识别和判断,即理清问题的本质,确定现实与目标之间的差距。决策者通过分析、判断后做出决策来解决问题,这就是识别决策问题。

步骤 2:确定决策标准。

决策者确定和识别出了决策问题,同时要确定对解决问题起重要作用的决策标准。这些标准主要有以下几种。

(1)从过去的表现中得到的历史标准。

(2)从其他类似的情境中得到的外部标准。

(3)从某些理想的概念中得到的绝对标准。

(4)从不进行决策将会发生何种事情的想法中得到的无为标准。

步骤 3:确定决策标准权重。

在决策标准中,不是每个标准都同等重要。为了确定这些标准对决策的影响程度,决策者需要对决策标准分配权重。最重要的决策标准赋予 10 分,然后参照这个最重要的标准,依次给其他标准打分。例如,对其中的一个标准打 5 分,说明这个标准的重要性只相当于最高分决策标准(权重为 10)重要性的一半。当然,也可以采用 100、1000 或者其他任何数字作为最高权重的分值。利用这种依据个人偏好来判定决策相关标准重要性的方法,可以从各标准的得分看其在决策中的重要程度。

步骤 4:拟定备选方案。

我们找到了决策标准,确定好每一个决策标准的重要性后,便要开始着手拟定解决问题的各种方案。决策过程要求决策者列出能够成功解决问题的一系列可行方案。无需评判方案的优劣,只需列出备选方案。

步骤 5:分析备选方案。

确定和列出一系列备选方案后,决策者必须认真分析和比选每一种方案,并依据决策标准及权重对这些方案进行评价、打分。经过比较后,每一种方案的优缺点就显而易见了。

步骤 6：选择最佳方案。

从已经列举出并经过评价的备选方案中选择出最佳方案。在确定了所有与决策相关的因素、各自的权重后，在列出的各种备选方案中正确地进行加权（评价分值乘以权重值），并从列出的备选方案中选出得分最高的方案即可。

步骤 7：实施决策方案。

尽管决策方案的选择过程在先前的几个步骤中已经完成，但如果决策方案不能被有效实施，决策仍然有可能遭到失败。因此，决策方案实施所面临的问题是如何将决策付诸实施，将决策传递给有关人员和部门，并要求他们对实施行动和实施结果做出承诺。决策实施的有效性取决于管理者的能力、技巧以及决策方案本身的可行性。如果即将执行决策的员工参与了制定过程，那么他们将更有可能满怀热情地支持决策的实施并做出成果。

步骤 8：评价决策结果。

决策过程的最后一步是评价决策结果，看决策是否已经有效地解决了问题，选择的决策方案以及实施的决策方案是否取得了理想的结果。如果评价结果显示问题已经得到有效解决，那么本次决策圆满结束；如果评价结果表明此方案并不能完全解决原有的问题，那么决策者就需要仔细分析到底是哪里出了纰漏、问题是否被错误定义、在评估各种备选方案时出现了哪些偏差、是否方案的选择是正确的但实施得不好、问题如果仍然存在将会发生什么事情，这时决策者需要重新回到决策过程的某个环节，甚至可能要重新开始整个决策过程。

因此，决策的另一种表述：从各种备选方案中，按照预定的准则，选取一个最满意的系统方案问题。

2. 资源环境规划决策的特征

环境系统是一个复杂的人工和生态复合系统，环境规划决策问题涉及环境、经济、政治、社会和技术等多种因素，因此它具有下列一般决策问题的典型特征。

（1）非结构化特征。

通常，按照决策问题所具有的复杂性和解决问题的难易程度，决策大体可分为结构化决策、非结构化决策和半结构化决策三种类型。

①结构化决策（又称程序化决策）：程序化决策主要用于处理常规性问题，可以程序化到制定一套处理这些问题的固定程序，每当常规性问题出现时就可以按照惯例或者规章进行处理。这类决策是一种运用常规方法就能够处理所面临问题的重复性决策。只要问题被确定，解决方案也容易确定，或者至少有几个可供选择的确定方案，而且这些方案是熟悉的并被过去的实践证明是成功的。程序化决策相对简单，并且在很大程度上依赖以前的解决方法，是一种仿照先例的决策。程序化决策的好处是将复杂问题简单化，然后由浅入深、由粗到细、由定性到定量逐段解决问题，它能够有效提高决策的效率。如果提供的决策信息较为完整，模型系统也比较接近真实系统，那么找到最优决策的可能性一般较大。因此，在程序化决策过程中，开发备选方案阶段通常不存在或很少受到关注。

②非结构化决策(也称非程序化决策):非程序化决策主要用于处理非常规性问题,是一种具有唯一性和不可重复性的决策。这类决策没有特定程序,也没有现成的解决方案可用,因为这类问题在过去尚未发生过,是一种非常规性的问题,主要依靠决策者的经验、思维和判断力做出非程序化的决策,或在程序化决策的基础上进行适当的调整和权衡。

③半结构化决策:介于结构化决策和非结构化决策之间的决策问题。

在客观世界中,几乎没有决策是绝对程序化的或者绝对非程序化的,绝大多数决策介于这两者之间。没有程序化的决策能够完全排除个人的判断;非程序化决策也可以通过程序化的思路来解决。当遇到问题时,正确的决策方式是:根据问题的实际情况,将决策问题看作是程序化为主,或非程序化为主,再进行分析判断,而不是绝对的程序化或完全的非程序化。

环境系统规划通常兼具半结构化或非结构化决策问题特征。

(2)多目标特征。

决策的目标不止一个,环境规划的方案选择还需要考虑环境、经济、社会和政治等多因素,各目标之间经常会发生冲突性和不可公度性(多个目标没有统一的度量标准)。

(3)基于价值观念的特征。

这里所谓的"价值"是指理解和评估规划对评估对象的作用和重要性。价值观是从不同客观现实中对广泛事物的观察、分析中提取出来的。规划主体对评价对象的条件、目的、立场和观念等评价不同,从而造成价值认识和估计的不同。同时,人的社会化和价值观的主观评价也会在不同程度上反映出现实价值观的共同性和客观性。因此,基于价值评估对复杂因素进行综合分析已成为决策活动的一个显著特征。

二、单目标决策方法

(一)环境费用-效益法

费用-效益法是一种系统的方法,用于识别和衡量项目的整体效益。它通过计算并对比建设项目所需的成本(费用)和获得的效益,形成决策的依据(决策的底线是效益至少大于费用)。该方法最早由 Jules Dupuit 于 1844 年在《论公共工程效益的衡量》中提出,1936 年美国水利部门首次将此方法应用于公共项目。目前,在西方各国,费用-效益法已成为评估公共投资或项目对社会福利整体水平影响的常用方法。

费用-效益法基于福利经济学、支付意愿、消费者剩余、帕累托效率以及环境外部性等经济理论。其中,"费用"通常指导致所有者权益减少的经济利益总流出,与利润分配无关;"效益"包括项目本身的直接效益以及对国民经济的间接贡献。与一般财务分析只考虑项目的直接经济成本和收益不同,费用-效益法可以从社会的角度(包括环境)全面分析项目的费用和效益,即不仅需要识别和估计项目发生的直接经济成本和效益(即财务分析部分),还需要考虑项目造成的外部影响(即产生的间接成本和效益)。

在费用-效益法应用于环境决策分析时,需要明确决策问题、确定备选方案对环境质量和受纳体的影响、进行环境影响分析以及进行成本效益计算。通过成本效益分析,可以将多个决策目标统一为单一经济目标,使得不同方案的效果具有可比性。对于方案的非经济效益(损失),需要采用货币化技术进行评估。

(二)数学规划方法

定义:将决策问题概化成在预定目标函数和约束条件下对由若干决策变量所代表的规划方案进行优化选择的数学模型线性规划方法。

1. 线性规划

线性规划作为一种基础而重要的优化方法,在数学上被描述为:①通过一组未知量(也称为决策变量)表示待定的规划方案,这些未知量的具体数值代表了一个具体的解决方案,通常要求这些变量为非负数;②规划对象受到多个约束条件的限制,这些约束以未知量的线性等式或不等式形式表达;③存在一个目标要求,这个目标由未知量的线性函数描述。根据所研究规划问题的不同决策规则,有必要最大化或最小化目标函数值。

线性规划的一般表达形式为

$$
\begin{cases}
\max(\min) f = \boldsymbol{cx} \\
\boldsymbol{Ax} \leqslant (=,\geqslant) \boldsymbol{b} \\
\boldsymbol{x} \geqslant 0
\end{cases}
\tag{4-71}
$$

式中:$\boldsymbol{x}=(x_1,x_2,\cdots,x_n)^{\mathrm{T}}$ 为由 n 个决策变量构成的向量,即规划问题的备选方案;$\boldsymbol{c}=(c_1,c_2,\cdots,c_n)$ 为由目标函数中决策变量的系数构成的向量;$\boldsymbol{A}$ 是由线性规划问题的 m 个约束条件中决策变量的系数组成的矩阵;$\boldsymbol{b}=(b_1,b_2,\cdots,b_m)^{\mathrm{T}}$ 是由 m 个约束条件中常数构成的向量。

$$
\boldsymbol{A}=\begin{bmatrix} a_{11} & \cdots & a_{1n} \\ \vdots & & \vdots \\ a_{m1} & \cdots & a_{mn} \end{bmatrix}
\tag{4-72}
$$

任何决策问题,当被构造成线性规划模型时,其约束条件反映了一个决策问题中对决策变量的客观限制要求。此外,它也可以对具有多目标的决策问题进行目标消减,实施简化处理的表达形式。线性规划中的目标函数代表了规划方案选择的评价准则,集中体现了决策分析中最主要的决策要求。

一般线性规划问题采用单纯形法和两阶段法进行求解。对于某些具有特殊结构的线性规划问题,如运输问题,系数矩阵具有分块结构等问题,还存在一些专门的有效算法。

2. 非线性规划

如果在规划模型目标函数和约束条件表达式中至少存在一个关于决策变量的非线性关系式,则这种数学规划问题称为非线性规划问题。非线性规划问题的一般数学模型常表示为

$$
\begin{cases}
\max(\min) f(\boldsymbol{x}) \\
g_i(\boldsymbol{x}) \geqslant 0, i=1,2,\cdots,m
\end{cases}
\tag{4-73}
$$

式中：$x=(x_1,x_2,\cdots,x_n)^{\mathrm{T}}$ 代表一组决策变量；$g_i(x)$ 为决策向量 x 的函数，且其中存在决策变量 x 的非线性关系。

通常情况下，非线性关系的复杂性多种多样，导致其解决方案相比线性规划更加困难。因此，与线性规划不同，非线性规划并没有普适的解决算法。目前，除非在特定条件下可以通过解析方法解决非线性规划之外，大多数情况下非线性规划都采用数值方法（如梯度法、拉格朗日乘子法）进行求解。解决非线性规划的数值方法算法主要分为两大类：一是采用逐步线性逼近的方法，即通过逐步将非线性函数线性化，利用线性规划技术获得近似最优解；二是采用直接搜索方法，即根据非线性规划的部分可行解或者非线性函数在局部范围内的特性，确定迭代过程，并通过不断改进目标值的搜索来获得最优解或满足需求的局部最优解。

3. 动态规划

动态规划是处理具有多阶段决策过程问题特征的优化方法。该方法是由 20 世纪 50 年代美国数学家贝尔曼（R Bellman）等人针对多阶段决策问题的特点，提出的解决这类问题的最优化原理的方法。动态规划方法一般用于多阶段决策，其基本思想是将整个决策过程分为即期决策和后续选择两个部分。为了得到最优决策序列，可以利用回溯法从最后一个阶段入手，先找到这个阶段的最优决策，然后向后回溯，求得前一阶段的最优决策。

为使最后决策方案获得最优决策效果，动态规划求解可表示为

$$f_k(x_k)=\mathrm{opt}\{d_k[x_k,u_k(x_k)]+f_{k+1}[u_k(x_k)]\} \tag{4-74}$$

式中：k 为阶段数，$k=n-1,\cdots,3,2,1$；x_k 为第 k 阶段的状态变量；$u_k(x_k)$ 为第 k 阶段的决策变量；$f_k(x_k)$ 为第 k 阶段的最优值；$f_{k+1}[u_k(x_k)]$ 为第 $k+1$ 阶段的最优值；$d_k[x_k,u_k(x_k)]$ 为第 k 阶段当状态为 x_k、决策变量为 $u_k(x_k)$ 时的函数值；opt 为根据具体问题要求最小或最大。

三、多目标决策方法

决策分析是针对系统规划、设计和生产等阶段所面临的当前或未来问题，从多个可选方案中选择最佳方案的分析过程。在实际决策中，系统的目标通常是多方面的。例如，在研究生产过程的组织决策时，需要同时考虑最大化产量、最大化产品质量和最小化生产成本等目标。这些目标之间存在相互作用和矛盾，使得决策过程变得复杂，难以做出最终决策。这种多目标决策方法已广泛应用于工艺设计、配方制定、水资源利用、环境、人口、教育、能源和经济治理等领域。

在资源与环境规划中往往也存在着这样的决策问题：每一个问题中同时存在着多个目标，每个目标都要求达到最优值，并且各目标之间往往存在着冲突和矛盾，如对于一项污染的治理过程，如何做到治理时间最短，如何实现治理效果最好，如何最有效的节约治理成本等，这就涉及多目标决策方法。

（一）决策问题的多目标体系

环境问题涉及经济、社会、环境等方面，是一个多目标问题。多目标决策分析与传统的单目标优化有着显著的差异，主要体现在决策问题中存在多个相互冲突的目标。在多目标决策问题中，通常会将一组明确定义的多个相互冲突的目标表达为一个递归结构或目标体系，多目标体系如图 4-6 所示。

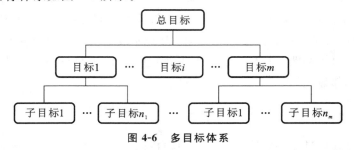

图 4-6　多目标体系

这一目标体系呈现分层结构，最高层包括决策问题的总目标，代表着决策者所期望的整体要求或状态。总目标反映了复杂客观事物的整体特性。通常，总目标以相对抽象的方式陈述，通过逐级分解可获得体现整体目标的下层或子目标。相对于上层目标而言，下层目标更具体、更精确。为了便于评估和决策，需要为最底层目标提供相应的属性描述，以展现目标的概念特征。有些目标属性可明确定义，因此可有效衡量。有些目标属性可能难以精确定义，只能进行定性评估和估算。无论是哪种情况，目标属性都应当满足以下两个基本性质。

（1）可理解性，即目标属性的值能够准确地反映相应目标的实现程度。

（2）可测性，即可以采用某种方式对决策方案进行目标属性赋值。

清晰而合理的目标体系以及对目标属性的明确定义是进行多目标决策分析的基础。

（二）决策方案的多目标评价选择

图 4-7 中是双目标规划问题，共包括 7 个方案。3 比 2 好，4 比 1 好；7 比 3 好，5 比 4 好；但 5，6，7 之间难以确定优劣，称为非劣解（或有效解），其余称为劣解。

可以观察到，由于多个目标之间的矛盾和冲突，多目标决策问题通常不再具有传统意义上的最优解，即不存在一个方案能使所有目标属性值都达到最优状态。然而，多目标决策问题产生了各不相同但同等重要的非劣解。这些非劣解的目标函数值互

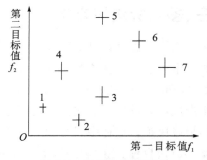

图 4-7　双目标规划问题

相竞争，最终决策的确定取决于决策者对这些变化的偏好和满意程度。

多目标决策分析是基于上述概念，利用各种数学、计算机等技术解决以下两个问题。

（1）根据所设定的多个目标，寻找全部或部分非劣解。

(2)设计一些程序识别决策者对目标函数的偏好,从非劣解集中选择合适的"非劣解"。

(三)多目标决策方法

多目标决策主要有以下几种方法。

(1)化多为少法:将多目标问题简化成单一或两个目标问题,然后使用简单的决策方法求解,其中最常见的是线性加权和法。

(2)分层序列法:根据目标的重要程度逐步排序,先求解最重要目标的最优解,然后在保持前一目标最优解的前提下依次求解下一个目标,直至处理完最后一个目标。

(3)目标规划法:为每个目标设定预期值,在满足系统约束条件的前提下,找出与目标预期值最接近的解。

(4)层次分析法:拆解目标体系结构,分析目标与决策方案之间的量化关系。

(5)多属性效用法:使用效用函数表示各个目标的效用程度,通过构建综合效用函数评价各个可行方案的优劣。

(6)直接求非劣解法:首先获得一组非劣解,然后根据预先确定的评价标准选择满意的解。

(7)重排序法:通过其他方法对原来的难以比较的非劣解进行排序,以确定其优劣次序。

(8)多目标群决策和多目标模糊决策等。

四、其他决策方法

(一)主成分分析(Principal Components Analysis,PCA)法

主成分分析法(有时也称为主分量分析法)是一种降维思想方法,它将多个指标转化为几个综合指标。在实证研究中,为了全面、系统地分析问题,通常需要考虑多个影响因素,这些因素常被称为指标,在多元统计分析中也被称为变量。由于每个变量反映了研究问题的某些信息程度不同,并且它们之间存在一定的相关性,因此收集到的统计数据所呈现的信息会有所重叠。在决策分析中,过多的变量不仅增加了计算的复杂性,还使问题的分析变得烦琐。主成分分析为解决这一问题提供了理想工具。

主成分分析(PCA)法是一种数学变换的方法,通过线性变换将给定的一组相关变量转换为另一组自变量。这些新变量按照方差降序排列,以权衡各变量的贡献。在数学变换中保持变量的总方差不变,使得第一个变量具有最大的方差,称为第一主成分,第二个变量的方差次大,并且与第一个变量不相关,称为第二主成分。以此类推,n 个变量就有 n 个主成分。

(二)层次分析(Analytic Hierarchy Process,AHP)法

在 20 世纪 70 年代初期,美国著名的运筹学家萨蒂首次提出了层次分析法。这种方

法既包含定量又包含定性的特点,适用于多目标决策,能够分析目标准则体系中各层次之间的非序列关系,并综合考虑决策者的判断和比较,在多个领域得到广泛应用。

使用 AHP 法进行决策的过程首先是构建递阶层次结构模型,对待决策项目进行调查分析,将目标准则体系中的因素划分为不同层次。在构建递阶层次结构模型时应着重关注关键因素。然后,按照逐级层次结构模型,逐层构造判断矩阵,这些矩阵是通过特定的标度法则(如 1～9 标度法则等)进行两两比较后得到的相对值。接着,计算判断矩阵的最大特征值和对应的特征向量,并进行归一化处理,得到层次单排序权重向量,然后进行一致性检验,对不合格的情况进行修正,直到符合满意的一致性标准。最后,进行层次总排序及其一致性检验。一般构建步骤如下。

(1)构建递阶层次结构模型。

(2)构造判断矩阵。

(3)计算判断矩阵的最大特征值和对应的特征向量,并进行归一化处理,得到层次单排序权重向量,然后进行一致性检验。

(4)进行层次总排序及其一致性检验。

(三)数据包络分析(Data Envelopment Analysis,DEA)法

1978 年,美国著名运筹学家查恩斯(A. Chames)和库伯(W. W. Cooper)教授首次提出了 DEA 法。这一方法旨在对多个指标的投入和产出进行相对有效性的综合评价,针对同类型部门进行评估。近年来,DEA 法已在我国社会经济的众多领域得到应用,例如经济效益综合评估、企业技术进步分析以及投资项目评价等。

DEA 利用决策单元(Decision Making Unit,DMU)投入和产出指标的权重系数作为优化变量,运用数学规划将决策单元映射到 DEA 前沿面上,通过比较决策单元偏离 DEA 前沿面的程度,对其相对有效性进行综合评价,可获取反映管理信息的多个指标。DEA 模型主要包括不考虑规模效益的 CCR 模型和考虑规模效益的 BCC 模型。

(四)模糊综合评价(Fuzzy Comprehensive Appraisal,FCA)法

FCA 法是一项综合评估方法,其理论基础建立在模糊数学之上。根据隶属度理论,该方法将定性评估转化为定量评价,利用模糊数学对受多种因素限制的事物或对象进行综合评估。这一方法能够有效地解决模糊和难以量化的情况,适用于各种不确定性情境的应对。

模糊综合评价法评价步骤如下。

(1)确定评价对象的因素论域。

(2)确定评价等级论域。

(3)建立模糊关系矩阵。

(4)确定评价因素的权重向量。

(5)建立模糊综合评价结果向量。

(6)对模糊综合评价结果向量进行详细分析。

第四节 "3S"技术在资源环境规划中的运用

一、"3S"技术的基本内容

(一)"3S"技术的定义与内容

全球定位系统(Global Positioning System,GPS)、地理信息系统(Geographical Information System,GIS)和遥感(Remote Sensing,RS)统称为"3S"技术,其集成应用已经成为国际上备受瞩目的尖端科学技术领域之一。

GPS 起源于 20 世纪 50 年代末美国发起的一项计划,并于 1964 年开始正式运行。1970 年,美国军方更新了新一代 GPS 系统,它通过许多卫星定位地球表面处的位置,是世界导航系统的重要组成部分,可为世界大部分地区提供高精度的时间、速度、定位等信息。

GPS 根据三球面相交确定点,根据极速移动的卫星数据确定目标点位置。它由三部分组成:太空部分、地面控制室以及用户部分。

世界上重要的航天定位技术包括美国的全球定位系统、欧洲联盟的伽利略系统、俄罗斯的 GLONASS 和中国的北斗卫星导航系统。中国的北斗卫星导航系统近些年来迅猛发展,扩张十分迅速。GPS 卫星如图 4-8 所示。

RS 是用间接的方式获得信息的技术,例如,人造卫星对地球的观测、通过电磁波接收目标的信息并进行分析。RS 主要采用电磁波穿过不同物体的特性不同而进行探测,其能在短时间获取较大范围的数据,并以图像的形式表现出来,这种方法可以代替人类进行远距离探测。虽然遥感技术的过程很复杂,但是在我们每个人的生活中,其应用天天都能看到,如新闻频道中天气预报节目中的云图。RS 地面观测如图 4-9 所示。

图 4-8 GPS 卫星

提高分辨率

图 4-9 RS 地面观测

GIS 是采用地理模型分析地理空间数据的一种方法,能快速地提供空间信息、动态地理信息,为科学研究和工程决策提供参考。它的基础功能模块包括空间信息收集、储存、计算和二维/三维可视化表达。该系统具备通过数据整合各类地理资讯的能力,不仅可以对这些地理资讯执行组合、计算和分类展示,还能进行查询、检索、调整、导出和升级等操作。根据 GIS,我们能探索世界地理间的关系和未来发展格局,寻找出科学问题的答案。

(二)"3S"集成与相互作用

1998 年,美国副总统阿尔·戈尔首次引入了"数字化地球"的概念,与此同时,中国政府也认识到数字化转型应当超越硬件、软件和平台技术的层面,扩展至包含对空间数据处理技术的应用。随着"3S"技术的不断发展,其在空间科学领域的应用正逐步被公众所了解。例如,"数字双胞胎"与"数字城市"这类立足于空间数据的重大国家项目,在最近几年接连推出,极大地推动了相关技术的进步。"3S"应用于日常生活如图 4-10 所示。

车载导航 　　　 移动穿戴设备

手机定位

图 4-10　"3S"应用于日常生活

"3S"技术不仅仅是 RS、GIS、GPS 的简单叠加应用,而是优势互补和集成,RS 可以大范围采集信息;GPS 可以对遥感图形的信息进行精确的定位,从而形成"电子地图";GIS 是"统筹者",对这些信息进行计算、加工。随着这些技术的相互融合,逐渐形成了新的集成化地理信息系统。"3S"之间相互作用,为学科应用提供了广阔的平台。RS 和 GPS 为 GIS 提供空间信息数据。GIS 再加以分析,从而形成科学的决策。"3S"技术关联图如图 4-11 所示。

例如,通过 GPS 采集的地理坐标数据,结合 GIS 的技术支持,可以描绘出城市大气污染源的分布地图。同时,借助 RS 技术,能够对空气中的污染物实时监测,并掌握其颗粒特性与散布情况。商业公司 Valarm 的空气质量监测设备与可视化平台服务如图 4-12 所示。

以下是"3S"相关领域的一些资源,如果认真关注这些资源,你会发现它们不仅可以帮助你解决目前所遇到的问题,网址链接可以为你提供专业的技术说明。

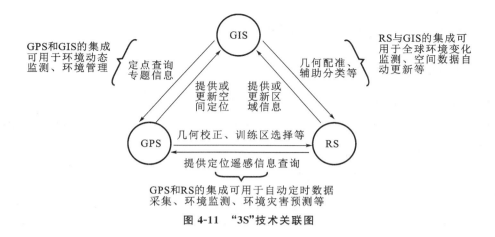

图 4-11　"3S"技术关联图

图 4-12　商业公司 Valarm 的空气质量监测设备与可视化平台服务

1. 科研机构

科研机构包括基础地理信息中心（https：//www. ngcc. cn）、中国科学院遥感与数字地球研究机构、武汉大学测绘遥感信息工程国家重点实验室（https：//liesmars. whu. edu. cn）。

2. 期刊杂志

主流期刊杂志包括国际摄影测量与遥感大会（https：//www. isprs. org/）、遥感学报（https：//www. ygxb. ac. cn）、测绘学报（https：//xb. chinasmp. com/CN/1001-1595/home. shtml）、武汉大学学报·信息科学版（https：//ch. whu. edu. cn/index. htm）。

3. 门户网站

主流官方网站包括泰伯网（https：//www. taibo. cn/）、中国测绘学会网（https：//www. csgpc. org/）、北斗卫星导航系统（http：//www. beidou. gov. cn/）。

二、"3S"技术应用于环境规划领域

(一)应用概况

"3S"技术可不断地更新,是不同地方和各层次都可以使用的系统。"3S"技术可包括信息获取、数据归纳、大数据分析、数据快速传输技术。"3S"技术是环境规划领域获取信息的重要手段之一。

1. "3S"技术应用于环境监测

环境、资源、人口问题是当今社会的严峻挑战,人们对环保的意识逐渐加强,同时也越发意识到"3S"技术对环境保护的作用。遥感技术联合全球定位系统在获取远程感知信息中扮演关键角色,它们不仅提供了高精度的地理坐标数据以了解某区域的生态环境,也能捕捉不同时间段的环境变化,并以直观的图片和图表形式展现出来。遥感技术对环境监测效果非常显著且可大范围应用。美国每年在卫星遥感业务上的花费为 6000 万美元,由于成功对台风进行监测进而减少了 20 亿美元的损失。GIS 可对海量的地理信息数据进行处理,实现了图形和地理信息的统一,并根据数据结果提供了绝佳的展示平台。GIS 也适用于开展广域环境健康评估,借助实地测量数据,利用插值方法拓展信息范围,构建关于环境因子浓度的分布图谱,掌握关键污染物在空间上的分布特征和超出标准的情形,进而实施对整个区域环境质量的全面评估。

2. "3S"技术应用于土地管理

GPS 可对管理的土地进行快速的空间定位,为工程提供准确的空间坐标,利用收集的数据对遥感信息进行检验和校正。遥感技术能及时且迅速地供应土地运用与覆被资料,迅速侦察土地利用的动态变更区块,成为地理信息系统的资讯来源。GIS 可将抽象的数据变成可视化的图形,形象地展示空间分布的变化规律,供决策者进行参考。运用"3S"技术开展的空间数据处理与评估模型等特性能够对土地项目的总体布局进行深入分析和评价,开展决策研究,并确保对其进行动态、持续且精准的监控与评估。

目前,我国的环境评价/规划在"3S"技术应用中主要以 GIS 为主,以 RS、GPS 为辅。环境规划决策支持系统结构示意图如图 4-13 所示。

(二)"3S"技术应用于城市环境规划管理

自 21 世纪以来,健康环保的可持续化发展战略已成为社会共识。但由于长期"先排放、后处理"的行为极大损伤了人类依赖的自然环境。由此引起的空气污染,臭氧层破坏,酸性降雨侵蚀,土壤荒漠化、盐碱化和旱化现象,以及水资源遭受污染的种种环境问题严重威胁了人类的健康,对人们的生存和未来发展构成了巨大考验。为了促进区域持续性增长,强化城市环境规划与管理变得十分必要。"3S"技术在城市环境规划的应用十分广泛,成为城市环境工程、生态恢复、资源及环境治理、局域环境修复、污染监测、环境灾害预警等众多领域不可或缺的科技手段。此外,"3S"技术还能快速而高效地收集、分析和处理数据,协助规划区域未来战略,为可持续发展目标提供了现代化科技支撑。在城市管理的过程中,"3S"技术的应用价值是极广的,其中包括收集信息、实时追踪、对环境变化进行仿真与展望、对都市生态进行剖析与评估。

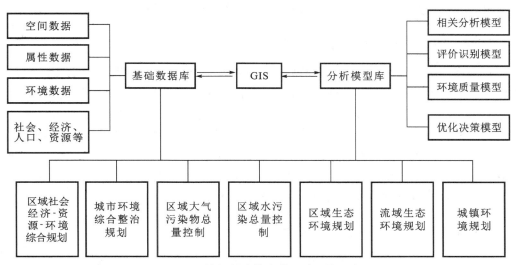

图 4-13 环境规划决策支持系统结构示意图

1. 在城市环境信息采集方面的应用

城市环境信息包括各个方面,涉及动态、静态、定性、定量等方面。"3S"技术可获取不同层次的环境信息,并与传统的数据采集方法结合,实现全面、系统的城市环境信息采集。通过图像的精细化处理,提取出图像的解译标志,这是遥感技术采集城市信息的主要手段。经由梳理城市生态环境演变的关键数值及视觉档案,进而掌握诸如空气质量恶化、生态退化、土质污染与盐碱化过程、土壤侵蚀及其污染程度、都市热岛现象、自然植被受损与环境退化等多方面的数据和资讯。利用 GPS 技术辅以传统测绘方法,能对城市由于抽水、开采矿产而引起的地表沉没及位移现象进行实时动态的综合监控,以提供即时的城市环境质量评估报告。借由 GIS 数据收集功能的应用,能够将城市生态信息从老式手段转化为数字格式,录入地理信息系统数据库。在此基础上,综合 GIS 数据库中已有的环境资料与远程感测的环境信息,通过复合与整合,最终达成城市环境信息综合管理的目标。

2. 在城市环境监测中的应用

城市环境处于变化的过程中,环境的实时监测却非常依赖于信息的及时更新与综合处理。因为遥感数据具有时段、多波谱特性,因此是城市环境管理的有效来源。城市环境管理的核心在于打造一套高效的监控体系,对收集的巨量数据加以整理,从而实现城市各个层面的即时动态观察。GIS 技术有助于对地理空间数据剖析与应用,借助 GIS 内建的多效能组件,可深入钻研城市生态的活跃规律。综合这些资料进行比对研究,达到环境信息实时监管的目的,包括监测大气污染、水污染和水体富营养化、生态环境状况、环境灾害、土地资源情况、固废监察及城市热岛效应等多个方面。利用 GIS 可将城市环境的变化状况以及规律直观地展示出来,采用三维空间信息技术进行自然生态的实时观察已取得显著成就,例如应用遥测技术勘察并剖析以监控城镇工厂的大气污染及地表热能分布,运用遥感系统和全球定位系统对地面沉降现象进行追踪与管理等。

3. 城市环境发展模拟和预测的应用

运用数值仿真技术对都市扩展趋势进行推演与展望,即借助数据分析预判城镇环境在将来一定时期的转变情况。进一步地,可以把地理信息系统与预测模型结合,最大限度地利用 GIS 综合多项功能,实现二次开发的应用。例如,通过回归分析与多要素的综合运算功能,构建变量间的回归关系式,并用它们来推断各因素在未来时间里的发展潮流。把所有因素的预测数据通过 GIS 的空间分析工具进行汇总评估,以产出综合的预测判断。如果运用回归模型去重新审视以往的发展轨迹,并以数字或图表形式展现这一过程,就能从中观察到变化规律,助力于制定政策建议。

4. 在城市环境分析评价中的应用

借助 GIS 的强大处理能力和卓越性能,能够轻松地进行城市环境的评估和预测工作。在运用 GIS 评估城市环境时,最先需要做的是确定主要的影响参数,并从 GIS 的数据库中检索相关的几何和属性数据,如果有数据缺失,则应优先补充。接下来,可以应用 GIS 内置的分析工具进行评估并获得分析结果,这是一个评估手段,需要使用前述工具。还有一类是建立在数学模型基础上的空间分析模型,通过 GIS 与外部环境分析模型的结合使用而成,结合的途径分为两种:一是直接在 GIS 软件平台上建模,构建一些简单模型,这样做能减少 GIS 和独立模型结合时对接口的依赖度,并在 GIS 系统内完成评估;二是在 GIS 外部独立创建模型,此方法允许在软件之外增加数据链接,有助于用各种简单或复杂的图像将分析数据在 GIS 中呈现,换言之,是在 GIS 之外附加空间分析模块来完成评估工作。具体采用哪一种方法需要根据实际问题决定。

5. 城市环境规划与"3S"技术一体化

"3S"的一体化是未来的重点发展方向。以遥感、卫星导航系统为数据源,借助地理信息系统这一处理平台,将遵循"3S"技术的核心与本质融为一体,在现代通信、计算机、人工智能及专家系统技术等多方面的技术助力下,构筑一个数据搜集、加工、剖析乃至决策全方位一体化的智能及现代化科技结构。其目的在于运用"3S"技术实施城镇环境规划与管控,推动城市规划管理向前发展,并为环境的持续健康发展创造条件。目前,这一领域的科学研究已经得到了明显的成效,例如"3S"技术在环境科学领域的应用成就。"三维空间信息技术"能够显著增强城市治理的能力,推动城市发展向现代化与自动化的方向迈进,并且对城市环境的规划与管理起到更加有效的协助作用,提供全面的技术支撑,涵盖宏观视角、效率优化、智慧化元素和一体化平台。当城市环境规划与"三维空间信息技术"深度融合时,它将形成一个全新的信息系统,该系统能够实时、动态地收集和处理几何信息及环境属性数据,并进行分析,提供快速且高精确度的决策辅助。这种系统的构建为环境规划和管理提供系统化和全方位的支持,对推动城市环境科学的进步和实现区域持续发展策略具有长远和重大的影响。

信息系统的基本功能模块如图4-14所示。

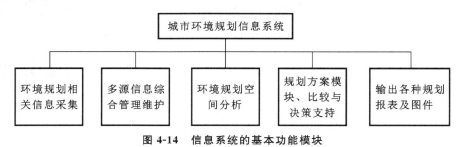

图 4-14 信息系统的基本功能模块

习   题

1. 资源环境规划中包括哪些环境评价的内容?其内涵和意义是什么?

2. 资源环境规划过程中需要进行哪些预测?试分述。

3. 社会经济发展预测和资源环境规划的关系如何?

4. 试述环境决策的基本内容、决策过程和特征。

5. 试述"3S"技术的基本内容及其在资源环境规划中的应用。

第五章

国土空间规划

国土空间规划（Territorial Spatial Planning）是对特定区域内的国土空间开发和保护在时空上的安排，是引领国家空间发展、促进可持续发展的指南，也是各类开发保护和建设活动的基本依据，包括总体规划和相应的详细规划。国土空间规划是国家空间规划体系的重要组成部分，以实现"多规合一"为目标，整合了原有的空间规划，如主体功能区规划、土地利用规划、城乡规划等。本章对国土空间规划、主体功能区规划、城市生态环境规划、土地利用规划等内容进行介绍。

第一节　国土空间规划概述

一、国土空间规划背景

在 2019 年之前，我国原有规划种类主要有表 5-1 中的几类。

表 5-1　我国原有规划种类

规划	国家层面主管部门	规划期限	法律、政策依据
主体功能区规划	国家发展和改革委员会	10～15 年	《关于加快推进生态文明建设的意见》
土地利用规划	国土资源部(2018 年改为自然资源部)	15 年	《中华人民共和国土地管理法》
城乡规划	住房和城乡建设部	15～20 年	《中华人民共和国城乡规划法》
环境保护规划	生态环境部	5 年	《中华人民共和国环境保护法》

部门规划衔接不到位、规划内容有冲突、技术标准有差异、审批和管理手续繁杂等各种因素造成了各类规划存在的矛盾和抵触情绪。虽然《中华人民共和国城乡规划法》和

《中华人民共和国土地管理法》都指出各规划要与其他规划做好衔接工作,但在具体的衔接办法上却缺乏明确的规定,致使在实际操作中执行起来有一定的难度。

在此基础上,有关部门开始讨论"合二为一""合三为一"甚至"合二为多"的问题。2014 年,国家发展和改革委员会、国土资源部、环境保护部(2018 年改为生态环境部)联合住房和城乡建设部(简称住建部,2018 年改为自然资源部)共同下发《关于开展市县"多规合一"试点工作的通知》,共选择 28 个县市开展试点工作。2017 年 1 月,中共中央办公厅、国务院办公厅印发了《省级空间规划试点方案》。该方案将 9 省纳入试点范围,强调重视空间顶层设计规划。同年 9 月《住房城乡建设部关于城市总体规划编制试点的指导意见》由住建部发布,明确强调要强化城市总体规划的战略指导和约束作用,在 15 个城市启动试点工作。这些先行先试的工作为今后重建国土空间规划体系打下了良好基础。

2018 年 2 月,中国共产党第十九届中央委员会第三次全体会议通过了《中共中央关于深化党和国家机构改革的决定》,该决定明确提出要强化国土空间规划对各专项规划的指导约束作用,推进"多规合一",实现土地利用规划、城乡规划等有机融合,在此基础上进行国家部委机构改革,组建自然资源部,统筹国土空间规划管理。2019 年 5 月《中共中央 国务院关于建立国土空间规划体系并监督实施的若干意见》正式发布,标志着"四梁八柱"的国土空间规划体系已具雏形。同年 8 月 26 日,《中华人民共和国土地管理法》修订通过,其中增加的第十八条确定了国土空间规划的法律地位:"国家建立国土空间规划体系。编制国土空间规划应当坚持生态优先,绿色、可持续发展,科学有序统筹安排生态、农业、城镇等功能空间,优化国土空间结构和布局,提升国土空间开发、保护的质量和效率。经依法批准的国土空间规划是各类开发、保护、建设活动的基本依据。已经编制国土空间规划的,不再编制土地利用总体规划和城乡规划。"

二、主要内容

"国土"是指由各种自然和人为因素构成的实体,是构成国家社会经济发展的物质基础和资源,也是国民生存和从事各种活动的场所和环境,是在国家主权范围内的地域空间,包括陆地、陆地水域、领海、领空等。"空间规划"是指为达到保护和有效利用空间资源的目的,对空间要素布局和空间用途进行分类的各种单项规划和规划体系。

国土空间规划体系的建立是生态文明新时代下推进国家治理体系与治理能力现代化的重要举措,也是实现"两个一百年"奋斗目标和中华民族伟大复兴、实现中国梦的必然要求。其核心目标是通过空间规划,营造高质量的人居环境,促进人与自然的和谐发展,促进形成良好的国土空间开发保护利用格局,促进生态安全格局和生产力布局优化。国土空间规划以包括不同层级规划和内容在内的"五级三类四体系"为主要内容。国土空间规划工作必须坚持底线思维,强化资源环境底线约束,做好底线管控,以此为基础确保国家生态安全、粮食安全、经济安全。习近平总书记多次强调,要坚持底线思维,以国土空间规划为基础,把"三区三线"作为调整经济结构、谋划产业发展、推进城镇化不可逾越的红线。将以底线管控为代表的空间规划底线思维作为当前国土空间用途管制的重要基础,坚持"三区三线"不放松。实施"双评价"工作,既是对规划"三区三线"、优化国土空间格局的重要依据,又是精准确定资源利用上限和环境质量底线的有力手段。

(一)"五级三类四体系"

《中共中央 国务院关于建立国土空间规划体系并监督实施的若干意见》于2019年5月27日由国务院新闻办公室召开新闻发布会发布。自然资源部总规划师庄少勤在回答记者提问时指出,可将我国国土空间规划层级和内容归纳为"五级三类四体系"。这份文件的正式出台意味着我国国土空间规划体系已正式确立了"四梁八柱"的基本框架。

"五级"是指国家、省、市、县、乡镇五级,是我国行政体制中的五个层级。国家级对应全国国土空间规划,是国家国土空间的总体规划,以制定国家对国土保护、开发、利用、修复的政策和总体框架为目标,具有高度战略性和前瞻性,突出表现在整体格局和国土空间政策方面。省级国土空间规划重点以协调性为主,贯彻落实国家层面规划,强调区域间的协调,对区域内总体空间布局进行明确,也具备较强的战略性。相对于国家和省级国土空间规划,市、县、乡镇这三级国土空间规划都更偏向于实施性。在编制市、县两级国土空间规划时,要严格落实底线管控的有关要求,建立市、县两级空间开发与保护的结构导向。在编制乡镇级国土空间规划时,根据各地实际情况需要,保持一定的弹性,可采取不同的编制模式。

"三类"包含总体规划、详细规划、相关专项规划三种规划类型。总体规划注重综合性,是对一定区域内的国土空间保护、开发、利用和修复所做的全面安排,旨在引导区域内的经济、社会、环境等多方面的协调发展,确保资源的合理配置和利用,以促进该区域的可持续发展。总体规划通常包括长期目标、发展策略、具体措施、实施机制等内容,是区域未来发展的蓝图和指南。

详细规划以实施性为主要特点,通常由市、县以下机构编制,是具体区域的具体实施安排,如地块使用情况、开发建设强度等。详细规划作为开展国土空间开发保护活动、实施国土空间用途管制、核发城乡建设项目规划许可证、进行各项建设等的法定依据。在实际工作中,还需要针对城乡地域和城镇规模的不同特点实行差异化管理制度,以适应实际规划的需要。

详细规划一方面需要制定详细的规划编制管理办法,以城镇开发边界为界,实行差别化的空间管控的城乡区别化经营策略。市、县两级自然资源主管部门将在城镇开发边界范围内,组织编制详细规划,并采取"详细规划+规划许可"的方式进行用途管制。在农村边远地区发展时,当地乡镇政府为实现详细规划,按照"在有条件、有需求的前提下,应编尽编"的原则,组织编制"多规合一"的村庄规划。另一方面由于我国各市、县、镇的规模、治理复杂性、管控难度都存在着巨大差异,因此必须遵循因地制宜的基本原则。可根据实际情况,在城市发展边界范围内建立适度的层级制度。例如街区规划、单元规划等环节,可以在地块规划的基础上增加,从而达到整体规划的实施。对规模较小的乡镇,可直接编制土地利用总体规划,实行以城带乡。地块控规的深度应满足核发建设项目规划许可证与审定建设项目报批的管理要求。

相关专项规划主要特性是专业性,一般是由自然资源部门或者相关部门组织编制,可在国家级、省级和市县级层面进行编制,特别是对特定的区域或者流域,为体现特定功能对空间开发的保护,需要作出专门性的安排。专项规划主要包含两类:一类是针对海岸带、自然保护地等涉及跨行政区域或跨流域的国土空间规划,由各级自然资源部门负责组织编制;另一类是涉及空间利用的某一领域的专项规划,如交通、能源、水利、农业、旅游等特定领域空间利用专项规划,由相关主管部门组织编制。

"五级三类"规划体系如表 5-2 所示。

表 5-2 "五级三类"规划体系

层级	总体规划	详细规划		专项规划
国家级	全国国土空间规划	—		专项规划
省级	省国土空间规划	—		专项规划
市级	市国土空间规划	(开发边界内)详细规划	(开发边界外)村庄规划	专项规划
县级	县国土空间规划	(开发边界内)详细规划	(开发边界外)村庄规划	专项规划
乡镇级	乡镇国土空间规划			

除了本身的编制体系外,国土空间规划还需要配套相应的运作体系,包括编制审批、实施监管、法规政策和技术标准四个子体系。其中,编制审批、实施监管这两个子系统贯穿规划编制工作的全过程,法规政策和技术标准这两个子体系为规划工作提供法源和技术依据。这四个子体系共同相辅相成,确保规划编制、审批和监督工作平稳推进。

(1)编制审批体系。重点在于明确各级各类国土空间规划编制主体、审批主体和重点内容。其中全国国土空间规划是由我国自然资源部主导组织编制,党中央、国务院审定后印发的。省、市国土空间规划由该级政府组织编制,经同级人大常委会审议后报国务院审批,审批通过后方可落实。县及乡镇国土空间规划的审批内容和程序由其省级政府具体规定。

(2)实施监督体系。明确一级政府、一级规划、一级规划事权,"谁审批、谁监管",分级建立国土空间规划审查备案制度;明确上级政府审核重点,简化规划审批内容,按照"管什么就批什么"的原则开展工作。

(3)法规政策体系。国土空间规划编制和监督实施必须基于法制,《中共中央 国务院关于建立国土空间规划体系并监督实施的若干意见》中明确指出要完善法规政策体系问题,提出"研究制定国土空间开发保护法,加快国土空间规划相关的法律法规建设"的要求。在新的立法工作完成前的过渡期,现有的《中华人民共和国城乡规划法》和《中华人民共和国土地管理法》仍然有效。

(4)技术标准体系。在规划编制工作中,需要对现有各类标准规范进行整合,并进行必要的调整、合并、优化、拓展,使其保持连续性,能够与新制度建设相结合。要构建起

“多规合一”的统一国土空间规划技术标准体系，包括国土空间规划编制方法和技术规程、规划入库标准以及实施监管的规范性要求等，涵盖整个规划的制定、实施以及监管的各个环节。

(二)“三区三线”

《关于统一规划体系更好发挥国家发展规划战略导向作用的意见》于 2018 年 11 月由国务院印发，明确指出空间规划要聚焦空间开发强度和主要控制线落地，划定“三区三线”以作为空间管控手段的载体。“三区三线”中的“三区”是指生态、农业、城镇空间，“三线”是“三条控制线”，即生态保护红线、永久基本农田、城镇开发边界空间管控边界。其中“三区”突出主导功能划分，以核心功能区域规划为重点；“三线”侧重边界的刚性管控，以严控边界为重点。

“三条控制线”的定义分别如下。

(1)生态保护红线：在生态空间范围内，必须实行严格的强制性保护措施，保护具有特殊重要生态功能的区域。这些区域具有水源涵养、生物多样性维护、土壤侵蚀防治、风沙源控制等功能，是必须优先保护的生态敏感区和脆弱区。通过划定生态保护红线，可以有效地保护国家的生态安全屏障，确保自然资源和环境的长期可持续利用。

(2)永久基本农田：为保障国家粮食安全和重要农产品供给，实施永久特殊保护的耕地。在严格遵守耕地保护政策的基础上，根据现行耕地分布情况，结合耕地质量、粮食作物种植状况和土壤污染程度等因素，按照一定的比例，将符合质量要求的耕地依法划入。

(3)城镇开发边界：指以城镇功能为主，可在一定时间内集中开发，进行城镇建设，以满足城镇发展需求的区域，主要包括城镇、建制镇和各类开发区。城镇开发边界设置的主要目的是防止无序扩张和过度占用农田、森林等重要自然资源和生态空间，同时促进城市内部的高效利用和更新，减少城市病的发生。

“三区”和“三线”的对应关系如表 5-3 所示。

表 5-3 “三区”和“三线”的对应关系

“三区”(三类空间)	“三线”(“三条控制线”)及其他	
生态空间	生态保护红线	自然保护地核心保护区 自然保护地一般控制区 生态保护红线内其他区域
	其他生态空间	
农业空间	永久基本农田	
	其他农业空间	
城镇空间	城镇开发边界	
	其他城镇空间	

精确划分生产、生活和生态三大空间，明确界定建设用地、农业用地和生态用地，展现了对高效集约的生产领域、宜人美丽的居住环境以及自然原始的生态景观的追求。这

不仅体现了一种追求生产效率、生活质量和生态保护并重的发展理念，还彰显了向往高效利用资源、营造舒适居住条件和保护自然环境纯净的理想愿景。为实现自然资源开发与保护的双赢、科学划定"三区三线"，需要另一个重要工具——"双评价"。

(三)"双评价"

"双评价"是指资源环境承载能力评价和国土空间开发适宜性评价两项工作的统称，是编制国土空间规划的基本依据。它是一种旨在科学规划和合理利用国土资源的方法，通过评价判定特定区域内土地的开发与保护的适宜性，从而实现国土资源的高效、可持续利用。根据自然资源部印发的《资源环境承载能力和国土空间开发适宜性评价技术指南（试行）》中的定义，资源环境承载能力是指基于特定发展阶段、经济技术水平和生产生活方式，在一定地域范围内资源环境要素能够支撑的农业生产、城镇建设等人类活动的最大规模。其侧重于评估各类生态系统的重要性、敏感性和脆弱性，确定哪些区域需要划为生态保护红线，实行严格保护，以保障生态安全和维护生物多样性。国土空间开发适宜性是指在维系生态系统健康和国土安全的前提下，综合考虑资源环境等要素条件，确定国土空间进行农业生产、城镇建设等人类活动的适宜程度。"双评价"主要针对国土空间的开发潜力和条件进行分析，确定哪些区域适合进行城镇建设、工业布局、农业发展等，以促进社会经济的合理布局和土地资源的优化配置。简单地说，"双评价"就是要确定区域内农业生产和城镇建设的最大规模与适宜程度，通过对资源环境禀赋进行分析，对国土空间开发利用中存在的风险和问题进行研判，为国土空间规划编制、底线管控等提供支撑。

图5-1是"双评价"基本工作流程，评价工作主要包含前期工作准备，中期本底评价和结果校验，后期综合分析和成果应用。

评估时兼顾底线约束，遵循生态优先原则，对涉及生态、土地、水、气候、环境等自然资源要素的评估，首先确定生态保护至关重要的区域。对农业生产规模、城镇建设适宜度等情况进行综合分析。可见，在生态优先的考核前提下，一定区域的生态约束条件决定了资源环境承载能力的上限，而国土空间开发的适宜性是在承载边界内的资源环境约束下形成的，这种约束也体现了承载力和适宜性的内在本质特征。从逻辑上讲，承载力测评是为适当性测评打基础的，适当性测评是承载力测评的延伸和扩大。这两个方面都是从与国土空间开发利用有关的人类生产活动评估的，如农业生产、城镇建设等。前者的出发点是对自然资源环境的保护，通过识别自然资源禀赋特征，在保护生态的前提下计算区域未来能承载人类生产建设的规模上限。后者的出发点是开发、利用国土空间，通过对资源禀赋和社会经济条件优劣分析，判断未来该区域适宜发展国土空间的程度，体现出"双评价"内在的统一性。承载力考核和适当性考核之间是紧密联系的，不是各自为政的。它们本质上是互为因果的，保护是为了更有效地开发，同时开发也必须以保护为前提。因此，界定国土空间开发保护范围是承载力评估和适当性评估的目的。基于此识别国土空间开发保护目标，确定空间发展容量、国土空间开发利用的底线与极限，从而达到支撑国土空间规划编制的目的。

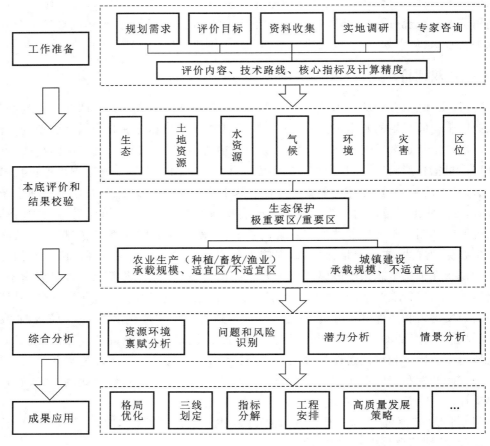

图 5-1 "双评价"基本工作流程

"双评价"之所以成为编制国土空间规划的关键基础层,与其在编制国土空间规划中所处的位置、所起的作用是密不可分的。各级国土空间规划的编制需要充分借助"双评价"评估成果,在全面掌握和了解国土空间开发利用现状和存在问题的基础上,以此为依据制定相关规划决策。

评估生态保护的重要性可以帮助优化生态安全格局,这是优化国土空间格局所要支持的一个方面。在支持优化主体功能区定位方面,对生态保护、农业生产和城镇建设适宜度评估较高的区域,可分别作为城镇化发展的重点生态功能区、农产品主产区和备用选区。生态保护极重要区域和极敏感区域可以作为划定生态保护红线的空间基础,在划定生态保护红线、永久基本农田、城镇开发边界("三线")等方面予以明确。划定永久基本农田,可优先选择农业生产适宜区。把适宜发展城镇的区域作为城市拓界的首选,确保生态安全、粮食安全、国土安全的重要基石——"三线"划定科学、合理。同样是以内部展示为基础,加强底线约束的"双评价"。"双评价"成果除上述应用外,还可用于确定和分解规划目标指标,支撑重大项目决策和安排重大项目,编制海岸带、生态保护与修复、矿产资源开发利用等方面的优质发展战略和专项规划,充分体现国土空间规划编制中

"双评价"不可或缺的支撑作用。

"三区三线"和"双评价"在中国的生态环境保护和管理中扮演着重要角色,两者相辅相成,共同构建一套从宏观到微观、从整体到个体的生态环境保护和管理体系,促进环境保护和可持续发展的目标。

三、主要特点

我国在构建国土空间规划体系时主要有以下几个特点。

(一)实现真正的"多规合一"

《中共中央 国务院关于建立国土空间规划体系并监督实施的若干意见》(以下简称《若干意见》)相比于2014年四部委组织开展的"多规合一"试点,不同在于其作为党中央的决策,更加明确提出将现有的空间类规划整合成统一的国土空间规划,包括主体功能区规划、土地利用规划、城乡规划等。

下一步的国土空间规划编制要实现"一本规划、一张蓝图"的一级政府改革目标,需要遵循统一的规划分区、用途分类,在国土空间规划编制过程中,以上下贯通、标准统一、系统集成、接口统一、底图统一、数据共享为特色,建立起统一的信息平台,实现"一个平台"目标。同时建立覆盖国家、市、县的国土空间规划"一张图",实施监管信息系统,将各类空间关联数据汇聚在一个信息平台上,囊括各专项规划主要空间信息,打造覆盖全国、实时更新的"一张图"。

同时,为强化国土空间规划对各专项规划的指导约束,建立了"一张图"审核机制。只有实现真正的"多规合一",才能为实现"一张蓝图贯彻始终"提供基础保障,有效解决空间规划中的重复、矛盾、冲突问题。

(二)贯穿宏观和微观领域

国土空间规划涉及范围之广可谓"面面俱到","横向不留死角",因而从宏观到微观,每一个领域都不同寻常地贯穿着它所肩负的任务。既要满足人民群众对美好生活的具体追求,又要在微观层面上发挥作用,兼顾国家发展战略的承载和实施,发挥好宏观作用。

具体地说,国土空间规划强调自然资源分配和空间布局的约束底线,通过制定五级总体规划,发挥战略引领和刚性控制作用。制定地方空间发展战略,通过设定约束性指标和规定的边界措施(如"三条控制线")逐步推进国家战略的实施,并严格控制与要求。

国土空间规划强调以人为本,避免出现忽视居民利益的现象,在市、县、乡镇层面,要尊重地方发展权,促进现代化治理转型与实权相匹配。着力改善与群众生活密切相关的各类公共服务设施配套,着力提升城乡空间品质,城市和乡村内部功能布局和空间结构科学、合理、富有效率。

(三)既重视规划编制,也重视监督实施

以往规划编制工作注重编制过程的科学性和审核程序,而对规划的执行工作置之不

理,监管要求不够明确,着眼点不够集中。《若干意见》把建立和监督实施规划制度看作是一项融会贯通的工作,赋予规划制度同等重要的地位。

新的规划体系从技术上讲,强调各层次规划之间的协调,要求相关的专项、细化规划要服从整体规划。在国土"三调"真实数据的前提下,必须严格落实科学规划的编制。开展资源环境承载能力评价和国土空间开发适用性评价"双评价",开展现状与风险综合评价,启动重大事项专题调研。

从工作机制上看,《若干意见》要求各机构、人事、审计部门在领导干部离任自然资源资产审计中,需要考虑将国土空间规划的实施情况纳入审计范围,将综合考核评价党政领导干部作为重要依据,在制度建设、监管措施等方面做一些修改,使规划形成从编制审批到督办落实的全过程闭环,环环相扣。

(四)落实"放管服"改革

《若干意见》提出要推进"放管服"改革,具体来说就是"简政放权、放管结合、优化服务"。国土空间规划体系的建构体现了"放管服"的原则,强调了"一级政府、一级事权","管什么就批什么";编制事权要下沉,审批内容要明确。

自然资源部为落实《若干意见》,发文进一步明确了省级和国务院审批的市级国土空间总体规划的审查要点。控制审查从四个方面进行,即目标定位、底线约束、控制指标和相邻关系,以缩短审批时间,简化审批手续。

"简政放权、放管结合、优化服务"也要体现在项目规划审批的落实上,致力于实现"多审合一"和"多证合一",优化现有建设项目用地(海域)审批、规划选址及建设用地规划许可、建设项目规划许可等审批环节,提升行政效能,优化经营环境。

(五)以先进的数字技术为支撑

提升国土空间治理能力,少不了现代化的技术手段。落实《若干意见》要求,新规划体系要实现规划编制全过程、监督规划实施全周期,运用先进数字技术支撑国土空间规划的编制、审批、实施、监测、评估和预警。

这一阶段的市、县两级国土空间总体规划编制工作要求建立覆盖从国家到市、县两级的国土空间规划执行监督信息系统,同步建设国土空间基础信息平台,对空间相关数据进行不同类别的整合。打造国土空间规划"一张图",权威统一,全国动态更新。今后,相关专项规划可通过平台整合把关,确保严守底线、红线、边界,实现国土空间规划对各专项规划的指导、约束作用和国土空间使用的有效管理。

从总体上看,建立国土空间规划体系是推进生态文明建设、现代化国家治理体系和能力建设的必要举措,是在文明变迁、时代变迁的大背景下进行的一项重要改革。只有从生态文明时代要求的高度深刻理解,充分学习贯彻习近平生态文明思想,才能对我国国土空间规划有更加全面的认识。

第二节　主体功能区规划

一、基础概念

(一)地域功能理论

功能区划以地域功能理论为基础,地域功能理论是地理学和区域规划领域的一个理论框架,它着重于分析和识别不同地域在经济、社会和生态系统中所承担的功能和角色。这一理论的核心观点是地域功能的差异性,即由于自然条件、历史背景、经济发展水平、社会需求、政策导向等各方面的不同,各地区表现出不同的特点,这就是地域功能的差异性,即功能不同,发展模式也不同。该理论的核心思想包括:①地域功能是社会与环境相互作用的产物,是一个地域在更大尺度地域的可持续发展系统中所发挥的作用;②人类活动是影响地域功能格局可持续性的主要驱动力,其空间均衡过程是区域间经济、社会、生态综合效益的人均水平趋于相等;③地域功能分异导致的经济差距,特别是民生质量差距,应该通过分配层面和消费层面的政策调控予以解决。可见,功能分区是综合规划社会和环境的复合系统,由自然和人文因素共同发挥作用。这样的规划是追求综合效益最优的方案,在更长的时间范围内、在更宽的空间尺度内进行规划。建立完善的制度和措施体系才能实行功能区划。

地域功能理论强调的是地域规划和管理的科学性和合理性,它认为每个地域都应该根据自身的特点和潜力发展,而不是盲目追求一致的发展模式。这一理论为区域发展规划、城市规划、乡村振兴、生态保护等提供了理论依据和实践指导。

在实际应用中,地域功能理论可以帮助政府和规划者更好地理解区域差异,制定有针对性的政策措施,实现区域发展的均衡和可持续。例如,在中国的国土空间规划和主体功能区规划中,地域功能理论被广泛应用,以促进资源的合理配置和区域经济的均衡发展。

(二)地域功能类型与主体功能区类型

国土空间规划中的两个核心概念分别为地域功能类型和主体功能区类型。它们分别代表了地区在经济社会发展和自然生态系统中所承担的不同角色和功能定位。地域功能类型是一个非常复杂的体系,是指基于一个区域的自然资源、经济条件、社会结构、文化特征和生态环境等多种因素,对其进行的功能划分。这种划分有助于识别和强化区域在整体国土空间中的作用和发展方向。确定地域功能类型的依据,除自然生态系统服务功能、土地利用类型、空间类型等因素外,还包括其他要素,如从规划的视角来看,确定地域功能类型的关键包含两个方面:①目标导向和问题导向相结合,即需要考虑未来我国国土空间格局的理想蓝图包括哪些功能,与现在相比将产生哪些变化,以及现阶段国土空间的开发保护在功能格局上仍存在着哪些需要尽快解决的问题;②空间尺度效应与不同层级政府职责相结合,我国陆地面积多达960万平方千米,在此基础上应该明确将哪些地域功能纳入国土空间中的优化开发保护格局,以及功能类型与中央和省区等不同层级政府在进行空间管制时的职责权利和义务相适用。

按照这一原则,可以将地域功能类型确定为城市化区域、农产品主产(粮食安全)区域、重点生态功能(生态安全)区域、自然和文化遗产保护区域四大类。地域功能层级可划分为国家级和省区级2级。

主体功能区类型是在地域功能类型的基础上,进一步细化并结合国家宏观政策和区域发展战略而形成的规划概念。它是为了优化国土资源配置,指导区域发展和城乡建设,实现可持续发展目标而设立的。

考虑到政府管理的需要,在综合考虑各区域的发展潜力和合理性的基础上(特别是以县级行政区为单位),重点关注制度、战略、规划、政策等方面,将一个地域所发挥的主要作用确定为其主体功能。根据开发方式,可以将主体功能区类型划分为优化、重点、限制和禁止开发区四大类。特别的是,禁止开发区是设置在前三类功能区域之上、单独存在的一种功能类型区。

优化开发区具有良好的经济基础和发展潜力,政策重点是优化产业结构,提高区域发展质量和效益。重点开发区通常位于经济较为活跃的沿海或沿江沿线,国家鼓励资源投入,推动其快速发展。

限制开发区生态环境脆弱、受资源约束,国家规定在此类区域内限制高污染、高耗能的产业发展。出于生态保护、历史文化保护等考虑,禁止开发区内禁止一切开发活动,如重要的水源保护区和国家级自然保护区。

划分主体功能区有利于明确不同区域的发展定位,合理引导各类社会资源向有利于国家和地区长远发展的方向集中,有效防止盲目开发、无序扩张。主体功能区类型的划分为各级地方政府提供了科学决策的依据,也为市场主体提供了明确的投资方向。

(三)地域功能识别的指标体系

主体功能区的划定以确定区域功能为依据。建立国家和省区可灵活选择的指标体系,根据各功能形成原因,采用定量与定性指标相结合的方式,识别区域功能。地理功能识别原理主要是从考虑保持自然系统可持续性的三个维度综合分析判断而形成的:一是自然维度;二是自然环境对人类各种活动的适宜程度;三是区域功能的空间组织效应,以区域功能识别为基础进行规划,使整体系统的效益得到提升。合理的区域功能格局所产生的总的功能效益要大于无序的区域功能格局所产生的总的效益。以区域功能为基础的空间结构有助于有序发展,促进整个国土空间系统健康和稳定运行,将区域功能与承载空间的功能分区建立联系,从而实现空间结构的相对优化。按照上述基本原理,在全国主体功能区规划中,选取10个指标项目作为区域功能认定指标体系,其中可度量指标项目占前9位,以局部性调控指标(见表5-4)作为最终策略选择。

表 5-4　全国主体功能区划地域功能识别的指标体系

序号	指标项	作用	指标因子
1	可利用土地资源	对一个地区未来的人口增长能力、产业发展能力和城镇化可持续发展能力进行评估,评估其土地资源利用潜力和剩余价值	后备适宜建设用地的数量、质量与集中规模
2	可利用水资源	对一个地区未来社会经济发展的支撑能力进行评估,评估其潜在水资源利用价值	水资源丰度、可利用数量及可利用潜力
3	环境容量	评估一片区域内能够容纳的污染物,使其生态环境免遭破坏	大气环境、水环境容量及综合环境容量
4	生态脆弱性	对生态环境脆弱程度的全局性指标在全国范围内或区域性范围内进行表征	沙漠化脆弱性、土壤侵蚀脆弱性及石漠化脆弱性
5	生态重要性	规模生态系统结构的综合性指标和重要作用,已在全国或地区范围内展示	水源涵养重要性、水土保持重要性、防风固沙重要性、生物多样性、特殊生态系统重要性
6	自然灾害危险性	评估自然灾害发生可能性的指标和特定地区灾害损失的严重程度	洪水灾害危险性、地质灾害危险性、地震灾害危险性及热带风暴潮危险性
7	人口集聚度	一项综合指标,对一个地区现有人口聚集状况进行评估	人口密度、人口流动强度
8	经济发展水平	一个衡量地区经济发展现状和增长活力的重要指标,即考核一个地区的通达水平的综合指标	地区人均 GDP、地区生产总值增长率
9	交通优势度	对一个地区现有的通达水平进行综合指标评估	公路网密度、交通干线的空间影响范围及与中心城市的交通距离
10	战略选择	对政策制定和战略选择对地区发展有多大的影响进行评估	

(四)主体功能区规划的发展历程

对国土空间进行区域规划,重点是借助和完善地表地理格局变化理论,运用综合地理区划方法,通过政府管控对国家土地资源进行保护和合理利用。设计规划未来国土空间的总体蓝图,通过确定全国、省、区等各个区域单元在不同空间尺度下的核心功能定位,促进国土资源合理开发利用和保护整治。因此,主体功能区划是一个综合的地理区划,也是未来国土空间规划的总体布局图,具有应用性、创新性和前瞻性。

事实表明,尽管改革开放以来,我国总体经济实力明显增强,但影响我国持续健康协调发展的一个重要问题是土地无序开发和区域发展不平衡问题依然突出。由于发展理念和政绩观的偏差,各地盲目追求 GDP 和城镇化率,忽视自身条件,带来生态安全和粮食安全的威胁。与此同时,资源依存度过高的困境在发达的东部核心地区长期得不到摆脱。造成这些问题的原因除了环境为经济增长所付出的代价、开发强度过大等问题外,还有一个重要原因就是我国国土空间规划的不足和薄弱。

21 世纪以来,我国对国土空间管理这一新时期的方法进行了尝试和探索。一方面,"区域发展总体战略"的渐进式规划已经形成,其中区域发展总体战略的核心内容是东部率先、西部大开发、东北振兴和中部崛起,即构筑起"四大板块",该思想先后被列入国家"十一五""十二五"规划。另一方面,国家对区域战略和区域规划的编制已经成为各地政府热衷追逐的新资源,在此情况下各地先后出台了近百个重点区域发展规划和指导意见。

《中华人民共和国国民经济和社会发展第十一个五年规划纲要》提出了推进形成主体功能区的要求。2010 年,《全国主体功能区规划》由国务院印发,为我国主体功能区规划打下了坚实的基础。2011 年,《中华人民共和国国民经济和社会发展第十二个五年规划纲要》提出要把主体功能区提升到战略高度,强调要实施主体功能区战略,构筑主体功能定位清晰的区域发展新格局。

积极推动形成高效、协调、可持续的国土空间开发模式,国家主体功能区规划实施十多年来成效显著,但在适应新形势需求、刚性管控、功能分区技术方案、配套政策协调、陆海统筹力度等方面存在一定的困难。《中华人民共和国国民经济和社会发展第十三个五年规划纲要》仍坚持主体功能区战略和体制,在国家规划体制改革后,将把主体功能区规划整合为国土空间规划,在完善主体功能区战略布局、建立"指标＋空间＋清单"管控体系、优化空间功能定位与管控技术方案、完善重点政策并在国土空间规划体系中推进陆海统筹、主体功能区战略与制度落实等方面开展工作。

二、技术方法

(一)地域功能适宜性评价

采用地域功能识别指标体系对全国陆域国土空间开展地域功能适宜性评价是主体功能区划最重要的基础性工作,分为单项指标评价和综合评价。

指标体系中的各项指标属性在单项指标评价中略有不同。具体而言,不涉及算法问题的定性指标是第 10 项指标"战略选择"。在评价过程中,为了体现其在特定时期对国家重大区域战略和政策的响应,在确定关键阈值和比选区划方案时,采用主体功能区划作为调控指标。此外,其他 9 个定量指标的算法可分为两类:一类是包含土地资源利用状况、水资源可利用性、人口聚集度、经济发展水平、交通便利程度等 5 个指标的分布式算法;另一类是整合型算法,共包括 4 项指标,分别为环境容量、生态系统脆弱性、生态重要性以及自然灾害危险性。另外一种指标是综合评价,对 30 m×30 m 的土地资源、生态脆弱性和重要性以及灾害危险性等因素进行精确度考核,并将考核结果与县级行政单位综合考核结果进行整合。其他指标采用县级行政单位考核的办法,而支持县级单位考核的数据空间离散分析也在水资源等指标中进行。

通常,与具有显著保护导向的生态脆弱性和生态重要性指标呈现明显分布关联的是发展导向的人口、经济和交通指标。若想提高生态指标,应当控制发展导向的指标,保证地域功能适宜性。这意味着,可以把这两类作为确定主要功能区域类型的先行指标,既包括开发型,也包括保护型。其他指标项之间的分布关系并不清晰,特别是在开发类和限制类主导指标项之间的均值和相邻区间值的计算上,其他指标项之间的分布关系更是模糊不清。因此,除了强调主导指标的权重外,其他指标在设计综合评价方法时,主要是在权重较低的情况下,依据其理论属性参与评价。同时,采用其他辅助方法进行多方案比较和集成。

单项评价和综合评价结果是理解和认知中国国土空间资源环境基础、开发和保护现状以及未来潜力的主要依据,也是研制《全国主体功能区规划》的基础,2010 年国务院印发的《全国主体功能区规划》很好地印证了这一点。此外,为避免开发区域过度扩张、保护区域面积不足的风险,该规划是制定全国国土空间总体结构平衡和控制各功能区域规划比例的关键依据。需要测算的参数主要有开发类区域的保护面积下限、开发类区域的保护面积上限。如果把这两个参数具体落实到省一级、城镇化地区(城市群区域)等层面,那么"开发密度"就是其中的关键参数。土地空间开发利用率是指在某一特定区域内,在该区域土地总面积中,用于开发建设的土地面积所占比重。开发强度是一个关键性的可操作指标,具有深刻的科学内涵和政策内涵,是国家主体功能区规划的核心概念。

(二)主体功能区的划分方法

区划工作积累了较为完善的理论基础和丰富的实践经验,是地理学科最基础、最重要的工作手段。不过,地理综合区划虽然一直在努力,却始终无法有所突破,区划目标不明确是主要难点,地理综合区划对指标体系、区域划分的科学性、实战性等方面的意义还不能完全显示出来。主体功能区按照发生学原理构建指标体系,通过解决以区域功能为区划指向的问题,开展区域功能适合度考核。在此基础上进行主体功能区的划分,特别是对引导生产、生活活动空间规划的主体功能区划分,以作为今后发展的规划蓝图。新的区划方法对现有区域格局的反映比以往更加复杂和准确。

功能区划应满足实现总量控制目标、达到总体结构设计要求、尽可能适应空间布局变化的不确定性三个基本条件。

(1)空间规划的合理性必须具备满足总量要求的能力,如满足若干发展目标和配套条件。

(2)以各县区区域功能适合度评估为基础,为实现国土空间结构的有效组织和相互支撑,聚合空间形成功能区域。国土空间结构的要求有两个方面:一是由不同类型的功能空间比例关系所构成的空间结构——空间形态的空间结构；二是国土空间结构要在宏观调控中发挥重要作用，这是我国生态安全和城镇化战略格局的重要内容。

（3）对未来人口经济和国土空间布局变化的适应能力，作为中长期规划的一部分，主体功能区划应当予以重视。提高应对不确定性的主要方面是国家在全球化过程中如何适应区域发展空间组织这一增强国家竞争力的趋势。功能分区规划要对城市群发展有所帮助，提供足够的空间，形成城市连绵带。

采用多种方法，以区域功能适宜性评价为基础，并结合自上而下的指导要求，确定不同分区边界的备选方案。经过多个不同专业领域的专家综合研究和科学研究，以及决策层的综合论证，确定了中国第一版主体功能区划方案，如图 5-2 所示。其中，不同类型区域边界确定的主要方法如下。

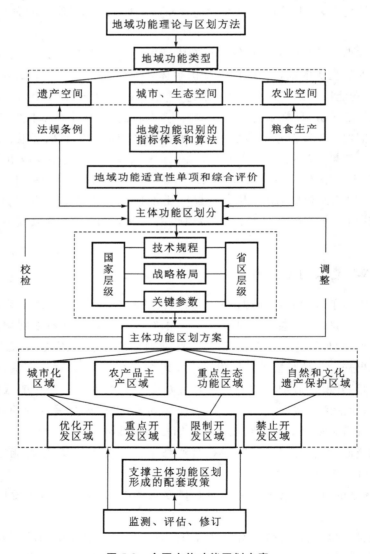

图 5-2　全国主体功能区划方案

(1)发生学原理指导下的科学论证。主要依据发生学原理选择影响各类型功能区域形成的主导因素,按照城市化区域、生态区、农产品主产区的范围划分。类型鉴定,按适当性评估界定界限。城镇化地区注重人口聚集能力,注重现状,注重未来的人口经济发展;生态区以生态系统的相对完整性为中心,关注生态脆弱性和重要性。重点关注农业区自然条件是否适宜,当前农业生产形势等方面的问题。

(2)决策层充分博弈向科学方案的收敛。政府博弈过程可以被认为是集成过程中的一种定性研究方法。在同一部门不同行政层级的意见中体现的是要素视角的单一维度和部门利益,而空间尺度的差异和局部利益与整体利益的协调表现在同一部门不同行政层级的意见中。来自同一部门、同一行政层级,但地处不同地域的意见代表着彼此在地域间的相生相克。整合政府多元意志的过程其实就是一个区划方案的全面考量过程。任何维度的失准最终都会造成方案的偏差,所有维度充分博弈的最终均衡在信息对称的情况下,要以科学性为核心。这是合理地形成整体一体化的方法之一,是决策层有效协商的理论依据。

(3)对各部门、各有关地区的专项规划成果进行合理整合,不失为一条行之有效的思路。城镇化区域规划重点参考了我国城镇体系规划和区域规划中有关城镇体系的规划内容,由住房和城乡建设部组织研究。生态区域充分吸取了过去制定的中国生态功能区规划以及国家和地方生态建设专项规划的经验和教训,制定了中国生态功能区规划和中国生态区国家确定的粮食主产县,其在原则、要素、目标、方法等方面与农产品主产县在主体功能区划中确定的主要产区保持高度一致,其规划成果基本能够得到遵循。在规划阶段充分借鉴部门和地方规划成果有助于未来形成具有合力的规划实施机制。

(4)应用辅助区划技术方法主要通过空间形态和空间结构分析原理及方法进行辅助,以定义以城市群为主体形态的城市化区域范围。中国城市群的空间位置和范围划分是结合土地利用和夜间照明指数分析,利用遥感技术探索人口经济空间分布特征地理线而形成的。利用 GIS 分析方法,通过分析中心城市的吸引范围和城市间相互影响的断裂点线,着重研究中心城市对城市群空间形态的辐射带动作用,对城市群空间边界确定起到辅助作用。综合集成通常采用的辅助方法是 GIS 空间聚类,根据单项评估的结果进行综合集成。

(5)建立辅助决策因素库,针对特定区域的特定问题,参与评价,为功能区划方案的调整提供"一票否决"的依据,如地下水超采区域、强酸雨分布区域、国家林区保护范围等,若评价单元处在这些因素覆盖的范围内,则可以考虑不被纳入开发类区域。

主体功能区划方案根据上述区划方法,采用国家、省区两级结合的区划方法,在国土空间评估、点轴、"三生"空间结构等方面奠定了全面覆盖的工作基础。各省区按照《主体功能区划技术规程》,在国家确定的城镇化、粮食安全和生态安全战略框架下,划定了省级四大功能区域的范围,明确了国家级优化和重点开发区域,明确了主要农产品产地和重点开发区域。主体功能区的重要指标——开发类面积上限和保护类面积下限是国家和省级功能区划互动平台的核心。各省区灵活选择确定技术规程的指标要素和关键阈值,根据各自特点,做到心中有数、有据可查、有据可依。

（三）主体功能区规划理念

主体功能区规划理念是指按照国土空间资源环境承载力、发展潜力和方向，将国家划分为不同的功能区域，并对每个区域规定主要发展功能和保护要求的规划思想。这种规划旨在优化资源配置，引导区域发展方向，实现经济社会的可持续发展和生态环境的有效保护。

（1）根据自然条件适宜性开发的理念。开发要根据不同国土空间的自然特点，按照其适宜的原则进行。因为各个地方的自然条件不一样，所以高海拔、地形复杂、气候恶劣的地区，以及其他生态脆弱或生态功能重要的地区，不适宜大规模、高强度的工业化、城镇化发展，一些地方甚至不适宜高强度的农牧业发展，否则就会破坏生态系统，破坏生态产品的提供能力，这是对生态系统的破坏。因此，要根据各国土空间的自然属性，尊重自然，顺应自然，规划不同的开发举措。

（2）区分主体功能的理念。特定的国土空间有各种各样的作用，但必然存在一个主导作用，从产品提供的角度划分，可以以工业产品、服务产品为主，还可以以农产品为主，也可以以生态产品为主。在维护全球生态安全的地区，生态产品的提供应当被视为第一位的责任，农产品、服务产品、工业品的提供应当被视为附属责任，否则对生态产品的生产能力可能会产生破坏作用。例如，草原的作用主要是提供生态产品，但如果牲畜过度放牧，就会造成草原退化，出现沙化现象。在更有利于农业发展的地区，要以供给农产品为主要功能，否则可能影响农产品生产能力。因此，不同国土空间的主体功能必须有所区分，开发的重点内容、开发的首要任务都要根据其定位加以明确。

（3）根据资源环境承载能力开发的理念。根据不同的资源环境承载能力，不同的国土空间主体功能不同，造成人口规模、经济聚集规模等方面的差别。生态功能区和农产品主产区由于不适合或不宜进行大规模、高强度的工业化、城镇化发展，难以容纳大量的消费人口落户，一定会有一部分人口在城市化、工业化过程中自愿转移到城镇更有就业机会的地区。同时，过度聚集的人口和经济及产业结构的不合理也会造成不可承受之重，如资源环境恶化、交通运输不足等。因此，可承载的人口规模、经济规模以及适宜的产业结构都必须根据资源环境中的不足来确定。

（4）控制开发强度的理念。重点掌握研制强度的思路。中国不适合工业化、城市化发展的国土空间占了相当大的比例。虽然平原等自然条件好的地区适合发展工业化、城镇化，但不能把耕地过度用来推进工业化、城镇化，以确保粮食供应安全。在城镇化地区要满足当地居民对农产品、生态产品等的需求，就必须保留足够的耕地和绿色生态空间。因此，应保持适度开发强度，慎重开发各类主体功能区。

（5）调整空间结构的理念。空间结构代表国土开发中不同类型空间的映射，如城市、农业和生态等，空间结构是经济社会结构的空间承载者。经济发展方式和资源配置效率在一定程度上受到空间结构变化的影响。目前，我国城镇建成区、建制镇建成区、独立的工矿区、农村居民点以及各类开发区域虽然面积巨大，但都存在着空间结构不尽合理、利用效率不高等问题，因此我国城镇总体规划中需要将空间结构调整纳入经济结构调整范畴,将土地占用向空间结构调整和优化,提升空间利用效率,转移国土空间开发的重心。

(6)提供生态产品的理念。人类的需求既包括农业、工业、服务产品的需求,也包括生态产品的需求,如空气清新、水源洁净、气候宜人等。这些自然要素从需求的角度讲,在某种程度上都可以看成是一种产品。保护生态环境、提供生态产品也是促进发展的活动,这是维护和增强自然生态系统生产力的过程,也是创造价值的过程。我国工业产品总体上产能增长较快,但生态产品供给能力在减弱,对生态产品的需求随着人民生活水平的提高而增加。因此,必须把提供生态产品纳入发展的重要内容中,使其作为国土空间开发的一项重要任务,切实增强生态产品生产能力。

(四)主体功能区规划的推荐工作流程

(1)确定主体功能类型,构建地域功能识别指标体系。主体功能类型的确定是基于对地域经济、社会、资源和环境等方面的综合分析,构建一个包括经济、社会、资源、环境等方面的指标体系,通过这一体系可以识别出各地域的优势和限制因素,从而明确其最适宜的主体功能类型,如生产、生活、生态或者是综合功能区。

(2)评价国土空间功能适宜性,研制主体功能区划草案。利用 GIS 和空间分析工具对各项指标空间的分布进行评估,运用模型算法预测未来的发展趋势和潜在冲突,根据评价结果制定主体功能区划分草案,确保各类型区域的合理布局。

(3)编制主体功能区发展目标、建设重点和管制原则。需要制定每个区域的具体发展目标、建设的重点项目以及相应的管理和管制原则,包括对优化开发区域的经济目标和社会发展目标的定义,对重点开发区域的基础设施建设和产业升级的指导,以及对限制开发区域和禁止开发区域的环境保护措施和可持续管理实践。

(4)配套区域政策,健全体制机制。为了支持主体功能区规划的实施,需要制定一系列配套政策,包括制定经济激励和财政补贴政策,以引导产业布局和投资方向;制定法律法规,以保障规划的强制性和权威性;建立合作机制,促进区域间的协调发展和资源共享。

(5)主体功能区规划实施的动态监测与评估。为了确保规划目标的实现和规划效果的最优化,需要建立一套动态监测与评估体系,包括定期监测关键指标的变化,如环境质量、经济发展水平等;评估规划实施的效果,分析存在的问题和挑战;根据监测和评估的结果调整规划策略,确保规划的灵活性和适应性。

三、案例分析

(一)湖南省主体功能区规划

全国主体功能区由国家层面主体功能区和省级主体功能区组成,省级主体功能区是全国主体功能区的重要组成部分。省级主体功能区规划以主要目标为导向,在确定开发原则的基础上,基于《全国主体功能区规划》的原则确定省级层面功能类型;然后,依据省级主体功能区划技术规程,原则上以县级行政区为基本单元划分省级优化开发、重点开发和限制开发区域;最后,从财政政策、投资政策、产业政策、土地政策、人口政策等方面提出推动规划落实的保障措施。由此可知,省级主体功能区规划主要依靠规划目标导向与保障措施相配合。

2012年12月,湖南省人民政府印发了《湖南省主体功能区规划》,以县级行政区为基本单元划分了重点开发区、农产品主产区和重点生态功能区。《湖南省主体功能区规划》的主体功能区划分、主要目标与主要政策措施如图5-3所示。

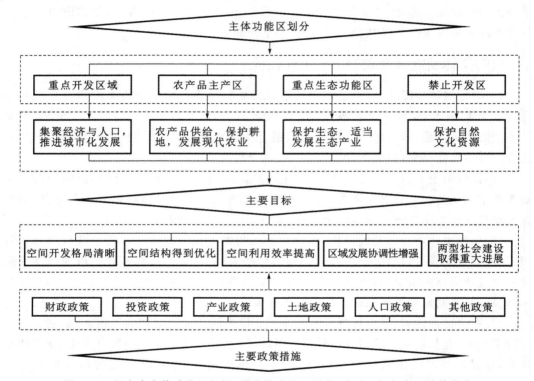

图5-3 《湖南省主体功能区规划》的主体功能区划分、主要目标与主要政策措施

《湖南省主体功能区规划》是我国最早一批发布的省级主体功能区规划之一,其确立了湖南省在城市化建设、农业发展、生态安全等方面未来国土空间开发的战略格局。

(1)构建"一核五轴四组团"为主体的城市化战略格局。以京、港、澳等五条交通走廊为轴线,以洞庭湖经济区、大湘南、大湘西、湘中四大城市组团为重点,着力构建大中城市和小城镇协调发展的城市化战略格局,从而实现中心带动、轴线辐射、集聚发展,可以有效促进城市空间布局和功能优化,实现区域一体化发展,有利于形成更加合理的城市空间结构,提升城市综合实力和生活品质。

(2)构建"一圈一区两带"为主体的农业战略格局。以基本农田为基础,以发展大宗优质农产品为重点,着力构建以长株潭都市农业圈等四大主体为核心的农业战略格局。明确不同区域的功能定位和发展方向,优化农业结构,提高农业产出效率,促进农村经济的可持续发展。

（3）构建"一湖三山四水"为主体的生态安全战略格局。以洞庭湖为中心,以湘资沅澧为脉络,以武陵、南岭等山脉为自然屏障,筑牢生态安全大体系。通过对关键生态区域的保护和恢复,维护和增强生态系统服务功能,保障生态安全的综合性规划框架,增强生态系统稳定性和抵御自然灾害的能力,实现新时代生态文明建设新要求。

《湖南省主体功能区规划》到 2020 年的主要目标是空间开发格局清晰、空间结构得到优化、空间利用效率提高、区域发展协调性增强、两型社会建设取得重大进展。其中,重点开发区域共计 43 个县(市、区),功能定位和发展方向主要是集聚经济规模和人口规模,促进城市化发展;农产品主产区共计 35 个县(市、区),功能定位和发展方向主要是保障农产品供给、发展现代农业、加强耕地保护、统筹人口迁移;重点生态功能区共计 44 个县(市、区),功能定位和发展方向主要是保护生态安全。禁止开发区域不按县级行政区划分主体功能。

为了实现这一目标,湖南省多措并举,主要从五个方面落实主体功能区规划。

（1）优化空间结构。将国土空间开发从占用土地的外延扩张为主,转到调整优化空间结构、提高空间利用效率上,控制城市空间过度扩张。

（2）保护自然生态。按照建设环境友好型社会的要求,根据国土空间的不同特点,以保护自然生态为前提、以水土资源承载能力和环境容量为基础进行有度有序开发,减少人为因素对自然生态系统的干扰和破坏。

（3）促进集约开发。按照建设资源节约型社会的要求,把提高空间利用效率作为国土空间开发的重要目标,转变开发方式,严格控制开发强度,把握开发时序,引导人口和经济合理集中布局,实现空间集约发展。

（4）按照人口、经济、资源环境相协调,以及统筹城乡、区域发展的要求进行科学开发,促进人口、经济、资源环境的空间均衡,促进城乡区域协调,改善交通基础设施建设,加强综合交通运输体系建设。

（5）坚持政府与市场联动。促进主体功能区的形成,既要发挥政府的科学引导作用,又要发挥市场配置资源的基础性作用。政府需要明确不同区域主体功能的定位,并据此配置公共资源,完善法律法规和区域政策,引导市场主体的行为方向。

自该规划实施以来,湖南省城镇发展功能、农业生产功能和生态保护功能显著提升。湖南省各县(市、区)城镇发展功能、农业生产功能和生态保护功能明显稳步增强,空间利用效率明显提高。重点开发区域城镇发展功能显著高于其他主体功能区,且差距有所拉大,空间开发格局中的城镇功能更加清晰。农产品主产区农业生产功能、重点生态功能区生态保护功能地位突出。同时显著增强了重点开发区域城镇发展功能,有效促进了经济功能向重点开发区域集聚。

（二）武汉市主体功能区规划

2021 年 7 月,武汉市自然资源和规划局发布了《武汉市国土空间总体规划（2021—2035 年）》草案,成为未来武汉市域国土空间保护、开发、利用、修复和指导各类建设的行动纲领。在此基础上,同年 10 月《武汉市主体功能区规划》发布征集意见,这是武汉市自然资源和规划局在《武汉市国土空间总体规划（2021—2035 年）》框架下的主动作为，在全国率先编制市级主体功能区规划，突出主体功能，体现区域个性特色，提升城市功能品质。

通过前期详细调查研究和反复论证，武汉规划体系构建在原有基础上作出了巨大革新。本次主体功能区规划将发挥承上启下的重要战略传导作用，在原有目标管控型规划和建设实施型规划中增加主体功能区规划层次，以国土空间总体规划为上位依据，通过功能传导指导实施性规划和控规编制。目标管控规划、建设实施规划、主体功能区规划三者将在空间格局、要素配置和政策保障上形成闭环，从而保障规划的顺利实施推动。

主体功能区的确定结合了自上而下的要求和自下而上的诉求，充分落实"三条控制线"，传导总规划目标性质、生态框架、中心体系等专项规划要求，以及既有的重点功能区等"自上而下"的要求。根据规划，武汉将构建"分区—区片—单元"三级主体功能区体系。"主体功能分区"重在落实总体规划的目标，落实"一个主城，四大副城"整体空间结构，形成全市功能大格局。主体功能区片按照承载职能重要性，分为重点和一般区片，如汉口滨江、武昌滨江、龟北片区等承担市级及以上服务职能的为重点区片，承担区级及以下服务职能的为一般区片。主体功能单元是构成主体功能区片的基本单元，既是招商引资和项目建设的实施单元，也是规划编制、实施评估的管理单元。

以城镇开发边界为界限，主体功能区总体分为城镇空间、生态空间、农业农村空间三大类别。规划积极落实"主城做优、四副做强、城乡一体、融合发展"空间发展布局总体要求，城镇空间规划布局 38 个功能分区。主城 11 个功能分区主要承载体现国家中心城市综合竞争力和辐射带动区域共赢发展的核心职能，以两江四岸为核心，大力发展现代服务业；副城着力提升科技创新、先进制造、网络安全、临空经济、航空航天、航运物流、未来产业等核心功能，形成高质量发展重要引擎，引领周边城市协同发展。锚固"两轴两环、六楔多廊"生态框架，外围空间规划布局 12 个生态功能分区和 8 个农业农村功能分区。

城镇空间布局包括金融商务、商贸会展、先进制造、综合交通枢纽、国际文化会展等16 类主体功能区片，并进一步细分为现代商贸、专业市场、主题游乐、体育运动、文化创意等 24 类主体功能单元；生态空间将落实长江大保护的总体要求，分为百里长江生态廊道、国家级风景名胜区、田园休闲等 9 类主体功能区；农业农村空间突出农业产业功能的多样化，分为现代农业生产、都市农业展示、乡村农旅休闲三类主体功能区片。

与以往规划相比，本次武汉市国土空间规划突出"四个变化"：①更加突出全域功能品质提升，发挥"双循环"节点作用，推动城市圈同城化，打造标志性区域；②更加突出全要素生态保护与修复，落实生态文明，推进山水林田湖草系统保护和治理；③更加突出全专项系统韧性发展，以人为中心，补短板，提高城市韧性、安全、宜居水平；④更加突出全周期空间治理，促进集约节约，引导发展方式转型。通过这一系列改变，可以更好地实现"国家中心城市、长江经济带核心城市"目标，致力于打造包括"全国经济中心、国家科技创新中心、国家商贸物流中心、国际交往中心、区域金融中心"的五个"中心"。

规划的制定有助于武汉市域国土空间保护、开发、利用、修复，并指导各类建设。通过主体功能区规划，按地块功能对城市进行定位，能够帮助武汉市实现城市功能的有序传导,每个片区也都制定了清晰的可持续发展路线。该规划还包括建立主体功能区数据库,为项目选址和招商提供服务,并实施跟踪评估,有利于产业集群发展,提高土地利用效率,真正做到"一张蓝图干到底"。

第三节　城市生态环境规划

城市生态环境规划是实现城市可持续发展的关键。本节探讨城市生态环境规划的定义、目的、重要性,以及实现生态城市的理论基础和实践方法。通过分析国内外成功案例,我们展示如何将这些理念和方法应用于实际的城市发展中。

一、城市生态环境规划概述

(一)城市与城市生态学的定义

城市的发展通常起源于农村和小镇,随着时间的推移,它们逐渐演变为人口密集、商业繁荣的地区,成为非农业居民的居住地,并在政治、经济和文化方面成为周边地区的中心。城市不仅仅是人口和商业活动的集中地,它还是人类创造性劳动的产物,提供了丰富的物质和精神环境,满足了人类的需求,并体现了一种合理的生活方式。城市构成一种新型的生态系统,其中人类在生态系统中占据主导地位。

城市生态学作为一门学科,运用生态学的理念、理论和方法来研究城市的构造、功能和调控。它不仅关注城市的物理形态,更侧重于揭示城市各组成部分之间的相互作用,以及能量和物质的流动、信息的交换、人类活动所产生的模式和过程。城市生态学采用系统思维,力图以整体和综合的视角来研究和解决城市环境问题。城市生态学的研究显示,城市是一个复杂的网络系统,其中人类与环境的相互作用是核心问题。城市生态学的研究可以追溯到 1925 年,当时麦肯齐定义城市生态学为研究城市环境如何影响人们空间和时间关系的问题。随着研究的深入,城市生态学的定义也不断扩展,现在它被广泛理解为研究城市中人类活动与环境相互关系的学科。城市生态学不仅关注理论层面,还致力于应用生态学原理来规划、建设和管理城市,以提高资源利用效率,改善城市系统间的相互作用,并增强城市的活力。

城市生态学的研究对象是城市生态系统本身,它运用生态学和城市科学的理论和方法来探究城市的结构、功能、演变动力和空间布局规律,以及城市生态系统的自我调节和人为控制策略。其目标是通过研究系统的结构、功能和动态,为城市生态系统的发展、管理和人类其他活动提供有益的决策支持,确保城市生态系统朝着有利于人类福祉的方向发展。城市生态系统的外部组成与交互作用如图 5-4 所示。

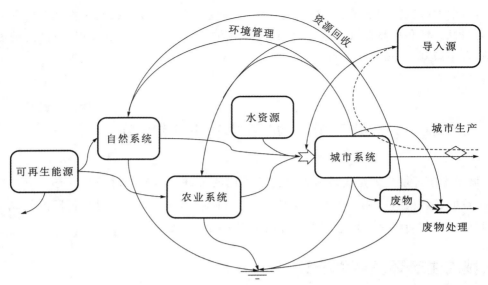

图 5-4　城市生态系统的外部组成与交互作用

(二)城市生态环境规划

城市生态环境规划是一种综合性、战略性的规划活动,它基于城市生态学的原理和方法,综合考虑城市发展与自然环境的关系,通过科学管理和合理布局,实现城市空间的可持续利用,保护和改善生态环境,优化城市的结构和功能,确保城市发展与自然环境的和谐共存。这种规划不仅关注城市的物质环境,如建筑、交通和基础设施,还特别强调城市居民的生活质量和生态系统的健康。

城市生态环境规划的核心目标是通过科学管理和合理布局,实现城市资源的高效利用,减少环境污染,保护生物多样性,促进城市生态系统的自我调节,以及增强城市的可持续发展能力。它涉及对城市空间布局、能源使用、废物处理、绿地系统、水体管理等方面的综合考量,以期创造一个既满足人类居住需求,又对环境友好的城市环境。简而言之,城市生态环境规划是将生态学理念融入城市规划中,以实现人类活动与自然环境之间的平衡,推动城市向更加绿色、健康和可持续的方向发展。

(三)生态城市理论基础

生态保护与生物多样性:在城市生态环境规划的框架下,生态保护与生物多样性的维护是实现城市可持续发展的核心要素。城市规划者必须遵循生态优先的原则,确保在城市发展过程中,自然生态系统的完整性和生物多样性得到有效保护。这要求我们在规划阶段就识别关键生态区域,如湿地、森林、河流等,并将这些区域纳入保护范围,同时设计生态走廊和生物多样性保护区,以促进物种的自然迁徙和基因交流。

绿色基础设施建设:绿色基础设施是城市生态环境规划的重要组成部分,它包括绿色交通、绿色能源和绿色建筑等。绿色交通系统通过优化公共交通网络、鼓励步行和骑行、减少私家车使用,来降低交通污染和能源消耗。绿色能源的利用,如太阳能、风能和地热能,有助于减少城市对化石燃料的依赖,降低温室气体排放。绿色建筑通过节能设计和使用环保材料实现建筑低碳运行,提高能源效率。

可持续发展原则:可持续发展原则要求城市规划在促进经济增长的同时,注重资源的合理利用和环境的长期保护。城市规划应采用循环经济的理念,通过废物分类和回收系统实现资源的再利用和再生产。在污染控制方面,城市规划应实施严格的环境标准,减少工业、交通和生活活动对环境的负面影响。此外,城市规划还应推动低碳发展,通过绿色建筑和清洁能源的使用降低城市的碳足迹,为实现全球气候变化目标作出贡献。城市生态环境规划不仅能够提升城市居民的生活质量,还能为后代留下绿色、健康、可持续的居住环境。

绿色空间设计:绿色空间设计作为提升城市生态环境质量的关键策略,在城市规划中占据着举足轻重的地位。城市规划应确保绿地率和人均公园绿地面积达到标准,为居民提供充足的休闲和游憩空间。绿色空间的设计应结合城市的自然地理特征,利用自然山体、河湖水系等自然要素,构建生态网络,增强城市生态系统的功能。此外,生态修复也是绿色空间设计的重要部分,包括对受损山体、水体和绿地的修复,以及对城市废弃地和污染场地的合理利用,以恢复和提升生态系统的服务功能。

污染控制:污染控制是城市生态环境规划中不可或缺的一环。城市规划应涵盖水环境、大气环境、声环境和土壤环境的综合保护。在水环境方面,规划应确保饮用水水源的安全,实施水体污染治理,提高水资源的循环利用率。大气环境规划应关注空气质量,通过优化能源结构和交通布局,减少污染物排放。声环境规划要求合理布局噪声敏感区域,采取隔音和绿化措施,降低噪声污染。土壤环境规划强调对建设用地的土壤环境质量进行准入管理,严格控制新增土壤污染。通过这些措施,营造一个清洁、健康、宜居的城市环境,为居民提供良好的生态环境。

(四)城市生态环境规划的核心理念

生态优先、绿色发展:坚持尊重自然、顺应自然、保护自然的生态文明理念,完善生态保护红线和环境空间管控体系,推动绿色低碳转型发展,提升城市生态环境品质。

以人为本、提升品质:坚持以人民为中心的发展思想,以提高人民群众的生态环境获得感、幸福感、安全感为目标,聚焦城市生态环境治理的重点领域和突出问题,提升环境品质,提高环境公共服务水平。

分区分类、精细管理:根据区域生态状况与功能差异,实施差异化的环境战略,划分环境空间管控区,实施城市环境精细化管理。

统筹衔接、多方融合:与国民经济和社会发展规划、国土空间规划、工业产业区划、重大产业平台建设等工作有机融合,相互支撑;尊重生态环境管理现实需求,衔接自然保护地、"三线一单"生态环境分区管控等管理要求,发挥生态环境管理的协同效应。

二、城市生态环境规划技术和方法

(一)术语和定义

1. 生态环境规划

生态环境规划是为保护和改善生态环境,促进生态环境与经济社会协调发展,国家或地方政府及有关行政主管部门在一定时期内按一定规范,对生态环境保护目标与措施所作出的预先安排。

2. 生态环境综合规划

生态环境综合规划是对生态环境保护各个方面作出全面部署和总体安排的规划。

3. 生态环境专项规划

生态环境专项规划是对污染治理、生态环境质量改善、生态保护修复、气候变化应对、核安全与放射性污染防治、生态环境治理,以及生态文明建设示范等作出生态环境保护细化部署和工作安排的规划。

4. 生态环境区域规划

生态环境区域规划是为统筹推进国家重大战略和特定区域,以及其他跨行政区域生态环境保护,作出的生态环境保护细化部署和工作安排的规划。

5. 生态环境保护目标

生态环境保护目标是为保护和改善生态环境,提升生态环境治理体系和治理能力现代化水平,推动形成绿色发展方式和生活方式,促进经济社会高质量发展而设定的、拟在相应规划期限内达到的生态环境质量、生态功能及其他与生态环境保护相关的目标和要求,是规划编制和实施应满足的生态环境保护总体要求。

6. 生态环境指标体系

生态环境指标体系是以描述和表征人类活动干预环境所引起的生态环境资源及生态环境质量变迁过程、状态、影响和效应为主体的一系列相关的并具有一定量纲的数值和相应的文字表达,为人们正确认识和解决生态环境问题提供系统化、定量化的信息。

7. 发展方式绿色转型

发展方式绿色转型是指推动产业结构、能源结构、交通运输结构、用地结构等优化,推进各类资源节约利用,推动形成绿色低碳的生产方式和生活方式。

8. 污染防治

污染防治是指运用技术、经济、法律及其他管理手段和措施,防治水、大气、土壤、固体废物、噪声、海洋、振动、光、恶臭、医疗废物、化学品、新污染物、机动车、农业面源等环境污染,以及放射性物质、光辐射、电磁辐射等危害,并通过促进清洁生产和资源循环利用等方式,从源头减少污染物的产生。

9. 生态保护

生态保护是指坚持山水林田湖草沙一体化保护和系统治理,按照保护优先、自然恢复为主的原则,采取一系列保护、综合治理和监督管理措施,对国家重点生态功能区、生态保护红线、自然保护地,以及各类自然生态系统、野生动植物等进行保护,合理开发利用自然资源,保护生物多样性,减少生态破坏。

10. 气候变化应对

气候变化应对是指按照"二氧化碳排放力争于 2030 年前达到峰值,努力争取 2060 年前实现碳中和"目标要求,通过实施一系列战略、措施和行动,推动绿色低碳发展,实施减污降碳协同治理,减缓与适应气候变化。

11. 现代环境治理体系

现代环境治理体系是党委领导、政府主导、企业主体、社会组织和公众共同参与,由领导责任体系、企业责任体系、全民行动体系、监管体系、市场体系、信用体系、法律法规政策体系等构建的环境治理体系,现代环境治理体系是推动生态环境根本好转、建设生态文明和美丽中国的制度保障。

(二)生态环境规划技术标准体系构成

生态环境规划技术标准体系由综合类技术标准、基础类技术标准、编制类技术标准和评估类技术标准组成。

综合类技术标准即《生态环境规划编制技术导则　总纲》,规定了编制生态环境规划的一般性原则、程序、内容、方法和要求。

基础类技术标准是针对生态环境规划编制、实施、评估各环节的通用技术而制定的技术标准。

编制类技术标准是针对不同层级(国家—省—市—县)生态环境规划和不同类别生态环境规划(生态环境综合规划、生态环境专项规划、生态环境区域规划)的编制而制定的技术标准。

评估类技术标准是针对规划在实施评估、考核管理等方面的特定需要而制定的技术标准。

基础类技术标准、编制类技术标准和评估类技术标准遵循《生态环境规划编制技

导则　总纲》相关要求。

(三)生态环境规划编制一般工作流程

生态环境规划编制一般工作流程包括前期研究、思路研究、文本起草、征求意见、规划论证、审议报批等六个阶段。

在前期研究阶段,聚焦生态环境保护重大趋势、重大战略、重大政策、重大项目等方面,围绕规划期内生态环境保护全局性问题,重点区域、重点领域、热点难点和突出生态环境问题开展现状调研和专题研究。

在思路研究阶段,基于前期研究基础,着重分析国际国内发展环境、发展条件,研判生态环境保护形势,结合经济社会发展中长期目标任务,研究提出生态环境保护总体方向、主要目标、战略任务、改革举措和工程项目方向,形成规划基本思路。

在文本起草阶段,将生态环境保护理念、工作思路、基本原则、目标任务、改革举措等内容明确落入规划方案中,体现相关方利益诉求,做好目标指标设置与测算,提出规划重点任务和政策举措,谋划工程项目。

在征求意见阶段,听取专家代表、社会公众、相关部门等意见建议,做好意见建议沟通采纳。按照下级规划遵循上级规划,专项规划、区域规划服从综合规划,同级规划之间相互协调的原则,开展规划衔接,保障各类规划相互协调。

在规划论证阶段,组织相关领域专家对规划成果的科学性、合理性和可行性进行论证,参加论证的专家应涵盖规划主要内容涉及的专业领域,论证后应出具专家论证报告。

在审议报批阶段,应提交规划文本、编制说明、意见采纳情况、专家论证报告、第三方政策评估报告、合法性审核意见和其他按规定需要报送的审批要件。

(四)城市生态环境规划编制的技术流程

生态调查与分析:对城市生态系统、社会经济系统、特殊保护目标、生态环境问题进行详细调查。分析生态系统的结构、功能、相关因素、约束条件、生态特殊性等。

环境调查与评价:进行地质地貌、气象水文、土壤生物、人口产业经济密度等环境特征调查。社会环境调查包括经济社会发展规划、污染源调查等。对环境质量现状进行评价包括环境质量指标体系的建立和应用。

生态功能分区:根据生态服务功能和生态经济功能,确定主导生态功能和辅助生态功能,划分生态功能区。遵循重点突出、生态完整性、环境容量、区域相关性、功能连续性、区划兼顾性等原则。

生态容量与生态位确定:计算生态容量,考虑水环境、土地环境、社会经济环境的个人和区域占用量指标。确定生态位,包括自然生态位、社会经济生态位、相对生态位和绝对生态位的计算。

环境预测:根据历史和现有数据,预测未来环境质量变化和发展趋势。

环境规划目标的确定:确定环境规划目标,确保其与区域经济和社会发展目标相协调。

环境规划方案设计、报批与实施：设计满足环境规划目标的方案，进行优选。提交环境规划方案，经过申报和审批。实施环境规划，包括编制工作计划、资源保障、技术支持等。

城市生态环境规划内容与程序：包括生态功能区的划分与评价、方案选择与可行性论证、生态环境的系统诊断、规划实施的对策建议等。编写规划报告，包括背景资料、分区依据和原则、规划方法、发展目标、预测、模拟方案的选择与可行性论证等。

持续改造与监督：实施过程中的持续改造，包括背景资料更新、评审与改进、检查与纠正。建立生态环境监测监督体系，确保规划目标的实现。

保障体系：包括生态环境目标与指标、实施计划、保障体系的建立，确保规划的有效执行。

（五）生态环境规划编制主要技术方法

1. 现状分析与评价

资料搜集：现场踏勘、问卷调查、访谈、座谈。资料信息鉴别：溯源法、比较法、佐证法、逻辑法。环境要素的评价方式和方法可参考 HJ 130—2019、HJ 1111—2020、《区域生态质量评价办法（试行）》执行。现状评价：专家咨询、类比分析、对标分析、遥感解译、叠图分析、指数（单指数、综合指数）法分析。

2. 趋势预测与形势研判

数学模型法（时间序列预测法、移（滑）动平均法、回归分析法、压力-状态-响应分析法、投入-产出分析法、宏观经济分析与预测模型、环境经济学分析法、生态学分析法）、类比调查法、情景分析法和专业判断法等。

3. 目标指标设计与制定

专家咨询、生态环境质量模拟模型预测、情景分析、趋势分析、座谈。

4. 任务方案拟定与优选

专家咨询、多目标规划分析、多情景模拟分析、费用-效益分析、决策分析等。

5. 工程项目谋划与投资估算

专家咨询、情景分析、趋势分析、类比分析、投入-产出分析、投资系数、环境经济学分析（影子价格、支付意愿、费用-效益分析等）等。具体方法可参考《中央基本建设投资项目预算编制暂行办法》《关于印发建设项目经济评价方法与参数的通知》执行。

6. 各方参与

委托专题研究、专家咨询、问卷调查、访谈、座谈。

(六)新兴的生态规划技术与方法

生态足迹分析:生态足迹分析是一种衡量人类活动对地球生态系统影响的方法,它通过计算人类消费活动所需的生物生产面积(即生态足迹)与地球生态系统的生物承载力(即生态承载力)的比例,来评估人类活动对环境的可持续性。生态足迹的计算包括对食物、住房、交通、商品和服务等消费的评估,以及这些活动对土地、水、能源和生物多样性的影响。通过生态足迹分析,可以识别出哪些活动对环境压力最大,从而为政策制定、城市规划和个人行为提供指导,以实现资源可持续利用和减少对生态系统的负面影响。

生态网络构建:生态网络构建是城市生态规划的重要组成部分,它通过在城市和周边区域之间建立生态走廊、绿道、自然保护区和生态公园等,形成连续的生态空间。这些生态网络不仅有助于保护和恢复自然生态系统,还为城市居民提供了亲近自然的机会,增强了城市的生态功能和生物多样性。生态网络的构建需要综合考虑自然地理特征、生态敏感区域、物种迁徙路径以及人类活动对生态系统的影响,以确保生态网络的有效性和连通性。

绿色建筑标准:绿色建筑标准,如 LEED 认证,是一套国际认可的绿色建筑评价体系,它涵盖了建筑的设计、施工、运营和维护等多个阶段。LEED 认证强调建筑在整个生命周期内的可持续性,包括节能、节水、材料选择、室内环境质量、创新和区域影响等方面。通过 LEED 认证的建筑能够显著降低能源消耗,减少温室气体排放,提高资源利用效率,同时为居住者提供更健康、舒适的室内环境。

城市热岛效应缓解:城市热岛效应缓解策略涉及城市规划、建筑设计和材料选择等多个方面。在城市规划层面,可以通过增加城市绿地面积、优化城市布局和提高城市空间的通风性来降低热岛效应。在建筑设计方面,采用绿色屋顶、墙体绿化、高效节能材料和智能建筑管理系统等措施,可以有效减少建筑对周围环境的热影响。此外,城市材料的选择也应考虑其热反射性能,以减少热量的吸收和释放。这些策略的实施有助于降低城市温度,改善城市微气候,提升城市居民的生活环境。

生态补偿机制:生态补偿机制是一种政策工具,旨在通过经济激励来保护和改善生态环境。这种机制通常涉及对生态服务提供者(如自然保护区、水源地等)的补偿,以弥补它们在生态保护过程中可能遭受的经济损失。生态补偿可以采取直接支付、税收优惠、市场交易等多种方式(见图 5-5)。生态补偿机制的实施有助于调动各方参与生态保护的积极性,实现生态保护与经济发展的双赢,推动生态文明建设的进程。

(七)GIS 与遥感技术应用

城市生态环境规划的核心目的是实现城市与自然生态系统的和谐共生,促进可持续发展。这一过程涉及对城市空间布局的优化、生态系统服务的保护与提升,以及对环境质量的持续改善。为了达成这些目标,GIS(地理信息系统)和遥感技术提供了强大的工具和方法。

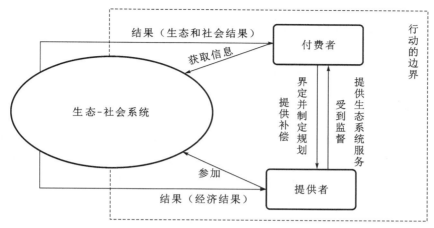

图 5-5 政府付费生态补偿作用机制

GIS 技术在生态评估与规划决策辅助方面发挥着重要作用。它能够整合地形、气候、水文、土地利用等多源数据,为生态评估提供全面的信息基础。这些数据有助于识别生态敏感区域,评估规划方案对生态系统的潜在影响。GIS 支持生态适宜性模型和物种分布模型的构建,模拟城市发展对生态功能的影响,辅助规划者在保护生态和促进发展之间找到平衡。作为决策支持系统,GIS 通过可视化和空间分析功能,帮助规划者评估不同规划方案的环境影响,确保规划决策的科学性和可持续性。

遥感技术在生态变化监测方面同样不可或缺。卫星遥感技术,尤其是长时间序列的地表覆盖和土地利用变化数据,为监测城市扩张、森林砍伐、湿地退化等生态变化提供了有力工具。在自然灾害发生后,遥感影像能够迅速提供受影响区域的详细信息,为灾后生态恢复和重建提供科学依据。高精度遥感技术,如激光雷达(LIDAR)和多光谱成像,能够提供更详细的地表信息,有助于精细管理和监测城市绿地、水体等生态要素。

例如,基于遥感技术,研究者提出了遥感生态指数(RSEI),该指数利用主成分分析技术集成了植被指数、湿度分量、地表温度和建筑指数等评价指标,能够定量地评价和对比城市的生态质量,并方便地进行时空动态变化分析。这种指数的应用,如在福州主城区的研究中,展示了其在生态质量评估和变化监测方面的有效性。

此外,GIS 技术在山地城市生态敏感性分析中的应用也得到了广泛关注。通过结合土地利用类型、高程、坡度、植被覆盖等因素,GIS 技术可以帮助规划者识别高敏感区、中敏感区、低敏感区和不敏感区,为城乡建设和生态环境保护提供重要支撑。

随着遥感技术的不断发展,尤其是高分辨率卫星数据的广泛应用,生态环境遥感监测能力得到了显著提升。中国在生态环境遥感技术方面的发展经历了从依赖外国卫星到自主研发环境卫星,再到应用高分系列卫星,这一过程不仅提高了监测精度,也增强了监测时效性。这些进步为国家生态文明建设提供了强有力的技术支撑,包括全国生态状况定期调查评估、污染防治攻坚战、应急与监督执法等方面。

三、城市生态环境规划案例

(一)新加坡绿色空间规划

1. 规划目标

新加坡政府于 2021 年 2 月 10 日公布了《2030 年新加坡绿色发展蓝图》(《Singapore Green Plan 2030》),这是一项全面的国家战略,旨在推动新加坡在城市绿化、可持续生活和绿色经济等方面实现显著进步,以支持联合国的 2030 年可持续发展议程和巴黎气候协定。该计划由新加坡教育部、国家发展部、可持续发展与环境部、贸易和工业部以及交通部五个部委牵头,并得到新加坡政府的支持,建立在新加坡前几十年可持续发展的基础上。该计划将加强新加坡的经济、气候和资源韧性,改善新加坡人民的生活环境,并带来新的商业和就业机会。它将影响新加坡人民生活的方方面面,从生活方式到工作和娱乐方式,使新加坡成为一个更绿色、更宜居的家园。

2. 主要内容

(1)城市绿化与自然融合:新加坡计划到 2030 年将自然公园用地增加 50%,确保居民能够在 10 分钟内步行到公园。新加坡通过城市绿化项目,如碧山公园,致力于打造一个被自然包围的绿色城市(见图 5-6)。

图 5-6　新加坡樟宜机场

(2)能源与交通转型:设立"企业可持续发展计划",帮助本地企业提升可持续发展能力。增加充电站数量,目标是到 2030 年将充电站从 2.8 万个增加至 6 万个,以支持电动汽车的普及。提升绿色建筑标准(见图 5-7),推出新的绿色建筑总蓝图(见图 5-8)。

图 5-7　皮克林宾乐雅酒店

图 5-8　世界超级温室花园

（3）废物管理与循环经济：计划在 2026 年前送往垃圾掩埋场的垃圾量将减少 20%；推动循环经济，减少废物产生，提高资源回收率。

（4）教育与碳中和：计划到 2030 年将学校的净碳排放减少三分之二，并在最初阶段让至少 20% 的学校实现碳中和。新加坡的长期目标是实现净零排放，绿色发展蓝图是实现这一目标的重要步骤。

3. 规划指标与具体措施

大自然中的城市：为新加坡人创造一个绿色、宜居和可持续的家园。

可持续生活：使减少碳排放、保持环境清洁、节约资源和能源成为新加坡的生活方式。

能源重置：使用更清洁的能源，提高能源效率，以降低碳足迹。

绿色经济:寻求绿色增长机会,创造新的就业机会,改变我们的行业,并利用可持续发展作为竞争优势。

韧性未来:建立新加坡的气候韧性并加强粮食安全。

1)大自然中的城市

在2020—2030年期间,年植树率翻一番,在新加坡再种植100万棵树;从2020年起,自然公园的土地面积增加50%以上;每家每户距离公园步行不到10分钟。

具体措施如下。

(1)更多的自然公园和连接公园的道路:新增200公顷自然公园,提供更多娱乐选择(例如远足和观鸟),以及保护自然保护区免受城市化;增加160千米连接公园的道路。

(2)兴建更多自然化的公园和城市基础设施,为市民提供荫凉、凉爽环境,改善空气质量,美化城市;在140公顷的公园和花园中纳入自然设计和种植,恢复和改善30公顷的森林、海洋和沿海栖息地;增加80公顷的摩天大楼绿化;建设300千米的自然绿化道路。

2)能源重置

(1)绿色能源。

2030年的目标:将太阳能部署增加5倍,这可以满足新加坡2030年预计电力需求的3%左右,每年产生的电力足以为35万多户家庭供电(到2025年将达到1.5 GWp,可以满足2025年预计电力需求的2%左右,每年产生的电力足以为26万多户家庭供电);到2025年,部署200 GW的储能系统,每天可为1.6万多户家庭供电;一流的发电技术,满足热率/排放标准,减少碳排放;采用清洁电力的多样化供电。

具体措施如下。

①在国际贸易和旅行业中推广可持续燃料的使用。

②增加新加坡的太阳能部署,同时部署储能系统,以解决太阳能间歇性问题,增强电网弹性,并支持向更绿色的能源结构过渡。

③提高每一代燃气发电厂的效率,以减少碳排放(例如采用先进的新型联合循环燃气轮机)。

④利用进口清洁电力的低碳潜力,实现新加坡的绿色电力供应。

(2)更环保的基建及楼宇。

到2030年,新加坡80%的建筑(按总建筑面积计算)实现绿色;PUB通过浮动太阳能电池板产生足够的太阳能提供给新加坡全部的自来水厂;将海水淡化过程能耗从目前的3.5 kW·h/m降低到2 kW·h/m;新加坡首个综合废物和废水处理设施达到100%能源自给自足;长期目标:将海水淡化能耗进一步降低至1 kW·h/m³。

具体措施如下。

①通过新加坡绿色建筑总体规划,提高建筑的可持续性标准,为低碳建筑环境铺平道路:提高最低能源性能要求,检讨绿色标志计划,推动采用超低能耗建筑,支持发展节能、高性价比的绿色技术。

②通过研究和开发提高水处理的能源效率:投资海水淡化和使用过的水处理技术,

如电化学海水淡化和步进式膜生物反应器。

③通过采用可再生能源（例如太阳能）减少水生产的碳足迹。

④提高污水处理厂的能源和资源效率。

（3）可持续发展的城镇和地区。

将现有组屋城镇的能源消耗降低 15%；在句容湖区建设零垃圾食品区，将食品垃圾分类处理。

具体措施如下。

①在为期十年的组屋绿色城镇计划下，将引进比普通 LED 照明节能 60%的智能 LED 照明；到 2030 年，将安装太阳能电池板的组屋屋顶数量从 50%增加到 70%，将组屋屋顶的太阳能总容量从目前的 220 GW 峰值增加至 540 GW；试点城市集水系统（UWHS）以回收雨水作非饮用用途，并以较慢的速度释放雨水，帮助减轻洪水风险；试点测试"冷漆"在降低环境温度方面的有效性，将合适的多层停车场的顶层改造为市区农场、社区花园和广泛的绿化设施，以增加绿化覆盖，提高宜居性。

②使新的组屋城镇更加环保和可持续发展（例如登加镇将有一个中央冷却系统）。

③将句容湖区打造为可持续发展的综合功能区典范，区域供冷、太阳能发电，以及超低能耗建筑。

（4）清洁能源汽车。

所有登记的新车都将是清洁能源车型；将全国电动汽车充电点从 28000 个增加到 60000 个。

具体措施如下。

①要求到 2030 年所有新注册的车型必须是清洁能源车型。

②建设电动汽车充电基础设施，支持电动汽车发展。

③修改车辆税结构，使购买和拥有电动汽车更容易。

3）可持续生活

（1）减少消费和浪费的绿色公民。

减少家庭用水量至每人每日 130 L；每人每日填埋的废物量减少 30%。

具体措施如下。

①鼓励家庭和工业节约用水：在环保家居计划下更换淋浴装置；强制性水效益标签制度。

②将"减少、再利用和再循环"作为公民和企业的规范，并制定了一项解决电子废物、包装废物和食物废物的国家战略。

（2）绿色通勤。

实现 75%的大众公共交通（即铁路和公共汽车）模式共享；到 2030 年初，将铁路网络从目前的 230 km 左右扩大到 360 km；到 2030 年，自行车道将从 460 km 增加到 1320 km。

具体措施如下。

①在未来十年里，几乎每年都要开设新的车站或线路，以扩大铁路网络。

②今后只购买清洁能源的公共汽车。

③鼓励步行和骑自行车,扩大自行车网络,并在可能的情况下将道路重新用于积极的交通用途。

④发展新市镇概念(例如登加镇将成为首个无车组屋市镇)。

(3)加强学校的环保工作。

学校部门实现净碳排放量减少三分之二;至少20%的学校达到碳中和。

具体措施如下。

①加强学校与环境可持续发展的结合,并通过生态管理计划,加强学生对资讯、责任及可持续发展意识和习惯的培养。

②减少学校部门的净碳排放量。

③一些学校到2030年将实现碳中和,其他学校也将效仿。

4)绿色经济

(1)新投资跻身一流行列。

2030年目标:排放峰值为65 $MtCO_2e$;2050年愿望:将排放量从峰值减半至33 $MtCO_2e$,并在21世纪下半叶尽快实现净零排放。

具体措施如下。

①对于碳密集型行业,确保引入新加坡新碳密集型投资,在碳和/或能效方面属于同类最佳。

②到2023年审查碳税。

(2)可持续性作为就业和增长的新引擎。

裕廊岛将成为可持续发展的能源和化工园区;实现国家二氧化硫空气质量指标;新加坡成为可持续发展的旅游目的地;新加坡将成为领先的绿色金融和服务中心,以促进亚洲向低碳和可持续的未来过渡;新加坡作为亚洲的碳服务中心;新加坡作为开发新的可持续发展解决方案的领先区域中心;培养一批强大的本地企业,抓住可持续发展的机遇。

具体措施如下。

①绿色工业生产过程和能源使用,如将裕廊岛改造为可持续能源和化工园区,提高工业能源效率。

②将新加坡发展成为可持续发展的旅游目的地。

③将新加坡发展成为碳服务中心,在整个价值链上拥有必要的能力和网络。

④将新加坡发展成为亚洲和全球领先的绿色金融中心、支持可持续发展的新加坡,促进亚洲向可持续发展的未来过渡。

⑤加强新加坡作为一个充满活力的地方,在可持续包装、脱碳、废物升级回收、城市农业和水处理等领域为全球和本地公司开发新的可持续发展解决方案。

⑥开发和试验新技术碳捕获、利用和封存。

⑦研究低碳氢和其他新兴脱碳技术途径的潜力。

⑧支持本地企业采用可持续发展措施/解决方案标准,提高资源(包括能源)效率,并把握可持续发展的新商机。

5)韧性未来

(1)适应海平面上升,增强抗洪能力。

完成城市东岸、西北岸(林竹港和圣溪角)和裕廊岛海岸适应措施的工程设计和实施计划的制定。

具体措施如下。

①研发能更好地了解海平面上升预测的技术/模型,以全面管理内陆和沿海洪水风险。

②针对具体地点进行研究,以评估和提供拟实施的沿海适应措施的细节。

③可持续和可靠的海岸和防洪资金池。

(2)保持气候凉爽,根据研究确定。

具体措施:部署传感器,了解新加坡的城市热岛效应,实施城市热岛缓解措施。

(3)本土生产。

通过本地生产的食品能满足新加坡 30% 的营养需求。

具体措施如下。

①利用农业和水产养殖的空间和基础设施;加大资金支持力度,鼓励农业食品行业采用高产、气候适应型和资源节约型农业技术;在当地为农业食品部门培养熟练工人。

②在"新加坡食物故事研发计划"下研发,以促进研究创新,并在三个主题上填补现有的技术差距:主题 1,可持续城市粮食生产;主题 2,未来食品基于先进生物技术的蛋白质生产;主题 3,食品安全科学与创新。

新加坡绿色发展蓝图是一个典型的城市生态环境规划案例,它展示了如何通过政府主导的多部门合作,实现城市的可持续发展。这一蓝图的核心在于平衡经济发展与环境保护,通过具体的政策和项目实施引导公共领域、企业和个人参与到绿色发展中。

政府在这一蓝图中不仅明确了政策方向,还承诺了必要的资金支持,这是确保各项措施得以有效实施的关键。通过设立"企业可持续发展计划",政府帮助本地企业提升其在可持续发展方面的能力,同时通过增加充电站的数量来推动电动汽车的普及。

在公众参与方面,新加坡政府通过教育和宣传活动提高公民对可持续发展的认识,并鼓励他们在日常生活中采取环保行动,如减少废物产生、使用公共交通等。这种自下而上的参与方式有助于形成全社会的环保意识,为绿色发展蓝图的实施创造良好的社会环境。

技术创新和产业升级是新加坡绿色发展蓝图的另一个重要支柱。政府鼓励企业采用绿色建筑技术和电动汽车等新技术,以减少碳排放并提高资源利用效率。这些技术的应用不仅有助于改善环境质量,还能促进相关产业的发展,为经济增长提供新的动力。

国际合作在新加坡的绿色发展蓝图中也扮演着重要角色。作为一个小国,新加坡深知"单打独斗"的局限性,因此积极参与国际气候变化和可持续发展的讨论,与其他国家分享经验和最佳实践。这种合作不仅有助于新加坡应对全球环境挑战,也为其在国际舞台上树立了积极的形象。

总体而言,新加坡的绿色发展蓝图是一个多管齐下的战略,它通过政府的领导、公众的参与、技术的创新和国际的合作,共同推动新加坡朝着绿色、可持续的未来发展。这一蓝图的实施不仅将改善新加坡的生态环境,也为全球可持续发展提供宝贵的经验和启示。

(二)广州市城市环境总体规划

广州市作为中国南部的重要城市,面临着快速城市化和工业化带来的生态环境挑战。为了实现可持续发展,广州市生态环境局制定了《广州市城市环境总体规划(2022—2030年)》,旨在通过一系列战略措施,构建绿色低碳的美丽城市。

1. 主要内容

1)规划目标与战略区划分

规划提出了三阶段目标,到2025年,环境空间管控格局进一步完善,绿色低碳循环发展取得显著成效,环境品质得到显著提升。生态环境分区管控全面落实,生态系统安全性、稳定性显著增强。主要污染物排放量持续减少,资源能源利用效率全国领先。空气质量持续改善,地表水水质优良断面比例持续达标,实现河湖"长制久清"。环境风险得到有效防控,城乡一体化的环境基础设施基本完备。

到2030年,与高质量发展相适应的环境空间格局构建完善,绿色低碳循环发展水平全国领先,环境品质力争达到国际发达城市水平。生态系统服务功能显著提升,生物多样性得到有效保护。能源资源利用效率持续提升,碳排放达峰后稳中有降。细颗粒物和臭氧协同控制取得显著成效,环境空气质量达到国际先进水平;地表水国考、省考断面全面达标,水生态系统健康、稳定。城乡环境基础设施一体化、绿色化进一步推进,环境公共服务实现均等共享。

展望2035年,人与自然和谐共生格局全面形成,绿色生产生活方式基本实现,与国际现代化大都市相匹配的环境品质全面实现,人居生态环境更加美好,美丽广州更有魅力。

《广州市城市环境总体规划(2022—2030年)》明确了24项生态环境指标,涵盖了生态宜居、绿色低碳、环境优美、均等共享四个方面。

生态宜居:陆域生态保护红线面积比例;生态环境空间管控区面积比例;大气环境空间管控区面积比例;水环境空间管控区面积比例;森林覆盖率;湿地保有量。

绿色低碳:单位地区生产总值能源消耗降低;单位地区生产总值二氧化碳排放降低;单位工业增加值用水量;再生水利用率;农田灌溉水有效利用系数;开展生态工业园区建设、循环化改造、绿色园区建设的工业园区占比。

环境优美:PM2.5年均浓度;空气质量优良天数比例;城市集中式饮用水水源达到或优于Ⅲ类比例;城市河涌水质;地表水达到或好于Ⅲ类水体比例;近岸海域无机氮浓度;河湖海生态岸线修复长度。

均等共享:城市生活污水集中收集率;农村生活污水设施有效运行率;城镇生活垃圾回收利用率;农村生活垃圾处理率;工业危险废物和医疗废物安全贮存利用处置率。

根据自然条件基础、环境功能特征、环境保护战略对策的区域差异,将广州市市域划分为三大战略区。

(1)北部山水生态环境功能维护区,主要包括从化区、增城区、花都区、白云区二环高速以北地区,黄埔区龙湖街道、九佛街道、新龙镇。根据自然地域差异和环境保护战略差别,北部山水生态环境功能维护区分为流溪河流域水源涵养亚区、增江流域水源涵养亚区、白坭河水质恢复亚区。

(2)中部城市环境品质提升区,为广州市中心城区,包括荔湾、越秀、天河、海珠四区全域,白云区北二环高速公路以南地区,黄埔区除龙湖街道、九佛街道、新龙镇以外地区。

(3)南部滨海生态保育调节区,包括番禺和南沙地区。根据自然环境和保护战略的差异,分为珠江口番禺滨海生态保护调节区和珠江口南沙滨海生态保育调节区。

每个区域都有其特定的生态总体战略和重点功能,以确保生态保护与经济发展平衡。

2)大气与水环境治理

在大气环境治理方面,《广州市城市环境总体规划(2022—2030年)》强调了减污降碳协同增效,实施多污染物协同控制,特别是对挥发性有机物和氮氧化物的减排。此外,《广州市城市环境总体规划(2022—2030年)》还提出了加快低排放标准机动车更新淘汰,推广新能源汽车应用,以及加强车辆购置、配套设施建设等方面的政策支持。

在水环境治理方面,《广州市城市环境总体规划(2022—2030年)》以水质稳定达标、持续改善为核心,推进水体环境属性分类管理,强化饮用水水源安全保障,加强水生态保护与修复。规划目标是到2030年,珠江广州河段水质稳定达到Ⅲ类,地表水国考、省考断面全面达标。

3)产业与城市发展

《广州市城市环境总体规划(2022—2030年)》强调了从制造到创造的转变,发展现代产业体系,包括服务经济、现代服务业、战略性新兴产业与先进制造业的有机融合。同时,《广州市城市环境总体规划(2022—2030年)》提出了从实力到魅力的转变,建设文化名城,保护历史文化遗产,发展文化产业。

4)城乡统筹与公共服务

《广州市城市环境总体规划(2022—2030年)》关注城乡统筹发展,提出了高标准、高起点推进镇村规划编制,实现城乡规划无缝对接、全域覆盖。此外,《广州市城市环境总体规划(2022—2030年)》强调了公共服务设施的优化布局,包括文化、教育、卫生、体育等,以实现基本公共服务均等化。

广州市越秀山体育场如图5-9所示。

2. 规划指标与具体措施

1)三大战略区调控措施

(1)北部山水生态环境功能维护区的管理策略。

该地区位于九连山的延伸地带,拥有丰富的生态功能。其主要环境作用包括水源供应、生物多样性维护、农产品提供以及生态旅游和文化景观服务。总体上，该区域采取以生态为核心、城乡一体化的高质量发展策略。得益于其出色的生态承载能力和高质量的环境功能，该地区对空气和水质的要求较高。管理措施侧重于保护优先、科学开发，着重发展生态旅游、文化产业以及高新技术产业，以此来强化生态功能、绿色经济和科技创新。

图 5-9 广州市越秀山体育场

为确保生态保护红线和环境空间控制区的要求得到执行，该区域将优化知识城建设，加强北部生态带的保护与开发，并确保城市北部到南部的生态过渡区安全，提升生态功能。

流溪河流域将严格控制土地利用变更，重点保护水库及其上游地区的水源涵养和水土保持，加强污水处理和垃圾处理，提高生态补偿，确保水源地的安全。

增江流域将保持水质清洁，控制工业和生活排放，减少东江北干流和珠江口的污染负荷，加强水源涵养和水土保持，确保山区小水电站的生态流量泄放，保障河湖生态用水。

白坭河水系将严格执行排污许可和水资源管理政策，推进污染治理工程，加强工业管理，推动循环经济和生态农业的发展，减少环境污染，逐步恢复水环境功能。

（2）中部城市环境品质提升区的管理策略。

该地区作为广州国家中心城市功能的核心区，该区域人口密集，开发强度大。该地区位于北部山区生态环境维护区和南部滨海生态保育区之间，是城市生态格局从"云山珠水"向"背山面海、山水交融"转变的关键区域，主要环境服务功能是保障人居环境的健康安全，为社会和经济发展提供高品质的空间。总体策略是优化发展，强化中心功能，提升老城区活力。

面对环境资源的紧张，该区域将实施精细化管理和优化开发策略，重点发展现代服务业,如商贸、金融保险、文化创意、医疗健康等,原则上不再布局传统工业,以改善人口和产业过度集中的状况。

加强自然生态格局的保护,建设生态空间网络,打造具有岭南特色的城市风貌。强化珠江水道和内河水生态的保护,推进碧道建设,深化水环境治理,完善污水处理系统,确保水体长期清洁。

实施细颗粒物和臭氧的协同治理,提高多污染物的精细化管理水平,加强重点行业的污染控制,全面提升居民的生态环境幸福感。

(3)南部滨海生态保育调节区的管理策略。

该地区位于珠江口的河海交汇区,地势平坦,湿地和滩涂面积大,水系发达,生物多样性丰富。同时,该区域也是广州市科技创新的重要区域和湾区门户,承载着金融和科技创新的功能,主要环境服务功能是维护珠江口滨海湿地的生态平衡,保障人居环境的健康安全,为建设具有国际大都市活力和魅力的综合性门户提供良好的生态环境。总体策略是高效、科学、绿色、可持续发展。

实施生态保育和重点开发策略,承接中心城区的人口和产业转移,高品质建设南沙新区,发展人工智能、新能源汽车、生物医药等产业,推动工业升级。

利用滨海资源优势,维护高品质的滨海旅游岸线,恢复河口湿地生态,治理近岸海域的氮污染,保障生态安全,建设美丽海湾。严格保护耕地资源,发展高效生态农业。

2)划定严守生态保护红线

(1)划定生态保护红线。广州市生态保护红线的划定与国家和地方的生态保护战略紧密衔接,以构建科学、合理的生态空间格局。在红线区域内,将实施强制性保护措施,禁止任何破坏生态功能的活动,确保生态系统服务功能不降低,生态空间面积不减少。

(2)完善生态保护红线管理制度。建立和完善相关的管理制度,包括创建生态保护红线的详细记录,进行持续的监测和评估,并定期发布管理报告,以确保生态保护红线的精确划定、严格执行和有效监管。

(3)生态保护红线内活动限制。在生态保护红线内,将严格控制开发建设活动。对于必要的建设活动,如基础设施建设、科学研究等,需经过严格的环境影响评估,并采取相应的生态保护和修复措施。此外,将加强对红线区域内现有开发活动的监管,确保其不对生态系统造成负面影响。

(4)生态补偿机制。探索建立生态补偿机制,激励和支持生态保护红线内的地区和社区。这将包括对生态保护区内的居民和社区提供经济补偿,以及支持生态友好型产业发展,如生态旅游、特色农业等,从而实现生态保护与社会经济发展的双赢。

(5)公众参与和宣传教育。加强公众参与和宣传教育工作,提高社会公众对生态保护红线重要性的认识。通过媒体宣传、公众讲座、学校教育等多种途径,普及生态保护知识,鼓励公众参与生态保护活动,共同维护广州市的生态环境。

3)严格管控环境空间

(1)生态环境空间管控。对生态功能的重要性和环境敏感性进行评估,以确定需要特别保护的区域。这些区域可能包括对维持生态系统完整性和稳定性至关重要的水源涵养区和生物多样性保护区。在这些管控区内,将采取有条件的开发策略,严格限制可能破坏生态环境的活动,以保持生态系统服务功能的稳定。

(2)大气环境空间管控。根据空气质量标准和污染物排放特点,将全市划分为不同的环境空气功能区。这些区域包括一级空气质量标准的区域,针对工业区和主要污染源实施严格监管和减排措施的重点控排区,以及对挥发性有机物等新增污染物排放进行严格控制的增量严控区,以确保空气质量的持续改善。

(3)水环境空间管控。区分为多个特定区域,包括饮用水水源保护管控区、重要水源涵养管控区、涉水生物多样性保护管控区以及水污染治理和风险防范重点区。在饮用水水源保护管控区内,将强化水质监测和污染源控制,以保障饮用水的安全。对于重要水源涵养管控区和涉水生物多样性保护管控区,将重点加强生态系统的修复和生物多样性的保护。在水污染治理和风险防范重点区,将集中力量进行水体环境的综合整治和风险防控,以维护水环境的健康和安全。

(4)动态管理与公众参与。环境空间管控区的划定和管理将实行动态管理,根据城市发展和生态环境变化的需要,及时调整和更新管控区域。同时,规划强调了公众参与的重要性,鼓励市民通过各种渠道参与环境决策过程,提高环境意识,共同维护城市生态环境。

(5)环境空间管控的实施与监督。建立健全的监督评估机制,确保环境空间管控措施的有效实施,包括对环境空间管控区内活动的定期检查,对违反管控要求的行为进行严格处罚,以及对管控效果的定期评估。通过这些措施,广州市将实现对环境空间的有效管控,促进生态环境与城市发展的和谐共生。

4)推动绿色低碳发展

(1)碳达峰行动。明确各重点领域的具体目标和行动计划,包括能源、工业、建筑和交通等领域的碳排放控制,以及温室气体排放统计核算体系的完善。通过提升能源效率、优化能源结构、推广清洁能源使用等措施,确保单位地区生产总值二氧化碳排放持续降低,力争在 2030 年前实现碳排放达峰。

(2)构建绿色产业体系。构建一个以绿色产业为核心的产业体系,提升现代服务业和战略性新兴产业的发展质量与效率。该规划着重于强化先进制造业的核心竞争力,推动包括汽车、电子和石化在内的传统产业向绿色转型。同时,广州市也在积极培育和发展生物医药、新一代信息技术、智能与新能源汽车等战略性新兴产业,鼓励互联网、大数据、人工智能等新兴技术与绿色低碳产业的深度融合,以促进产业的绿色升级。

(3)建设低碳能源体系。加强多元化能源供应保障,推进煤炭清洁高效利用,同时积极发展清洁能源、新能源和可再生能源。规划强调提升天然气供给能力,促进分布式光伏发电项目建设,推动氢能全产业链发展。此外,广州市将推动清洁低碳能源消费,加快工业、建筑、交通等领域的电气化、智能化发展,提升清洁低碳能源在最终能源使用中所占的份额。

(4)推动绿色建设与生活。倡导绿色建设与生活,加大既有建筑节能改造力度,推广绿色建筑标准。在交通领域,优化交通运输结构,加快新能源汽车推广应用,提高公共交通比例,减少交通污染。此外,支持广州碳排放权交易中心和期货交易所发展,深化碳普惠试点工作,鼓励企事业单位和个人参与自愿减排项目。《广州市城市环境总体规划(2022—2030年)》还提出探索产品碳标签,倡导绿色消费,形成简约适度、绿色低碳的生活方式。

5)开展环境系统治理

(1)大气环境治理。实施大气环境治理总体战略,以减污降碳协同增效为核心,采取多污染物协同控制措施,包括深化重点行业的废气治理,如推进工业涂装、化学品制造等行业挥发性有机物(VOCs)的综合整治,以及加强工业炉窑的污染控制。同时,将精细化管理移动源和面源排放,如强化机动车排放控制,推广新能源汽车,优化交通结构,减少道路扬尘和餐饮油烟污染。

(2)水环境治理。坚持水质稳定达标、持续改善为核心,推进水体环境属性分类管理,强化饮用水水源的安全保障。《广州市城市环境总体规划(2022—2030年)》提出加强流域系统治理,推进城市污染水体污染源解析,加强流域干支流、上下游、左右岸的协同治理。此外,将推进工业、生活、农业"三源"治理,提升污水处理能力和处理水平,实现污水收集率和处理厂进水浓度的提升。

(3)土壤与地下水污染防控。包括对土壤环境进行定期调查,以及对耕地的土壤污染源进行排查和整治。同时,《广州市城市环境总体规划(2022—2030年)》强调对建设用地的风险管理与修复工作,推动农用地的分类管理和安全使用,以及地下水污染的防治措施,以维护土壤和地下水的环境质量,保障公共健康和生态安全。

(4)固体废物资源化利用和安全处置。有序推动"无废城市"的建设,完善工业固体废物的资源化利用和安全处置体系,并促进生活垃圾的减量和资源化。《广州市城市环境总体规划(2022—2030年)》提出了提高医疗废物和危险废物处理能力的目标,并计划建立一个全面的废物管理流程,包括分类、收集、运输和处理。此外,广州市还将探索整合再生资源、生活垃圾和一般工业固体废物的收运处置系统,以提高资源的再利用率。

(5)噪声污染治理。加强噪声源的防控,确保符合国家声环境质量和民用建筑隔声设计的标准。《广州市城市环境总体规划(2022—2030年)》提出了完善噪声监测网络,增强对噪声源的监测能力,以及提升城市功能区和城市区域的声环境质量监测水平。同时,广州市将与相关部门合作,建立常态化的交流和联合执法机制,特别针对城市中的噪声敏感建筑物等关键领域进行噪声管控。

6)强化生态环境风险防范

(1)保障生物安全。开展生物多样性调查,加强重点保护物种的就地保护,建立古树名木档案,并划定保护范围。《广州市城市环境总体规划(2022—2030年)》提出加强规划区内珍稀濒危物种的迁地保护,实施珍稀濒危野生物种拯救工程。同时,完善生物物种资源出入境管理制度,严防外来物种入侵,建立健全外来物种入侵的监测预警及风险管理机制。

(2)防范环境风险。加强对水源保护区、涉水源保护区河流、重点水库、化工园区等重点区域的环境风险防控。《广州市城市环境总体规划(2022—2030年)》强调对化工、石化、水泥、火电、表面处理(涉电镀工艺)、印染、造纸、危险废物处置等重点监管行业的环境风险防控。此外,将开展突发环境事件风险隐患排查整治行动,推进多部门协同监管,完善环境风险数据共享机制。

(3)提高环境监测预警、应急能力。鼓励有条件的工业园区、聚集区开展环境风险预警体系建设。《广州市城市环境总体规划(2022—2030年)》提出加强重点环境风险受体预警监测,完善饮用水水源水质在线预警监测系统。同时,将完善各级环境突发事件应急预案体系,加快形成统一、高效的环境应急决策指挥网络。

(4)提高环境风险管理水平。提高企业、社会公众环境安全意识,完善企业环境信用评价制度和奖惩措施,建立健全属地人民政府环境风险目标责任制。《广州市城市环境总体规划(2022—2030年)》强调完善环境污染损害评估和责任追究制度,确保环境风险得到有效管理。

(5)加强新污染物治理。提升新污染物的监测能力,开展重点管控新污染物环境信息调查、环境调查监测,科学评估环境风险。《广州市城市环境总体规划(2022—2030年)》提出采取源头禁限、过程减排、末端治理全过程环境风险管控措施,系统构建新污染物治理长效机制。

(6)提高气候变化应对能力。在林业、水资源、基础设施等重点领域积极开展适应气候变化行动。《广州市城市环境总体规划(2022—2030年)》提出优化城市功能分区及空间设计,推广海绵城市建设模式,提高城市气候韧性。同时,将加强气候变化综合评估和风险管理,统筹提升城乡极端气候事件监测预警、防灾减灾综合评估和风险管控能力。

7)提高环境公共服务

(1)环境公共服务体系。建立一个全面的环境公共服务体系,涵盖环境设施、环境监测、环境信息等多个方面。该体系旨在优化资源配置,提升服务效率,确保环境公共服务在区域间、城乡间的均等化。《广州市城市环境总体规划(2022—2030年)》强调提升中心城区污水收集处理能力,完善城中村、老旧城区等薄弱地区的配套管网建设,推进老旧排水管更新改造,提高雨污分流率。同时,将统筹推进城乡污水治理,逐步补齐镇村处理能力短板,提升污水收集处理效能。

(2)环境监管服务。完善生态环境监测预警体系,推进建设多要素、布局合理、功能完善的生态环境监测网络。加强温室气体监测,逐步纳入生态环境监测体系,提升生态环境监测一体化能力。利用大数据、区块链、5G通信、无人机(船)、地理信息系统、智能感知、遥感等新技术手段,完善监测体系。此外,将推动生态环境智慧化管理,整合气候变化应对、农业面源污染治理、海洋环境保护、土壤与地下水污染防治等各类生态环境数据资源,推进生态环境管理系统信息化建设。

(3)生态环境信息公开。继续推进环境政务新媒体矩阵建设,加大生态环境重点领域信息公开力度。加强政务舆情监测、分析研判及防控应对,大力推进企业环境信息公开,推动企业温室气体排放信息披露。建立并健全重大行政决策公众参与制度,畅通公众便捷访问及监督渠道,逐步提高公众对生态文明建设的满意度及参与度。

(4)环境教育与公众参与。规划提出加强环境教育和公众参与,通过教育系统、社区活动、媒体宣传等多种途径,提高公众环境意识,鼓励市民参与环境保护活动。将环境教育纳入学校教育体系,培养学生的环保意识和行动能力。同时,鼓励企业、非政府组织和志愿者参与环境治理,形成政府、企业、公众多方参与的环境治理格局。

8)完善环境政策

(1)产业环境政策。加强项目环境准入管理,确保所有新建项目符合环境保护要求。《广州市城市环境总体规划(2022—2030年)》提出强化生态环境分区管控的刚性约束,将其作为规划资源开发、产业布局和结构调整的重要依据。同时,提升工业发展绿色水平,推动新建产业园区按照生态工业园区标准规划建设,现有园区加强污染集中治理设施建设,推进循环经济示范园区、低碳工业园区、生态工业园区等建设。

(2)生态保护补偿机制。探索实现森林、湿地、水体、耕地等重要领域和禁止开发区域的生态保护补偿全覆盖。制定实施全市综合性生态保护补偿办法,以及针对重点区域、主要行业的补偿政策。深化流溪河战略水源保护的生态保护补偿政策,构建补偿增长机制,探索建立资金补偿之外的其他多元绿色利益分享和合作机制。

(3)污染源监督管理。构建以排污许可制为核心的固定污染源监管制度体系。推动排污许可与环境影响评价、总量控制、自行监测、环境统计等生态环境管理制度的衔接联动。强化固定污染源"一证式"执法监管,推行以排污许可证载明事项为重点的清单式执法检查。严格执行建设项目环境影响评价审批及监管,推进产业园区规划环评与建设项目环境影响评价联动。

(4)区域生态环境共保共育。推进环境保护多边合作机制,积极参与广东省、粤港澳大湾区环境污染治理及生态保护与修复合作。共同维育区域自然山水格局,保护广州北部青云山脉、九连山脉、罗浮山脉,与大湾区西部、北部、东部山体共同形成区域山体生态屏障。共同开展珠江口海域海洋环境综合治理,推动建立粤港澳大气污染联防联治合作机制,配合广东省推进跨市河流生态保护补偿工作,加强大湾区低碳发展及节能环保技术的交流。

9)规划实施机制

(1)规划衔接与融合机制。建立规划衔接与融合机制,确保《广州市城市环境总体规划(2022—2030年)》与《广东省国民经济和社会发展第十四个五年规划和2035年远景目标纲要》《广东省国土空间规划(2021—2035年)》《广东省自然资源保护与开发"十四五"规划》等在空间管控、环境承载力、环境质量目标等方面进行多规融合。通过建立基础数据底图、空间数据库衔接规范,搭建规划协调技术平台,建立完善规划沟通协作常态化机制。规划成果将纳入广州市国土空间规划"一张图",确保规划的统一性和连贯性。

(2)规划实施机制。《广州市城市环境总体规划(2022—2030年)》修编成果将由市人大常委会审议,广州市人民政府印发实施。《广州市城市环境总体规划(2022—2030年)》是广州市协调经济发展与环境保护的基础性文件之一,是《广东省生态文明建设"十四五"规划》《广东省土壤与地下水污染防治"十四五"规划》《广东省能源发展"十四五"规划》等专项规划的依据。《广州市城市环境总体规划(2022—2030年)》划定的环境空间管控和约束性目标是区域资源开发、项目建设的基本依据,相关规划、资源开发和项目建设等活动应符合本规划相关要求。规划一经批准,任何单位和个人未经法定程序无权变更。

(3)规划监督与评估机制。构建政府负责、生态环境部门统一监督管理、有关部门协调配合、全社会共同参与的规划实施管理体系。市人大常委会负责监督规划实施,市人民政府每年对规划实施情况进行调度评估,将规划评估内容纳入政府绩效考评体系。通过建立规划监督与评估机制,确保规划目标和任务的有效实施,及时调整和优化规划策略,适应城市发展和环境保护的新要求。

(4)公众参与和透明度提升。规划实施过程中加强公众参与和透明度提升。通过公开征求意见、举办公众论坛、建立信息反馈渠道等方式,鼓励市民参与规划的制定和实施过程。同时,将定期发布规划实施进展报告,接受社会监督,确保规划实施的公开透明。

《广州市城市环境总体规划(2022—2030年)》体现了对生态环境保护的高度重视,以及对城市可持续发展的全面考虑。通过战略区划分,该规划确保了生态保护与经济发展的协调,同时也为城市提供了明确的发展方向。

在大气环境治理方面,《广州市城市环境总体规划(2022—2030年)》提出了多污染物协同控制,特别是针对挥发性有机物和氮氧化物的减排。这表明广州市在大气污染治理上采取了更为综合和科学的方法。在水环境治理方面,《广州市城市环境总体规划(2022—2030年)》强调了水质稳定达标和持续改善,提出了具体的水质改善目标,如珠江广州河段水质稳定达到Ⅲ类。

在产业转型方面,《广州市城市环境总体规划(2022—2030年)》鼓励从传统制造业向现代服务业和高新技术产业转型,这有助于提升城市的创新能力和国际竞争力。同时,文化名城的建设不仅保护了历史文化遗产,也为城市带来了新的文化活力和旅游吸引力。

《广州市城市环境总体规划(2022—2030年)》是一个全面、系统、具有前瞻性的规划。它不仅关注短期的环境改善,更着眼于长期的可持续发展。通过实施这一规划,广州市有望在保护生态环境的同时,实现经济的高质量发展,提升居民的生活水平,塑造一个更加宜居、绿色、和谐的现代化大都市。这一规划的成功实施将为其他城市在生态环境规划方面提供宝贵的经验和参考。

(三)哈马碧湖城与中新天津生态城

哈马碧湖城(Hammarby Sjöstad)和中新天津生态城是两个具有代表性的可持续城市发展案例,它们在生态环境规划方面都有着显著的成就和特点。

哈马碧湖城位于瑞典首都斯德哥尔摩,是一个从工业区和港口棕地改造而来的生态社区(见图5-10)。这个项目的核心理念是创建一个生态自循环式的环保社区,强调与自然和谐共存。哈马碧湖城的规划和建设遵循了十二条绿色导则,包括城市扩容的边界、公交引导开发、混合利用、小街区、公共绿地等。这些导则旨在促进资源的有效利用和环境保护。

在建筑方面,哈马碧湖城尽量采用不释放有害物质的材料,将剩余建筑垃圾在场地附近分类收集并进行再利用处理。景观设计与雨水收集、净化、处理相结合，形成了一个综合的城市生态系统。此外，城市街区规划设计、交通系统、水管理系统等都以居民需求为出发点，尊重自然与当地环境，节约资源。

图 5-10　哈马碧湖城

中新天津生态城作为中国与新加坡政府合作的标志性项目，体现了两国在可持续发展领域的共同努力和愿景。该项目的核心目标是创建一个集资源高效利用、环境保护、生态平衡为一体的现代化城市，为居民提供一个宜居的生活环境，同时为全球可持续发展提供示范和借鉴。

中新天津生态城建立了一套生态城市指标体系，包含 26 个指标，分为控制性和引导性两种，以引领城市的发展。这个指标体系涵盖了生态修复、绿色交通、生态循环水系统等多个方面。生态城的建设强调了自然环境与人工环境的共生，以及绿色交通和紧凑型城市布局的重要性。

哈马碧湖城和中新天津生态城作为城市生态环境规划的案例，各自展现了可持续发展理念在城市规划和建设中的应用。哈马碧湖城的转型从工业区到生态社区，体现了对现有城市结构的生态改造，强调了资源循环利用和社区参与。其规划导则涵盖了城市扩容、公共交通、多用途开发等多个方面，旨在促进资源有效利用和环境保护。哈马碧湖城的建筑和景观设计紧密结合，体现了对自然和当地环境的尊重，以及对居民需求的重视。

中新天津生态城是一个从零开始的生态城市规划项目，它结合了新加坡的城市规划经验，强调生态修复、绿色交通和紧凑型城市布局。生态城的指标体系为城市发展提供了明确的指导，涵盖了生态、经济和社会的多个维度。中新天津生态城的建设不仅关注自然环境的保护，还注重生态产业的发展，以及政策管理体制的构建，以支持城市的可持续发展。

这两个案例都强调了城市规划的综合性和长远性，以及在规划过程中对环境资源的尊重和保护。它们展示了如何通过政策支持、国际合作和社区参与来推动城市的可持续发展。哈马碧湖城的实践表明，即使在现有城市结构中，也可以通过绿色导则和社区参与实现生态转型。中新天津生态城证明了从规划之初就融入可持续发展理念，可以有效地引导城市向绿色、低碳的方向发展。

这两个案例为其他城市提供了宝贵的经验，展示了在不同背景下实现城市可持续发展的路径。它们证明了可持续发展不仅是一种理念，而且通过具体的规划和实践，可以转化为城市发展的实际成果。通过这些案例，我们可以看到，城市可持续发展需要政府、企业和居民的共同努力，以及对环境、经济和社会的全面考虑。

第四节　土地利用规划

本节首先介绍土地利用规划的概念和目的，然后探讨土地利用规划的编制原则，以及实现合理土地利用规划的技术和方法，随后通过对国内外成功案例的分析，将这些理念和方法应用于实际的城市发展中，为土地用途管制提供可靠的依据。

一、土地利用规划概述

（一）基本概念

土地是由各种元素（如岩石、矿物资源、土质、水源、空气、植物群落等）组成的自然复合体，存在于地球陆地区域的特定高度与深层范围内。中国的地理学者通常认为土地是一个自然的综合体。它包含了多种自然因素，例如地质特征、地形、气候条件、水系状况、土壤性质及植物分布等。

土地覆盖是自然和人造建筑物共同构成的多元化要素，包括地面植被、土壤、湖泊、沼泽湿地以及各类建筑（如道路等）。它们具备独特的时间和空间属性，并且在不同的时空范围内可能会有所变动。土地使用与土地保护密切相关，二者共同构成了人类社会的生态文明建设的重要组成部分。土地利用规划需要考虑多方面的因素，例如人口增长、城市化进程、农业产业的发展、环境保护问题等。这些因素都直接或间接影响土地利用状况的变化和发展趋势。

土地利用是一种不断变化的现象，最初的人类是通过从大地中捕获野生动物及采集水果等方式来满足食物需求；随着社会的进步与农耕文明的发展，人类逐渐以种植、收割等农业行为来生产谷物和其他农作物；我们通常所指的地域使用已经包含了对土地的开垦、应用及其维护等多方面的行动。

（二）土地利用规划的定义

随着时间的推移，土地已逐步演变为人类生活的基础条件与发展动力来源。如今，人们视土地为重要的物质财富,是所有生产活动的根本保障。这种变化导致了对地表生态系统的重新定义:原本自然的生物群落已被转化为人造的环境元素,从而构成了复合型的自然资源系统。这意味着,除了其实用功能外,土地也具备了创造性的价值。

土地使用策略是在满足国家和地区长期经济发展需求的前提下,结合本地自然资源和社会环境因素,在一个特定地理范围内制定关于土地开垦、应用、修复与保育的整体战略部署和全面整合。其主要目标在于从大局出发,为未来考虑,优化土地使用的结构和分布,把用地作为核心,综合考量各类土地的使用方式,如开采、应用、改良及维护等。此策略旨在强化对土地使用的宏观管控和预先策划,以有效利用土地资产,推动全国经济平衡增长。这同时也是实施土地用途管制的基本依据。执行流程分为如下几步:第一步是做好基础筹备;第二步是对相关情况展开调研,形成问题汇报文件和土地使用战略分析报告,并且拟定土地使用规划建议;第三步是进行规划间的协调评估;第四步是审查和审批规划结果。

(三)土地利用规划的基本内容

土地利用的基本内容包括土地资源的调查、分类、统计,以及对土地利用程度、结构、效益等现状的分析。这些工作为因地制宜地合理利用土地提供了科学依据。土地利用现状分析揭示出更有效率的土地利用方法,并引导未来的实际操作。土地开发是广度和深度利用土地的过程。此外,土地发展是扩大或深入利用土地的方式,旨在达到三个主要目的:满足人们的生活需要,促进经济发展,保护自然环境。鉴于中国的人口规模庞大且土地资源紧张,尤其是耕地的可用空间已然减少,我们必须重视节约型土地使用方式。为了保证食物供给充足,我们在农业领域应该优先考虑该方式,并在分配土地时做出综合考量。

二、土地利用规划分类

我国的土地利用规划体系是根据各个级别分类的,包括土地利用总体规划、土地利用详细规划和土地利用专项规划。

(一)土地利用总体规划

区域内的土地利用总体规划是根据国家社会经济的可持续发展需求以及当地的自然、经济、社会条件,在空间和时间上对土地的开发、利用、治理、保护进行整体安排和布局,是实施土地用途管制的基础。

根据土地利用总体规划,政府会把全国范围内的土地资源分配到各个行业中去,首要任务是平衡农业与其他行业的比例关系,然后进一步调整农业内部分配结构,例如在耕作、森林及畜牧等领域做出合理的安排。此外,《中华人民共和国土地管理法》也明示了:我国制定并实施土地利用总体规划,以规范各类土地的使用性质,并将土地划分为三类——农用地、建设用地和未利用地。严控农用地转变为建设用地,同时管控建设用地总量,并对基本农田给予特别保障。所以,任何企事业单位或个人都需按照土地利用总体规划所设定的土地目的来行使权利。

土地利用总体规划是宏观土地利用规划的一部分,是各级人民政府合法组织对其管辖范围内土地的利用、开发、整治和保护进行综合部署和统筹安排。根据中国的行政划分,规划分为国家级、省级、市级、县级和乡级五个层次,即五级规划。各级规划必须衔接紧密,上级规划是下级规划的依据,引导下级规划的制定;下级规划是上级规划的基础和实施保障。

土地利用总体规划的成果涵盖了规划文件、图纸以及相应的附属材料。这个总体的土地利用规划采取分级审批机制。

(二)土地利用详细规划

根据地域使用总规划的基础,对特定地区、村落或者公司内的某一阶段的地域使用情况做出具体的组织与技术策划称为地域使用详尽规划。此种规划涵盖了空间排布、用地分类、项目设计的细节,也包含建设流程及迁移策略等元素。

(三)土地利用专项规划

专门针对特定土地使用问题的解决方案称为土地利用专项规划,是为解决土地的开发、利用、整治、保护中某一单项问题而进行的规划,如土地开发规划、土地整理规划、基本农田保护规划等,它们都是在总土地利用规划的大纲指导下实施的,作为对该总体规划的进一步完善与深入研究。

常规的土地利用专项规划包括土地开发规划、土地整治规划和土地复垦规划等。

土地开发规划是以土地开发作为主要主题的方案设计。该过程涉及人们采用诸如工程、生态及科技手段等方式,对各类尚未被充分利用的土地资产(如荒野、废弃之地或者沙漠)实施管理并加以使用,或是以某种形式转换至其他方式的使用模式。这类计划一般可以划分为农业用地开发策略和城市用地开发战略两种类型。

土地整治规划:该方案的核心目标在于利用生态保护与工程科技手段来优化土壤的环境状况,从而构建出对人类生产和生活有益的新环境。这类计划往往针对特定的地理区域展开,涵盖诸如治理水土流失区、改良盐碱地区、防风固沙区、湿地退化区的恢复及红黄土壤的全面改造等多种类型的土地整治项目。

土地复垦规划:对于被开采或其他因素导致的土地损害,通过实施修复行动以将其还原至适于使用的状态,这就是所谓的土地复垦计划。这种计划涵盖了各种类型的土地复垦项目,如矿业遗址的再造、煤炭沉积区的再生、道路和水利设施造成的挖掘区域的重新整理,以及闲置住宅区用地的恢复等。

土地保护规划:该计划是在特定的历史环境下实施的,旨在维护地表生态系统或者满足社会的需要,通过采用各种策略、法规及财政工具来控制部分地区的开发与利用,避免土地质量恶化和过度使用。此项计划是中国面临有限且易受破坏的地貌条件而提出来的。中国的地域保护规划可以分为三类:一是以自然资源保护为中心的土地保育计划;二是以维持地表生态平衡作为重点的土地保育规划;三是针对珍贵动植物及其栖息地的自然遗迹展开的土地保护规划。

土地整理规划:需要对土地使用的布局安排进行优化,以便让使用模式、密度与结构符合特定的目标需求。土地整理规划可以划分为两大类别——农用土地整理及非农用地整理。当前中国的情况是,重点对农田进行整理,旨在提升耕地的品质、扩大实际可用的耕地数量,同时改良农业生产的环境因素。

三、土地利用规划技术和方法

(一)土地资源评价

土地资源评价是一个根据特定的用地目的,对其特性进行评测的活动。此过程能全方位且以定性和定量的方式来衡量地域资产的品质。它涵盖了对组成部分、地理位置及基础建设情况的整体分析,同时也明确了其在特定应用场景中的适应度与局限性,并能够展示出该地的产值潜力和经济收益,及其对周边生态环境的影响,并且提供了解决提升产量和增收所需要的策略。

根据目标差异,实施土地资源评价的过程中可能运用多种技术手段,同时每种技术手段都可能会遵从各自特定的评定准则。参照联合国粮农组织发布的《土地评价纲要》及国内外的最新的土地资源评价科研成果,可以归纳出以下几个基本准则。

1. 应依据特定的土地使用需求进行土地资源评价

具有明显多样性的土地资产特性使得一些不适于农耕的环境反而能适应其他产业(如旅游或者科研)的需求。对于同一片区域来说,其用于农业开发时所要求的土壤品质也会因不同作物而有所差异。以种植水稻为例,为了满足这一需求,必须有足够的水量供应,因此一般情况下,适合作物为水稻的地区往往位于洪泛区和平坦地带,并拥有优良的供水与排水分散设施。此外,土壤质地要求适宜,壤质或黏质土壤更适合水稻的生长,而砂质土壤不利于水稻的发展。若要在一个区域内推动园林产业的发展,我们需要再次审视该地区土壤的各项属性以满足植物(如花卉与果树)的需求。所以,在开始土壤评定前,务必清晰界定其特定的目标。倘若评定目标含糊不明,那么评定的针对性和有效性便会降低,进而影响到评定结论的可信度及实际应用价值。通常来说,尽管未明示具体的评定目的,但在某些情境下其实已然显现,例如为农作物提供产出潜力的评定,主要目的是服务农业领域。评定目的的确切程度受限于评定区划的大小及其所采用的结果展示比例尺。一般而言,当勘察区的规模变小且使用更大的比例尺时,对于土地使用的期望将会变得更精确,同时,土地资源评定的主题和目标也将变得更具特定性。

2. 评估土地适宜性程度的重要指标之一是土地利用的效益与投入分析

从对土地的使用开始时,就必定会产生消耗,即便是最初的人类采摘野生水果也要耗费精力。如果没有任何投资,那么无论这片土地具备多大的生产潜能,都难以充分实现或者只能极度地展现出其能力。衡量各类土地使用方式适配度的强弱一般都是通过对比所产生的成本（如种子的播撒、化肥施用、农业药物应用和人力劳动等）与其产出的成果或是其他利益的关系来决定。同一种土地用途下，不同地块的适宜性程度差异也是通过这种比较得出的。所以，一旦某块地有能力承担多项功能，我们首要任务是评估其投资回报比率，从而决定最优选择。在做这项决策的时候，还需要考虑的是这片地的长远利益和短期利弊，一般情况下会把从该地块中获取的长久稳定的收入视为衡量其价值的标准。

虽然土地使用经济收益不是决定其使用的唯一定义要素，如中国南部的橡胶种植区，从经济角度看并不是理想的使用选择，但是为了满足国家的需求，把部分不适合的地方用于橡胶种植。同样的事情还发生在农田和经济作物的对比上，后者的收益通常要高于前者。这其中的关键问题在于当前国内农业产品的市场价差，特别是在某些经济作物的价格开放以后，这个差距变得更为明显了。

因此，为了保证粮食用地的稳定性，在评估过程中通常会同时考虑各类土地使用的社会效益，以全面评估土地使用的合适性并确定最优的土地使用方法。

3. 土地评价必须与当地的自然、经济和社会条件相结合

在各国乃至同一国家的不同地域，自然环境和社会经济技术状况都有所不同，尤其是土地适宜性评估，它是在特定的土地使用方式和投资水平条件下衡量土地适合何种使用程度的方法。如果土地利用方式和投入水平发生变化，那么相应的评价标准也会发生变化，导致评价结果有很大差异。举例来说，由美国农业部土壤保护局开发的土地使用潜力分类系统对地域评估产生了显著的影响。然而，这个模型主要针对大型农田进行设计，适应像发达国家那样的高密度、现代化的耕作环境。虽然它没有明确指出具体的土地用途限制，但是通过它的诊断因素选择和指标分配，我们可以看到，这种方法得出的土地使用潜力的级别是以与美国相似的生产条件作为基础的。所以，如果直接将其运用在中国或者其他的第三世界国家，可能会不能准确体现出实际的地域差别。

4. 土地资源评价必须基于土地的持续利用

对土地使用的适当性评价不仅需要关注其投资回报率，还需要保证这种使用方式不会引起土地恶化或者其他的生态环境问题。以实例说明，某些地域短时间内通过某一特定用途可以获得显著的经济收益，然而这却可能带来诸如水土流失、二次盐碱化、土地沙化和土壤硬化等问题，最终导致土地品质降低。例如，砍伐森林用于耕作或是草场被改造成农田的情况在初始阶段会展现出明显的效果，但在几年的时间后，严重的土地退化会导致农业产能下滑，进而触发生态环保问题。这样的情况在国内外的案例中都有出现过。

土地资源评价涵盖的情况多种多样，涉及评价对象、评价目标、评价要求等多个方面的内容。一般来说，土地资源评价方法可以概括为两阶段法和平行法。

首轮评价（即第一阶段）基于基本研究对土地资源进行定性评价，该过程主要依赖初始选择的土地使用类别作为划分标准，如种棉、玉米、菜蔬或者养殖乳牛等，以此来识别土地的使用适应度。在此过程中，社会与经济因素仅被用来验证所选用的土地用途是否

恰当。而接下来的步骤是通过运用前一轮的数据资料,如地图或是报告,进一步开展社会及经济方面的深入探讨,从而得出量化的土地资源评估结论并将其归类,这有助于指导规划策略的选择。这种方法简便、易懂,且操作流程明确。由于先期完成的社会经济调研是在自然环境数据收集之后进行的,这样可以有效防止重复劳动,使得时间分配更为合理,人力的调度也更具弹性。此方式常应用于大规模的初步计划目标下,涉及土地资源勘察和社会经济发展潜力的评估,例如县级土地利用总规划下的土地资源评估。

平行法中社会经济分析和土地利用类型的调查评价是并行的过程,它指的是在对土地类型做评估的同时对其社会经济特性进行探究。在这个过程中,土地使用的类别可能会出现变动。例如,在农业领域,这可能包括了选取合适的作物与轮耕策略、预估所需的资本及人力成本,以及决定最佳的农田面积等因素。因为平行法把第二阶段的过程也纳入到第一阶段去执行,所以能大大减少评估所需要的时间。此种方式适用于小型区域和大比率地图绘制的评定工作,尤其当土地用途相对单一时,其应用效果更佳。

(二)土地资源资产核算

土地资源资产核算的核心任务是对土地资源的数量、质量和价值进行评估和记录,以反映土地资源在一定时期内的变化情况和其对经济活动的贡献。这一过程包括量化土地资源、评估土地质量、估算土地价值、监测土地资源变化、制定和执行土地资源管理政策以及提高公众意识和参与。通过综合运用遥感技术、地理信息系统等工具,以及跨学科的知识,可以实现土地资源资产核算的准确性和实用性,为可持续发展政策的制定和执行提供重要支持。

土地资源资产核算是一个涉及多方面因素的复杂过程,旨在量化土地资源的经济价值,以便更好地管理和利用这些资源。核算过程通常涉及以下几个关键步骤(见图5-11)。

(1)确定核算范围和目标:首先明确土地资源资产核算的具体目标和范围,包括要核算的土地类型、地区范围以及核算的目的(如土地管理、投资评估、环境保护等)。

(2)收集和整理数据:收集有关土地资源的详细数据,包括土地的位置、面积、使用类型、土地权属、土地利用状况等信息。这些数据可以通过地籍调查、遥感技术、地理信息系统(GIS)等手段获取。

(3)评估土地价值:市场价值法(通过分析土地市场的供需状况、成交价格等因素,评估土地的市场价值,这种方法适用于有活跃交易市场的土地资源);收益资本化法(基于土地产生的预期收益,使用资本化率将未来收益折现为当前价值,以此评估土地价值,这种方法适用于有稳定收益的农业或商业用地);替代成本法(以替代或重建相同功能的土地所需成本作为土地价值的估算基础,适用于公共设施用地等不易直接评估市场价值的土地);生态服务价值评估(对提供重要生态服务的土地,如湿地、森林等,通过评估其生态服务功能,如碳储存、水源涵养等来估算其价值);土地资源的质量和功能评估(考虑土地的生态价值、社会价值等非市场因素,评估土地的综合价值,这要求综合应用生态学、社会学等多学科知识,对土地进行全面评价)。

(4)资产负债表编制:基于上述评估结果,编制土地资源资产负债表,详细记录土地资源的价值、数量、质量、所有权等信息。这有助于政府、企业等土地使用者和管理者更好地理解和管理土地资源。

（5）持续更新和审计：鉴于土地市场和土地使用状况的不断变化，土地资源资产的评估是一个持续的过程。需要定期更新数据和评估结果，必要时进行审计，以确保土地资源资产信息的准确性和时效性。

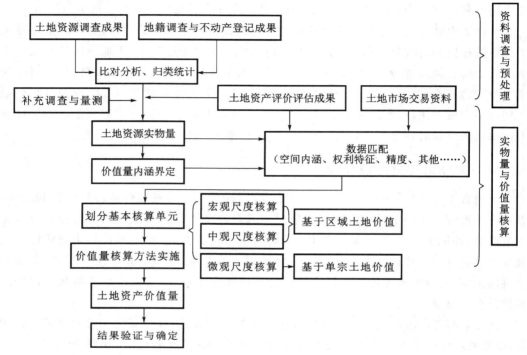

图 5-11　土地资源资产核算

（三）土地利用预测

模拟土地使用变化，特别是通过明确、全面和多维度的方法进行建模，是预测未来替代路径的关键技术，同时也是试验以检验我们对土地使用变化关键步骤的理解的重要技术。土地利用变化模型应代表土地利用系统的部分复杂性。它们为测试土地利用模式对选定变量变化的敏感性提供了可能，还可以通过情景模拟测试相互关联的社会和生态系统的稳定性。

土地利用变化模型可以涵盖以下几种类型：统计学方法及数量经济学工具（如线性回归模型、计量经济学模型、多元逻辑斯蒂模型、典型关联研究模型等）；空间交互模型（如空间随机模型、干扰概率模型、空间引力交互模型等）；复合模型（如计量经济型的复合系统，空间引力交互的 Lowry 型综合模型，城市/大都市规模、区域范围、世界范围内的复合模拟模型，根据输入/输出建立的复合模型等）；最优化模型（如单一或者多个目的线的线性规划模型，动态规划模型，效益最大化模型，线性、二次或者非线性赋值的评价问题目标级别模型，多种目标或多样标准的决定机制模型等）；其他的模式（土地利用变更的马尔可夫模型、基于 GIS 的土地利用变化模型、多智能体的土地利用变动模型等）。

土地利用系统的复杂性要求进行多学科分析。鉴于生物、物理方面（如海拔、坡度或土壤类型）数据的良好可得性,模拟土地利用变化的初步工作主要集中在这些属性上。不仅如此,还需要纳入广泛的社会经济变化驱动因素数据。大多数案例研究都强调了政策在推动土地利用变化中的重要作用,如《联合国气候变化框架公约京都议定书》等国际环境条约可能会推动未来土地利用的重大变化。

然而,由于缺乏明确的空间数据,以及在方法上难以将社会数据与自然数据联系起来,社会、政治和生态因素的建模受到了阻碍。例如,生物、物理过程的相关空间单位可能与行动者决策的空间单位截然不同。更容易在空间上测量的替代变量（如到公路或城镇的距离）往往被用于更深层次的潜在驱动力（如市场的影响）。为了数据方便,这种从驱动力到近因的转变可能会掩盖因果关系。除了更容易测量的土地覆被转换外,还需要考虑微妙的土地覆被或土地利用变化,例如与种植模式、投入品使用或森林树木密度变化有关的变化。此外,土地利用变化模型还需要考虑土地管理技术、基础设施或土地利用政策等变量的连续性。

(四)土地利用优化配置

优化土地利用是一个复杂且多元的过程,其主要目标是保证土地资源的高效、合理和持久利用,同时维护和改良生态环境,以支撑社会经济的持续健康发展。这一任务涵盖了提高土地使用效率、保护生态环境、实现社会公平以及确保经济均衡发展等多个方面。为了达成这些目标,土地规划和管理必须在考虑经济发展需求、保护生态环境、确保社会公正和实现长期可持续性等因素的基础上进行综合考虑。同时,随着社会经济和环境的变化,土地利用的优化配置还需要具备一定的灵活性和适应性,以便及时调整规划和管理策略,满足未来发展的需求。此外,公众参与和社会各方的协调合作也是实现土地利用优化配置核心任务不可或缺的一部分,通过各利益相关方的共同努力,形成一个促进经济、社会和环境协调发展的良性循环。

在宏观层面上,土地使用效率提升主要体现在对土地资源内部分配的重新规划上,也就是各类别土地资源间的转变。原因在于,由于自然资源的总体数量是固定的,随着社会的经济发展,我们必须相应地调整其分配来满足新的需求。例如,为了满足交通运输设施建设的需要,一些农田和森林可能会被改造成道路用地。从微观角度来看,这也意味着某些地区的土地资源总数有所增长,同时也有更多的闲置或待开发土地得到改进。

土地资源拥有各种功能,如生态环境保护、区域规划及景观设计等,并展现出丰富的特性。针对某个特质来说,具备此特性的地区单位有许多,也就是"一物多征、一征多物"。虽然土地资源可以被用于不同的目的,但在现实中,同一土地只有一种用途,并且变更难度大且费用昂贵。所以,合理分配地域资产不仅是可能的,也是必要的。这涉及两个层面:首先是对特定地区的最适合使用的决定,可以通过深入研究和整体评估其核心特点来明确首选或者主导的使用方式;其次是在选定某种用处的地域资产上做出决策,通过满足这一需求所需的关键属性,对符合这个条件或与其相似的其他地方单位进行精确辨别,从而找出最好的土地资源。

土地利用的优化配置是一个复杂的过程,旨在实现土地资源的合理利用和可持续发展。这个过程涉及多学科知识的综合运用,包括地理学、城市规划、环境科学、经济学等。为实现土地利用的优化配置,可以采用以下几种方法。

(1)土地适宜性评价:通过评估土地的物理、化学、生物特性以及与特定土地利用方式的匹配程度来确定最适合土地的使用方式。这种方法有助于避免不适宜的土地利用方式,减少环境破坏和资源浪费。

(2)这是一种在规划土地使用时,将经济增长、社会需求和环境保护等多个目标纳入考量的模型。通过建立数学模型,寻找不同目标之间的最佳平衡点,以实现土地资源的综合利用和可持续管理。

(3)遥感和地理信息系统(GIS)技术是运用遥感技术获取土地使用现状的详细数据,并通过 GIS 进行数据分析和空间分布的可视化的技术。这些技术有助于准确评估土地资源,为土地利用规划和管理提供科学依据。

(4)生态系统服务评估:识别、评价和量化土地生态系统提供的服务价值,如碳固定、水源涵养、生物多样性保护等。通过这种评估可以优先考虑那些对维护生态平衡和提高生态服务价值具有重要作用的土地利用方式。

(5)参与式规划:在土地使用规划的过程中,我们积极吸纳公众、政府机构以及专家学者等各方面的意见和建议,通过协商和讨论达成一致,从而制定出被广大群众接受的土地利用规划方案。这种方法有助于平衡不同利益群体的需求,提高规划的可执行性和社会接受度。

(6)法律和政策工具:通过制定和实施相关法律、政策和标准,对土地利用进行规范和引导。例如,设定土地使用权限、推动农地保护、实施绿色建筑标准等,以法律手段保障土地利用的合理性和可持续性。

要优化土地的利用,需要整合多个学科的知识和进行全方位的协作。通过运用科学且合理的策略和技术手段,以及有力的政策支持,可以调节人类活动与自然环境之间的关系,从而推动社会经济的持续发展。

四、案例分析

(一)武汉市土地利用总体规划

武汉市是中国中部的核心都市及国家级的历史文明古城,它还是国内的重要制造业与科技教育机构所在地兼大型交通运输网络的核心节点。基于对"科学发展的理念"的支持,武汉市致力于实现经济发展和社会进步的人口增长控制下的自然资源保护平衡的发展策略,全面管理城镇化进程中的各项任务,如区域计划编制等事务工作。为了达成这个愿景,武汉市已经制订了一份名为《武汉市土地利用总体规划(2006—2020 年)》的文件来保证武汉市长期的城市成长能力不受影响,主要内容如下。

(1)土地利用结构调整。为了保持农业的稳定发展,并加强其基础地位,土地利用结构需要进行调整。这不仅包括合理增加建设用地以满足经济社会可持续发展的需求，还包括适当开发和利用未开发的土地，从而改善生态环境。

（2）土地利用布局优化。《武汉市土地利用总体规划（2006—2020年）》对土地使用策略进行了调整优化。紧扣武汉市"双河汇聚，三个城区并列，地域分布广泛；山川相互连接，生态环境脆弱，区域限制明显"的地形特征，依据土地使用的战略方针、目的与需求；平衡农业基础设施及公共建设的需求，充分发挥农业基地的产出效益、环境保护作用及其间距效应，遏制城市的过度扩张；改善城乡居民区的配置方式，推动各种用途的空间整合高效化，助力多个核心区组成的城市结构发展。

（3）土地利用区域调控。在规划过程中，为了实现土地的合理利用、控制和引导，《武汉市土地利用总体规划（2006—2020年）》根据各区域的土地资源特性、发展阶段以及其定位差异来将全市分成四个不同的土地使用区。这样做是因为《武汉市土地利用总体规划（2006—2020年）》明确了每一个区域土地使用管理的关键点并对其进行调整。

（4）耕地和基本农田保护。为确保农业用地的安全与完整，需要对非农业用途占用的农地及未经授权的退耕还林行为加以限制；需加大对农业用地优化配置的支持力度，并加强灾害损毁农地的修复工作；要坚决遵守建筑物占地赔偿的规定，全力推进乡村土地整治项目，并在适当的时候利用工业废弃地进行再开垦，挖掘潜在的可耕地资源；强调加强基本农田建设。

（5）建设用地节约集约利用。规划为了节约建设用地，《武汉市土地利用总体规划（2006—2020年）》需要对城乡的总建设用地进行控制并优化配置城市和工业矿产用地。同时，农村建设用地也必须得到规范管理，以及基础设施用地的合理分配。

（6）土地利用生态建设和环境保护。为保护武汉独特的生态资源，规划提出要合理安排生态用地，保护和改善土地生态环境、加强土地利用生态建设，从而保障生态环保建设用地。

（7）中心城区土地利用控制。为了强化城市核心区域的用地管理，《武汉市土地利用总体规划（2006—2020年）》遵循保持城镇边界的稳定性并确保其对城市的整体性和自主性的保护原则，从而确定了城市核心的规划管控区。此外，这个区域还需履行作为湖北与武汉省会级别的政治、经济、文化及中部的工业和生活服务区的职责，因此有必要对其空间组织架构进行调整和优化。

（8）土地整治重大工程安排。《武汉市土地利用总体规划（2006—2020年）》根据土地整治潜力分析结果和土地整理复垦开发重点区域的分布情况，确定建设用地整理工程、土地整理工程、土地复垦工程和土地综合整治工程等四类土地整治工程的规划安排。

《武汉市土地利用总体规划（2006—2020年）》的主要目标是在保证社会与经济发展持续性的前提下，优先对农田实行严密保育措施；关键点是对建筑用地进行适度限制，从而推进城市的均衡进步；核心的策略是通过节省和高效使用土地来实现土地利用方法及经济增长模式的转换；焦点问题是如何增强规划执行力，提升其效能。基于此，《武汉市土地利用总体规划（2006—2020年）》依据国家经济和社会发展的总体计划以及相关的产业发展战略，构建了一套详细的规划方案，明晰了未来十五年的土地利用目标、责任和需求,同时按照城市规划的空间分布格局,综合考虑每个地区的社会经济发展状况和土地资源特性,把规划的关键调节指标分配给每一个地区。

(二)安达市古大湖镇双山村村庄规划

双山村隶属安达市古大湖镇,位于古大湖镇西南侧,距安达市 5.7 km。位于双山村的 G10 绥满高速公路和 168 县道为该地提供了便捷的交通运输条件。这个村庄由十个自然屯组成,拥有固定居民 660 户,共计 1668 名村民。截至 2019 年末,全村面积为1670.43 公顷,其中农业用地占据了主要部分,达到 1555.74 公顷,占总面积的 93.13%;其次是建筑用地,占地 107.77 公顷,约占总面积的 6.45%;最后是其他的用地,占地 6.92公顷,仅占总面积的 0.41%。全村空心化率达 50% 以上,属于集聚提升类村庄。基于独特的地理位置和村民分布情况,黑龙江省城市规划勘测设计研究院编制了《安达市古大湖镇双山村村庄规划(2020—2035 年)》,主要内容如下。

(1)这次乡村规划被划分为"三步走":首先发现问题,然后解决问题,最后规划落实。在这个过程中,通过前期的实际情况调查、现场考察与座谈等方式深度理解了乡村状况。经过对现有问题的整理归纳,分析出它们的特点、难点以及居民和社区的需求,以此作为规划的关键点。接下来就是寻找解决方案的过程,根据乡村的位置、当前资源、经济基础以及居民和社区的需求来确定角色定位,设定发展目标,并且提供实用的规划建议。在规划执行中,会依据目前的问题和未来的需要,明晰乡村的发展路径,包括用地布局、公共设施、基本设备、农村合并、经济发展等方面,从而指导乡村建设,达到预设的目标。规划整体思路图如图 5-12 所示。

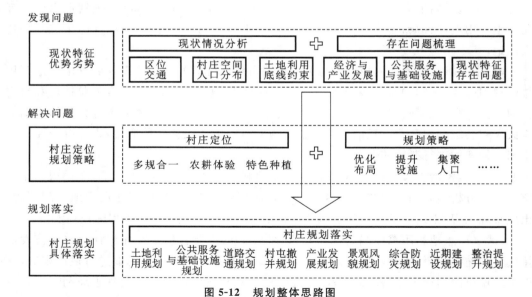

图 5-12　规划整体思路图

(2)现状分析:现状评估主要包括两个部分:一是对乡村发展的当前状况深入研究;二是对居民的需求与期望研究。对于乡村而言,关注的是其空间利用情况、人口分布、经济活动及生态环境。对于居民来说,焦点在于他们的共同财富增长目标和个人事业的发展愿景。通过对比分析,可以看到一些显著的问题,如过度分散化的居住区、低效的空间使用等。为了满足他们追求美好生活的愿望,将确定以社区整合、高效空间管理为核心的乡村规划策略。现状调查情况如图 5-13 所示。

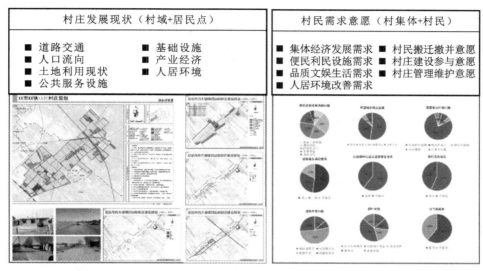

图 5-13　现状调查情况

（3）定位目标及规划策略。

《安达市古大湖镇双山村村庄规划（2020—2035 年）》利用双山村临近安达市区的良好区位特征,以及蔬菜、花卉等特色种植的基础,明确双山村"农耕体验＋特色种植"生态宜居、美丽、多规合一示范村庄的定位,从而推进村庄用地挖潜,引导人口集聚发展,打造生态宜居、美丽村庄,实现村庄土地集约、人口集聚、产业融合、环境改善的目标,最终实现村强民富、设施完善、环境优美、乡风文明。

《安达市古大湖镇双山村村庄规划（2020—2035 年）》明确"集聚提升、土地整理"的规划重点,提出八大规划策略:优化布局,严控底线统筹规划村域;提升设施,补上农村公共服务短板;集聚人口,引导人口向中心村迁移;集约土地,加强管控激励多措并举;产业融合,差异发展,突出村庄特点;安全保障,重村庄综合防灾、减灾;改善环境,推进人居环境整体提升;上下互动,规划传导,注重公众参与。

（4）村庄规划。

土地利用规划:确保生态保护的底线和永久性基本农田,设定村庄建设的边界,并优化村庄的土地分布。土地利用规划图如图 5-14 所示。

公共服务设施与基础设施规划:根据《黑龙江省村庄规划编制技术指引》中对社区服务的基本配备标准、当前的状况及其居民的需求,我们需要进一步优化并提高乡村社区的服务设施及基础建设的质量。公共服务设施与基础设施规划图如图 5-15 所示。

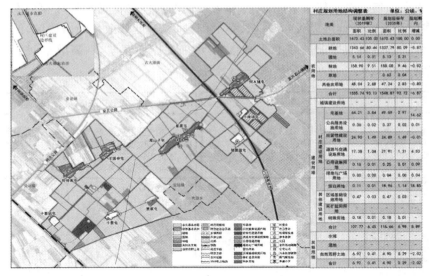

图 5-14　土地利用规划图

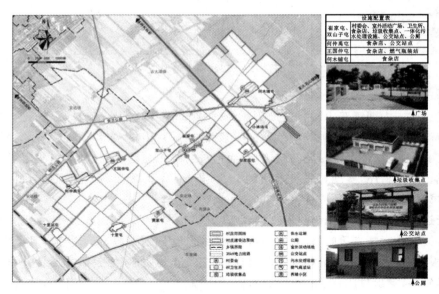

图 5-15　公共服务设施与基础设施规划图

道路交通规划：尊重村庄的现有道路布局，优化道路网络结构。道路交叉口不倒角，以院墙间距为最宽红线，不破坏院墙，对现有道路进行提档升级和维护。在村庄各屯主要道路上设置公交停靠点。道路交通规划图如图 5-16 所示。

村屯撤并规划：根据《乡村振兴战略规划（2018—2022 年）》，从户籍人口、常住人口、砖瓦化率、老龄化率和用地规模等方面进行对比分析，提出村屯撤并的建议。明确撤并屯的功能，未来考虑复垦、产业或者功能留白，并提出管控要求。同时，考虑撤并屯人员的安置问题，结合村民意愿采取提供经济补偿或者安置房等措施。村屯撤并规划图如图 5-17 所示。

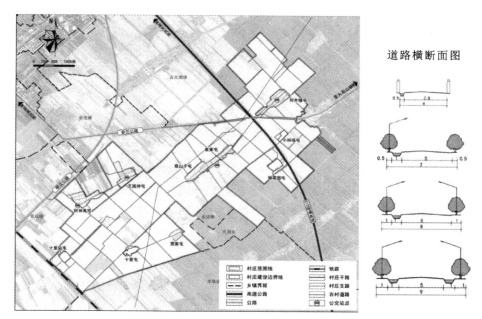

图 5-16 道路交通规划图

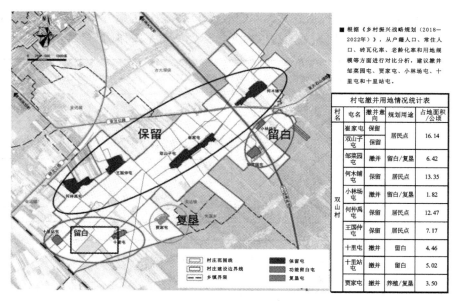

图 5-17 村屯撤并规划图

产业规划:巩固壮大产业,开展小园经济和农耕体验,发展蔬菜示范区和集中养殖区;大力发展产业,利用现状资源,做强粮食加工和物流冷库,部分撤并屯作为弹性产业发展区进行产业预留;勃挖掘产,培育观光采摘、大地景观和摄影等项目,通过田园主题景观形成乡村全域旅游的格局。打造"政民共建"产业发展模式。种植经济果树,构筑一街一景,提高村民收入。产业发展规划图如图 5-18 所示。

图 5-18　产业发展规划图

（5）创新点及经验启示。

夯实前期基础调研，注重公众参与，尊重村民意愿：建立"三组联合"便捷联络模式；成立安达规划服务小组、村领导小组、规划院服务小组。规划采用实证方法，保障公众参与。前期采取调研问卷和现场访谈了解公众意愿和需求。

建立村屯撤并指标评价体系，有序推进村屯撤并：根据《乡村振兴战略规划（2018—2022年）》中关于村庄搬迁撤并政策、黑龙江省关于村屯撤并评定标准的建议、黑龙江省村庄规划安置标准，以及村民撤并意愿和安置需求，建立村屯撤并指标评价体系，有序进行村屯撤并和人员安置规划。国家村屯撤并指标评价体系图如图 5-19 所示。

屯民去向	比例	人数	户数	需要建筑面积/宅基地面积	相应对策
卖地搬离	40%	××	××	××公顷	补偿价格为38元/平方米
迁至各村中心屯	30%	××	××	××公顷	按350平方米/户的宅基地面积，对中心屯进行规划，结合闲置建设用地和周边可利用一般耕地安置迁入屯民
迁至镇区	30%	××	××	××公顷	按《全面建设小康社会居住目标研究》中2020年城镇人均住房建筑面积35.0平方米/人计算，迁入镇区住宅楼，住宅小区按1.5的容积率计算用地

撤并屯村民安置方式

注：宅基地采用"三权分置"，发放宅基地使用权证，宅基地资格权证，保留其申请宅基地的资格

新建安置区建设控制

■ 新增住宅用地每户宅基地面积不得超过350平方米

■ 建筑后退距离沿道路不得小于3米

■ 住宅建筑层数不得超过2层，高度不得超过8米

图 5-19　国家村屯撤并指标评价体系图

创新村民宅基地退出与保留机制，满足不同村民需求：创新村民宅基地的退出与保留策略，以满足各类村民的需求。根据村民的离开意愿，实施有偿宅基地补偿机制，从而有效推动宅基地的腾退。同时，对安置区进行严格管理，以达到土地的高效利用。

基于 ArcGIS 探索"多规合一"实用性村庄规划：利用 ArcGIS 技术进行"多规合一"

实用性村庄规划,对村庄范围内的土地和设施信息进行全面调查,建立村庄现状和规划数据库(见图 5-20)。根据三调数据确定永久基本农田和生态保护红线,明确村庄建设范围,并提出保护和控制措施,明确涉及村庄整合、农田重建、产业发展和指标交易等内容。

图 5-20　村庄现状、规划数据库建立

探索"政民共建"的村庄发展模式,实现环境与经济协同发展:政府牵头进行果树引进栽培,村民宅前道路两侧种植,采用宅基地"谁居住,谁养护"的原则。最终实现一街一景、村民养护、村民享果的环境与经济双提升的目标。

形成差异性规划成果,实现"好管""易懂"的规划。产生独特的计划结果,达成"良好管理"与"容易理解"的目标。此次乡村计划的结果被划分为两个版本——批准登记版和居民公开版,前者更详尽且专业化,有利于规划及执行机构的使用;后者更为简明、形象,且易于理解,有助于公众对计划的认知。

(三)临安区一都村土地利用规划

从 2014 年的初始阶段算来,已过去整十年之久,这段时间里一直执行的是《临安市土地利用总体规划(2006—2020 年)(2013 年修订版)》这一政策文件。如今,随着城市发展的全新挑战与机会出现,"一带一路"和全球化经济发展策略正在推动对外贸易进一步扩大;同时,伴随着上海自由贸易区的建立及整个长三角地区的产业结构优化提升等重大举措逐步展开并深化,将迎来全新的国际合作模式及其带来的深远影响。长三角一体化和辐射能力的增强将加快临安与周边区域经济一体化进程。在此环境中,一都村需要全面运用山、水、林、田、湖等各种自然资源,并依赖于天目山国家自然保护区的支持,建设成"天目山大花园"的关键景点,推动观光农业与民宿产业的发展,塑造出悠闲一都村的品牌形象。

规划背景:主要目的在于提升乡村居民的生活品质并促进其生活习惯的转型,这是对中心村建设的总体设想。为了更好地引导一都村的建设进程,需要绘制出一份详细的发展计划。该计划需妥善处理乡村的土地使用模式与空间分布,确保各种用途(如农业、住宅和生活设施等)的使用得到合理的配置。尤其要关注的是如何从乡村建设角度出发来设计规划方案。

党的十九大提出了乡村振兴战略的总要求,包括促进产业发展、改善生态环境、倡导乡风文明、加强治理能力、提升农民生活水平。党的十九届五中全会提出了实施乡村建设行动,将乡村建设置于社会主义现代化建设的核心位置。

党的二十大进一步提出了建设宜居宜业和美丽乡村的目标。这些要求展示了党对乡村建设规律的深刻理解,也充分反映了亿万农民追求美好生活、建设美丽家园的期盼。在新时代新征程中,全面推进乡村振兴,致力于打造宜居宜业和美丽乡村具有重要的历史意义和现实意义。

在乡村振兴战略的大环境中,坚定且稳健地推进农村建设行动、强化和优化农村管理以及完善宜居宜业和美丽乡村建设的推动机制,都是发展的必要元素。

规划范围:依据一都村的总体规模及其成长趋势,核心村庄的构建方案明确了其设计区域,该区域包括东部山区、南部九曲坞、西部山区及北部部岭村,设计的土地使用面积达到了 28.3 公顷。为了实现乡村振兴的目标,必须确保农村农业全方位地发展,所以设计区域应该是整个一都村的全部地域,这意味着要考虑的是 503.79 公顷的设计空间。

1. 一都村自然和经济社会情况概况

地处杭州市西部山区的天目山南部地区的一都村是一个有着丰富自然资源和文化底蕴的地方。其具体位置是在浙江省的中部区域,靠近著名的佛教圣地——天目山风景区的大门处,即天目山风景区的南方边界所在的位置上。这个地方被群山环绕着:东部毗邻另一个名为"太湖源头"的小城镇;向西南方向延伸的是被称为"九头龙泉"的乡村社区;西北方紧挨着以拥有众多珍贵动植物而闻名的天目森林公园;东北角连接了同样具有丰富生态资源并享有盛誉的"高陵乡"及附近其他几个小乡镇组成的一个行政单位。整个辖区占地大约 5.02 km² 的土地范围里分布着多种多样的生态环境和人造景点,如瀑布溪流等,吸引游客前来欣赏游玩。

天目山镇区位图如图 5-21 所示。

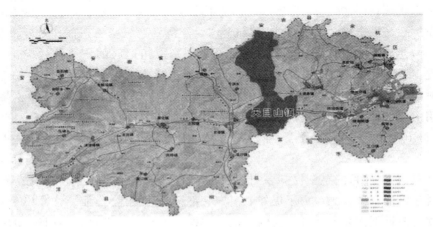

图 5-21　天目山镇区位图

一都村区位图如图 5-22 所示。

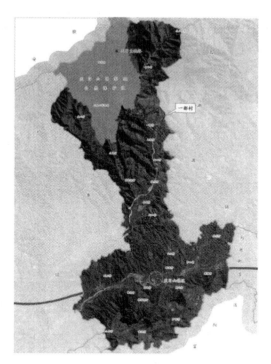

图 5-22　一都村区位图

一都村地处典型的山区,四周山峦高耸,中间地形呈现盆地和峡谷交错。该地区地势陡峭,水源匮乏,河流湍急。一都村属于亚热带季风气候,四季分明,气候温和,雨量充沛,阳光充足。年平均气温在 14.9～16.0 ℃ 之间,最低气温出现在 1 月,最高气温在 7 月,年降雨量约为 1420 mm,无霜期约为 240 天,土壤主要为山地香灰土和黄泥沙土。该村绿树成荫,植被茂盛,天然次生植被广泛分布,以阔叶林为主,占山林面积的 70%,森林覆盖率超过 90%。主要河流是东关溪,贯穿整个村庄,是天目溪的重要支流之一。

俞家、夏家、赵家和留西门这四个自然村落位于一都村,总土地面积达 503.79 hm²。在这些土地中,耕地的面积是 100.34 hm²,森林的面积为 326 hm²。

长久以来,一都村的主导产业是传统产业,其特色产品是竹笋等农产品。农民主要以自主经营的形式进行耕作,人均纯收入逐年提高。

2. 一都村土地利用现状

一都村的土地利用主要包括耕地和林地。该村农业用地总面积为 407.07 hm²,占总土地面积的 80.80%。其中,耕地面积为 100.34 hm²,主要分布在东关溪两岸,占总土地面积的 19.92%;林地面积为 294.35 hm²,占总土地总面积的 58.43%。村庄内建设用地主要用于村民住宅,面积为 23.87 hm²,人均村庄建设用地为 175.80 m²。经营性建设用地面积为 1.65 hm²。一都村土地利用现状如表 5-5 所示。图 5-23 展示了一都村土地利用现状图。

表 5-5　一都村土地利用现状

地类		面积/hm²	比重/(%)
土地总面积		503.79	100.00
生态用地	生态林	31.65	6.28
	水域	6.26	1.24
	自然保留地	31.03	6.16
	合计	68.94	13.68
农业用地	耕地	100.34	19.92
	园地	3.71	0.74
	林地	294.35	58.43
	其他农用地	8.68	1.72
	合计	407.07	80.80
建设用地	宅基地	15.99	3.17
	公共服务设施用地	2.21	0.44
	景观与绿化用地	2.07	0.41
	村内交通用地	3.60	0.71
	合计	23.87	4.74
经营性建设用地	经营性建设用地	1.65	0.33
交通水利及其他用地	对外交通用地	2.10	0.42
	水利设施用地	0.16	0.03
	合计	2.25	0.45

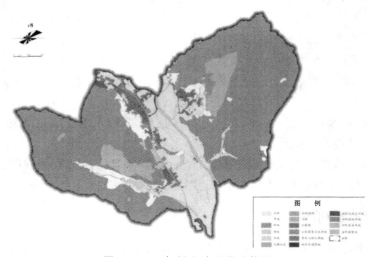

图 5-23　一都村土地利用现状图

3. 一都村土地利用规划总体布局

1）规划期限和规划范围

规划期限：一都村的土地使用计划在全面考虑天目山镇社会和经济发展规划以及相

关策略后,确定了这次计划的时间跨度为 2017—2035 年。其中,近期为 2017—2020 年;远期为 2017—2035 年。

规划范围:一都村行政辖区内所有土地,总面积为 503.79 hm²。

2)对一都村土地利用的优点和缺陷进行评估并提出相应的规划方案

优势:地理位置上的运输优势。一都村坐落于天目山镇的北端,是"杭州—黄山"这条著名旅行线的中心地带,也是通往天目山国家自然保护区的南部大门。杭徽高速公路横跨整个天目山镇,驾车从高速口到一都村只需半个小时的车程。由于其出色的交通运输设施,一都村的交通状况十分理想,藻部公路穿越村庄并计划对路线进行调整以提高等级。这有助于推动一都村的社会经济发展,使得信息的流动和资源的配置变得更高效。

一都村气候宜人、四季分明,周围地形多样,有起伏的山脉、宁静的河谷和清澈的水域。借助丰富的自然资源和优美的生态环境,可以打造村庄的形象,提升村庄的整体美观,改善村民的生活环境。

劣势:现阶段,乡村的路网建设并未达到理想状态,一些主要和次要道路过于拥挤,导致车辆只能单行通过某些区域。受农耕建筑习俗的影响,村庄内的路况并不通畅,有些地方甚至不能作为消防救援通道使用。同时,许多道路表面有损坏现象,行驶条件相对较差,并且缺少必要的停靠点设置,沿途的灯光设备也亟需改善。

基础设施和服务设施不足:一都村的基础设施和服务设施建设相对薄弱,未能满足居民生活品质的提升需求,数量偏少。

农村住宅的外观并不理想:由于没有明确的计划与设计指导,大部分住房是自行建设的。许多房子都是 20 世纪 80 年代建造的木制或未加修饰的,这极大地破坏了整个社区的美感。尽管近年来新盖的楼房在外形及实用性上有一定的现代气息,但是它们并没有遵循任何规范化的布局和设计原则,因此它们的外观样式、方向和楼层高度等都无法保持一致。

一都村优、劣势简图如图 5-24 所示。

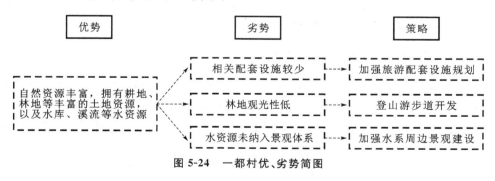

图 5-24　一都村优、劣势简图

3)规划定位及目标

(1)规划定位。

为了实现杭州市中心村培育建设的目标,并结合一都村良好的生态优势,以生态休闲为主题,引导一都村的建设工作,涵盖人口、产业、要素和功能等各个方面。利用一都村丰富的自然资源,包括山、水、林、田和湖泊等,依托天目山国家级自然保护区,打造"天目山大花园"等重要的景观节点。通过发展景观农业、民宿集群等方式,创建一个休闲型的一都村。

一都村规划策略简图如图 5-25 所示。

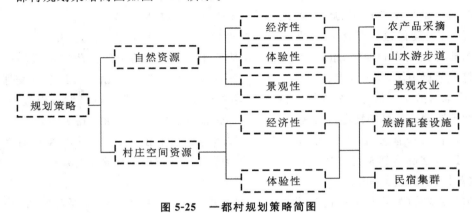

图 5-25　一都村规划策略简图

(2)规划目标。

预计至计划结束时,一都村的定位将会转变为以"休闲养身"为主题、主打旅游观光与商业服务的生态环境核心社区,具体的预期成果包括以下几点。

目标 1:推动天目大景区的民宿业发展。

以夏家为中心,构建民宿群体,吸纳投资者的参与,借助集体现有的土地打造高端酒店,推动天目大景区的民宿业,实现多元化发展。

目标 2:周末乡村家庭式旅游公园。

构建"大花园"式地区,建立以娱乐、自然环境、戏水及教育为主题的周末农村度假村型主题公园,以此吸引旅客前去感受。

目标 3:探索存量土地利用新途径。

重点关注告岭中学、夏家自然村和俞家历史街区,研究如何活用现有土地资源,推动宅基地制度改革,促进村集体经济增收和农民收入增加,实现乡村振兴目标。

4. 一都村土地利用结构优化调整研究

合理调整土地利用结构,研究目标是实现土地资源的高效利用和经济社会可持续发展,同时保障农村生态环境、提升农民生活水平、促进乡村振兴。具体研究内容如下。

土地资源调查与评价:通过对一都村现有土地利用情况调查和评价,分析土地利用现状、问题和潜力,为优化调整提供科学依据。

土地利用类型划分与规划:根据土地适宜性评价和乡村发展需求,对一都村的土地进行合理划分和规划,确定不同土地利用类型的布局和比例。

农村建设用地合理布局:结合乡村规划和生态环境保护要求,合理布局农村建设用地,包括村庄建设用地、交通设施、公共服务设施等,以满足农民生活和生产的需要。

耕地保护与精准扶贫:加强耕地保护,合理安排农业生产用地,提高土地利用效率,同时结合精准扶贫政策,支持贫困户发展产业,增加农民收入。

生态保护与景观塑造:强化生态环境保护意识,保护山、水、林、田、湖等自然资源,同时通过景观设计和生态修复,提升乡村景观品质,打造宜居宜业的美丽乡村。

政策推动与社会参与:提出土地利用结构优化调整的政策建议,鼓励社会各界参与农村发展规划和实施,形成政府、企业和农民共同推动乡村振兴的合力。

土地利用结构优化调整研究指标和方法如下。

1)设置变量

在优化一都村土地使用结构时,我们选择了 10 个土地利用类型作为变量。根据一都村的实际情况,我们进行了规划算法的优化,具体如表 5-6 所示。

表 5-6　土地利用结构优化变量

变量	土地类型	现状面积/hm^2	变量	土地类型	现状面积/hm^2
X_1	耕地	100.34	X_6	经营性建设用地	1.65
X_2	园地	3.71	X_7	景观与绿化用地	2.07
X_3	林地	294.35	X_8	村内交通用地	3.60
X_4	宅基地	15.99	X_9	交通水利及其他用地	2.25
X_5	公共服务设施用地	2.21	X_{10}	生态用地	68.94

2)约束条件

以下是土地利用优化规划算法的限制条件。

总面积恒定,即

$$\sum_{i=1}^{n} X_i = S = 434.85$$

式中:X_i 为各类土地面积;S 为村域总面积;n 为变量个数。

全村总面积 503.79 hm^2,其中生态用地面积不变,因此不纳入计算。

严格保护耕地面积,即

$$X_2 \geqslant 100.34$$

人口规模限制下,土地所能容纳的人数不得超过预定的人口,也就是

$$kP_1 \sum X_m + kP_2 \sum X_n \leqslant P$$

式中:kP_1 为农用地平均人口预测密度;kP_2 为城乡用地平均人口预测密度;P 为村域规划总人口数量;X_m 为农用地面积;X_n 为城镇用地面积。

在一都村的户口登记中,其居民数量保持相对恒定,大约有 1407 人在此居住。通过对近年来该村庄户籍人数的变化趋势研究,得出每年的人口自然增长率约为 2.5‰,预计一都村及乡村旅游项目的发展会吸引一定的临时或流动人口。

3)建立目标函数

对于优化目标函数的构建,考虑 9 个不同的变量,这些变量之间存在线性关系。根据相关文献资料,精心选择了各个变量的系数,以确保目标函数的准确性和可靠性。最终构建的目标函数经过严谨的建立,能够有效地反映一都村土地利用结构优化调整的各项指标,为研究提供了坚实的基础:

$$f(x) = 8110x_1 + 11300x_2 + 10600x_3 + 13200x_4 + 15200x_5 + 6000x_6 + 1000x_7 + 500x_8 + x_9$$

4)土地结构优化结果

表 5-7 是通过计算获得的土地结构优化结果。然而,在乡村振兴战略的背景下,受到相关政策的限制,还需要从优化布局的角度出发。根据产业繁荣、生态宜居、乡土文化、管理高效、生活富足的总体需求,结合一都村具体的土地分布情况,在计算得出的结果的基础上进行了深度优化,最终得到了表 5-8 的优化成果。

表 5-7 土地结构优化结果

地类名称	现状面积/hm²	规划面积/hm²	面积增减/hm²
耕地	100.34	105.97	+5.63
园地	3.71	3.91	+0.20
林地	294.35	289.03	−5.32
宅基地	15.99	14.92	−1.07
公共服务设施用地	2.21	2.31	+0.10
经营性建设用地	1.65	1.92	+0.27
景观与绿化用地	2.07	2.71	+0.64
村内交通用地	3.60	3.51	−0.09
交通水利及其他用地	2.25	2.25	0
合计	434.85	434.85	0

表 5-8 土地结构实际规划结果

地类		现状基准年		规划目标年		规划期内增减/hm²
		面积/hm²	比重/(%)	面积/hm²	比重/(%)	
土地总面积		503.79	100.00	503.79	100.00	0.00
生态用地	生态林	31.65	6.28	31.28	6.21	−0.37
	水域	6.26	1.24	6.26	1.24	0.00
	自然保留地	31.03	6.16	31.03	6.16	0.00
	合计	68.94	13.68	68.57	13.61	−0.37
农业用地	耕地	100.34	19.92	105.97	21.03	5.63
	园地	3.71	0.74	3.71	0.74	0.00
	林地	294.35	58.43	290.03	57.57	−4.32
	其他农用地	8.68	1.72	7.78	1.55	−0.89
	合计	407.07	80.80	407.50	80.89	0.43
建设用地	宅基地	15.99	3.17	14.92	2.96	−1.07
	公共服务设施用地	2.21	0.44	2.21	0.44	0.00
	景观与绿化用地	2.07	0.41	2.91	0.58	0.84
	村内交通用地	3.60	0.71	3.51	0.70	−0.08
	合计	23.87	4.74	23.56	4.68	−0.31
经营性建设用地	经营性建设用地	1.65	0.33	1.92	0.38	0.27
交通水利及其他用地	对外交通用地	2.10	0.42	2.10	0.42	0.00
	水利设施用地	0.16	0.03	0.16	0.03	0.00
	合计	2.26	0.45	2.26	0.45	0.00

依据上述两张表格,设计了一个有助于优化一都村土地的策略,这个策略可以被视为一都村实际土地改良工作的基础。

在生态用地的领域,2017 年的 68.94 hm² 面积将降至 2035 年的 68.57 hm²,减少 0.37 hm²。

对于农业用地使用情况而言,自 2017 年起至 2035 年间,其总占地规模将由 407.07 hm² 增长为 407.50 hm²,增加 0.43 hm²。特别地,耕地的面积也将相应提升,从 2017 年的 100.34 hm² 上升到 2035 年的 105.97 hm²,增加 5.63 hm²。

在建设用地方面,2017 年的建设用地面积为 23.87 hm²,到 2035 年将为 23.56 hm²,减少 0.31 hm²。

在经营性建设用地方面,从 2017 年的 1.65 hm² 将扩展至 2035 年的 1.92 hm²,增加 0.27 hm²。

在交通水利及其他用地方面,面积保持不变,在 2017 年和 2035 年都是 2.25 hm²。

具体的土地利用规划图如图 5-26 所示。

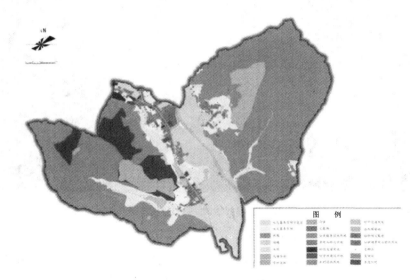

图 5-26　土地利用规划图

5. 一都村土地利用规划总体布局研究

总体而言,规划对一都村地域使用计划的设计理念是基于农业区域和建筑区划的高效整合来实现环保优先;并以此作为基础促进乡村的新兴社区构建工作,在提升农民社会福利水平和生活质量的同时确保人与人及自然的和谐共生关系得到维护。此外,要积极推行乡村振兴战略,加大公共设施和服务网络的发展力度,持续提高居民的生活品质并且深化美化家园的工作进程。

1)一都村土地利用总导向

激活存量建设用地:利用闲置土地,规范宅基地使用,并适度回收一部分土地用于村集体建设,推动集体经济发展。

实行全面的土地管理：将农田管理和村庄管理相融合，改善土地开发利用的空间分布，达到对耕地面积、品质以及生态环境的统一管理。

改善村庄空间布局：提升村庄基础设施和公共服务设施建设，优化村庄居住环境，促进农民生活质量提高。

推动农田转移：促进农田的建设、市场化以及租赁，提高村庄集体经济的活跃度；鼓励农业用地的转让，达到农业规模化运营。

2）一都村土地利用规划整体布局及分区引导

整个一都村的土地使用规划以门西线-东关溪为中心，并向两侧逐渐扩展形成生产、生活和生态区域，详细情况参考图 5-27。

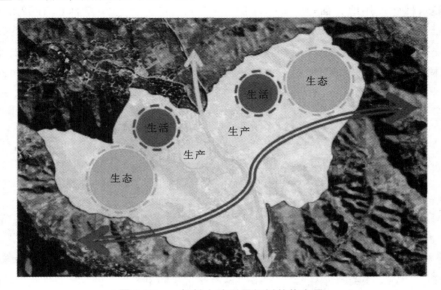

图 5-27　一都村土地利用规划整体布局

一都村土地利用规划分区引导包括以下几个方面。

作为村落居民的中心区域，赵家-俞家居住群体设有商业和服务设施，并在该地块东南部新建了一个安置小区。主要的建设方式是存量建设和新增建设。

俞家风情街：以历史街区为中心，对道路周边的建筑进行改良，部分建设用地转让给市场，创建独特的商铺。主要通过对现有建筑的改造来实现。

夏家民宿群落：基于现有的建筑用地进行全面改造，形成一个以公共服务为主导的群体。重点利用现有资源。

特色商业区：以告岭中学为主轴，进行有效改造，改造成高档酒店、微型博物馆和小型会议中心。主要利用现有资源。

该区域主要发展特色农业，以种植铁皮石斛为主，并在一定程度上配套设施农业用地。重点推动土地的集体流转。

在现代农业生产区，主要是种植水稻和蔬菜，同时也保留传统的农业景观。这里以农民所承包的土地为主。

九曲坞水源保护区:主要以水资源维护为核心,逐渐发展成为艺术写生的重要场所。保留原有森林面积不变的生态林业区,是关键的生态保护区。

3)基本农田与耕地保护规划

耕地"大稳定、小调整"是制定土地利用策略的基本原则,这意味着会在现有的农业用地结构上做一些微调以适应新的需求。在此期间,将更加严格地管理对农业用地的需求,并积极提高农业用地的总量与品质。

在耕地的空间构造上,经过精心设计后,原先的88个耕地区域被整合为69个。图5-28展示了规划期内的耕地变化情况。

（a）耕地现状　　　　（b）耕地保护实施过程　　　　（c）耕地规划

图 5-28　耕地变化情况

为了保持现有的农业用地结构相对稳定,采取了一系列优化配置的方法。这些方法主要涉及那些位于村庄周围、公路附近但未被纳入的基本农田区域,已经通过审核并确认的高品质新开垦土地,以及高等级或集中的耕作区,将它们进行重新规划以纳入基础农业用地范围。这个策略的目标是使基础农业用地的分布更加合理,同时提升土壤质量。

为了推动大规模、集中式和现代化农业运营方式的实施,并提升农村社区经济发展水平及农民收益,预计将在本规划期间把12.67 hm² 的土地租赁出去。对于农业资源使用来说,将选择距离传统村庄更近的三块生态环境良好的农田来建立景观农业区域,专注于融合农耕文化展示和自然休憩的功能。而对于现代农业生产区域,会优先考虑那些已有良好基础设施的基本农田地块,主攻当地特有的优质农产品种植。农地利用图如图5-29所示。

对其他农田的规划优化:强化森林保护,尤其是那些具有生态保护作用的山地,需要加大保护力度,严格禁止破坏山体的地形和地貌。

优化建设用地的布局:计划拆除部分建设用地,减少 2.52 hm²。同时,由于公共服务建设需求,还需新增 2.44 hm² 的建设用地。

4)生态环境保护规划

水资源保护:对于水的维护与管理来说,村庄的水主要来源于自然的降水汇聚而成的高山流水,其质量良好且无污染现象发生。这些水源包含了九曲坞水库、东关溪等多个地方的小型天然池塘及高山流水的渠道。为了确保现有的水域面积及其周边的环境不受破坏,同时也要保证高山流水的路线及各个小池塘的安全,需要防止任何可能影响到水面的建筑活动的开展。此外,还需要改善水边区域的环境,通过设立生态走廊、休憩娱乐场所和公共场所来打造多样化的水畔景观,并凸显出山区美景的特点。在靠近河边的地区所设定的服务设施也应配备相应的污水和垃圾处理设备。

森林维护方面:村内的总森林覆盖率达到了 321.30 hm²,其中国家级自然保护区占据了其中的 31.27 hm²,这些区域集中于西部山区。对于那些具备生态环境保护作用的地区,首要目标是保持它们的原始状态,禁止任何可能导致山体形状变化或损坏的地表特征的行为,如树木切割、挖矿取石等。同时,需要迅速处理存在的安全隐患问题,保证山的稳固性和安全性,并且严格遵守相关的法律规定。生态保护规划图如图 5-30 所示。

图 5-29　农地利用图

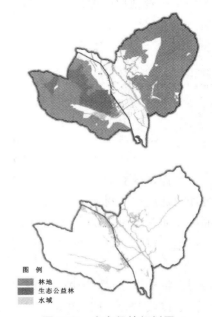

图例
■ 林地
■ 生态公益林
▨ 水域

图 5-30　生态保护规划图

确定一都村生态保护空间:确定了一都村的生态环境保育范围。根据《生态保护红线划定技术指南》中的规定,对于有可能影响到关键自然环境区的部分(如高风险或易受破坏的环境)和其他有重大环保价值的空间做了详细的研究与整合评估。在此阶段中,将那些成群聚集且具备显著防护意义的地方选出,这些地方作为首要被列入绿色守护地的核心地带,应予以特别关注及维护。

5)一都村土地利用规划实施保障措施

为了确保方案的有效实行,我们有必要采取一系列的相关政策手段。当方案编写完毕之后,应主动开展公众宣传与公开展示,以便使村里的民众理解其具体的内容。一旦方案获得审核通过,它就成为乡村发展的关键参考点,所有建设项目都需严格遵循该方案的规定来操作。如果出现任何变更情况,则必须经由村民大会审查、确认,并在向市级城市规划管理部门申请许可后再行施行。此外,还需设定一些奖惩机制,以激励社区成员依照方案规定处理破旧房屋问题,同时也要结合自身的财务状况及实际环境条件制订出合适的方案实践步骤,然后分步推行。

习　题

1. 国土空间规划的内涵和特点是什么？与资源环境规划之间的关系如何？

2. 试述主体功能区规划的内涵、意义和基本工作流程。

3. 试述城市生态环境规划的意义、基本步骤和方法。

4. 比较新加坡和广州城市生态环境规划的特点。

5. 什么是土地利用规划？土地利用规划的意义和基本内容是什么？

6. 试分述土地资源评价和土地资产核算的基本步骤和方法。

7. 国土空间规划是什么？

8. 国土空间规划的基本框架是什么？

9. "三区三线"具体包括哪些内容？各自的重点是什么？

10. "双评价"具体包括哪些内容？各自的含义是什么？

11. 地域功能类型与主体功能区类型分别包括哪些？

12. 主体功能区规划理念有哪些？

13. 城市生态环境规划的核心目标是什么？

14. 生态城市理论基础中的"绿色基础设施建设"包括哪些内容？

15. 城市生态环境规划的技术和方法包括哪些方面？

16. 《2030 年新加坡绿色发展蓝图》（《Singapore Green Plan 2030》）的主要内容包括哪些方面？其目的是什么？

17. 什么是土地、土地利用、土地利用规划？

18. 请简述土地利用规划的内容。

19. 简述土地利用规划的分类。

20. 如何进行土地资源评价？

21. 土地资源评价的具体方法是什么？

第六章

水生态环境规划

随着我国经济的发展和城市化水平的提高,人们越来越重视城市水环境的质量,改善和保护城市水环境是国家水专项的主要任务之一。为切实加大水污染防治力度,保障国家水安全,国务院于 2015 年 4 月发布了《水污染防治行动计划》(简称"水十条"),为我国的水环境保护和污染治理提供支持。各地区围绕水生态环境开展一系列工作,涵盖水环境保护规划、水污染治理工程、水质跟踪监测和后评估等全方位和多维度的内容。

水环境规划作为前端指导性的工作,是协调人类社会经济发展与水环境保护之间关系的重要途径和手段。它是在水资源危机纷呈的背景下产生和发展起来的,特别是近 20 年来,由于人口和经济的快速增长,人们对水量、水质的需求越来越高;但另一方面,水资源日益枯竭、水环境污染日趋严重,使水环境问题的矛盾越来越尖锐。水环境规划作为解决这一问题的有效手段,受到了普遍的重视,并在实践中得到了广泛的应用。

本章重点介绍水环境规划的内涵及编制的意义,以及水环境规划的类型及相应的编制内容,以市级水环境规划和具体河湖水环境治理规划方案为案例,介绍规划的编制流程和具体内容,引导读者熟识水环境规划的编制工作。

第一节　水生态环境规划的内涵与意义

一、水生态环境规划的内涵

水环境规划是对某一时期内的水环境保护目标和措施所做出的统筹安排和设计。其目的是在发展经济的同时保护好水质,合理地开发和利用水资源,充分发挥水体的多功能用途,在达到水环境目标的基础上,寻求最小(或较小)的经济代价或最大(或较大)的经济和环境效益。水环境规划是区域规划和城市规划的重要组成部分,因此,在规划中必须贯彻经济建设与环境保护协调发展的原则。

二、水生态环境规划的意义

（1）控制水环境污染的迫切需要。

（2）通过水环境规划明确水域使用功能并核定水域纳污能力，制定水域排污的总量控制方案，是有效管理和科学保护水资源的前提条件，是经济社会发展对水资源可持续利用的迫切要求。

（3）履行《中华人民共和国水法》所赋予职能的重要举措。

（4）实现社会经济可持续发展的需要。

第二节　水生态环境规划的类型

根据水环境规划研究的对象，可将水生态环境规划大致分为两大类型，即水污染控制系统规划（或称水质控制规划）和水资源系统规划（或称水资源利用规划）。前者以实现水体功能要求为目标，是水环境规划的基础；后者强调水资源的合理开发利用和水环境保护，它以满足国民经济和社会发展的需要为宗旨，是水环境规划的落脚点。

一、水污染控制系统规划

以国家颁布的法规和标准为基本依据；以环境保护科学技术和地区经济发展规划为指导；以区域水污染控制系统的最佳综合效益为总目标；以最佳适用防治技术为对策措施；统筹考虑"污染的产生→削减→排污体制优化→污水处理→水体质量提升"及该体系与经济发展、技术改进和加强管理之间的关系，进行系统调查、监测、评价、预测、模拟和优化决策，寻求整体优化的近期、远期污染控制规划方案。水污染控制系统规划包括流域水污染控制规划、城市（区域）水污染控制规划和水污染控制设施规划。

（1）流域水污染控制规划：研究受纳水体（流域、湖泊或水库）所属的流域范围内的水污染防治问题。

（2）城市（区域）水污染控制规划：对某个城市（或区域）内的污染源提出控制措施，以保证区域内水污染总量控制目标的实现。

（3）水污染控制设施规划：对某个具体的水污染控制系统，如一个污水处理厂及其有关的下水道系统做出建设规划。

二、水资源系统规划

水资源系统规划包括流域水资源规划、地区水资源规划和专业水资源规划。

（1）流域水资源规划：以整个江河流域为对象的水资源规划。

（2）地区水资源规划：以行政区或经济区为对象的水资源规划。

（3）专业水资源规划：以流域或地区某项专业任务为对象的水资源规划。

第三节　水生态环境规划内容

水环境规划的重点通常涵盖六个方面：明确水环境保护的方针和政策；水体分区管理，严格保护水源地；要充分考虑流域的用地与人口的增长对水量、水质的影响；把流域和水资源作为复合生态系统考虑；注意处理好水环境各种水体的相互关系；注意避免洪涝灾害问题。

一、水环境规划目标与指标

规划目标的制定要在确保各流域水环境质量确有改善、水污染治理水平确有提高的基础上，立足于现有的水环境状况以及资金筹措能力，参照实现小康社会的总体要求，确定合理的规划目标和指标。

（一）水环境规划指标体系

1. 投资指标

根据不同城市社会经济发展状况以及对环境质量的需求，确定"十四五"城市在水污染防治方面需完成的投资，并估算具体投资额度（可以设计多种方案）。详细描述投资额度的确定方式，主要包括在确定额度时考虑相关各类因素（如污水处理收费额度，城市本身可支配的资金额度等）、选择计算方法；在有多种设计方案时，需分别描述并进行对比分析。

2. 工业污染物新增量指标

建议给出工业污染物新增量的限值（仅针对新建项目，改建、扩建项目的污染物增量应在原有项目中消化）。

3. 污染物削减量指标

根据水环境容量测算结果推算的污染物允许排放量只能作为制定"十四五"规划总量控制指标的参考，而不能作为依据。因为水环境容量及由此推算的污染物允许排放量是水污染防治工作的终极目标，在大部分地区这一目标不能在短期内实现。建议根据单位投资可实现的污染物削减量，确定"十四五"期间可实现的污染物削减总量。

4. 水质改善指标

水体环境质量除与污染物排放总量有关外，还受水量、排污口位置及监测站点位置的影响，而水量属不可控因素。即使提出规划目标年在某种水量条件下应实现某种水质目标，也会因实际水量与假定水量的差异而难以考核。建议"十四五"规划中，仅针对城镇集中式饮用水源地、跨省界水体及城市重点河流提出水质改善目标,且不能要求在5年内解决所有的水环境问题,应根据水环境功能区对水质的要求、近年来水体水质的变化趋势以及当地的经济发展水平合理确定水环境质量改善目标。

5. 环境经济指标

制定万元GDP废水排放量、万元GDP污染物排放量、万元GDP耗水量、万元工业增加值废水排放量、万元工业增加值污染物排放量等排污强度指标。

6. 环境管理及资源指标

环境管理及资源指标体系包括城镇污水处理率、重点企业在线监测普及率、创建环保模范城市占本辖区城市的比例、创建生态城市占本辖区城市的比例四项指标。

(二)水污染物总量控制目标及削减目标

1. 技术路线及流程图

规划目标年水污染物总量控制目标等于水污染物现状排放量与规划期内水污染物新增量之和减去污染物削减量。水污染物现状排放量为已知量;新增量和削减量均为自变量;总量控制为新增量和削减量的因变量。

2. 水污染物总量控制工作回顾

水污染物总量控制是我国环保部门进行水环境管理和水污染防治的重要举措之一。概括来说,我国的水污染物总量控制工作在经历了浓度总量控制阶段和目标总量控制阶段后,正在向容量总量控制阶段转变。

3. 总量控制目标确定步骤

前期准备;有剩余容量区域的总量控制目标;无剩余容量区域的总量控制目标。

(三)排污量预测

1. 技术方法

1)废水排放量预测

工业和城市生活废水排放量预测方法有两种:一是基于规划基准年废水排放量进行预测,二是基于规划目标年需水量进行预测。两种预测方法同时采用,将预测结果进行对比分析,得出最终的废水排放量预测结果。

2)污染物排放量预测

工业污染物排放量预测需要考虑工业结构的调整、工业企业达标排放政策的深化、采用节水的措施、废水治理投资的增加对废水浓度变化的影响,以及水体使用功能对废水浓度的要求等。

城市(镇)生活污染物排放量预测需要考虑生活水平提高对污水浓度的影响。

污水处理厂建设将降低城市污水浓度,减少污染物排放量。这部分削减量既包括入污水厂的生活污水削减量,也包括工业废水排入污水厂的削减量。汇总城市的污染物排放量时,需要考虑污水处理厂的污染物削减量。

3)预测结果的校验

通过对我国经济发展情况、产业结构、水环境治理力度等分析,将城市(地级市)进行分类,对同类城市提出相似的经济、产业、治理等预测系数,并根据预测后与之相似的城市发展情况,预测其污水排放量和污染物排放量。

2. 预测步骤

预测的几点假定如下。

(1)假定规划基准年和规划目标年用水和排水之间折算系数不变。

(2)假定规划基准年和规划目标年人均产污系数不变。

(3)假定规划基准年和规划目标年各工业行业执行排放标准不变。

(4)假定规划基准年和规划目标年单位投资带来的治污效益(污染物削减量)不变。

3. 规划基准年相关指标分析

经过数据分析整理,得出预测范围内用水量、排水量、排污量变化趋势,以及人均综合排(用)水量、工业万元 GDP 排(用)水量、用水-排水系数等一系列的基本系数,并分析各项基本系数的主要影响因子及影响程度。

(1)绘制人口-污水排放曲线,分析人均排水系数的变化趋势。

(2)绘制工业 GDP-废水排放曲线,分析万元 GDP 排水系数变化趋势。

(3)绘制用水-排水曲线,确定排水系数的变化趋势。

(4)绘制治污投入-污染物削减量曲线。

4. 预测增长限值

(1)工业废水排放量增长率≤工业 GDP 增长率。

(2)废污水排放量增长率≤需水量增长率。

(3)预测废污水/污染物排放量增长率≤现状废污水/污染物排放量增长率。

(4)水资源缺乏地区废污水/污染物排放量增长率≤水资源丰沛地区废污水/污染物排放量增长率。

如果预测数据符合以上限值要求,则认为预测值合理;否则应根据限值要求重新调整数据。

(四)总量分配技术路线

1. 流域总量分配

引用经济学评价收入公平性的基尼系数概念,将环境基尼系数方法作为流域总量分配的基本方法。该方法的基本思想是：在全面了解各分配对象（行政区、流域）的自然属性，并承认其社会经济发展现状的前提下，对各分配对象应排放的污染物总量进行分配，以人口、GDP、水资源和环境容量作为基尼系数的分配指标，在分配过程中，通过基尼系数的调整体现公平的思想。

基尼系数原本是经济学概念：如果 A 为零，则基尼系数为零，表示收入分配完全平等；如果 B 为零，则系数为1，收入分配绝对不平等。基尼系数示意图如图 6-1 所示。

收入分配越是趋向平等，洛伦茨曲线的弧度越小，基尼系数也越小，反之，收入分配越是趋向不平等，洛伦茨曲线的弧度越大，基尼系数也越大。以累计的人口、GDP、水资源、纳污能力等指标的累计百分比作为横坐标，累计污染物排放量作为纵坐标，绘制相应的洛伦茨曲线。

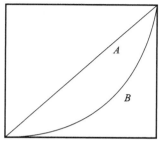

图 6-1　基尼系数示意图

$$\text{Gini} = 1 - \sum_{n=1}^{i} (X_i - X_{i-1})(Y_i + Y_{i-1})$$

式中：X_i 为人口等指标的累计百分比；Y_i 为污染物的累计百分比。当 $i=1$ 时，(X_{i-1}, Y_{i-1}) 视为 $(0,0)$。

2. 基尼系数法进行总量分配的技术路线

（1）确定初始总量分配方案。收集分配对象的控制指标数据：人口、GDP、水资源量和环境容量等。

（2）绘制各种控制指标的洛伦兹曲线，计算相应的环境基尼系数。绘制时应按不同指标的单位污染物排放量对数据进行排序。

（3）对各种环境基尼系数进行分析，评估分配方案的合理性。

如果所有基尼系数在合理范围内，则认为现有的各控制单元分配比例合理，分配削减；如果某种基尼系数不合理，则将其作为主要调整指标，并采取相关措施进行修正。修正原则：主要指标的基尼系数由高向低进行调整，其他指标的基尼系数不超过合理范围，所有的环境基尼系数均合理是调整的理想状态。如果削减量过大、方案不可行，难以做到所有的环境基尼系数均在合理范围内，则选择水资源作为主要控制指标，通过削减总量使基尼系数逐步向合理范围趋近。基尼系数总量分配方法技术路线如图 6-2 所示。

（4）基于 GDP 的环境基尼系数较小，说明从经济发展的角度来比较，全国水污染物的排放情况大致公平。

（5）基于水资源和纳污能力的环境基尼系数较大，说明从水资源的角度来比较，全国水污染物的排放情况不够均衡。

（6）在环境基尼系数的计算中，由于各流域间本身没有不平等的局限前提，因此应认为环境基尼系数趋近于零是最合理的，在可能的情况下应使基于各类指标的基尼系数尽量趋近于零。根据这样的概念可以认为，环境基尼系数的合理范围应为 0～0.2。

分配的约束条件：①污染物总量削减在 5% 左右（±0.5%）；②主要指标的基尼系数由高向低进行调整；③其他指标的基尼系数不超过合理范围。选择水资源作为主要指标进行调整，使人口和 GDP 的基尼系数不超过合理范围。

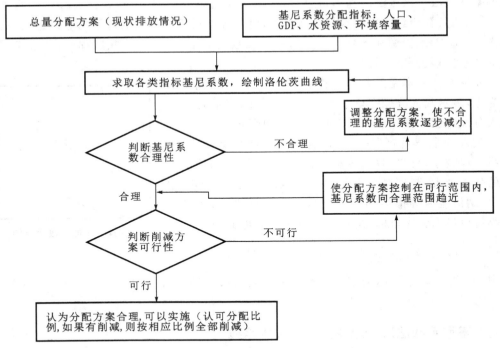

图 6-2 基尼系数总量分配方法技术路线

二、区域总量分配

(一)区域总量分配技术路线

(1)区域总量分配的分配对象是工业点源和城镇生活源,该总量应是已确定的、可直接分配的、已将区域面源和湖泊内源排除在外的。

(2)城镇生活源的总量以人口增长情况和生活污染物排放量增长情况进行估算,其总量削减情况参照当地城镇污水处理设施建设情况进行。生活源的削减不设定分配目标,根据规划中治理设施的实际削减情况预测其排放量。

(3)去除城镇生活源后,区域总量将分配至各工业点源。区域到点源的分配路线为:点源→控制单元→排污口→水环境功能区→控制断面。其中,自点源→控制单元→排污口的计算范围为产污区;自排污口→水环境功能区→控制断面的计算范围为汇污区。整条计算链将总量与水质相互对应,可确定点源与受损水体水质的输入响应关系。

(二)分配方法的选择

(1)定额达标排放分配法。

(2)等比例分配法。

(3)环境绩效分配法。

(4)按贡献率削减排放量分配法。

(三)分配方案优化

确定初始分配额后,通过以下方式对分配进行调整,达到经济最优的方案。

(1)产业布局调整。

(2)建立排污权交易制度,由政府部门对企业的排污总量进行统一管理。

(3)地方环保部门应在区域总量目标确定的前提下,联合当地主要工业企业,提出多种治理方案,并对各种方案进行优化组合,最终形成多赢分配方案。

第四节　水生态环境规划基础

在进行水环境规划时,往往会涉及一些与此规划紧密相关的问题,如水环境容量的确定,水环境功能区和水污染控制单元的划分,以及水环境规划模型的选择等问题。在一些水环境规划中,这些问题对确保规划目标的实现以及规划方案的有效实施起到极为重要的作用。

一、水环境承载力

水环境承载力是指某一地区、某一时间、某种状态下水环境对经济发展和生活需求的支持能力。

(一)水环境承载力的指标

具体指标包括:城市化水平的倒数、人均工业产值、工业固定资产产出率、可用水资源总量与城市总用水量之比、单位水资源消耗量的工业产值、单位农灌面积的水资源消耗量、污水处理投资占工业投资之比、污水处理率、单位工业产值的 COD(或 BOD)排放量、COD(或 BOD)控制目标与 COD(或 BOD)浓度之比等,这些指标与水环境承载力的大小成正比关系。

(二)水环境承载力的定量表述方法

在探讨水环境承载力的定量表示方法之前,首先引进两个概念:发展变量和支持变量。发展变量是表征城市社会经济发展对水环境作用的强度,它可用与社会经济发展有关的人口、产值、投资、水资源的利用量、向水环境排放的废水和污染物量等因子表述。这些因子构成了一个集合发展变量集。支持变量是水环境系统结构和功能状况对城市经济发展支持能力及其相互作用的表现。全部支持变量构成了支持变量集。

水环境承载力是 n 维发展变量中的一个向量,其各分量由上述与发展因子和支持因子有关的具体指标确定。对于同一城市来说,该向量可因城市经济发展方向的不同而有不同的方向。也就是说,不同城市经济发展策略下,发展因子和支持因子的大小会发生变化,从而导致水环境承载力大小的不同。由于水环境承载力的各个分量具有不同的量纲,为了比较它们的大小,必须对各分量进行归一化处理。

二、水环境功能区划分

水环境功能区划分原则如下。

(1)集中式饮用水源地优先保护。

(2)不得降低现状使用功能。

(3)统筹考虑专业用水标准要求。

(4)上下游、区域间互相兼顾,适当考虑潜在功能要求。

(5)合理利用水体自净能力和环境容量。

(6)与陆上工业合理布局相结合。

(7)考虑对地下饮用水源地污染的影响。

(8)实用可行,便于管理。

根据 GB 3838—2002 标准规定,地表水水域环境功能和保护目标按功能高低依次划分为五类。

Ⅰ类:主要适用于源头水、国家自然保护区。

Ⅱ类:主要适用于集中式生活饮用水地表水源地一级保护区、珍稀水生生物栖息地、鱼虾类产卵场、仔稚幼鱼的索饵场等。

Ⅲ类:主要适用于集中式生活饮用水地表水源地二级保护区、鱼虾类越冬场、水产养殖区等渔业水域及游泳区。

Ⅳ类:主要适用于一般工业用水区及人体非直接接触的娱乐用水区。

Ⅴ类:主要适用于农业用水区及一般景观要求水域。

对应地表水上述五类水域功能,将地表水环境质量标准基本项目标准值分为五类,不同功能类别分别执行相应类别的标准值。水域功能类别高的标准值严于水域功能类别低的标准值。同一水域兼有多类使用功能的,执行最高功能类别对应的标准值。

三、水污染控制单元

在水环境规划中,水污染控制单元是由源和水域两部分组成的可操纵实体。水域根据水体不同的使用功能并结合行政区划而定,源是排入相应受纳水域的所有污染源的集合。水污染控制单元作为可操作实体,既可体现输入响应关系的时间、空间与污染物类型的基本特征,又可以在单元内与单元间建立量化的输入响应模型,反映出源与目标间、区域与区域间的相互作用;优化决策方案可以在控制单元内得以实施;复杂的系统问题可以分解为单元问题进行处理,以使整个系统的问题得到最终解决。

第五节 编制步骤流程

水环境规划依据编制对象的不同、规范范围的大小、规划期限的长短,在编制步骤上存在一定的差异性,但是整体逻辑关系是相通的。首先,明确水环境规划的编制背景,确定规划区域、期限;其次,对规划区域内的水环境开展现状调查、分析与预测,包括水资源利用现状分析与预测;然后,依据现状评估结果划分水污染控制单元并确定水环境规划目标;再依据水环境规划目标制订详细的水污染综合治理备选方案,并讨论方案的可行性;最后形成完整的水环境综合治理规划方案。

水环境规划程序如图 6-3 所示。

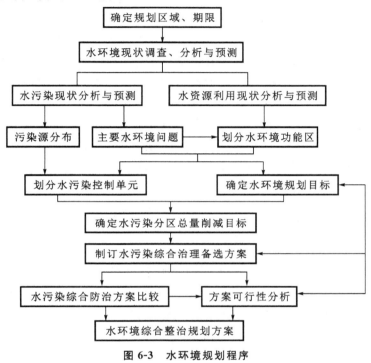

图 6-3　水环境规划程序

第六节　典型水生态环境规划案例剖析
——北海市水环境规划

一、北海市基本状况

(一)经济总量与结构

北海地区 2014 年生产总值为 856.01 亿元,比 2010 年翻了一番,年均增长 20.9%;人均生产总值突破 5.3 万元;完成财政收入 127.4 亿元,年均增长 42.3%;完成全社会固定资产投资 786.16 亿元,是 2010 年的 1.62 倍。北海市旅游产业、高新技术产业、海洋产业、现代农业等第三产业不断壮大,产业带动能力逐步增强。北海市经济发展倚重第二产业。石油化工、临港新材料等产业对原材料依赖程度较高,工业重工化特征明显。

(二)水环境质量变化趋势

根据《北海市城市地表水环境功能区划分修编方案》，若按现状水质评价，后沟江水库、龙头江水库、鲤鱼地水库、福成江、七星江和冯家江不能满足环境功能区的目标要求，水环境质量改善压力依然存在。南流江党江段和沙岗段等水体水质可能恶化。南流江流域 COD 浓度在 2010 年后有升高趋势，未来随着流域内污染物排放量的大量增加以及城镇化发展，该段水体主要污染物浓度可能继续升高。北海市生活用水主要来源于地下水，近年来，地下水超采，地下水资源逐渐减少。南康江等水体水环境质量有可能维持稳定。根据北海市"海洋北海、休闲北海"的城市定位，未来海城区和银海区的旅游业将持续发展，境内冯家江、七星江等水体环境治理压力加大。

北海市地下水自水源地初始阶段，开采量逐年增加，从而导致海水率先入侵近海地区，然后逐步向内陆扩展延伸，由于海水入侵问题日益严重，随后开采量逐年减少。北海市地下水污染指标浓度呈逐渐上升的趋势，地下水超采引起海水入侵并诱使发生在地下水与包气带及其围岩之间的一系列水文地球化学作用，从而造成水质下降。

(三)污染物排放现状

生活污水排放是水污染的主要来源。2014 年，北海市 COD 排放量为 29846.9 t；氨氮排放量为 1844.7 t。生活源是最大的污染来源，占污染物排放总量 40％以上。北海市主要水污染物的排放具有显著的行政区域集中特点。合浦县的 COD 和氨氮的排放量约占北海市总排放量的 60％。淀粉制品业是北海市水污染的主要来源之一，COD 排放量占全市工业排放量的 37％～50％，氨氮排放量占 25％左右。北海市的畜禽养殖污染物排放主要集中在合浦县。

(四)城乡环境基础设施现状分析

北海市辖一县三区，中心城区龙潭村地下水水源地、禾塘村地下水水源地、海城区地下水水源地由于原生地质原因以及人为过度开采，导致 pH 值超标，水质评价为Ⅳ类，在一定程度上影响了居民饮用水安全。远郊地区水源分散，近八成缺少净化或消毒设施。中心城区以三个地下水水源地为主，且存在污染现象；其余大部分水库型、河道型水源地主要位于水系发达的合浦县境内，水源地空间分布不均给城市供水安全带来隐患。

城乡生活污水收集与处理能力不足，城市污水管网建设未进行雨污分流改造，收集能力不足，存在大量未经处理的生活污水直排入河或海，现有污水处理厂处理减排压力较大。城乡垃圾转运处理能力有待提高，在进行了"清洁乡村"建设的部分村镇设置了垃圾转运站并配备专用转运车辆与人员；在未进行"清洁乡村"建设的其他村镇中，垃圾收集情况并不理想，转运设备、转运频次均不能与前者相比。城乡环境监测能力建设与环境保护要求不适应，北海市共设地表水监测点位 4 个、地下水监测点位 19 个、饮用水水源地监测点位 4 个，但不具备饮用水水源全部指标监测能力。由于监控与预警缺失，乡镇人口饮用水安全存在极大隐患。

(五)城乡环境基本服务均等化形势分析

提高城镇污水和垃圾处理能力势在必行。随着北海市人口规模的不断扩大,城镇化率的进一步提高,北海市的污水和垃圾处理能力也将面临更大的压力。只有进一步合理布局、兴建污水处理厂和垃圾处理厂才能缓解人口增长带来的污水和垃圾排放压力。

二、北海市社会经济发展趋势分析

随着中国和东盟的合作日趋深入,广西北部湾经济区开发在 2008 年上升为国家战略。作为广西北部湾经济区核心城市之一的北海,其发展必须置于国家战略的高度。北海市户籍人口增长以自然增长为主,当前已经进入稳定阶段,人口变化主要是暂住人口数量波动。按照 2007 年《国家人口发展战略研究报告》推算,2020 年全国国内生产总值达到 795966 亿元,人口达到 14.5 亿人左右,我国人均 GDP 将达到 54894.2 元;2020 年北海市地区生产总值将达到 1122.04 亿元,按照人均 GDP 将达到 54894.2 元计算,北海市人口可以达到 204.40 万人;按照北海市 2007—2014 年的人口及城镇化率增长规律,预测北海市 2020 年城镇化率可达到 60%,到 2030 年将达到 67.5%。

根据《广西壮族自治区人民政府办公厅关于印发广西壮族自治区实行最严格水资源管理制度考核办法的通知》(桂政办发〔2013〕100 号)精神,北海市 2015 年、2020 年、2030 年用水总量控制指标分别为 12.12 亿立方米、12.55 亿立方米、12.79 亿立方米。从结构上来说,农业用水比例明显降低,工业用水、生活用水、生态用水所占比例升高,但水资源需求仍以农业用水为主。伴随城市化进程与经济的发展,城镇生活源、工业源的新增量需要消化,主要水污染物的减排压力持续存在。

三、北海市水环境承载力分析

采用一维水质模型和感潮河段水质模型测算北海市各区县理想水环境容量,计算结果如表 6-1 所示。

表 6-1　北海市各区县理想水环境容量的测算结果

行政区划	COD		氨氮	
	理想环境容量/(t/a)	2014 年排放量/t	理想环境容量/(t/a)	2014 年排放量/t
海城区	36774.1	3948.72	331.2	287.18
银海区	713	3960.92	26.2	307.92
铁山港区	20697.9	5136.83	249.6	362.82
合浦县	35162.3	16800.42	773.3	886.80
北海市总计	93347.3	29846.89	1380.3	1844.72

银海区、铁山港区和合浦县氨氮排放量已超过理想环境容量。按基准年为 2014 年预测,到 2020 年,合浦县 COD 排放量将达到 28372 t,氨氮排放量将达到 2065 t,随着合浦县人口及城镇化发展,该县境内的南流江水质将面临考验;铁山港区 COD 排放量将达到 10007 t,氨氮排放量达到 452 t,境内南康江等水体的水环境质量和经济发展的矛盾将日益突出。海城区和银海区旅游业将持续快速发展,境内冯家江、七星江等水体环境治理压力加大。

四、北海市水资源承载力解析

关于水环境容量方面,在考虑排海情况下,假设通过污水处理厂削减 COD 70%、氨氮 80%,则 COD 环境容量和氨氮环境容量对应的适度人口规模分别为 364.24 万人和 314.38 万人(见表 6-2)。由此可见,在生活用水占总用水量 15% 的条件下,在北海市水资源承载能力内适度人口规模约为 300 万人。

表 6-2　排海情景条件下环境容量及适度人口规模

类别	环境容量/(t/a)	生活源容量/(t/a)	人均负荷/(千克/(人·年))	人口规模/万人
COD	76440	29139	8	364.24
氨氮	3936	2244.3	0.71	314.38

五、北海市水环境系统红线体系构建

(一)城市水环境红线体系的基本内涵

城市水环境红线体系划分基于区域水环境自然属性和功能,在空间范围上划定严格的最小保护范围,并设置限制开发的缓冲地带,由此引导城市建设与产业发展合理布局。对城市水环境系统进行红线划定,能有效降低水环境风险,确保城乡居民饮水安全,保证城市功能水体稳定达标,并可根据规划要求和人民群众意愿,实施水污染防治行动计划,提升城市水环境功能价值,维护水环境系统生态安全及经济社会可持续发展,确保人民群众健康。城市水环境红线划分体系坚持以水定陆的原则,实施分级管控,包括红线区、黄线区和绿线区,各级分区不仅包含水域,还包含直接影响水环境的陆域范围。

(二)北海市水环境红线体系构建

为了解析北海市水环境系统,可应用 ArcGIS 水文模块,通过 DEM 数据提取流域河网数据,概化水系结构。根据地表水监测断面数据评估水环境质量,通过地表水环境容量计算,分析各类污染源的排放强度与排污结构,确保达到水环境功能区的水质目标,并作为控制单元管控的依据。在确定受保护水体空间位置的基础上,划定地表水控制单元和地下水污染防治分区。统筹考虑地表水和地下水污染防治需求,对各控制单元提出相应的管控对策(见表 6-3)。

表 6-3 城市水环境红线体系构建方法

系统 分级			水（环境）功能区					水生动植物自然保护区	水产种质资源保护区	风景名胜区
			水环境功能区		水功能区					
		水域	陆域	水域	陆域					
红线区	一级保护区 二级保护区	水源保护区	I 类、II 类水环境功能区	对应的最小生态功能红线陆域范围	一级的保护区、保留区	对应的最小生态功能红线陆域范围		核心区 缓冲区	核心区	风景名胜区陆地范围
黄线区	准保护区		III 类水环境功能区	所有河流两岸 50 年一遇洪水位线，或近 5 年最高水位所覆盖的陆域，或沿正常河岸线纵深 100 m 的范围。湖库的黄线区为水源准保护区范围	一级区的缓冲区；二级区的景观娱乐用水区、渔业用水区、过渡区所划定的水域	与水环境功能区陆域划定方法一致		实验区	实验区	整个水体
绿线区	水源保护区以外的区域		IV 类、V 类水环境功能区	黄线区以外的陆域	二级区的工业用水区、农业用水区、排污控制区所划定的区域	黄线区以外的陆域		重要渔业水体以外的区域	重要风景名胜区以外的区域	重要风景名胜区以外的区域

水环境红线区:水环境红线区是指为维护水体自然生态服务功能,保障水体功能和水环境质量以满足城市社会经济发展需求,并为避免发生污染事件而需要严格保护的最小空间范围,属于严格保护的禁止开发区。北海市红线区面积约为 370 km^2,约占北海市总面积的 11.1%。

水环境黄线区:综合考虑流域范围内的污染源分布和水体敏感程度,在污染物进入红线区(满足相应浓度要求)之前必须留有一定的缓存区,该缓存区即为黄线区,属于需要警戒的限制开发区。北海市黄线区面积约为 387 km^2,约占北海市总面积的 11.6%。

水环境绿线区:水环境绿线区以确保红线区和黄线区内水环境质量达标为目的,根据水系概化特征与行政区边界,划定覆盖全市域的控制单元,并在此基础上叠加红线区和黄线区。该区域要求水域控制单元与地下水污染防治分区结合,根据单元类别属性的不同,设置相应的管理要求。绿线区属于引导开发区域,即位于黄线区上游区的以保护为主,位于黄线区下游区的以治理为主。北海市绿线区面积约为 2580 km^2,约占北海市总面积的 77.3%。

(三)北海市水环境红线分级管控要求

1.北海市水环境红线区管控要求

北海市水环境红线区内禁止新建、改建、扩建排污项目,水源一级保护区内禁止建设与供水设施和保护水源无关的项目,禁止新建排污口,取缔已有排污口;禁止从事网箱养殖、旅游、游泳、垂钓、畜禽养殖或者其他可能污染水体的活动;对已建成的与供水设施和保护水源无关的建设项目,应责令拆除或者关闭。

2.北海市水环境黄线区管控要求

北海市水环境黄线区内禁止新建、扩建对水体污染严重的建设项目,禁止建设排放有毒有害污染物的项目,严禁从事不符合区域功能和环境功能定位的开发活动,控制人为因素对自然生态的干扰和破坏;严格控制黄线区污染物的排放强度,新建项目实行"倍量削减"政策,不得增加排污量,不得增加区域污染负荷;已建成的排放污染物的工业企业必须严格执行相应的行业规范、标准要求,保证稳定达标排放。取缔区域内投饵养殖,推行生态养殖;控制畜禽养殖规模和养殖密度,严禁在沿河道两侧红线区外延 100 m 范围内规模化畜禽养殖。

3.北海市水环境绿线区管控要求

在北海市水环境绿线区内,在满足控制单元水环境容量要求及相应的环境管理制度、标准、政策的前提下,可结合近岸海域海洋环境功能区目标要求,引导实行集约式发展。

(四)实时控制单元管理,落实水环境红线管理体系

按照各级行政区对其辖区内的水环境质量负责的原则,基于流域自然汇水特征和行

政区划,分析水环境问题的差异,统筹考虑社会经济发展需求、水环境功能目标要求以及对近岸海域的影响,将北海市划分为 16 个控制单元,并对控制单元进行分类分级管控(见表 6-4)。

表 6-4　优先与一般控制单元分类

类型	个数	控制单元
优先控制单元	4	湖海运河海城区控制单元、冯家江银海区控制单元、平阳镇至福成镇控制单元、南流江河口沙岗镇至党江镇控制单元
一般控制单元	12	南康江南康镇至营盘镇控制单元、周江廉州镇控制单元、南流江曲樟乡控制单元、南流江星岛湖乡控制单元、南流江石康镇控制单元、南流江乌家镇控制单元、南流江石湾镇控制单元、南流江常乐镇控制单元、鲎港江西场镇控制单元、闸口河闸口镇控制单元、公馆镇至沙田镇控制单元、涠洲镇控制单元

六、北海市地表水环境质量提升措施

(一)加大城乡集中式饮用水水源地环境保护力度

加快实施《北海市市级集中式饮用水水源地环境保护规划(2018—2030 年)》,严格实施《北海市饮用水水源保护区划分工作方案》、《关于合浦县县城饮用水水源保护区划定方案的批复》(桂政函〔2011〕350 号),开展饮用水水源保护区环境综合整治,禁止各种可能严重影响饮用水水源安全的开发建设和生产活动,依法取缔水源保护区内的违法建设项目和排污口,设置保护警示标志,并在水源地一级保护区周围建设隔离防护设施。

建立集中式饮用水水源地监控预警体系。加强集中式饮用水水源地突发性环境事故防范,重点防范氨氮、有机污染物、重金属等特征污染物对水源地的威胁;加强水源保护区外汇水区有毒有害物质的管控,南流江、合浦水库、洪潮江水库、牛尾岭水库、湖海运河东岭段等饮用水取水源头区域禁止新建造纸、纺织印染、化工、皮革等项目,严格管理与控制一类污染物的产生和排放,确保饮用水水源地来水达标;建立集中式饮用水水源地水质月报制度,开展城市集中饮用水水源地水质全指标监测分析。

分批关停市区自备井,同时逐步减少自来水水厂地下水开采量,逐步过渡到由北郊水厂供水的新供水结构,建立"以地表水供水为主,地下水供水为辅"的供水格局。为进一步完善主要饮用水水源地供水体系,以实现与现有饮用水需求量相匹配的备用水源地。启动牛尾岭水库、合浦水库、洪潮江水库联合供水,加快引江(南流江)入库(合浦水库)的供水可行论证;逐步将现有备用应急地下水水源过渡到中心城备用应急供水水源;分批关闭城区公共供水管网内的自备井,严格控制地下水开采量,逐步减少其取水量;严禁在地下水超采区新建任何采用地下水的设施。

(二)优先确保南流江等优质水体不退化

把水环境质量不退化作为经济建设和社会发展的刚性约束条件,坚持保护优先和自然恢复为主的方针,优化经济发展方式,建立以水定人、以水定产的约束机制,确保达标水体不降级。对现状水质达到或好于Ⅲ类的南流江、洲水库等水体,开展生态安全评估,制订实施生态环境保护方案。结合目前南流江常乐控制单元河流河道人为破坏较严重的现状,通过加强河道生态修复、严禁河道采砂等措施恢复河流水体自我修复功能,改善并恢复河流健康状况。

严格南流江河口等区域生态空间用途管制。明确南流江河口和牛尾岭水库周边生产、生活、生态空间开发管制界限,严格耕地、林地、草地、河岸滩涂等湿地用途管制。控制开发强度,严控建设项目占用水域,严格水域岸线用途管制。土地开发利用要留足滨河、滨湖、滨海地带,挤占的空间区域应限期退出。控制开发强度,合理规划建设绿色生态廊道。扩大退地还湿、退房还湿范围,有序实现耕地、江河湖泊休养生息。建设植被缓冲和隔离带,保护生物栖息地、重要湿地,提高生态系统自身调节修复和环境承载能力。

(三)重点治理鲤鱼地水库、冯家江、七星江等重污染水体

开展鲤鱼地水库周边和冯家江、七星江两岸环境综合整治,依法清理违法建设的污染源。结合"美丽广西·清洁乡村"活动,对整治范围内畜禽养殖、水产养殖污染进行整治,对在规定时间内不能取得合法手续、未建设污染处理设施、不能实现达标排放的养殖场要依法取缔,确保养殖污染物得到及时清运和处置。对乱搭乱建的违法建(构)筑物进行拆除、清理。加快落实大冠沙污水处理厂及配套管网建设,制订建设计划并报市政府审定后严格按照计划推进。加强北京航空航天大学北海学院、合浦卫生学校新校区和桂林电子科技大学北海职业学院生活污水治理。因地制宜建设农村污水处理设施并保障其稳定运行。加强入河排污口监督管理,全面清理非法设置和不合理的入河排污口。

(四)加强畜禽养殖污染治理,开展农田氮磷污染防治

严格按照北海市沿海地区发展规划的定位和方向,组织编制畜禽养殖发展规划,科学布局划定"禁养区",严格限制银滩镇、山口镇、白沙镇等相邻海域环境较脆弱、敏感地区的养殖产业发展,控制畜禽养殖场的规模和数量,降低养殖业给近岸海域水质带来的影响。推进畜禽养殖业规模化,养殖散户逐步向养殖小区或规模化养殖场发展,提高畜禽养殖污染治理的规模效应。加大沿海地区规模化养殖场污染治理力度,鼓励采用干清粪,推广畜禽粪便资源化利用。鼓励规模化畜禽养殖场(小区)采用资源化、减量化、生态化的方式,将畜禽废水用于制备沼气发电、沼液还田。

推进种植业生产模式转变,实施测土配方施肥及秸秆综合利用技术,优化肥料结构,减少化肥用量。结合农业和农村经济结构调整,积极发展生态农业和有机农业,大力建设无公害农产品、绿色食品、有机食品生产基地,加强管理,降低种植业面源污染。

(五)加强对地下水超采区的综合治理

全面停止海城区各单位自备井开采,实现采补平衡,控制因超采地下水引发的生态与环境灾害,消除海水入侵,形成较完善的地下水超采区水资源管理体制和地下水动态

监测体系。加快北郊水厂正式供水进程,减少禾塘水厂取水量或暂停在禾塘水厂取水,将禾塘水厂调整为城市应急备用水厂,将禾塘村水源地变为城市应急备用水源地。

(六)实施水污染防治地表地下统筹管理

引导工业企业向工业园区集中,新建工业企业应全部进入园区,同时严格控制地下水取用水量,工业园区要对企业生产和污染物排放加强管理,完善防渗设施和检漏系统。对已经造成地下水污染的工业企业应采取封闭、截流、净化恢复等地下水污染防治措施。降低农业面源污染对地下水水质的影响。强化海城区、铁山港区等地下水高风险区农村环境综合整治工作,减少农村生活污水和垃圾对地下水的污染,促进北海市畜禽养殖区域合理布局,有效防治畜禽养殖污染,减少农业面源对地下水水质的影响。重点在营盘镇等甘蔗种植区推广节水型农业和生态农业建设,从源头减少农药、化肥使用量,防止地下水污染。

七、确立资源利用上线,优化资源配置

(一)加大综合整治力度,明确水环境承载底线

1. 水环境容量超区管理对策

水环境容量超载区不宜新增排污口和新增排污量,原则上禁止改建、扩建、增加水污染物排放项目。在各容量超载控制单元中,南流江乌家镇控制单元内应重点强化对冠华人造板有限公司下屯江排污口和钦廉林场纤维板厂下屯江排污口的监管,提升钦冠林牧综合开发有限公司污染物去除率。公馆镇至沙田镇控制单元内淘汰金华水泥厂、万宝水泥厂等落后产能,对超标排污的伟恒糖业有限公司进行限期治理。冯家江银海控制单元内应重点对北海港隆冷冻食品加工有限公司和日照日然食品有限公司北海分公司等水产品加工企业进行严格管控,确保污水达到城市污水处理厂的纳管标准。

此外,各容量超载区还应以生活源和农业源为重点,加大污染防治,降低污染物排放强度,减少污染物入河量,从根本恢复水生态环境。针对南流江曲樟乡控制单元高坡、沙田等村落,以及公馆镇至沙田镇控制单元内瓦窑、烟楼下、山车等村落的污水收集处理单元,加强生活污染治理力度,对区域内规模化畜禽养殖场进行治污设施工艺改造,提升总氮、总磷和氨氮的去除率。对旅游集中点加强污水、垃圾收集处理处置,特别应完善银滩旅游区的污染防治,确保旅游区的污水垃圾收集处理率达到100%。

2. 水环境容量一般区管理对策

水环境容量一般区应严格控制污染物排放总量,确保达标排放,提升环境容量富余量。其中,南流江常乐镇控制单元应限期治理合浦县常鑫淀粉有限公司等超标排放企业,对北海高岭科技有限公司、合浦县常乐茧丝贸易有限公司等企业加强监管,确保企业稳定达标排放。西门江廉州镇控制单元内应严格控制合浦还珠糖酒食品有限公司西门

江排污口、合浦县丝绸厂西门江排污口、合浦染织厂西门江排污口污水排放,确保污水稳定达标排放。新建项目要充分考虑区域水环境容量及最大允许排放量,积极提倡"上大压小""等量替代"。

此外,容量一般区内还应加强生态功能的恢复与维护,积极开展农村连片综合整治,推广绿色种植,提高畜禽养殖场污水处理能力,减少农业污染。

3. 水环境容量富余区管理对策

水环境容量富余区包括南康江南康镇至营盘镇控制单元、南流江石湾镇控制单元和南流江河口沙岗镇至党江镇控制单元等。富余区应在满足区域总量控制要求及相应环境管理制度的前提下集约发展。鉴于北海市南流江和近海排污控制区相关控制单元剩余可利用容量资源量大,今后大型用水和排水企业可在南流江入海口或相关规划的排海区域集中布置,以充分利用剩余环境容量。

(二)合理配置地表水资源,实现水资源可持续利用

加强落实《北海市水资源综合规划(2018—2030年)》。根据规划区的经济发展和生态环境保护总体目标和任务,加快农业结构战略性调整,发展生态旅游业、节水型农业,努力提高农业用水效率;采取节水措施,提高工业用水重复利用率和节水水平,构建资源循环经济发展模式。发挥集雨工程作用,合理利用雨水资源。

八、北海水环境风险防范

(一)确立风险防范警戒线

明确重点风险源。北海市重点风险企业有15家,其中7家属于化学原料及化学制品制造业,3家属于石油加工、炼焦业,1家属于食品加工业,4家属于金属冶炼业。北海市企业风险源分布集中,主要分布在海城区、铁山港区、合浦县。涉水重大风险源有4家,分别为北海化肥厂、中国石油有限公司湛江分公司(涠洲终端处理厂)、北海炼油异地改造石化和北海诚德金属压延有限公司。

1. 高风险区防控策略

提高重点风险源安全生产水平,降低化学品泄漏危险。改变重点风险源所涉危险物质的数量和性质,尽可能避免使用性质复杂、危险性大的物质,选用危险性低的物质进行替代;尽量减少危险物质生产、贮存、运输和使用的数量。提高设备工艺的安全性能,改进危险物质生产、使用的工艺设备和贮存条件,鼓励设备落后、老化企业进行更新换代,引进先进技术设备;定期检查设备状态和定期保养维护,尤其是加强对中海石油的输油管道和原油储罐以及新奥燃气储罐的定期检查与维护,严格按照不同危险性质选用合适的储存、运输装备。

建立完善的安全保障控制体系,对重点风险源安装必要的抑爆装置、紧急冷却、应急

电源、电气防爆、阻火装置、堵漏装置等源头控制装置;在危险物质的生产场所、贮存场所和污染排放口安装视频监控系统;在易发生爆炸、泄漏、非正常排放的控制单元和工艺环节安装压力、温度、浓度等指数监测、报警与控制装置。注重设施维护,做好监测、监控和预警工作。

对涉水重点风险源进行截流,在各风险单元设防渗漏、防流失的围堰及相应的外排切换阀;设置事故存液池、应急事故水池,完善生产废水处理系统,设置毒性气体泄漏紧急处置装置。提高重点风险源企业和员工的安全操作与应急能力。关键岗位要求持证上岗和定期考核;建立企业安全责任制,保证进行安全评价和相应的整改,制订有效的应急预案,成立企业应急指挥小组和队伍,配置应急设备和物资,开展企业事前应急预案演练。

加强敏感水源风险防范与应急准备。避免在水源地等生态敏感区(点)附近以及水体上游的区域布设风险源或运输危险物质;禁止在涸洲岛增设石油、燃气及其他高风险源。对于已布设的风险源,应设法搬迁或关闭。编制饮用水源地的应急预案,配置应急队伍、应急物资和应急设备,开展突发污染的应急演练,提高饮用水源地的应急能力。

2. 中风险区防控策略

除对重点风险源(东红制革、安顺乙炔、广西中粮、北海炼油、诚德镍业和诚德压延等)采取上述"提高危险物质安全水平、强化风险监管、落实防控措施及提高安全操作与应急能力"外,中风险区还应重点实施以下策略。

限制或淘汰高风险产业,降低结构性风险。重点调整铁山港工业区和合浦工业区产业结构,鼓励发展高新技术等低环境风险产业;设置风险管理门槛,禁止或限制高风险行业企业进入工业园区,减少该区域风险物质储量,降低结构性风险。新建项目应根据企业特点规划建设在园区内,各新建项目投入生产前,需经过消防验收、危险化学品安全评价、安全生产许可、危险化学品重大风险源备案,建立完善的风险防范措施。对水环境存在潜在风险的,应具备事故排水收集、雨水系统防控、生产废水处理等防范能力。

3. 低风险区防控策略

加快传统工业的入园搬迁或淘汰工作,降低分散性危险。对分散的传统水产加工企业进行搬迁入园工作;淘汰落后工艺,提高操作人员法律意识,强化排污监管,杜绝非正常排污。对广泛分布的中小型炸药及化工产品制造企业,应进行搬迁入园或淘汰工作;无条件地要求这些企业设置安全防护距离,远离村落和集镇;同时加强安全生产水平,防止燃烧、爆炸等造成有毒气体泄漏。

(二)明确区域风险防控管理要求

1. 建立风险源登记与评估制度,实施分类分级管理

注重落实北海市环境风险源调查,对各企业源涉及的有毒有害物质储量信息及风险

环节信息进行登记,建立动态更新的环境风险源档案和数据库,及时掌握全市环境风险源的相关信息。建立环境风险源评估制度,开展全市风险源的评估工作,实施分级分类动态管理,强化对重点风险源进行重点防控。

2.建立水环境风险监测预警网络

建立水环境风险监测预警网络。筛选南流江等流域主要的特征污染物,逐步纳入断面常规监测和自动监测,从而加强对海城、银海等区域的饮用水水源地的跨界断面水质监测、污染源特征污染物预警监测。

3.提高船舶流动源污染风险防控水平

推进船舶标准化和升级换代,安装配备船舶污水和垃圾收集储存的设施;强制淘汰单壳化学品运输船舶;重点强化对铁山港码头危险货物运输船舶和装卸的环境监管,建立码头露天仓库雨污分流体系。港口及通航设施必须配套建设船舶污染物接收处理设施,将船舶生活污水和船舶垃圾纳入城市市政污水和垃圾统一管理的范畴。探索建立船舶污染物接收处理设施的收费运营和激励机制。建设现代化水上交通监管系统,储备溢油应急装备和物资;加强廉州湾、铁山港和涠洲岛等重点海域船舶污染事故监视监测和应急反应装备建设。

习　题

1.水环境规划的类型有哪些? 不同类型的水环境规划要素有何异同点?

2.我国现阶段污水总量控制指标有哪些? 这些指标在天然河湖水体中的环境容量应如何计算?

3.天然河湖水体的水环境保护规划编制涵盖哪些重要步骤?

4.流域水环境综合治理规划与区域雨水、污水专项规划有何异同点?

5.已知某湖泊设计水文条件下湖库容积为 2052 万立方米,水位动态平衡下年过流水量为 1000 万立方米。COD 和氨氮作为湖泊水体总量控制的水质指标,COD 年均浓度为 14 mg/L,氨氮年均浓度为 0.9 mg/L。请估算地表水 Ⅳ 类标准下该湖泊的水环境容量。若水质标准提升至 Ⅲ,水环境容量如何变化? (湖泊 COD 年自然衰减系数取 0.25,氨氮年自然衰减系数取 0.20)

第七章

大气环境保护规划

　　大气环境保护事关人民群众的根本利益,事关经济持续健康发展,事关全面建成小康社会,事关实现中华民族伟大复兴的中国梦。为改善区域大气环境质量,2012年国务院批复了《重点区域大气污染防治"十二五"规划》,对空气质量改善、污染减排目标均提出了明确要求。为加大力度治理大气污染,2013年国务院发布了《大气污染防治行动计划》,提出到2017年,全国地级及以上城市可吸入颗粒物浓度比2012年下降10%以上,优良天数逐年提高;力争再用五年或更长时间,逐步消除重污染天气,全国空气质量明显改善。为落实以上规划和计划,促使我国城市空气质量尽快达到《环境空气质量标准》(GB 3095—2012)的要求,生态环境部正在起草《城市环境空气质量达标管理办法》,并将《中华人民共和国大气污染防治法》作为基本依据,对全国地级及以上城市的空气质量达标期限提出明确要求,要求未达标城市限期编制城市空气质量达标规划。面对大气污染新形势,应加大力度改善空气质量,为建设美丽中国而奋斗,这成为全国各级政府、所有企业和公众的共同奋斗目标。

　　国家于2015年8月颁布了新修订的《中华人民共和国大气污染防治法》,提出国务院有关部门和地方各级人民政府应当采取措施,调整能源结构,推广清洁能源的生产和使用;优化煤炭使用方式,推广煤炭清洁高效利用,逐步降低煤炭在一次能源消费中的比重,减少煤炭生产、使用、转化过程中的大气污染物排放。

　　本章聚焦大气环境保护规划的编制,包括大气环境保护规划的类型及其内容,涵盖从污染源调查与现状评估、污染预测、污染防控措施等多个方面,以石龙镇大气环境保护规划为案例,详细剖析大气环境规划的编制过程。

第一节　大气环境保护规划的类型及其内容

一、大气环境规划的类型

由大气环境系统的构成可知,大气环境过程子系统是一个自然系统,通过对这个系统的研究,可以了解污染物在大气环境中的迁移转化规律,但较难对该子系统进行人为控制。大气污染物排放与控制是相互联系而又相对独立的两个阶段,在进行大气环境规划时,应将它们合并在一起考虑,才有可能以最小的费用获得最大的利益。因此,可将大气环境规划总体上分为两类,即大气环境质量规划和大气污染控制规划。这两类规划相互联系、相互影响、相互作用,构成大气环境规划的全过程。

1.大气环境质量规划

大气环境质量规划以城市总体布局和国家大气环境质量标准为依据,规定了城市不同功能区主要大气污染物的限值浓度。它是城市大气环境管理的基础,也是城市建设总体规划的重要组成部分。大气环境质量规划模型主要是建立污染源排放和大气环境质量的输入响应关系。

2.大气污染控制规划

大气污染控制规划是实现大气环境质量规划的技术与管理方案。对新建或污染较轻的城市,制定大气污染控制规划就是根据城市的性质、发展规模、工业结构、产品结构、可供利用的资源状况、大气污染最佳技术及地区大气环境特征,结合城市总体规划中其他专业规划合理布局。

二、大气环境规划的组成

一个完整的大气环境规划包括多方面的内容,如大气环境评价和预测、大气环境规划目标和指标体系及大气环境功能区划分等。这些内容对制订切实可行的规划方案具有相当重要的作用。

(一)大气环境评价和预测

对大气环境质量的现状评价和预测是为了了解现在和未来的大气环境质量污染情况。所谓大气污染主要是人类的各种活动向大气排放各种污染物,使得大气环境质量遭到破坏,并对人类身体健康和动植物生长产生危害,破坏生态系统。

1. 大气污染源

为有效评价、预测、控制大气污染,首先要对大气环境中产生有害物质的污染源进行研究。大气污染源可分为人为污染源和天然大气污染源。人为污染源主要是指资源和能源的开发、燃料的燃烧以及向大气释放出污染物的各种生产场所、设施和装置等。天然污染源主要包括森林火灾、火山爆发释放的有害气体,煤田和油田自然溢出的煤气及天然气,动植物腐烂释放的有害气体等。

2. 大气环境现状评价

大气环境现状评价是一个环境系统工程,一般包括以下内容:区域污染源调查和评价、区域大气环境现状监测及数据分析、区域大气环境现状评价。

3. 大气环境污染预测

在进行大气环境污染预测时,首先应确定主要大气污染物,以及影响排污量增长的主要因素;然后预测排污量增长对大气环境质量的影响。这就需要确定描述环境质量的指标体系,并建立或选择能够表达这种关系的数学模型。

(二)大气环境规划目标和指标体系

1. 大气环境规划目标

大气环境规划目标是在区域大气环境调查评价和预测以及区域大气环境功能区划分的基础上,根据规划期内所要解决的主要大气环境问题和区域社会、经济与环境协调发展的需要而制定的。

2. 大气环境规划的指标体系

大气环境规划的指标体系是用来表征所研究具体区域大气环境特性和质量的指标体系,确定大气环境指标体系是研究和编制大气环境规划的基础内容之一。目前,国内外已有了统一的、被大家公认的大气环境系统的指标体系。在大气环境规划中,大气环境指标体系要同时考虑环境污染防治、环境建设等因素。

(三)大气环境功能区划分

大气环境功能区是因其区域社会功能不同而对环境保护提出不同要求的地区,功能区数目不限,但应由当地人民政府根据国家有关规定及城乡总体规划划分为一、二、三类大气环境功能区。

大气环境功能区划分的目的如下。

具有不同的社会功能的区域(如居民区、商业区、工业区、文化区、旅游区等),根据国家有关规定要分别划分为一、二、三类功能区。各功能区分别采用不同的大气环境标准，以保证这些区域社会功能的发挥。

应充分考虑规划区的地理、气候条件，科学、合理地划分大气环境功能区。一方面要充分利用自然环境的界线（如山脉、丘陵、河流、道路等），作为相邻功能区的边界线，尽量减少边界的处理。另一方面应特别注意方向的影响，如一类功能区应放在最大风频的上方向；三类功能区应安排在最大风频的下风向，通过最大限度地开发利用大气自净能力，达到既扩大区域污染物的允许排放总量，又减少治理费用的目的。

划分大气环境功能区，对不同的功能区实行不同大气环境目标的控制对策，有利于实行新的环境管理机制。

三、大气环境保护规划基础及编制步骤流程

大气环境规划的作用就是平衡和协调某一区域的大气环境与社会、经济之间的关系，最大限度地发挥大气环境系统组成部分的功能。在大气环境规划时，应首先对规划期内的主要资源进行需求分析，重点分析城市能流过程，从能源的输入、输送、转换、分配、使用各个环节中找出产生污染的主要原因和控制污染的主要途径，从而为确定和实现大气环境目标提供可靠保证。大气环境规划的主要内容可概括为弄清问题、确定环境目标、建立源与目标之间的关系、选择规划方法与建立规划模型、确定优选方案和方案实施几部分。

1. 弄清问题

环境问题的发生和解决是环境规划的开始和归宿。通过调查和评价，分析污染物的产生、排放、治理措施的现状及发展趋势，评价大气环境现状并预测其发展趋势，从而找出主要环境问题。

2. 确定环境目标

在大气环境现状调查、预测及各功能区的功能确定基础上，根据规划期内所要解决的主要环境问题和社会经济与大气环境协调发展的需要，确定合理的大气环境目标。同时给出表征环境目标的大气环境指标，制定实现目标的方案，只有通过投资估算和可行性分析及反复平衡，才能确定规划目标。

3. 建立源与目标之间的关系

确定源与目标之间的关系是直接影响大气总量控制规划方案的重要因素之一。这一关系最好是通过实测资料建立大气质量模型，定量描述源强场与环境浓度场。有时也可以是实测资料的回归曲线，或简单的线性关系。确定源与目标之间的关系应完成以下工作：①污染源布局评价；②污染源贡献评价；③控制方案的评价；④建立技术经济优化模型的环境约束方程。

4. 选择规划方法与建立规划模型

基于我国大气环境主要是 SO_2 和 TSP 污染的特点,大气环境规划方法普遍采用系统分析方法和数学规划模型方法。一般可采用能源治理与集中控制相结合的方法,建立包括能源性污染和工艺在内的综合控制规划模型,寻求对各类用能设施、各类工艺尾气中 SO_2 和 TSP 综合优化的方案。对于其他类大气污染物,应针对筛选出的重点污染源逐一进行工艺全过程分析,以确定减少排放、综合治理的最佳方案。

5. 确定优选方案

规划目标的实现可能存在多种途径,可以提出多种可供选择的方案,每个方案中必须包括切实可行的治理措施,如能源合理利用与结构改变、城市合理布局、经济结构调整、清洁生产工艺实施等,确定需经过多方案比较和反复论证。

6. 方案实施

规划方案的编制和实施是大气环境规划的两个重要组成部分。规划方案只有实际应用并取得成效,才能真正体现大气环境规划的目的所在。规划方案的实施取决于两个方面:环境规划方案是否切实可行,环境管理政策措施是否得当。

第二节　大气环境功能区划的划分方法及规划目标制定

一、大气环境功能区划的划分方法

大气环境功能区涉及的因素较多,采用简单的定性方法进行划分,不能很好地揭示出城市大气环境的本质在空间上的差异及其多因素间的内在关系。

1. 大气环境功能区划分依据

应由当地人民政府根据国家有关规定及城乡总体规划分为一、二类大气环境功能区。程序和方法如下。

(1)调查区域现行的功能区划。

(2)提出大气环境功能区划方案。

①提出方案依据:《环境空气质量标准》(GB 3095—2012)中规定,污染物浓度限值的一、二级标准分别用于两类不同的环境空气质量功能区。

②充分考虑规划区的地理、气候条件,科学、合理地划分大气环境功能区。

③大气环境功能区划宜粗不宜细。

④征求各部门意见。

⑤绘制大气环境功能区划图：当难以明显划分时可以用多因子综合评价法确定这些子区的环境功能划分。

2. 大气功能区划分方法

大气功能区划分方法有多因子综合评分法、模糊聚类分析法、生态适宜度分析法及层次分析法等。多因子综合评分法划分大气环境功能区：一类功能区包括自然保护区、风景游览区、国家级名胜古迹、疗养地及特殊区域等；二类功能区指农村区域；两部分之外的剩余区域分成若干子区，如各小行政区等。依据各子区社会功能、气候地理特征及环境现状中功能状态判别要素，将其中有定量描述的要素，按数量范围的变化定量化。用多因子综合评分法确定子区的环境功能划分。

3. 大气环境功能区划分步骤

(1)确定评价因子。

对于二类功能区，评价因子可选择人口密度、商业密度、科教医疗单位密度、单位面积污染物排放量、风向(污染系数)、单位面积工业产值和污染程度。对于二类功能区，评价因子还需考虑气流通畅程度。

(2)单因子分级评分标准的确定。

二类功能区单因子分级评分标准分级为五级，即很不适合、不适合、基本适合、适合和很适合。制定各评价因子的分级判断标准。对人口密度、商业密度、科教医疗单位密度、单位面积工业产值及单位面积污染物排放量等，评价指标分别取子区各项指标与所有子区各项指标平均值的比值，根据比值的大小进行分级，评价描述分为很小、较小、一般、较大和很大。

(3)单因子权重的确定。

划分大气环境功能分区时，采用的评价因子较多，每个因子所起的作用各不相同，因此应给每一个因子赋予一个权重。可应用层次分析法等方法确定各评价因子的权重。

(4)单因子综合分级评分标准的确定。

确定单因子综合分级评分标准就是要确定各评价级的综合评分值的上、下限。以二类功能区为例，可取 7 个评价因子均是很适合时的平均评分值为很适合的上限；取 4 个评价因子为很适合、另外 3 个评价因子为适合时的平均评分值当作很适合的下限、适合的上限。同样也可以得到所有等级的上、下限。如此可以确定二类功能区的单因子综合分级评分，评价描述分别为很不适合、不适合、基本适合、适合和很适合。

二、大气环境规划目标与指标体系

(一)大气环境规划目标

根据国家要求和区域性质功能，既不超出经济技术发展水平，又满足人民生活生产必需的大气环境质量,可采用费用、效益分析等方法确定最佳控制水平。大气环境规划目标分为两类:大气环境质量目标和大气环境污染总量控制目标。大气环境质量目标是基本目标,根据地域和功能区不同而不同,由一系列表征环境质量的指标来体现。而大气环境污染总量控制目标是为了达到质量目标而规定的便于实施和管理的目标,其实质是以大气环境功能区环境容量为基础的目标,将污染物控制在功能区环境容量Ⅰ的限度内,其余的部分作为削减目标或削减量。

大气环境规划目标的决策过程包括:拟定大气环境目标,编制达到大气环境目标的方案;论证环境目标方案的可行性,当可行性出现问题时,反馈、修改大气环境目标和实现目标的方案,综合平衡,反复论证,科学确定大气环境目标。

(二)大气环境规划的指标体系

1. 大气环境规划指标

我国的大气环境规划指标应分为气象气候指标、大气环境质量指标、大气环境污染控制指标、城市环境建设指标及城市社会经济指标等。根据一些基本要求和大气环境的基本特征,可以提出一般的大气环境规划指标体系。

(1)气象气候指标,包括气温、气压、风向、风速、风频、日照、大气稳定度和混合层高度等。

(2)大气环境质量指标,包括 TSP、飘尘、SO_2、降尘、NO_x、CO、光化学氧化剂、O_3、氟化物、苯并芘和细菌总数等。

(3)大气污染控制指标,包括废气排放总量、SO_2 排放量及回收率、烟尘排放量、工业粉尘排放量及回收量、烟尘及粉尘的去除率、CO 排放量、氮氧化物排放量、光化学氧化剂排放量、烟尘控制区覆盖率、工业尾气和汽车尾气达标率等。

(4)城市环境建设指标,包括城市气化率、城市集中供热率、城市型煤普及率、城市绿地覆盖率和人均公共绿地等。

(5)城市社会经济指标,包括 GDP、人均 GDP、工业总产值、各行业产值、能耗、各行业能耗、生活耗煤量、万元工业产值能耗、城市人口总量、分区人口数、人口密度及分布和人口自然增长率等。

2. 筛选大气环境规划指标的方法

大气环境规划属于综合性的环境规划,因此指标涉及面广,内容比较复杂。为了编制环境规划,期望从众多的统计和监测指标中科学地选取出大气环境规划指标,进行指标筛选。一般指标筛选方法主要有综合指数法、层次分析法、加权平分法和矩阵相关分析法等。

第三节　大气环境污染源分析及预测

一、区域污染源调查和评价

大气环境现状评价是一个环境系统工程,污染源调查的目的是弄清区域本地污染的来源。根据区域内污染源的类型、性质、排放量、排放特征及相对位置,以及当地的风向、风速等气象资料,分析和估计它们对该区域的影响程度,并通过污染源的评价确定出该区域的主要污染源和次要污染物。

(一)大气污染源调查

能流分析是大气污染源调查与分析的重要方法。

1. 大气污染源类型

1)工业污染源

(1)石油化工:SO_2、HS、CO_2、NO_x。

(2)有色金属冶炼:SO_2、NO_x、含重金属烟尘。

(3)磷肥厂:HF。

(4)酸碱盐化工:SO_2、NO_x、HCl、酸性气体。

(5)钢铁:粉尘、SO_x、氰化物、CO、H_2S、酚、苯类、烃类等。

2)生活污染源

CO、CO_2、SO_2、NO_x、有机化合物、烟尘等。调查近5年生活能耗及人均生活能耗,估算年排放量。

3)交通污染源

(1)汽油车:CO、NO_x、HC、铅。

(2)柴油车:NO_x、PM(颗粒物)、HC、CO、SO_2。

2. 大气污染源调查原则

充分利用现有研究成果和资料进行补充和验证,避免重复工作。调查的基础资料和数据以能满足环境污染预测与制定污染综合整治方案的需要为前提。

3. 大气污染源调查方法

1)画出污染源分布图

根据排放源高度,将各排放源按点源与面源进行统计(机动车排放污染较重的城市增加线源统计)。绘出区域大气污染源分布图,标明污染源位置、污染排放方式、能耗及排污量,列表给出污染源排放清单。高的、独立的烟囱做点源处理;无组织排放源及数量多、排放源不高且源强不大的排气筒做面源处理(源高低于 30 m、源强小于 0.04 t/h 的污染源)。

2)点源调查内容

(1)排气筒底部中心坐标及其平面分布图。

(2)排气筒高度(单位为 m)及其出口内径(单位为 m)。

(3)排气筒出口烟气温度(单位为 ℃)。

(4)烟气出口速度(单位为 m/s)。

(5)各主要污染物正常排放量(单位为 t/a 或 t/h 或 kg/h)。

3)面源调查内容

(1)按网格统计。

将规划区在选定的坐标系内网格化。以规划区左下角为原点;分别以东(E)和北(N)为正 X 轴和正 Y 轴。网格单元一般采用 1000 m×1000 m,区域较小的可采用 500 m×500 m,按网格统计面源的下述参数:①主要污染物排放量(单位为 t/(h·km²));②如果网格内排放高度不等,则面源排放高度(单位为 m),可按排放量加权平均取平均排放高度;如果源分布较密且排放量较大,当其高度差较大时,可酌情按不同平均高度将面源分为 2～3 类。

(2)按面源实际面积统计。

①面源中心坐标(相对值或经纬度)。

②面源平均有效高度(单位为 m)。

③面源东西向宽度(单位为 m)、南北向长度(单位为 m)。

④各主要污染物正常排放量(单位为 t/a 或 t/h 或 kg/h)。

4)线源调查内容

对于机动车排放污染较重的城市,需要将高速路、快速路和主干路作为线源,进行统计。

(二)污染气象调查

1. 风场

风频表征下风向受污染的概率,风频最大方向称主导风向;污染系数为风频除以该风向平均风速得到的商,用来表征下风向受污染的程度;其中局地风场要特别注意海陆风、山谷风、过山气流、背风涡旋、下洗、热岛环流等情况。最后,由各风向风频、污染系数分别绘制成风向玫瑰图、污染系数玫瑰图。

风向玫瑰图绘制方法如下:掌握某地区气象台观测在一段时间内详细、真实的风向统计资料,统计在这段时间内各种风向的频率,计算公式为

$$g_n = \frac{f_n}{\left(c + \sum_{n=1}^{16} f_n\right)}$$

式中:n 为对应方向风的风向频率;f_n 为这段时间内出现 n 方向风的次数;c 为静风次数。根据各个方向风的出现频率,以相应的比例长度按风向向中心吹,描在坐标纸上。将各相

邻方向的端点用直线连接起来,绘成宛如玫瑰的闭合折线,得到风向玫瑰图(见图 7-1)。

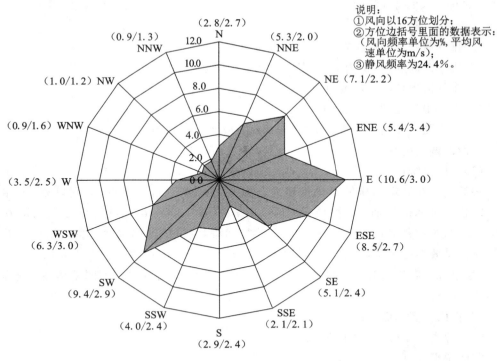

图 7-1　风玫瑰图

2. 大气湍流与大气扩散参数

大气无规则运动是大气污染物稀释扩散浓度减少的主要原因;大气扩散参数(σ_y横向扩散参数,σ_z垂直扩散参数)用以表征大气扩散能力,可通过平衡球法、照相法、示踪法、风标法、激光雷达扫描法、风洞实验、国标(导则)等方法确定,一般采用国标(导则)方法。

3. 大气稳定度

最符合国情的方法是 P-T 法,由太阳高度角、总云量、低云量、风速确定大气稳定度,分为 A~F 六个等级,即强不稳定、不稳定、弱不稳定、中性、较稳定和稳定六级。确定等级时首先由云量与太阳高度角查出太阳辐射等级数(见表 7-1),再由太阳辐射等级数与地面风速查出大气稳定度等级(见表 7-2)。

表 7-1　太阳辐射等级数

云量(1/10)	太阳辐射等级数				
总云量/低云量	夜间	$h_0 \leqslant 15°$	$15° < h_0 \leqslant 35°$	$35° < h_0 \leqslant 65°$	$h_0 > 65°$
$\leqslant 4/\leqslant 4$	22	21	+1	+2	+3
$5 \sim 7/\leqslant 4$	21	0	+1	+2	+3

云量(1/10)	太阳辐射等级数				
≥8/≤4	21	0	0	+1	+1
≥5/5～7	0	0	0	0	+1
≥8/≥8	0	0	0	0	0

注:云量(全天空十分制)观测规则与中国气象局编制的《地面气象观测规范》相同。

表 7-2　大气稳定度等级

地面风速/(m/s)	太阳辐射等级数					
	+3	+2	+1	0	21	22
≤1.9	A	A～B	B	D	E	F
2～2.9	A～B	B	C	D	E	F
3～4.9	B	B～C	C	D	D	E
5～5.9	C	C～D	D	D	D	D
≥6	D	D	D	D	D	D

注:地面风速指距地面 10 m 高度处 10 min 平均风速,如使用气象台(站)资料,其观测规则与中国气象局编制的《地面气象观测规范》相同。

(三)大气污染源评价

1. 污染物对环境和人类健康的影响因素

位置:是否居民区、上风向/下风向、水系上游/下游、单源/多源。排放规律:连续/间歇、均匀/不均匀、白天/晚上。排放特征:物理、化学及生物特征。

2. 大气污染源评价方法

(1)标准化评价法:等标污染负荷法;排毒系数法。

(2)污染物排放量排序法。

①确定主要污染物:根据国家确定的量大面广的大气污染物及本区域污染源调查发现的排放量大、排放量不大但危害严重的污染物作为初选的主要污染物;逐个计算污染物的等标污染负荷,比较潜在危害;按等标污染负荷排序,一般截取前 5 位或 6 位作为主要污染物。

②确定主要污染源:计算区域污染源等标污染负荷;根据等标污染负荷大小排序;按国家规定确定截取线,第一道线等标污染负荷之和占区域的 65%,第二道线等标污染负荷之和占区域的 75%;第三道线等标污染负荷之和占区域的 85%。

二、区域大气环境现状评价

(一)大气本底监测

1. 监测项目的确定

工程大气环境影响评价中进行的环境现状监测和评价与一般的区域环境质量评价有所不同。其大气本底监测项目的确定主要考虑拟建工程的排污情况,同时也要结合考虑评价区的污染现状,原则上应以包括拟建工程在内的评价区污染源调查与评价中污染负荷百分数大的几种污染物作为大气本底的监测项目。具体地说,可参考以下几点。

(1)当拟建工程排放污染物的种类不多时,可将这几种污染物都作为监测项目。当拟建工程排放污染物的种类较多时,应选取拟建工程内污染负荷百分率较大的几种污染物作为监测项目。

(2)某种污染物在拟建工程的各种污染物中的污染负荷比虽然较小,对该工程来说不是主要污染物,但评价地区其他污染源排放该种污染物较多,对该地区来说,其污染负荷百分率较大,这样的污染物也应定为监测项目。

(3)有些污染物的排放量虽然较小,但其毒性很大,对人体健康将产生严重危害,这样的污染物也可考虑作为监测项目。

(4)拟建工程不排放的污染物一般不必作为监测项目。

2. 监测范围及监测网点的布置

大气环境影响评价中本底浓度监测的范围一般为事先确定的评价区和某些关注点。这个范围主要取决于污染源所能影响到的空间尺度大小。大气监测网点的布置是为了在一定的空间范围内得到较符合实际情况的浓度分布。不同污染问题的空间尺度有很大差别,最小尺度的局地污染问题,例如研究建筑物对扩散的影响,在几十米范围内就要设立许多观测点,否则就会遗漏重要的变化。对于单个高架连续点源的污染问题,其典型尺度可以以高架源出现地面最大浓度的距离为代表,研究范围一般为几千米。工业区和城市污染多是多源问题,研究范围可达几十千米。不同尺度的问题,其布点密度也不相同。研究大范围平均污染问题,布点过多过密并不能提高分析质量,反而大大增加了工作量。

常见大气监测采样点的布设方法如下。

(1)网格布点法采用方格坐标平均布设采样点,各点之间的距离根据评价范围大小而定,一般可采用 500 m×500 m,或 1000 m×1000 m,此法适用于污染源分散的区域。

(2)同心圆布点法又称放射式布点法,以污染源为中心,以一定距离为半径,相应围绕各圆环布设若干采样点。适用于多个固定源集中地区的大气污染监测。

(3)扇形布点法采样点布设在点源主导风的下风方向,限制在以烟羽走向为轴线的一个 45°(有时 60°~100°)的扇形面内。沿轴向布设 2~3 条弧线,其中一条必须处于预计最大着地浓度发生率最高的距离上（约 10 倍烟囱有效高度距离处）。每条弧线上至少有 3 个采样点，它们之间间隔 10°～20°。适用于孤立点源的大气污染监测。

（4）功能分区布点法适用于了解污染源排放物对不同功能区的影响，常与上述方法因地制宜结合使用。大气环境影响评价中本底监测点的布置可参考以下几方面的功能和需要。

①新建企业的生产区、生活区（包括居住点、医院、社会福利院、活动中心等）是监测的重点。

②拟建厂区周围非本厂所属的较稠密的居民区或村庄，以及主要农作物生长区或经济作物区设置的监测点，其监测结果可作为将来解决可能发生环境纠纷的历史依据。

③不受附近大气污染影响的盛行风上风方向设置的监测点可作为将来的"清洁"对照点，其结果可作为背景值或对照值。

④其他因特殊需要而设置的监测点，如评价区及其邻近地区可能受到影响的名胜古迹、国家重点保护文物或风景游览区、疗养地等。

在选用布点方法时，还要考虑人力、物力和监测条件，在能满足基本要求的情况下，确定适当数量的采样点。一般在源密集地区及下风侧，可适当多设监测点；在源少地区或评价区边缘，可少设监测点。

3. 监测时间和采样时段

评价区大气本底值应在足够数量的监测样品分析数据统计处理的基础上获得。因此，如果条件和时间允许，一年内应在春、夏、秋、冬进行四次，各季可以以 4 月、7 月、10 月、1 月为代表。每次可连续采样 5～7 天，每天定时采样几次。每次采样时间最好能兼顾到不同的大气稳定度，也就是说，最好能监测到不同稳定度下的污染浓度。例如，在接近日出前采样，容易监测到辐射逆温尚未消失时的污染浓度；在上午 9～10 时采样，有可能监测到发生熏烟型扩散的污染浓度；在下午 2 时左右采样，可以监测到大气处于不稳定状态，且混合层最高时的浓度；在日落时采样，容易监测到中性状态下或逆温开始形成时的污染浓度等。在进行大气采样时，最好能同时进行风向、风速、气型、总云量、低云量和天气现象等方面的气象观察，以便分析和研究不同稳定度下的污染规律。大气质量标准和卫生标准都规定了不同平均时间的最大容许浓度，其中一次浓度一般是指采样时间为 20～30 min 的平均值，监测中每次采样时段应与之相对应。

(二)大气环境质量现状评价方法

1. 选择评价参数

选择评价参数是环境质量评价的主要步骤之一。评价参数的选择是否合理关系到评价结论是否可靠。在评价某一地区的环境质量时，选择评价参数的依据是：①环境评价的目的；②被评价地区的自然特点；③被评价地区的环境类型、结构和功能特点等。具体地说，应选用对评价区环境质量的形成和变化具有决定性影响的污染物作评价参数，也就是那些数量大（浓度高）、毒性强、环境自净能力差、易进入或作用于人体的污染物。

一般的大气质量评价中,常选用 SO_2、NO_x、飘尘或总悬浮微粒作为评价参数。

2. 环境质指数

由于同一环境要素中存在着种类繁多的污染物,它们来自不同的污染源,同一区域环境又包括了各种环境要素。因此任一环境要素或区域环境的质量优劣都不能用某一污染物浓度的高低来描述。各环境要素中的各种污染物,甚至同一环境要素中的各种污染物由于它们的性质和危害程度不同也都无法直接进行比较。为了比较简单、直观、综合地评价某一环境要素或区域环境的质量,必须对各种污染物进行标准化(无量纲化)处理,以便在同一尺度上加以比较。所谓"标准化"处理就是将各种污染物的监测浓度与它们各自的环境质量标准相比,并进行一定的综合运算,从而得到一个无量纲的"指数"。这个指数称为环境质量指数。

1)分指数

分指数 I_i 表示某一污染物对环境产生等效影响的程度,它是环境污染物的实测浓度 C_i 与该项污染物在环境中的允许浓度(评价标准)C_{xi} 的比值,即

$$I_i = \frac{C_i}{C_{xi}}$$

2)单要素指数(综合指数)

单要素指数是描述某一环境要素质量的指数,它以该要素内各评价参数的分指数为基础,经过各种数学关系式综合运算得到。综合计算的方法有叠加法、算术平均法、加权平均法、平均值和最大值的平方和的均方根法以及几何平均值法等。

(1)叠加法。

$$P_j = \sum_{i=1}^n I_i$$

式中:P_j 为某环境要素 j 的质量指数;I_i 为某污染物 i 的分指数;n 为参加评价的污染物(评价参数)的项目数。

(2)算术平均法。

$$P_i = \frac{1}{n} \sum_{i=1}^n I_i$$

(3)加权平均法。

加权平均法以某一污染物的分指数 I_i 乘以该污染物的加权系数 W_i 后再求和,然后求均值,计算式为

$$P_i = \frac{1}{n} \sum_{i=1}^n I_i W_i$$

加权系数 W_i 可根据污染物对环境的危害程度或根据对当地群众调查的意见确定,也可使用环境对某种污染物可以容纳的程度(即环境容量)确定。用环境容量计算加权值的公式为

$$W_i = \left(\frac{C_{Bi}}{C_{Si} - C_B} \right) / \sum_{i=1}^n \frac{C_{Bi}}{C_{Si} - C_B}$$

式中:C_{Bi} 为污染物 i 在环境中的背景值;C_{Si} 为污染物 i 的评价标准。

3）总环境质量指数

区域总环境质量指数是由各要素环境质量指数加以综合而得出来的。因为各个环境要素对区域总环境质量的影响并不相同,故在综合单要素环境质量指数时还要进行二次加权,计算公式为

$$P = \frac{1}{m} \sum_{j=1}^{m} P_j W_j$$

式中:P 为某区域的总环境质量指数;P_j 为区域内某要素的环境质量指数;W_j 为某要素的加权系数;m 为参加区域环境质量综合评价的环境要素的项目数。

3. 环境质量分级

环境质量分级是按照环境质量指数的大小来划分环境质量优劣的等级,即按环境质量指数的数值划分几个范围,分别给予"清洁""微污染""轻污染""中度污染""较重污染""严重污染"六个不同等级。计算方法不同,环境质量分级指数的数值标准也不相同。

三、大气污染预测

大气污染预测主要包括两个部分:污染物排放量(源强)预测和大气环境质量变化预测(大气中污染物的含量)。

(一)预测模型

为了了解未来某时期社会经济发展对大气环境带来的影响,以采取改善大气环境治理的措施,需要预测大气环境中污染物的含量。常用方法有箱式模型。

箱式模型是研究大气污染物排放量与大气环境质量之间关系的最简单模型,适用于城市家庭炉灶、低矮烟囱分布不均匀的面源。如果烟在箱内滞留时间较长,则必须考虑沉降或吸附影响。一般把城市划分为若干小区,把每个小区看作是箱子,通过输入-输出关系预测大气中污染物浓度。箱式模型分为以下模型。

(1)白箱模型,用于反映输入与输出关系和过程状态的模型,采用该模型的前提是对所表述的要素或过程规律有清晰的认识。

(2)黑箱模型,应用较多,用于反映有关因素间笼统的直接因果关系,只涉及开发活动的性质、强度与环境后果之间的因果关系,本身不能表述过程。

(3)灰箱模型,应用最多,多用于开发活动对物理过程影响的预测,表示大气或水污染物扩散和稀释降解过程及其影响因素之间关系,模型中的系数凭经验假设或对实测及实验数据的统计分析处理求得。

用箱式污染预测大气污染物浓度模型为

$$C_A = \frac{Q}{LHU} = C_0$$

式中:C_A 为预测年污染物浓度(单位为 mg/m³);L 为箱边长(单位为 m);H 为混合层高度(单位为 m);U 为箱内平均风速(单位为 m/s);Q 为源强(排放率)(单位为 吨/年);C_0 为背景浓度(单位为 mg/m³)。

确定大气混合层高度 H 的方法：从预测区域气象部门直接获得，利用有关气象资料，通过绝热曲线法求解大气混合层高度，具体过程可参考有关资料。适用于以下情况：排放源分散且均匀或系统内扩散物信息难以得到；难以求出箱内各层特定污染物浓度分布，但可追踪浓度随时间的变化；若某处存在较大的偏差，则不适用；若无较大的偏差，则预测效果较好。

(二)高斯烟流模型(点源模式)浓度预测

高斯烟流模型认为风使烟向下风方向移动，烟气在下风向上没有扩散，仅与烟轴成直角方向才有扩散。假定烟流在截面上浓度分布为二维高斯分布，若烟的排放有效高度为 H_e，排放气体或气溶胶(粒子直径约 $20~\mu m$)，假设地面对烟全部反射，即没有沉降和化学反应发生，在空间任一点 $(x、y、z)$ 处某种污染物浓度 (C) 可用下式求出：

$$C(x,y,z) = \frac{q}{2\pi u\sigma_y\sigma_z} \cdot F(y)F(x)$$

$$F(y) = \exp\left(-\frac{y^2}{2\sigma_y^2}\right)$$

$$F(z) = \exp\left[-\frac{(Z-H_e)^2}{2\sigma_z^2}\right] + \exp\left[-\frac{(Z+H_e)^2}{2\sigma_z^2}\right]$$

式中：q 为污染物排放源强，单位为 g/s；C 为污染物的浓度，单位为 mg/m；$\overline{u}$ 为平均风速，单位为 m/s；σ_y 为用浓度标准偏差表示的 y 轴上的扩散参数；σ_z 为用浓度标准偏差表示的 z 轴上的扩散参数；H_e 为烟流中心线距地面的高度，即烟囱有效高度(单位为 m)。

适用于假定在烟流移动方向上忽略扩散的情况。排放连续或排放时间不小于从源头到计算位置的运动时间，即可忽略输送方向上的扩散。

应用上式计算地面浓度时，可按如下步骤简化。

(1)当 $z=0$ 时，则

$$C(x,y,0) = \frac{q}{\pi u\sigma_y\sigma_z}\exp\left(\frac{-y^2}{2\sigma_y^2}\right) + \exp\left[\frac{-H_e^2}{2\sigma_z^2}\right]$$

(2)当 $z=0,y=0$ (中心线地面浓度)时，则

$$C(x,0,0) = \frac{q}{\pi u\sigma_y\sigma_z} \cdot \exp\left[\frac{-H_e^2}{2\sigma_z^2}\right]$$

(3)地面最大浓度可表示为

$$C_{\max} = \frac{2q}{\pi \overline{u}H_e^2} \cdot \frac{\sigma_z}{\sigma_y} = \frac{0.234q}{\overline{u} \cdot H_e^2} \cdot \frac{\sigma_z}{\sigma_y}$$

高斯模型的应用条件是：下垫面平坦开阔、性质均匀；扩散过程中污染物没有衰减，污染物与空气没有相对运动，即随大气一起运动，地面对其起全反射作用。

(三)比例法

简单的概略性预测有 5 年或更多统计数据，可用比例法求转换系数，适用于无限大的高架源地区。由 $C_0/G_0 = C_1/G_1$ 可得

$$C_1 = \frac{C_0}{G_0}, \quad G_1 = kG_1$$

式中：C_0、C_1 为不同时间污染物在环境中的浓度（单位为 mg/m³）；G_0、G_1 为不同时间该类污染物排放量（单位为万吨/年）。当在中小城市资料缺乏的情况采用此方法时，比例系数 k 需进行适当修正。

通过控制给定区域污染源排放总量，优化分配到源，确保控制区大气环境质量满足相应的环境目标值的方法是将区域定量管理和经济学观点引入环境保护中，将总量削减指标简单地分配到污染源的技术方法，是改善大气环境质量的重要措施，是大气环境管理手段。总量控制是科学的污染控制制度，是在浓度控制对经济增长和变化缺乏灵活性、执行标准中忽视经济效益的现实中应运而生的制度。大气浓度控制解决不了排放浓度达标而环境质量难以达到预期要求的矛盾。

实行总量控制，建立大气污染物排放总量与大气环境质量、污染物消减与最低治理费用的定量关系，建立大气环境质量中的污染源输入-响应模型、大气扩散模型、高斯扩散模型、沉积模型式源损耗模型；大气污染允许排放量计算方法可采用 A-P 值法、多元模型法、排污当量法、数学规划法等。

（四）A-P 值法

A-P 值法是大气环境总量控制 A 值法和 P 值法的合称，是国家颁布的《制定地方大气污染物排放标准的技术方法》（GB/T 13201—1991）。该方法简便，能从宏观上迅速估算出各地区允许排放总量，并能分配给点源。

P 值法：给定烟囱有效高度 H_e（m）和当地点源排放系数 P，可得出该烟囱允许排放率 Q_{Pi}（单位为 t/h）：

$$Q_{Pi} = P \times C_{Si} \times 10^{-6} H_e^2$$

式中：C_{Si} 为排放质量浓度，单位为 mg/m³。

A 值法：属地区系数法，只要给出控制区总面积或几个功能分区面积，根据当地总量控制系数 A 值，就能得出该面积允许排放总量：

$$Q_a = \sum_{i=1}^{n} Q_{ai}, \quad Q_{ai} = A_i \frac{S_i}{\sqrt{S}}, \quad A_i = AC_{Si}$$

式中：Q_a 为区域某污染物年允许排放总量，城市理想大气容量，单位为 10^4 t/a；Q_{ai} 为第 i 分区某污染物年允许排放总量限值，单位为 10^4 t/a；A 为地理区域性总量控制系数，单位为 10^4 km²/a；A_i 为第 i 分区某污染物总量控制系数，单位为 10^4 km²/a；S 为控制区域总面积，单位为 km²；S_i 为第 i 分区面积，单位为 km²；C_{Si} 为第 i 区内污染物平均浓度限值，单位为 mg/m³，计算时除去本底浓度。

1. 区域划定

选择代表控制区环境质量的控制点，将区域划为若干网格，用网格点作控制点。从总量控制与计算量看，网格边长≤1 km；重点敏感地区，如人口密集地区，加密为边长

0.5 km 的网格。

2. 区域总量计算

总量控制的 A-P 值法是基于箱模型导出的。用单箱模型,考虑到干、湿沉降后,宁恒污染物(不发生化学反应和衰减)在箱中的平均浓度为

$$Q_S = AC_S \sqrt{S}$$

$$A = 3.1536 \times 10^{-3} \sqrt{\pi} V_E / 2$$

各分区排放总量为

$$Q_{Si} = a_i A C_S \sqrt{S_i}$$

式中:a_i 为分担系数,若取 $a_i = \dfrac{\sqrt{S_i}}{\sqrt{S}}$,得到 $Q_{Si} = AC_S \dfrac{S_i}{\sqrt{S}}$。

3. 点源和面源允许排放量分配

一般气象条件下,高架源对地面浓度影响不大,但影响范围大;低架源、地面源对地面浓度贡献高,在进行允许排放量分配时要确定面源和点源所占份额。假定城市内各功能分区面源允许排放总量为

$$Q_{bi} = BC_{Si} S_i / \sqrt{S}$$

$$B = A\alpha$$

式中:S 为规划区面积;B 为低源总量控制系数;α 为低源分担率。

B 为垂直扩散参数与平均风速的函数,在分析功能区大小及各地稳定度频率分布、风速资料后按行政区分别给出 α 值及 A 值。区域面源排放总量 $Q_{bi} = \alpha Q_{ai}$,区域点源排放总量 $Q_{ai} - Q_{bi}$。

4. 点源允许排放量分配

为确定具体点源的允许排放量,还需将 A 值法与点源控制的 P 值法结合。该法允许污染源排放量的计算公式为

$$Q = PC_{Si} \times 10^{-5} \times H_e^2$$

式中:Q 为 SO_2 允许排放量,单位为 t/h;P 为允许排放指标,单位为 m^2/h;C_{Si} 为环境质量目标,单位为 mg/m^3;H_e 为排气筒有效高度,单位为 m。

第四节　大气环境规划中的防治措施

大气污染防治是一项十分复杂的系统工程,涉及范围很广,如能源的合理利用、城市的布局、生产工艺的改革、清洁生产工艺的实施、处理设备的费用及效率等,只有对整个

大气环境系统进行系统分析,对各种能减轻大气环境污染方案的技术可行性、经济合理性、实施可能性等进行优化筛选和比价,并根据城市区域的特点、经济承受能力和管理水平等因素,确定实现整个区域大气环境质量控制目标的最佳实施方案,才能有效地控制大气污染。大气环境规划方案要顺利实施就必须有各种大气环境综合措施作保证。大气环境综合措施多种多样,但可归纳为三个方面:减少污染物排放量、充分利用大气自净能力和加强绿化。

一、减少污染物排放量

目前最主要的能源是煤、石油、天然气等传统能源。能源的消耗是造成大气污染的主要因素,能源利用方式的改变将直接影响大气污染物的排放,进而影响大气环境的质量。

使用新能源:传统能源大都是不可再生并对大气环境造成污染的,因此,人们开始探索和利用新能源,如太阳能、风能、地热、潮汐能和沼气等。新能源的最大优点是比较清洁,对大气环境不污染或污染较轻,且又可再生。目前太阳能、风能和沼气等新能源在我国已进入实施阶段。从改善大气环境质量的角度来看,使用新能源将是我国今后长远发展的方向。

改变现有燃料构成:目前使用的传统能源中,燃煤污染是最严重的。选用气体和液体燃料会更为环保。

改变煤的燃烧方式:从我国的能源构成来看,目前仍然是以燃煤为主。预计在今后较长时期内,我国不会改变以燃煤为主的能源构成。因此,当务之急是改变燃烧方式,以降低燃烧过程中排放的大气污染物。

煤燃烧的热效率及污染物的产生量除了与燃烧设备的性能和操作过程有关外,还与煤的成分和性质密切相关。为了节约燃煤、减少污染物的排放,应避免直接燃烧原煤。通过将煤炭气化、液化或制成型煤改变煤的燃烧方式来达到保护环境的目的,这是又一条控制大气污染的途径。

上述各种措施虽然可以有效减少污染物排放,改善大气环境质量,但对于污染源来说,还必须采取必要而有效的治理技术,以降低污染物的排放,使之达标排放。

二、充分利用大气自净能力

污染物在大气环境中因发生稀释扩散、沉降和衰减现象,而使大气中污染物浓度降低的能力称为大气自净能力。大气自净与当地的气象条件、功能区的划分以及污染源的布局等因素有关,充分利用大气自净能力可以减少污染物的消减,降低治理投资。利用大气自净能力的方法有大气污染源合理布局、城市功能区合理划分及增加烟囱高度等。

1. 大气污染源合理布局

为了避免对城镇生活居民区造成影响,大气污染源的布局应该是使有烟气和废气污染的工业区尽量布置在离居民区远的地方。怎样对大气污染源进行布局才能使污染源对居民区产生的污染影响最小是编制环境规划时应重点解决的问题。

2. 城市功能区合理划分

一个城市按其主要功能可分为商业区、居民区、工业区和文教区等。如何安排这些功能区,特别是工业布局,将直接影响人们的生活和工作环境。考虑风向和风速对大气环境质量的影响,对于工业较集中的大中城市,用地规模较大、对空气有轻度污染的工业(如电子工业、纺织工业等)可布置在城市边缘或近郊区;污染严重的大型企业(如冶金、化工、火电站、水泥厂等)可布置在城市远郊区,并设置在污染系数最小的上风向。在进行工业布局时,还应该注意各企业的合理布设,使其有利于生产协作和环境保护。

三、加强绿化

绿色植物除具有美化环境、调节空气温度和湿度及城市小气候外,还是吸收 CO_2、制造 O_2 的"工厂",并具有吸收有害气体、粉尘、杀菌、降低噪声和监测空气污染等多种作用。因此,大力开展植树、种草对改善大气环境质量有着十分重要的意义。

第五节　典型大气环境保护规划案例剖析

本书以《东莞市石龙镇"十三五"大气环境保护专项规划》为案例,对大气环境规划编制内容和撰写步骤进行剖析。

一、规划区域概况

(一)自然环境概况

石龙镇位于广东省东莞市,地处东江下游,北靠广州,南邻深圳,东接惠州,具有得天独厚的区位优势。广深铁路贯通全镇,是东江运输的交通枢纽。水陆交通四通八达,东与博罗县园洲镇接壤,西与石碣镇接壤,南与茶山镇和石排镇毗连,西南距东莞市政府驻地南城区约 13 km,其中心地理坐标为北纬 23°6′32.03″,东经 113°51′33.45″,全镇总面积 13.83 km²。

东莞市石龙镇地处北回归线以南,濒临南海,属亚热带海洋性季风气候。其气候特点与东莞市基本一致,长夏短冬、光照充足、热量丰富、气候温暖、温度变幅小、雨量充沛、干湿季明显。根据东莞市气象局的相关数据分析,东莞市以 3～5 月为春季、6～8 月为夏季、9～11 月为秋季、12～2 月为冬季划分,其中 3 月、7 月、10 月和 12 月最能反映四季的变化特点。一年中最冷为 1 月,最热为 7 月,年平均气温为 23 ℃。一年中 2～3 月日照最少,7 月日照最多。雨量集中在 4～9 月,其中 4～6 月为前汛期,以锋面低槽降水为多,年平均降雨 1651.2 mm。7～9 月为后汛期,台风、降水活跃。石龙镇四季树木常绿,花果常香,也常受台风、暴雨、干旱、寒露及冻害侵袭。根据东莞市气象局近 20 年的近地层气象观测数据统计分析可知,东莞市主导风向为东风,依据数据绘制出东莞市近二十年风向玫瑰图,如图 7-2 所示,并以此作为分析石龙镇大气环境敏感区域的气象依据。

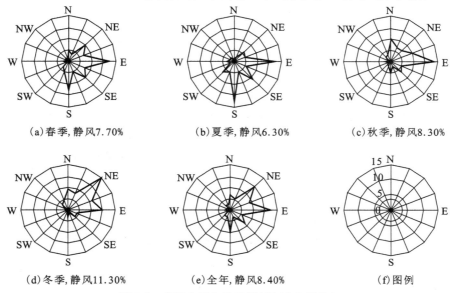

(a)春季,静风7.70%　　　(b)夏季,静风6.30%　　　(c)秋季,静风8.30%

(d)冬季,静风11.30%　　　(e)全年,静风8.40%　　　(f)图例

图 7-2　东莞市风向玫瑰图(近 20 年平均)

由图 7-2 可以看出,东莞市受季风环流控制,盛行风向有明显的季节变化,全年最多风向为东风,其次是东北风,最小是偏西风。其中空气污染较为严重的冬季受东北季风控制,东北部城市和省份污染物易随气流迁移至东莞市,加重东莞市空气污染。

(二)社会经济概况

截至 2015 年底,石龙镇常住人口 14.21 万,户籍人口 7.19 万。因其地处广深经济走廊、珠江口东岸的电子信息产业走廊交界处,更兼扼东江中下游咽喉要地,使其自明末清初以来就是广东省著名商埠,并与广州、佛山、陈村一起被誉为广东"四大名镇",有着 3500 多年的文明史和 800 多年的建城史,历史上也曾三次设市,成为邻近镇(区)经济、文化和商贸中心。因此,石龙镇具有得天独厚的区位经济优势。石龙镇曾入选国际宜居城镇。在 2009 年国际花园城市评选决赛中,石龙镇夺得该年度国际宜居城镇组别第一名,这为石龙镇生态宜居城镇的可持续发展建设提出了更高的目标。

在石龙镇 13.83 km² 的土地上,近年来的人口变化与石龙镇的经济发展轨迹密切相关。根据石龙镇 11 年(即 2005—2015 年)的人口统计数据,得到石龙镇近年来的人口数量变化趋势,如图 7-3 所示。

根据图 7-3 人口变化轨迹可以看出,从人口分布来看,户籍人口呈缓慢上升趋势,从 2005 年的 6.8 万上升到 2015 年的 7.2 万,11 年来上升了 5.88%。外来暂住人口呈明显先下降后上升趋势,从 2005 年的 7.7 万下降到 2015 年的 7 万,11 年来下降了约 9.1%,这从侧面反映了石龙镇经济结构 11 年的变化过程,也与东莞市近年来的经济结构转型有关,即从劳动密集型的纺织服装、家具、玩具等制造业,向高科技新兴产业转化,引起外来人口明显减少。

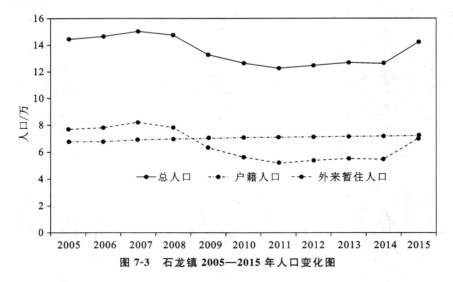

图 7-3   石龙镇 2005—2015 年人口变化图

表 7-3 是石龙镇 2005—2015 年生产总值规模及增长率与东莞市生产总值增长率。从表 7-3 可知,石龙镇的生产总值规模呈上升之势,11 年期间增加了 1.48 倍。2015 年石龙镇完成生产总值 86.6 亿元,与 2014 年相比生产总值增长 4.5%;完成规模以上工业产值 268.1 亿元,与 2014 年相比增长 11.15%;各项税收总额 18.1 亿元,与 2014 年相比增长 11.73%;2015 年财政收入 7.7 亿元,与 2014 年相比增长 6.94%。经济的快速发展使能源的需求和使用随之增加,为石龙镇大气环境质量的变迁埋下伏笔。

表 7-3   石龙镇 2005—2015 年生产总值规模及增长率与东莞市生产总值增长率

年份 /年	石龙镇生产总值规模/亿元	石龙镇生产总值增长率/(%)	规模以上工业产值/亿元	各项税收总额/亿元	镇级财政收入/亿元	东莞市生产总值增长率/(%)
2005	34.9	10.0	135.1	4.1	3.1	19.4
2006	38.4	10.0	156.3	5.0	3.4	19.1
2007	42.7	11.2	131.7	7.0	3.7	18.2
2008	47.6	11.4	132.5	8.7	4.0	14
2009	50.4	5.9	124.4	9.1	4.6	5.3
2010	56.4	11.9	176.6	10.7	5.3	10.3
2011	63.0	11.7	190.7	12.4	5.9	8
2012	67.4	6.9	204.2	13.3	6.3	6.1
2013	76.9	14.1	220.5	14.7	6.8	9.8
2014	82.9	7.8	241.2	16.2	7.2	7.6
2015	86.6	5.1	268.1	18.1	7.7	8

依据表7-3中的数据,绘制出石龙镇2005—2015年生产总值规模及增长率图,结果如图7-4所示。2007年是石龙镇经济发展的一个拐点,2008年,受全球经济危机的影响,石龙镇的经济总量增速开始下降,并持续至今。尽管全镇生产总值增长率下降,但由于经济结构和产业结构的调整,石龙镇的生产总值一直呈上升趋势。

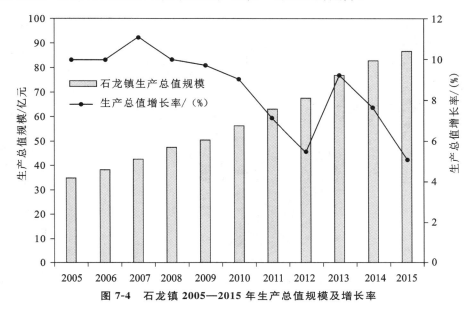

图7-4　石龙镇2005—2015年生产总值规模及增长率

从图7-4还可以看出,石龙镇生产总值增长率的波动幅度较大,这说明石龙镇经济转型仍处在一个不确定区间,这种不确定状态还将随着产业结构的进一步调整持续一段时间,甚至延续到整个"十三五"期间,但石龙镇的生产总值仍将保持稳定的上升状态。

二、石龙镇大气环境功能区划

东江干流、北干流、南支流和沙河将石龙镇分为新城区、老城区、西湖区和红海区四个部分。四个区域的土地利用现状如图7-5所示。

(1)新城区以居住用地、工业用地和生态绿地为主,并伴有少量配套设施用地、商业金融业用地和文化娱乐用地。居住用地主要分布在新城区方正路以南,居住用地和配套设施用地以及商业金融业用地错综交互,新城区东江干流沿线分布着生态绿地;工业用地较为集中,分布在方正路以北的区域,工业用地西北沙河沿线也分布着生态绿地。

(2)西湖区以居住用地、商业金融业用地、工业用地和交通运输用地为主,还有少量公共绿地、生态绿地和配套设施用地。西湖区居住用地较为分散,与商业金融业用地以及配套设施用地穿插错落,工业用地集中在西湖区最南端,交通运输用地主要是东莞火车站用地。西湖区的公共绿地集中在石龙城市公园,生态绿地分布在东江干流和东江南支流南岸。

(3)老城区分布着大量的居住用地,配套设施用地和商业金融业用地夹杂在其中。公共绿地主要集中在中山公园,生态绿地分布在东江北干流南岸和东江南支流北岸。

(4)红海区是石龙镇四个区中面积最小的一个区,位于东江北干流的北岸,主要以工业用地、交通运输用地和物流用地为主,伴有少量的生态绿地。工业用地位于红海区西部中俄产业园,物流用地即广东(石龙)铁路物流港用地,少量生态绿地分布于东江北干流的南岸。

因此,从土地利用现状看,四个区域中均有居住区、商业、交通和工业混合区,只是各区域所占比例不同而已。

图 7-5　石龙镇土地利用现状

(一)环境功能区划原则

环境功能区划原则:科学、合理、全面地考虑石龙镇不同区域的自然生态环境特点和具备的功能;以不降低现有功能并逐步改善石龙镇环境质量为前提;充分利用环境、资源承载力,促进社会经济高速、可持续发展。石龙镇环境功能区划分原则如下。

(1)以人为本,体现保障人民生活质量的需要。

环境功能区划分必须以人为本,提出不同功能环境单元的环境目标和环境管理对策;在功能区划中既要避免各类经济活动对居民区造成的不良影响,以及工业、生活污染对居民身体健康的威胁,又要保证工业区、商业区与居住区之间的适当联系,以及居民娱乐、休闲等生活需求。

(2)保证经济发展与环境保护的协调性。

注重自然生态功能保护的同时,充分体现地方社会经济发展的要求。区划要考虑城镇总体规划及石龙镇资源、环境潜在的能力,根据环境开发潜力、社会经济发展现状和特点及未来发展趋势划分功能区。

(3)注重总体功能发挥。

各分区在基本满足生态环境特点、功能开发利用方式相对一致的条件下,保持相对集中和空间连片,有利于分区,使整体功能发挥,也便于城镇体系进一步宏观建设和产业布局规划、调整与管理。

（4）必须满足有关法规、标准及规定的要求。

对风景区、名胜古迹、疗养区、居民区划分，不与国家及地方的要求相违背。

（5）合理利用环境承载力。

在大气环境功能区划分时，不仅要考虑环境保护，也要考虑石龙镇目前土地利用现状、经济发展需要，充分利用当地的环境、资源承载力，促进旅游业和工商业发展。

（二）大气环境功能区划

大气环境功能区划依据 2012 年国家发布修订的《环境空气质量标准》（GB 3095—2012），以及石龙镇所设立和规划的森林公园、风景名胜区等区域的自然生态环境特点和具备的功能划定，以不违背规划、不降低现有功能并逐步改善区域环境质量为前提。

在《环境空气质量标准》（GB 3095—2012）中，规定了环境空气功能区分为两类，即一类功能区和二类功能区。一类功能区为自然保护区、风景名胜区和其他需要特殊保护的区域；二类功能区为居住区、商业交通居民混合区、文化区、企业区和农村地区。因此，根据石龙镇土地利用现状（见图 7-5）可知，石龙镇目前没有诸如"自然保护区、风景名胜区和其他需要特殊保护的区域"。因此，石龙镇所辖行政区域均为二类环境空气功能区，即石龙镇四个片区的环境空气功能区均为二类功能区。石龙镇大气环境功能区划如图 7-6 所示。

图 7-6　石龙镇大气环境功能区划

三、石龙镇大气环境质量现状评价

（一）环境空气质量评价方法

根据石龙镇产业结构、能源结构、环境空气质量现状和已有的环境空气监测因子数据,拟采用综合污染指数法(仅用于环境空气质量变化趋势分析)和空气质量指数法对石龙镇的环境空气质量状况进行评价。

1. 综合污染指数法

综合污染指数法是各项空气污染的单因子指数之和,可以直观、定量地描述和比较环境空气污染的程度,用以评价环境空气质量总体状况。空气综合污染指数数值越大,表示空气污染程度越严重,空气质量越差。

空气综合污染指数的数学表达式为

$$P = \sum_{i=1}^{n} P_i$$
$$P_i = C_i / C_{i0}$$
$$F_i = P_i / P$$

式中:P 为空气综合污染指数;P_i 为 i 项空气污染物的分指数;F_i 为 i 项空气污染物的负荷系数;C_i 为 i 项空气污染物的年均浓度值;C_{i0} 为 i 项空气污染物的环境质量年均值二级标准限值;n 为空气污染物项目数。

2. 空气质量指数法

空气质量指数(AQI)通常分为六级,即 $0 \sim 50$、$51 \sim 100$、$101 \sim 150$、$151 \sim 200$、$201 \sim 300$ 和大于 300 这六个级别,对应的空气质量级别分别为优、良好、轻度污染、中度污染、重度污染和严重污染。指数越大,级别越高,说明污染越严重,对人体健康的影响也越明显。

空气质量指数是一种用来定量描述空气质量状况的无量纲指数,由于没有量纲,因此有利于相互间比较。AQI 只用来评价日空气质量状况和小时空气质量状况,按照《环境空气质量指数(AQI)技术规定(试行)》(HJ 633—2012)的规定,通常需要将常规空气污染物(SO_2、NO_2、PM_{10}、$PM_{2.5}$、CO、O_3 等)的浓度简化为无量纲指数值形式,再进行分级,从而更直观地表示空气质量情况。

AQI 分级计算参考的标准是《环境空气质量标准》(GB 3095—2012),参与评价的污染物为 SO_2、NO_2、PM_{10}、$PM_{2.5}$、O_3、CO 六项。按照《环境空气质量指数(AQI)技术规定(试行)》(HJ 633—2012)的规定,空气质量指数计算的数学表达式为

$$IAQI_p = \frac{IAQI_{Hi} - IAQI_{L0}}{BP_{Hi} - BP_{L0}} (C_p - BP_{L0}) + IAQI_{L0}$$

式中:$IAQI_p$ 为污染物项目 p 的空气质量分指数;C_p 为污染物项目 p 的质量浓度值;BP_{Hi} 为表中与 C_p 相近的污染物浓度限值的高位值;BP_{L0} 为表中与 C_p 相近的污染物浓度限值的低位值;$IAQI_{Hi}$ 为表中与 BP_{Hi} 对应的空气质量分指数;$IAQI_{L0}$ 为表中与 BP_{L0} 对应的空气质量分指数。

计算出各个污染物项目的空气分指数后,其中最大值即为要求的 AQI 值,计算公式如下:

$$AQI = \max\{IAQI_1, IAQI_2, IAQI_3, \cdots, IAQI_n\}$$

式中:IAQI 为空气质量分指数;n 为污染物项目。

AQI 大于 50 时,IAQI 最大的污染物为首要污染物。若 IAQI 最大的污染物为两项

或两项以上时，并列为首要污染物。IAQI 大于 100 的污染物为超标污染物。空气质量分指数及对应污染物项目浓度限值如表 7-4 所示。

表 7-4　空气质量分指数及对应污染物项目浓度限值

空气质量分指数（IAQI）	污染物项目浓度限值									
	SO_2 24 小时平均/ $(\mu g/m^3)$	SO_2 1 小时平均/ $(\mu g/m^3)$	NO_2 24 小时平均/ $(\mu g/m^3)$	NO_2 1 小时平均/ $(\mu g/m^3)$	PM_{10} 24 小时平均/ $(\mu g/m^3)$	CO 24 小时平均/ (mg/m^3)	CO 1 小时平均/ (mg/m^3)	O_3 1 小时平均/ $(\mu g/m^3)$	O_3 8 小时平均/ $(\mu g/m^3)$	$PM_{2.5}$ 24 小时平均/ $(\mu g/m^3)$
0	0	0	0	0	0	0	0	0	0	0
50	50	150	40	100	50	2	5	160	100	35
100	150	500	80	200	150	4	10	200	160	75
150	475	650	180	700	250	14	35	300	215	115
200	800	800	280	1200	350	24	60	400	265	150
300	1600	(2)	565	2340	420	36	90	80	800	250
400	2100	(2)	750	3090	500	48	120	1000	(3)	350
500	2620	(2)	940	3840	600	60	150	1200	(3)	500

说明如下。

（1）SO_2、NO_2、CO 的 1 小时平均浓度限值仅用于实行时报，在日报中需使用相应污染物的 24 小时平均浓度限值。

（2）SO_2 1 小时平均浓度值高于 800 $\mu g/m^3$ 的，不再进行其空气质量分指数计算，SO_2 空气质量分指数按 24 小时平均浓度计算的分指数报告。

（3）O_3 8 小时平均浓度值高于 800 $\mu g/m^3$ 的，不再进行其空气质量分指数计算，O_3 空气质量分指数按 1 小时平均浓度计算的分指数报告。

（二）评价因子

根据石龙镇产业结构、能源结构、环境空气质量现状和已有的环境空气监测因子数据，以及《环境空气质量评价技术规范（试行）》（HJ 663—2013），选择的评价因子包括《环境空气质量标准》（GB 3095—2012）中涉及的常规六项（即 SO_2、NO_2、CO、O_3、PM_{10} 和 $PM_{2.5}$）作为石龙镇环境空气质量现状的评价因子。

（三）评价标准

根据国家标准《环境空气质量标准》（GB 3095—2012），一般城市的居住区、商业交通居民混合区、文化区、工业区和农村地区为二类环境空气质量功能区。因此，石龙镇为二类环境空气质量功能区，评价时采用《环境空气质量标准》（GB 3095—2012）中的二级标准浓度限值。SO_2、NO_2、CO、O_3、PM_{10} 和 $PM_{2.5}$ 这六个常规因子的浓度限值如表 7-5 所示。当某种污染物浓度小于或等于《环境空气质量标准》(GB 3095—2012)中对应平均时间的标准浓度限值即为达标,否则为不达标。

表 7-5 六个常规因子的浓度限值

污染物项目	平均时间	浓度限值		单位
		一级	二级	
二氧化硫(SO_2)	年平均	20	60	$\mu g/m^3$
	24 小时平均	50	150	
	1 小时平均	150	500	
二氧化氮(NO_2)	年平均	40	40	
	24 小时平均	80	80	
	1 小时平均	200	200	
一氧化碳(CO)	24 小时平均	4	4	mg/m^3
	1 小时平均	10	10	
臭氧(O_3)	日最大 8 小时平均	100	160	$\mu g/m^3$
	1 小时平均	160	200	
颗粒物(PM_{10})	年平均	40	70	
	24 小时平均	50	150	
颗粒物($PM_{2.5}$)	年平均	15	35	
	24 小时平均	35	75	

根据《环境空气质量评价技术规范(试行)》(HJ 663—2013),城市环境空气质量除要求各污染物年平均浓度达标外,还要求特定的日均值百分位数小于或等于日均值标准。基于《环境空气质量标准》(GB 3095—2012)和《环境空气质量评价技术规范(试行)》(HJ 663—2013)的要求,本项目对 SO_2、NO_2、CO、O_3、PM_{10} 和 $PM_{2.5}$ 这六项污染物进行年度评价,评价指标和标准如表 7-6 所示。

表 7-6 空气质量达标评价指标和标准

指标	PM_{10}		$PM_{2.5}$		SO_2		NO_2		O_3	CO
	年均浓度	95 分位数	年均浓度	95 分位数	年均浓度	98 分位数	年均浓度	98 分位数	90 分位数	95 分位数
标准	70	150	35	75	60	150	40	80	200	10
单位	$\mu g/m^3$									mg/m^3

(四)石龙镇空气综合污染指数评价结果

根据综合污染指数评价法具体步骤,计算石龙镇 2010—2015 年空气质量综合污染指数 P 值,结果如表 7-7 所示。

表 7-7　石龙镇 2010—2015 年空气质量综合污染指数 P 值

年份	SO$_2$	NO$_2$	PM$_{10}$	PM$_{2.5}$	CO	O$_3$	P 值
2010 年	29	50	83	53	1.7	155	5.83
2011 年	27	43	88	48	1.5	187	5.70
2012 年	22	39	66	69	1.3	176	5.68
2013 年	24	47	71	49	1.5	163	5.38
2014 年	20	42	61	45	1.4	186	5.05
2015 年	12	37	53	39	1.3	163	4.31

从表 7-7 可知,石龙镇空气质量综合污染指数 P 值从 2010 年的 5.83,下降到 2015 年的 4.31。虽然逐年下降的幅度不大,但呈逐年下降趋势。为更直观反映石龙镇 2010—2015 年空气质量综合污染指数变化趋势,根据表 7-7 中的计算数据,绘制石龙镇 2010—2015 年空气质量综合污染指数变化图,结果如图 7-7 所示。

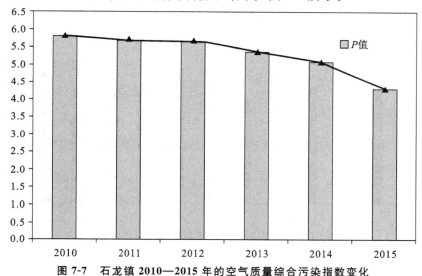

图 7-7　石龙镇 2010—2015 年的空气质量综合污染指数变化

由图 7-7 可以看出,石龙镇 2010—2015 年综合污染指数均位于 4~8 之间;近六年石龙镇的综合污染指数呈下降趋势,由 2010 年的 5.83 下降至 2015 年的 4.31,说明在采取相关措施后,石龙镇的环境空气质量有一定程度的好转。计算得出每年各污染物的等标污染负荷系数 F_i,分析每年各污染物占整体污染物的比例,结果如表 7-8 所示。

表 7-8　石龙镇 2010—2015 年各大气污染物等标污染负荷系数 F_i　　（单位为%）

年份	F_{SO_2}	F_{NO_2}	$F_{PM_{10}}$	$F_{PM_{2.5}}$	F_{CO}	F_{O_3}
2010 年	8.29	21.45	20.35	25.99	7.29	16.62
2011 年	7.90	18.87	22.07	24.07	6.58	20.51
2012 年	6.45	17.16	16.60	34.70	5.72	19.36
2013 年	7.43	21.83	18.84	26.01	6.97	18.93
2014 年	6.60	20.78	17.25	25.44	6.93	23.01
2015 年	4.64	20.88	17.54	25.85	7.54	23.55

从表 7-8 可知,石龙镇 2010—2015 年期间各年份的 $F_{NO_2} + F_{PM_{10}} + F_{PM_{2.5}} + F_{O_3}$ 之和均大于 80%,因此,2010—2015 年期间的主要大气污染物均为 NO_2、O_3、PM_{10} 和 $PM_{2.5}$,其中,2010—2015 年的首要污染物均为 $PM_{2.5}$。另外,从表 7-8 可知,SO_2 的等标污染负荷系数一直处在低水平,并呈现进一步下降的趋势;CO 的等标污染负荷系数一直处于相对稳定状态,并有上升趋势。由于城市环境空气中的 CO 主要来源于机动车,因此,加强机动车的管理有利于环境空气中 CO 浓度的降低。

为了更直观地表述石龙镇 2010—2015 年期间各污染物的等标污染负荷变化,根据表 7-8 中 NO_2、O_3、PM_{10} 和 $PM_{2.5}$ 这四种主要污染物的数据,绘制了石龙镇 2010—2015 年等标污染负荷系数,如图 7-8 所示。

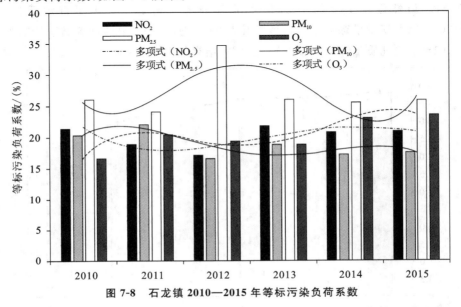

图 7-8 石龙镇 2010—2015 年等标污染负荷系数

从图 7-8 可知,在 2010—2015 年期间,四种污染物每年的等标污染负荷系数由大到小的顺序分别是:$PM_{2.5} > NO_2 > PM_{10} > O_3$;$PM_{2.5} > O_3 > PM_{10} > NO_2$;$PM_{2.5} > O_3 > NO_2 > PM_{10}$;$PM_{2.5} > NO_2 > O_3 > PM_{10}$;$PM_{2.5} > O_3 > NO_2 > PM_{10}$;$PM_{2.5} > O_3 > NO_2 > PM_{10}$。由此可见,2010—2015 年,影响石龙镇的环境空气质量的首要污染物为 $PM_{2.5}$,次要污染物为 O_3,PM_{10} 成为四种主要污染物中的最后一位。次要污染物种类的改变说明石龙镇对 $PM_{2.5}$ 和 PM_{10} 的污染防治措施非常具有针对性,同时也表明,加大对引起 O_3 污染的前体污染物控制已经迫在眉睫。

从图 7-8 中各污染物的等标污染负荷系数的多项式变化趋势看,$PM_{2.5}$ 的等标污染负荷系数将会进一步缩小,O_3 等标污染负荷系数将会进一步变大,NO_2 的等标污染负荷系数将会逐步接近 $PM_{2.5}$ 和 O_3,而 PM_{10} 的等标污染负荷系数也将继续减小。石龙镇未来大气污染防治的重点应该是 $PM_{2.5}$ 和引起 O_3 污染的前体污染物 NO_x 及挥发性有机物(VOCs)的排放。

由于 O_3 污染物的生成与气象条件(尤其是太阳辐射强度)密切相关。因此,以 O_3 为首要污染物的月份主要在春季末、整个夏季和秋季中期。从全年首要污染物的比例看,影响石龙镇环境空气质量的首要污染物仍然是 $PM_{2.5}$，其次是 O_3 或 NO_2。若将 $PM_{2.5}$、PM_{10} 求和，则可知颗粒物是影响石龙镇环境空气质量的第一污染物。而这几种污染物或其前体物均来源于机动车尾气、燃煤和其他燃料燃烧产生的污染物，以及工业企业、餐饮业和其他服务业排放的污染物。因此，石龙镇环境空气质量的改善需要注重对细颗粒物 $PM_{2.5}$ 和机动车尾气的防治。

(五)石龙镇重点监管的工业固定大气污染源识别

系统分析污染物排放的行业分布是实施污染物持续减排、空气质量持续改善、工业结构调整与优化的基础。因此，实地调查了重点监管的工业大气污染源企业，部分图片如图 7-9 所示。

图 7-9　石龙镇部分工业大气污染源企业

从图 7-9 可知,石龙镇大气污染源企业种类较多,涉及制药、食品加工、设备制造、电子产品制造、金属扣件制造、化学原料和化学制品制造、婴儿用品制造、酒店服务业和塑料制品等企业。根据实地调查结果和东莞市环境保护局石龙分局提供的资料,整理得到了 2014 年和 2015 年石龙镇纳入监管的大气污染物排放企业名单,总共有 26 家企业。在此基础上,列出这些企业的大气污染源清单。

四、大气环境压力预测分析

(一)社会经济与能源发展预测

1. 社会经济发展预测

"十二五"期间,作为社会经济转型样本的东莞市,在经济下行压力不断加大的国际国内背景下,仍然具有较高的经济发展能力。2015 年东莞市的生产总值增长率已经重新回到 8%,比全国平均水平 6.9% 的增长率高 1.1%。虽然石龙镇 2015 年的生产总值增速低于东莞市整体水平,但 2015 年的经济总量仍然呈上升态势,各项主要社会经济指标仍然保持较好的发展趋势。按照国家总体规划,2016—2020 年是全面实现小康的冲刺阶段和产业结构转型发展的关键时期,"十三五"期间,中国经济仍然处于"新常态"局面。因此,经过"十二五"期间的经济结构调整和产业转型,"十三五"期间石龙镇的社会经济也将进入新的发展阶段,这对以开放型经济为特征的石龙镇而言,可谓是机遇与挑战并存。2020 年之后,石龙镇经济增速将继续放缓,全面进入优化发展阶段,实现社会经济的绿色发展将成为重点目标。

石龙镇 2015 年的生产总值增长率为 5.1%,虽然低于东莞市 8% 的平均水平,但石龙镇"十二五"期间,其生产总值实际年平均增长率仍然达到 9.12%,而东莞市"十二五"期间,其生产总值实际年平均增长率为 7.9%。因此,"十二五"期间石龙镇的生产总值增长率超过东莞市整体的生产总值增长率。

考虑到国际国内经济的"新常态"局面,加上东莞整个产业转型升级的压力,东莞市将"十三五"期间的年均生产总值增长率预期值设为 8%。从表 7-3 可知,从"十五"到"十二五"期间,石龙镇的年均生产总值增长率均大于东莞市的年均生产总值增长率。那么,制约石龙镇社会经济发展的因素与东莞市的基本相似,预计石龙镇"十三五"期间生产总值增长率不会有大的突破,将以保稳定为主要特征。因此,将石龙镇"十三五"期间生产总值预设值确定为 8%~9%。

某个城市或区域生产总值的预测方程为

$$GDP_x = GDP_{2015} \cdot (1+r_{GDP})^n$$

式中:GDP_{2015} 为 2015 年地区生产总值,单位为万元;r_{GDP} 为年均生产总值增长率,取值 8%。根据石龙镇"十三五"期间生产总值预设值,计算得到石龙镇"十三五"期间的生产总值增长趋势及预测,结果如表 7-9 所示。

表 7-9　石龙镇"十三五"期间的生产总值增长趋势及预测

年份	2015 年	2020 年	2030 年
年均增长率/(%)	5.1	8	8
生产总值/亿元	86.6	127.24	274.71
人均生产总值/(元/人)	60942	89543	193322

2. 能源消费预测

"十三五"期间,石龙镇的能源消费将在"十二五"的基础上持续增长,包括一次能源和二次能源的消费。因此,将在"十二五"的基础上,根据能源弹性系数方法,预测石龙镇"十三五"期间不同年份的能源消费总量。能源消费弹性系数 K_e 是指能源消费量年均增长率与某区域生产总值年均增长率的比值。K_e 值的大小反映了能源消费量增长与生产总值增长之间的关系,是衡量能源与环境和谐程度及和谐水平的一项指标,也是反映能源与大气环境污染宏观控制的一项指标。一个区域的能源消费弹性系数 K_e 可以通过计算获得,即

$$K_e = \frac{a_1}{a_2}$$

式中:K_e 为能源消费弹性系数;a_1 为能源年均增长率;a_2 为某区域生产总值年均增长率。

K_e 值越大,能源增长速度越快、能源的消费量越大,相应的大气污染物(如 SO_2、NO_x、PM_{10} 和 $PM_{2.5}$ 等)排放量也会越大,大气污染程度将会越重,反映出能源与大气环境质量间的和谐度越低。反之,K_e 值越小,大气环境污染程度越轻,能源与大气环境质量间的和谐度越高。根据表 7-3 所示的石龙镇生产总值增长率,并以 2015 年石龙镇能源消费量为基数,得到石龙镇的能源弹性系数为 0.78。

利用能源弹性系数计算某目标年能源消费总量的计算式为

目标年能源消费总量＝2015 年地区能源消费量总量×(1＋能源消费弹性系数
　　　　　　　　　　×生产总值增长率)^n

2015 年石龙镇能源消费总量为 28.23 万吨标准煤,单位生产总值能源消费 0.326 吨标准煤/万元。对 2020 年、2030 年能源消费情况进行测算,2020 年石龙镇单位生产总值能源消费降低到 0.300 吨标准煤/万元(较 2015 年下降 8.0%),能源消费总量达到 38.21 万吨标准煤,较 2015 年增长 35.4%。由东莞市环境保护和生态建设"十三五"规划研究报告可知,东莞市 2020 年单位生产总值能源消费预测值为 0.473 吨标准煤/万元,能源消费总量 3590.2 万吨标准煤。结合石龙镇的产业结构和能源消费结构,预测其 2020 年的生产总值能源消费预测值为 0.300 吨标准煤/万元,得到石龙镇规划目标年的能源消费总量,具体如表 7-10 所示。

表 7-10　石龙镇规划目标年的能源消费总量预测

年份	2015 年	2020 年	2030 年
单位生产总值能源消费/(吨标准煤/万元)	0.326	0.300	0.255
能源消费总量/万吨标准煤	28.23	38.21	69.99

3. 重点产业发展预测

"十三五"大气环境保护规划期间,石龙镇将加快构建以高新技术产业为引领、传统优势产业为依托、先进制造业为支撑、服务业全面发展的现代产业体系。从第二章石龙镇的产业结构特征分析结果可知,石龙镇是全国首个信息化试点镇之一,电子信息业是石龙镇的支柱产业,占生产总值比重的80%以上。因此,"十三五"期间,石龙镇仍将重点发展电子信息、医药、食品产业和现代服务业等支柱产业,培育文化创意等已具基础的新兴产业。在重点发展第二产业的同时,进一步推进第三产业的发展,着力探索低碳设备制造、新能源等产业发展机会,发展循环经济和低碳经济,集中资源投入,大力发展高新技术产业。

(二)大气环境压力分析

大气污染不仅危害人民群众的身体健康,也影响投资环境,制约石龙镇的战略发展。随着人民生活水平的提高,对城市环境质量改善的要求也越发迫切。当前石龙镇环境空气质量与实现小康生活水平所对应的质量要求还有一定的距离,大气环境污染正在对石龙镇经济的进一步发展造成制约,影响了人民的身体健康,是石龙镇需要着力解决的重点和难点环境问题。

2015年石龙镇环境空气中 SO_2、NO_2、PM_{10}、$PM_{2.5}$ 年均浓度分别为 12 $\mu g/m^3$、36 $\mu g/m^3$、53 $\mu g/m^3$、39 $\mu g/m^3$,O_3 日最大 8 小时值第 90 百分位数为 163 $\mu g/m^3$,除 SO_2、NO_2 和 PM_{10} 外,$PM_{2.5}$ 和 O_3 两项污染物年均浓度均已超标(见表 7-11)。从表 7-11 可知,2015年石龙镇环境空气中 $PM_{2.5}$ 和 O_3 两项污染物分别超标 11.4%、1.8%。若需要满足环境空气质量二级标准要求,则 $PM_{2.5}$、O_3 两项超标污染物年均浓度需分别在 2015 年基础上下降 10.3%、1.8%。从污染物浓度消减幅度来看,石龙镇空气质量改善压力较大。

表 7-11 石龙镇 2015 年污染物年均浓度超标情况

污染物	2015 年年均浓度/($\mu g/m^3$)	超标比例/(%)	达标下降比例/(%)
$PM_{2.5}$	39	11.4	10.3
O_3	163	1.8	1.8

五、规划目标和指标体系

(一)总体目标和阶段目标

总体目标:以东莞市创建国家生态文明建设示范市和《关于开展生态文明建设示范镇创建工作的通知》为契机,进一步加大大气环境保护力度,使较突出的大气环境污染问题基本消除,辖区内大气环境质量稳步提升,把石龙镇建设成为经济发达、生态良性循环、环境洁净优美、人与自然和谐、宜居宜商口岸新城。

阶段目标如下。

(1)2016—2020年:根据第四章石龙镇环境空气质量现状评价结果可知,2015年石龙镇空气质量为优良天数+优级天数的天数占全年的88%。因此,到2020年,石龙镇环境空气质量功能区全面达标,城镇空气质量为优级天数+优良天数达到二级标准的天数占全年的92%;PM$_{2.5}$年均浓度达到国家二级标准35 $\mu g/m^3$的要求;O$_3$污染得到一定改善;VOCs治理取得明显效果,重点行业基本完成配套治理设施建设。加强机动车监管,机动车尾气道路检测合格率(即路检)达到90%以上。进一步完善环境空气质量地面自动监测子站中的监测项目,适时增加非甲烷类挥发性有机气体NMHC或VOCs浓度的监测。在条件许可的情况下,可以考虑购置一台机动车尾气道路快速检测设备,并适时开展路边机动车尾气检测。

(2)2020—2030年:全面达到《珠江三角洲地区改革发展规划纲要(2008—2020年)》提出的大气环境保护阶段目标,大气环境管理水平显著提升,建立完善的大气环境污染防治体系,生态宜居环境质量稳定提高,循环经济体系建立完善,资源能源消耗、污染物排放达到广东省先进水平,实现经济、社会与环境协调发展。

(二)指标体系

环境保护指标可以分为直接指标和间接指标两大类,直接指标主要包括环境质量指标和污染控制指标,间接指标主要是与环境相关的经济、社会发展指标和生态建设指标等。参照《广东省环境保护规划纲要》、东莞市城市总体规划修编,以及"十三五"国家、省、市、县总量控制等指标体系、生态市指标体系,全面建成小康社会指标体系,提出本规划各项指标,并根据国家"十三五"规划相关要求,把指标分为约束性指标和引导性指标两大类。

大气环境质量指标:主要表征为自然环境要素和生活环境质量状况,一般以环境质量标准为基本衡量尺度,环境质量指标是环境规划管理的出发点和归宿点,所有其他指标的确定都是围绕完成环境质量指标进行的。

大气环境管理指标:是达到污染物总量控制指标进而达到环境质量指标的支持和保证性指标。

相关性指标:主要包括经济指标、社会指标和生态指标三类,与环境指标有密切的关系,对环境质量有深刻的影响。

本规划指标体系初步分为4类13项,考虑到每个规划时段目标和重点任务的不同,每个规划时段根据实际需要选择指标体系,结果如表7-12所示。

表7-12　石龙镇"十三五"大气环境保护规划指标体系

类别	指标名称	现状值(2015年)	2020年目标值	2030年目标值	指标属性
环境质量指标	城市空气质量达到二级的天数占全年的比例/(%)	88	92	94	预期性指标
	PM$_{2.5}$年平均浓度/($\mu g/m^3$)	39	35	30	约束性指标

类别	指标名称	现状值 (2015年)	2020年 目标值	2030年 目标值	指标属性
总量控制指标	二氧化硫排放量/吨	1.78	1.62	1.57	约束性指标
	氮氧化物排放量/吨	13.57	11.68	9.64	约束性指标
	工业烟粉尘/吨	5.69	5.46	4.93	约束性指标
	工业废气排放量/万立方米	110583.25	109362	99453	约束性指标
污染控制指标	机动车尾气路边排放检测合格率/(%)	—	90	100	预期性指标
环境管理目标	单位生产总值能耗降低/(%)	—	10	25	预期性指标
	单位生产总值二氧化碳排放降低/(%)	—	10	20	预期性指标
	公众对环境的满意率/(%)	85	90	95	预期性指标
	中小学环境教育普及率/(%)	100	100	100	预期性指标
	重点企业应急预案备案率/(%)	100	100	100	指导性指标
	清洁生产审核率(%)	30	40	50	指导性指标

六、主要规划内容

本规划内容将在严格执行国家《大气污染防治行动计划》（"大气十条"）、东莞市"大气十条"的相关目标要求、东莞市"十三五"环境空气质量目标要求的基础上，立足于石龙镇实际情况，确定石龙镇"十三五"大气环境保护专项规划内容。目前，$PM_{2.5}$ 和 O_3 是影响石龙镇环境空气质量达标的关键因子，其中 $PM_{2.5}$ 浓度在春季、秋季和冬季持续超标，O_3 在整个夏季超标。因此，石龙镇"十三五"大气环境保护专项规划内容将以降低 $PM_{2.5}$ 和 O_3 浓度为重点展开。

众所周知，影响环境空气中 $PM_{2.5}$ 浓度的因素很多，既有污染源（如加工业、锅炉燃烧、运输业、建筑工地等）排放的一次污染物，也有环境空气中其他污染物之间发生化学反应而生成的新污染物，即二次污染物（如硫酸盐、硝酸盐和氯化物）；对于 O_3 而言，环境空气中的 O_3 绝大多数是环境空气中的 NO_x 和碳氢化合物（HC）或挥发性有机气体（VOCs）在适当的气象条件下相互间发生化学反应而生成的。而 NO_x 主要是燃料燃烧、化学化工过程排放的，HC 的来源既有工业源（如塑料行业、制鞋行业、石油石化行业、印刷行业、电子产品制造行业等）排放，又有机动车尾气排放，以及餐饮行业和燃料燃烧排放。因此，要实现环境空气中 $PM_{2.5}$ 和 O_3 浓度的降低，需要从不同方面综合考虑，确定减少一次污染物和二次污染物的措施。因此，石龙镇"十三五"大气环境保护规划的内容主要表现在以下几个方面。

能源结构调整：①发展清洁能源；②加大天然气的使用范围；③逐步减少油类和生物质燃料的使用范围；④提高能源利用效率。

产业结构调整和空间布局优化：①严格环境准入；②淘汰落后产能；③污染源的空间

布局优化;④加快产业结构转型。

强化工业企业主要大气污染物减排力度:①深化二氧化硫的污染治理;②深化氮氧化物的污染治理;③深化颗粒物的污染治理;④持续推进工业锅炉污染防治。

积极推进挥发性有机气体的减排力度:①开展石龙镇 VOCs 排放源的调查,编制 VOCs 源排放清单;②严格 VOCs 的新、改、扩建项目环评审批;③加强重点行业 VOCs 治理;④加强油气回收企业的运行监管;⑤开展生活源挥发性有机物排放控制。

强化机动车污染防治:①优化城镇交通管理;②加强在用车辆污染防治;③加强"黄标车"淘汰工作;④加强油品品质检查;⑤大力推动新能源汽车使用。

强化地面扬尘等面源的污染综合治理:①推进扬尘污染控制区建设;②加强道路交通扬尘污染控制;③加强工业扬尘污染控制;④加强裸露土地扬尘控制。

强化绿色经济发展,淘汰压缩污染产能:①大力发展循环经济;②全面推行清洁生产;③培育绿色环保产业;④严控高污染行业新增产能。

习　　题

1. 简要分析大气环境保护规划与大气污染防治攻坚战之间的关系。

2. 大气环境保护规划编制过程中的基础资料收集主要包括哪几部分? 简要说明气象基础资料对大气环境保护规划编制的影响。

3. 现阶段我国大气污染物总量控制指标有哪些? 这些指标的大气环境容量如何计算?

4. 污染物的总量控制和浓度控制在大气环境保护中是如何协同作用的?

5. 假设一个火电厂烟囱的实际高度为 155 m,大气抬升高度为 75 m。SO_2 的排放速率为 1500 g/s,此时风速为 4.5 m/s。

(1)求烟囱下风向垂直距离 5 km 的 SO_2 浓度;

(2)求烟囱下风向垂直距离 4 km、偏离中心线 50 m 位置的 SO_2 浓度;

(3)以烟囱为原点(0,0,0),求下风向坐标点(3 km,60 m,20 m)的 SO_2 浓度。

参考参数如表 7-13 所示。

表 7-13　参考参数

下风向距离	σ_y	σ_z
3 km	260 m	150 m
4 km	345 m	230 m
5 km	415 m	300 m

第八章

固体废物管理规划

　　固体废物,特别是城市垃圾已经成为破坏城市景观和污染环境的重要污染物,并随着城市扩张、工业化进程加快和居民生活水平不断提高而逐渐增长,已成为危害环境的主要因素之一。为了加强固体废物的环境监督管理,优化固体废物处置设施的结构与布局,提高固体废物减量化和资源化水平,确保无害化效果,切实防止固体废物污染环境,保护和改善环境质量,保障人民身体健康,有必要根据相关法律法规的要求以及规划区域固体废物处理处置的实际情况,制定固体废物管理规划,这对减少固体废物对环境和人体健康的影响和危害有着非常重要的作用。

　　本章首先介绍固体废物的定义、来源、特征及可能引发的环境问题,进而阐述固体废物管理规划对象、主要内容及关键技术路线,随后介绍固体废物管理规划体系及综合管理规划方案的选择,最后通过两个应用案例介绍固体废物管理规划的制定流程及关键内容。

第一节　固体废物概述

一、固体废物定义及种类

　　《中华人民共和国固体废物污染环境防治法》(以下简称《固废法》)明确了固体废物是指在生产、生活和其他活动中产生的丧失原有利用价值或者虽未丧失利用价值但被抛弃或者放弃的固态、半固态和置于容器中气态的物品、物质,以及法律、行政法规规定纳入固体废物管理的物品、物质。固体废物来源广泛,种类繁多,组成复杂。从不同角度出发,固体废物可进行不同的分类。按化学性质,固体废物可分为有机废物和无机废物;按危害状况,固体废物可分为有害废物和一般废物;按形状,固体废物可分为固体和泥状废物;按来源,固体废物可分为工业固体废物、矿业固体废物、城市固体废物、农业固体废物和放射工业固体废物五类,如表 8-1 所示。实际上,我国的《固废法》主要将固体废物分为城市生活垃圾、工业固体废物和危险废物等。

表 8-1　主要固体废物类型、来源与构成

类型	来源	主要构成
工业固体废物	冶金、机械金属工业、煤炭业、皮革及塑料产业、造纸产业、石油化工业、电气与仪表业、纺织业、建筑业、电力工业等	金属陶瓷、废弃涂料、边角料、煤矸石、废木材、废弃金属、橡胶废物、废塑料、金属填料、造纸边角料、沥青、化学试剂、油毡、玻璃、管线、废弃纤维、水泥、砂石、黏土、炉渣、粉煤灰等
矿业固体废物	矿山、冶炼等	废矿石、废弃金属、石灰、矿渣等
城市固体废物	生活废物、商业废物、市政垃圾等	废弃食品、废旧家具、废电器、废弃机车、管线、污泥、落叶、碎砖瓦等
农业固体废物	农林垃圾、水产业等	农作物秸秆、树木枯枝落叶、人畜粪便、塑料、腐败水产品与农产品等
放射工业固体废物	核工业等化工产业	金属、放射性物质、试验器具等

(一)城市生活垃圾

城市生活垃圾是指在城市居民日常生活中或为日常生活提供服务的活动中产生的固体废物,如厨余物、废纸、废塑料、废织物、废金属、废玻璃陶瓷碎片、粪便、废旧电器等。城市居民家庭、城市商业、餐饮业、旅馆业、旅游业、服务业、市政环卫、交通运输业、文化卫生业和行政事业单位、工业企业单位等都是城市固体废物的产生源。城市固体废物成分复杂多变,有机物含量高。

(二)工业固体废物

工业固体废物是指在工业生产过程中产生的固体废物,按行业分有以下几类。

矿业固体废物:产生于采矿、选矿过程,如废石、尾矿等。

冶金工业固体废物:产生于金属冶炼过程,如高炉渣等。

能源工业固体废物:产生于燃煤发电、风力发电、太阳能发电等能源利用过程,如煤矸石、炉渣、废旧太阳能电池板等。

石油化工工业固体废物:产生于石油加工和化工生产过程,如油泥、油渣等。

轻工业固体废物:产生于轻工生产过程,如废纸、废塑料、废布头等。

其他工业固体废物:产生于机械加工过程,如金属碎屑、电镀污泥等。

工业固体废物含固态和半固态物质。由于行业、产品、工艺、材料不同,工业固体废物中污染物产量和成分差异很大。

(三)危险废物

危险废物是指列入国家危险废物名录或者根据国家规定的危险废物鉴别标准和鉴别方法认定的具有危险特性的固体废物。此外,根据危险废物的特性,也可将危险废物定义为具有毒性、反应性、易燃性、腐蚀性、感染性等危险特性,对人类健康和环境造成重大危险或有害影响的固体废物(包括液态废物)。危险废物管理包括废物的产生、运输、储存、处理、排放等环节。

《国家危险废物名录(2021年版)》将危险废物分为50类,包括工业、农业生产、商业活动、科研教学以及生活中产生的危险废物,共计467种。具体包括医疗垃圾、医疗废物、废树脂、废酸、废碱、染料涂料废物和含重金属的废物等,但不包括放射性废物。凡含有汞、砷、铬、镉、铅等及其化合物,以及含酚、放射性物质的,均为有毒废渣。

危险废物来源于工、农、商、医各部门及家庭生活。工业企业是危险废物主要来源之一,集中于化学原料及化学品制造业、采掘业、黑色和有色金属冶炼业、石油工业及炼焦业、造纸及其制品业等工业部门,其中一半危险废物来自化学工业。医疗垃圾带有致病病原体,也是危险废物的来源之一。此外,城市生活垃圾中的废电池、废日光灯管和某些日化用品也属于危险废物。

二、固体废物的特点和特征

(一)"资源"和"废物"的相对性

由固体废物定义可知,它是在一定时间和地点被丢弃的物质,是"放错地方的资源"。因此,此处的"废物"具有明显的时间和空间的特征。

(二)成分的多样性和复杂性

固体废物成分复杂、种类繁多、大小各异,既有无机物又有有机物,既有非金属又有金属,既有无味的又有有味的,既有无毒物又有有毒物,既有单质又有化合物,既有单一物质又有聚合物,既有边角料又有设备配件,其构成可谓五花八门、复杂多样。

(三)危害的潜在性、长期性和灾难性

固体废物对环境的污染不同于废水、废气和噪声。它呆滞性大、扩散性小,它对环境的影响主要是通过水体、大气和土壤进行的。其中污染成分的迁移、转化是一个比较缓慢的过程,如浸出液在土壤中的迁移,其危害可能在数年甚至数十年后才能发现。从某种意义上讲,固体废物(特别是危险废物)对环境造成的危害可能要比废水、废气造成的危害严重得多。

(四)污染"源头"和富集"终态"的双重性

废水和废气既是水体、大气和土壤环境的污染源,又是接受污染物的环境。固体废物则不同,它们往往是许多污染成分的终极状态。例如一些有害气体或飘尘,通过大气

污染处理技术最终被富集成废渣;一些有害溶质和悬浮物,通过水处理技术最终被分离出来成为污泥或残渣;一些含重金属的可燃固体废物,通过焚烧处理将有害金属浓集于灰烬中。但是,这些"终态"物质中的有害成分,在长期的自然因素作用下,又会流入水体、进入大气和渗入土壤中,成为水体、大气和土壤环境污染的"源头"。许多固体废物因毒性集中和危害性大,暂时无法处理,对环境和人类健康有很大的潜在威胁。

固体废物的这些特点和特性决定了其对环境和人类的危害性及危害途径。同时,人类也可以以此为依据对其进行有效的控制和管理。

三、固体废物的环境问题

(一)产生量日益增加

由于社会化进程的加快,2014—2018年我国固体废物处置率不断增长。固体废物在原有存量没有得到充分处置和综合利用的情况下,固体废物产生量不断增加,固体废物处理面临的问题日益严重。2018年,我国大、中城市固体废物产生量达18.1亿吨,处置量达6.3亿吨,综合利用量达8.8亿吨,较2017年分别增长16.48%、18.32%、11.75%,利用处置占比有待提高。

城市化进程的加快、经济发展的加速、人民生活水平的提高以及生活方式的改变导致了城市生活垃圾产生量持续增加,这一现象在发展中国家表现得尤为明显。由于庞大的人口基数,中国成为固体废物的高产国。根据经济合作与发展组织(OECD)的统计,2016年中国城市固体垃圾产生量达到了2.34亿吨,与1996年相比增幅为88%。

根据《2016—2019年全国生态环境统计公报》,一般工业固体废物产生量逐年上升,由2016年37.1亿吨,上升为2019年44.1亿吨,上升18.9%;一般工业固体废物综合利用量与处置量总体呈上升趋势,2016年分别为21.1亿吨、8.5亿吨,2019年分别为23.2亿吨、11.0亿吨。工业危险废物产生量、综合利用处置量均逐年上升,由2016年5219.5万吨、4317.2万吨,上升为2019年8126.0万吨、7539.3万吨,分别上升55.7%、74.6%。

(二)占用大量土地

随着城市人口的增长,城市建筑规模的扩大,居民生活水平的提高,城市垃圾产生量不断增加。因此,所需垃圾场的数量大得惊人,可填埋的土地逐年减少。如此一来,势必使可耕地面积短缺的矛盾加剧。我国许多城市在城郊设置的垃圾堆放场侵占了大量的农田。截至2019年,我国生活垃圾堆存量已达60亿吨,全国660个城市中约有200个城市存在"垃圾围城"现象。

(三)固体废物对环境的危害

1. 污染水体

固体废物可随天然降水或地表径流进入河流、湖泊,或随风飘落入河流、湖泊,污染地面水,并随渗滤液渗透到土壤中,进入地下水,使地下水污染。废渣直接排入河流、湖泊或海洋,能造成更大的水体污染。即使无害的固体废物排入河流、湖泊,也会造成河床淤塞,水面减小,甚至导致水利工程设施的效益减少或废弃。

例如,城市废物不仅含有大量的病原性微生物,在堆放过程中还会产生大量的酸性和碱性有机物,并会将废物中重金属溶解出来,是集有机物、重金属和病原性微生物三位一体的污染源。废物中的有害成分如果处理不当,能随渗出液进入土壤,从而污染地下水,也可能随雨水渗入水网,流入水井、河流以及附近海域,被植物摄入,再通过食物链进入人体,影响人体健康。在我国个别城市的废物填埋场周围发现地下水的浓度、色度、总细菌数、重金属含量等污染指标严重超标。

2. 污染大气

固体废物对大气的污染主要表现为以下几个方面:处理过程中由于没有进行除尘或者除尘效率低,使大量粗颗粒粉尘直接排放到大气环境中,造成大气污染和能见度下降;露天堆放的固体废物中的细颗粒或者由于风化、侵蚀等产生的细颗粒被风吹起,增加了大气中的粉尘含量,加重了大气粉尘污染;堆积的废物中某些物质因分解和化学反应可以不同程度地产生废气或恶臭,造成地区性空气污染。例如,煤矸石自燃会散发出大量的 SO_2、CO_2、NH_3 等气体,造成局部地区空气的严重污染。同时,一些固体废物处理设施(如垃圾填埋场)会排放大量的甲烷等温室气体和恶臭。

3. 污染土壤

生活垃圾、工业废物等随意丢弃、长期堆放不仅会产生恶臭、扬尘,影响环境美观,还会对土壤造成污染。例如,工业固体废物和危险废物中的有害物质会杀死土壤中的微生物,破坏土壤的微生物生态系统,使土壤丧失腐解能力,影响植物生长。生活垃圾等不经过无害化处理而被简单地作为堆肥使用,会造成土壤碱度提高,破坏土质,使重金属在土壤中富集,通过植物吸收进入食物链,使重金属污染生态,造成健康风险;另外,生活垃圾也会传播病原体,引起多种疾病。此外,大量的固体废物如堆置不当,还可能发生泥石流、塌方和滑坡,冲毁村镇以及引起火灾等。

第二节　固体废物管理规划概述

一、固体废物管理的理论与实践

(一)固体废物管理的发展

在固体、液体和气体三种废物形态中,固体废物的污染问题最多,严重程度最大,但却最容易被忽视,针对固体废物的管理也缺少足够的重视。

世界各国的固体废物管理法规都经历了一个漫长的、从简单到完善的过程。在20

世纪70年代之后,一些工业发达国家和发展中国家都面临着同样一个问题,经济迅速发展带来城市生活垃圾产生量急剧增加,垃圾填埋需要占用大量的土地,还会给周围环境造成严重的污染,引发周围居民的不满和冲突,因此寻找新的合适的填埋场和处置场越来越困难。同时,混合收集的垃圾经焚烧处理不仅成本高,而且易产生二次污染问题。因此,这些国家提出了"资源循环"的口号,开始从固体废物中回收资源和能源,逐步发展成为固体废物污染治理的途径,即资源化。当前,许多发达国家已经将再生资源的开发利用视为"第二矿业",给予了高度重视,形成了一个新兴的工业体系。

我国固体废物污染控制工作开始于20世纪70年代末,在1979年颁布了《中华人民共和国环境保护法》,这是我国环境保护的基本法,对我国环境保护起着重要的指导作用。并于20世纪80年代中期提出了"无害化""减量化""资源化"作为控制固体废物污染的"三化"技术政策,并确定了今后较长时间内应以"无害化"为主。20世纪90年代后期,我国根据经济建设的巨大需要和资源供应严重不足的形势,又提出将回收利用再生资源作为重要的发展战略。《中国21世纪议程》指出,中国认识到固体废物问题的重要性,认识到解决该问题是改变传统发展模式和消费模式的重要组成部分。总目标是完善固体废物法规体系和管理制度,实施废物最小量化,为废物最小量化、资源化和无害化提供技术支持,分别建成最小量化、资源化和无害化的示范工程。

(二)固体废物管理的"三化"原则

固体废物管理的"三化"原则指的是减量化、资源化和无害化。

"减量化"从减少固体废物的产生和对固体废物进行处理和利用方面着手,通过适宜的手段减少固体废物的数量和容积。目前固体废物排放量十分巨大,如果采取有效措施,最大限度地减少废物产生和排放的数量,就可以从源头上直接减少或减轻固体废物对环境的危害,最大限度地利用资源和能源。减量化的要求,不只是减少固体废物的数量和体积,还包括尽可能地减少其种类、降低危险废物中有害成分的浓度、减轻或清除其危害特性等。减量化是对固体废物的数量、体积、种类、有害性质的全面管理,是防止固体废物污染环境的优先措施。

"无害化"将固体废物通过工程处理,使其达到不损害人体健康、不污染周围自然环境的标准。

"资源化"采取工艺技术,从固体废物中回收有用的物质与能源。资源化包括三个方面:①物质回收,即处理废物并从中回收指定的二次物质,如纸张、玻璃、金属等;②物质转换,利用废物制造新形态的物质,如利用炉渣生产水泥、利用有机垃圾堆肥等;③能量转换,从废物处理过程中回收热能或电能,如垃圾焚烧发电等。

"资源化"以"无害化"为前提,"无害化"和"减量化"以"资源化"为条件。

(三)固体废物管理与循环经济

循环经济是对物质闭环流动型经济的简称,于20世纪末随着污染预防环境管理模式的思想而提出。循环经济是相对传统的线性经济而言的,本质上是一种生态经济,就是把清洁生产和废物的综合利用融为一体的经济,它要求运用生态学规律来指导人类社会的经济活动。与传统经济相比,循环经济的不同之处在于:传统经济是一种由"资源→产品→排放"所构成的物质单向流动的经济。而循环经济倡导的是一种建立在物质不断循环利用基础上的经济发展模式,它要求把经济活动组织成一个"资源—产品—再生资源"的反馈式流程,所有的物质和能源要能在这个不断进行的经济循环中得到合理和持久的利用,以把经济活动对自然环境的影响降到尽可能的小。循环经济的基本特征是"物质循环",而其最终落脚点是"经济效益"。可见,循环经济是以物质、能源梯次和闭路循环使用为特征,在环境保护上表现为污染的"低排放"甚至"零排放",并把清洁生产、资源综合利用、生态设计和可持续消费等融为一体,运用生态学规律来指导人类社会的经济活动。循环经济为工业化以来的传统经济转向可持续发展经济提供了战略性的理论模式,从而可以在根本上消解长期以来环境与发展之间的尖锐冲突。

应用循环经济理论指导固体废物管理,首先要推行清洁生产,改革生产流程,建立以生产过程不排放或少排放废物为原则的封闭系统。其次,要加强废物处理技术和有效利用技术的开发,从产品生产到废物处理,树立起防治公害、节约资源和便于循环利用的观念,建立起从改良产品设计、抑制废物产生和废物处理市场在内的环状流动的资源循环系统。

另外,要发展循环经济,还必须建立相应的市场化体制环境。政府要大力培育废物再利用产业,使物质能够循环流动起来,成为环状。进行固体废物的资源化管理,能够带动废物处置和再生利用产业的发展,不仅可以从根本上解决废物和废旧资源在全社会的循环利用问题,而且可以为社会提供大量的就业机会。可见,废物再生利用产业是一个非常重要的产业部门。目前,我国的废物和闲置物资源化产业发展尚处于起步阶段,发展潜力和前景非常广阔。

废物处置和再生利用产业是循环经济发展中一个重要的节点产业,可称为第四产业,没有这个中间环节,就不能建设成循环流动的链网,也就不能实现物质的环状流动。而一直以来,环境卫生部门既是监督机构,又是管理和执行单位,政企合一,不利于形成有效的监督和竞争机制。因此,有必要建立固体废物处置的市场竞争机制,完善管理体系的根本转换,营造固体废物集中处置的社会化服务网络,建立监督和社会保障系统,将固体废物处置产业直接推向市场。

(四)"无废城市"的建设

目前,我国各类固体废物累计堆存量达到 600 亿吨至 700 亿吨,年产生量近 100 亿吨,且呈逐年增长态势。为了推进固体废物源头减量和资源化利用,最大限度减少填埋量,我国开展了"无废城市"建设。"无废城市"是一种先进的城市管理理念,"无废"并不是没有固体废物产生,也不意味着固体废物能完全资源化利用,而是通过推动,形成绿色生产和生活方式,持续推进固体废物源头减量和资源化利用,最大限度减少填埋处置,将固体废物环境影响降至最低的发展模式,是较为先进的一种管理理念。

2017 年,中国工程院杜祥琬院士牵头提出《关于通过"无废城市"试点推动固体废物资源化利用,建设"无废社会"的建议》,得到了党中央的高度重视,这是"无废社会"和"无废城市"概念在我国的首次提出。2018年6月,《中共中央　国务院关于全面加强生态环境保护,坚决打好污染防治攻坚战的意见》提出开展"无废城市"试点,推动固体废物资源化利用。2018年12月,国务院办公厅印发《"无废城市"建设试点工作方案》,正式启动"无废城市"建设试点工作,"无废城市"这一概念正式明确。

2019年4月,生态环境部会同18个相关部委筛选确定了全国"11+5"个"无废城市"建设试点城市和地区,先从试点开始,再逐步推开。2021年12月,生态环境部等18个部门共同印发《"十四五"时期"无废城市"建设工作方案》。该方案明确推动100个左右地级及以上城市开展"无废城市"建设。目标提出到2025年,"无废城市"固体废物产生强度较快下降,综合利用水平显著提升,无害化处置能力得到有效保障,减污降碳协同增效作用充分发挥。2022年4月24日,生态环境部办公厅发布"十四五"时期"无废城市"建设名单,明确了31个省、自治区、直辖市在本区域内"无废城市"的目标城市。北京、上海、天津等直辖市上榜,此外还有河北石家庄、吉林长春、安徽铜陵、山东威海、陕西西安、甘肃天水、青海玉树等,现在"无废城市"的建设已从11个城市和5个特殊地区发展到200多个城市。

"无废城市"建设涉及社会生产与生活的各方面。业内人士认为,"无废城市"建设是从城市整体层面深化固体废物综合管理改革的有力抓手,城市的可持续发展要求更为系统的综合固体废物管理。"无废城市"建设是希望在固体废物综合管理的制度、技术、市场和监管四大体系方面取得突破性进展,形成一批可复制、可推广的示范模式。每一个试点城市要找准自身的城市特色,因地制宜地开展试点工作,根据创建重点建立管理体系,实现重点突破,推动形成绿色发展方式和生活方式,建立适宜的创新亮点和模式。我国"无废城市"建设试点是借生态文明体制改革之势,探索破解制约我国固体废物管理的难题,推动绿色发展,谋划长远发展,主要包括以下几个方面。

1. 降低工业固体废物产生强度

近年来,我国通过调整产业结构、推动清洁生产等措施来促进工业固体废物减量化、资源化和无害化,并取得一定成效,但各类工业固体废物历史堆存的问题依然比较突出。"无废城市"建设可重点通过推动能源结构调整、工业技术绿色升级、工业固体废物综合利用等,着力推进源头减量。例如,利用一般工业固体废物作为废弃矿坑、砂坑生态修复材料,实现废弃矿坑、砂坑的场地再利用。未来"无废城市"试点建设将继续探索工业固体废物资源化利用的新途径、新产品、新技术,特别是与国家碳中和战略和工作任务相结合,实现新形势下"减碳无废"的新路径。

2. 推动农业废物资源化利用

我国是农业大国,农业生产过程中会产生畜禽粪污、农作物秸秆、农药包装废物、废旧农膜等农业废物。随着农村经济不断发展,农村固体废物的种类和数量越来越多,带来各种各样的环境问题,例如秸秆的露天焚烧问题、农药包装废物的安全隐患问题、废旧农膜的管理问题等,解决农业废物问题迫在眉睫。"无废城市"建设考虑通过生态农业、循环农业的建设来推行农业绿色生产,实现农业废物的回收利用和农业高质量发展。在

"无废城市"建设过程中,针对畜禽粪污,以"种养平衡"为核心,推广畜禽粪污综合利用、种养循环的多种生态农业技术模式,但需注意"种养平衡"不是绝对的平衡,需要根据发展的需求去划定;针对秸秆利用,在秸秆就地还田的基础上,坚持就地就近原则,探索肥料化、饲料化、燃料化、原料化等多途径利用模式,并重点解决资源化产品推广问题;针对废旧农膜(主要是地膜)和农药包装废物,最核心且难以突破的问题是如何开展回收,需要强化回收激励措施,提升废旧农膜及农药包装废物的再利用水平。

3. 生活领域固体废物源头减量

生活领域固体废物主要包括生活垃圾、餐厨垃圾、建筑垃圾等,与人们的生活方式、生活习惯密切相关。例如,近年来,我国过度包装和一次性塑料制品使用问题比较突出,这些塑料废弃后会产生白色污染。推动践行绿色生活方式以及生活垃圾源头减量和资源化利用,应更多立足于绿色生活和消费方式推广。在我国,城市之间、农村之间以及农村与城市之间,无论是经济基础还是生活习惯都有较大的差异。"无废城市"建设过程中,在推进生活领域固体废物源头减量和资源化利用方面,需要根据城市特点,多措并举:一是要强调城乡一体化的考虑;二是要聚焦硬性任务,如服务业的提升,包括绿色物流、绿色商场等;三是要实现各类配套设施能够稳定运行这一基础目标。生活垃圾分类、限制过度包装和一次性塑料制品使用、建筑垃圾污染防治已被纳入新《中华人民共和国固体废物污染环境防治法》(以下简称新《固废法》),为生活领域的"无废城市"建设提供了法律根基。

4. 危险废物全过程规范化管理与风险管控

危险废物带来的环境风险和潜在影响是我国持续关注和亟需解决的问题,新《固废法》也对危险废物监管制度进行了完善。"无废城市"建设过程中,应重点考虑防范危险废物环境风险和建设危险废物全过程监管机制。一是危险废物源头风险防控、全过程监管、安全利用处置以及政策标准法规完善:在源头风险防控方面,通过落实环评准入和强制性清洁生产,筑牢源头防线;在全过程监管方面,通过探索排污许可证管理、强化规范化考核要求、强化转移过程监管等措施,夯实过程严控;在安全利用处置方面,进一步强化相关标准和严格执法,确保进入规范渠道的危险废物得到安全利用处置。二是全面提升风险防控的能力,充分考虑城市自身能力以及周边或者其他地区的危险废物处置能力,考虑开展区域、流域的风险防控。

二、固体废物管理规划定义

固体废物管理是指对固体废物的产生、收集、运输、贮存、处理和最终处置全过程的管理。固体废物管理系统是由固体废物及其发生源、处理途径、处置场所和管理程序等构成的完整体系。对于固体废物的管理来说,很重要的一点是划定管理系统的边界,确定管理系统的各组成元素。只有明确了系统的组成,即管理的对象,管理工作才能有针对性地进行。例如,新产品的上市可能会使城市垃圾的组成发生变化,从而导致垃圾运输量等的改变,并对该城市的固体废物管理产生较大影响。但是,这种情况是管理人员无法控制或改变的,因此它不属于城市固体废物管理系统的元素。不同的固体废物管理系统不一定具有完全相同的元素,它与管理规划的层次、规划年限和固体废物的类型等有关。

固体废物管理规划是指在资源利用最大化、处置费用最小化的条件下,对固体废物管理系统中的各个环节、层次进行整合调节和优化设计,进而筛选出切实的规划方案,以使整个固体废物管理系统处于良性运转。固体废物管理规划一般包括三个层次:操作运行层、计划策略层和政策制定层。其中计划策略层是管理规划的重点,它主要针对各固体废物的产生源、处理与处置设施进行管理与规划。

相对于气体污染物与液体污染物的治理,固体废物因其成分复杂、社会产生总量巨大、危害性高而处置更加困难。并且,固体废物的体积、流动性、均匀性、热值、含水情况以及粉碎程度等物理性状也存在极大的差异,因此其无害化、减量化以及资源化的处理目标在现实中实现的难度较大。随着近年来我国对固体废物管控力度的加大,出台了多项控制固体废物产生量的政策与措施。例如,2020 年 9 月 1 日开始,我国开始全面禁止进口固体废物入境,防止国外将大量的固体废物垃圾转移到我国境内。对内,我国开始改革能源结构,致力于建设低能耗的社会,同时强化对废品的回收利用技术的创新,提高固体废物的利用率。2020 年新修订《中华人民共和国固体废物污染环境防治法》,坚决禁止洋垃圾入境,推进固体废物进口管理制度改革,扎实推进"无废城市"建设试点,加快补齐危险废物和医疗废物收集处理短板,组织开展有毒有害化学品环境风险防控,着力提升环境监管能力和环境风险防控能力,在固体废物和化学品环境管理各方面均取得了积极进展。新《固废法》也对信息化管理提出了全新的要求。

三、固体废物管理规划的对象

在我国,危险废物由于其腐蚀性、毒性、易燃性以及对人体和环境可能造成的危害,其管理规划是由法律或法规规定的,概括来说,对危险废物的管理主要有四个方面:制定危险废物判别标准;建立危险废物清单;建立关于危险废物的存放与审批制度;建立关于危险废物的处理与处置制度。

目前,我国对危险废物的管理建立了完善的管理体系。例如,针对危险废物的鉴别,制定了《国家危险废物名录》及危险废物鉴别标准。其中,《国家危险废物名录》最新版为 2021 年版,国家危险废物鉴别标准由 7 个标准组成,具体为通则、腐蚀性鉴别、急性毒性初筛、浸出毒性鉴别、易燃性鉴别、反应性鉴别、毒性物质含量鉴别等。为指导和规范产生危险废物的单位制定危险废物管理计划,建立危险废物管理台账和申报危险废物有关资料,加强危险废物规范化环境管理,制定了《危险废物管理计划和管理台账制定技术导则》(HJ 1259—2022);为加强对危险废物转移的有效监督,实施危险废物转移联单制度,制定《危险废物转移联单管理办法》;为了加强对危险废物收集、贮存和处置经营活动的监督管理,防治危险废物污染环境,制定了《危险废物经营许可证管理办法》等。

工业固体废物由特定的发生源大量排出,每个发生源排出的固体废物性质、状态基本不变。基于这种情况,我国对工业固体废物的管理采取企业自行处理处置方针,对煤矿工业、钢铁工业、化工工业等不同领域固体废物展开针对性的资源化处理与利用,着眼于生产建材和进行各种"吃灰""消渣"的应用途径研究。

目前,我国固体废物管理规划的对象主要是针对城市固体废物的管理系统,即如何使城市垃圾的收集、运输费用最小,如何给各处理场所(如填埋地、堆肥场和焚烧厂等)分配合适的固体废物量,使城市或区域的垃圾处理费用最少。

四、规划内容及技术路线

一般规划内容主要包括现状分析、趋势预测、规划目标确定,固体废物管理规划方案制定,方案的可行性分析,以及规划实施的保障措施等方面组成。城市固体废物管理规划技术路线如图 8-1 所示。

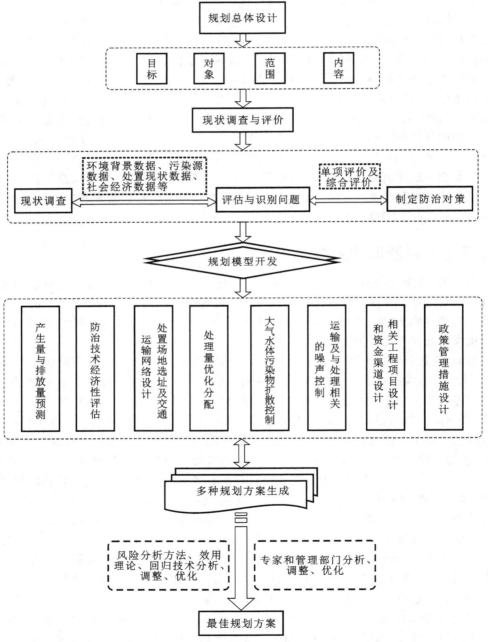

图 8-1 城市固体废物管理系统规划技术路线

(一)规划内容

固体废物管理系统自身的复杂性决定了其规划工作也是一个较为复杂的过程,既有对大量数据的调查和分析,又有众多规划方法的运用和模型的构建,当规划方案产生后,还要对其进行对比分析,以求得最优化的结果。具体步骤如下。

1. 总体设计

固体废物管理规划系统的总体设计是先确定规划的目的、对象、范围和内容等,再研究规划系统结构与指标体系,然后设计规划的系统流程以及规划的衡量指标体系。

2. 数据调查与分析

固体废物污染源数据调查分析。实地考察固体废物的污染源,收集污染物排放数据,并进行统计分析。

固体废物处置现状数据调查。确认规划区内固体废物的收集、存放、运输路线、处理方式现状、填埋场位置和规模、对环境的影响数据,以及有用固体废物回收利用状况等。

社会经济数据调查分析。收集并分析相关的经济结构、产业结构、工业结构及布局现状,以及社会与经济发展远景规划目标数据。

其他数据调查。包括相关的环境质量、水文、气象、土地利用、交通和地形地貌数据等。

3. 规划模型开发

采用适宜的规划方法,建立固体废物管理控制系统的规划模型,以获得反映实际系统本质的理想规划方案。具体内容包括固体废物管理技术经济评估、固体废物产生排放预测、固体废物处置场地选址及交通运输网络设计、固体废物处理量优化分配、固体废物相关的空气污染物扩散控制、固体废物运输与处理相关的噪声污染与控制等。

4. 规划方案生成及后优化分析

规划方案生成指的是根据规划模型的结果,产生不同条件下的规划方案。

后优化分析指的是为了增加规划方案的有效性,可以采用合理的风险分析、效用理论分析、回归分析等技术方法,加强与决策者和有关专家的交互过程,以获得有用的反馈信息,进而调整模型,分析比较不同规划方案的效果,力图获得更加切实可行的优化方案。

(二)技术路线

由于目前我国的固体废物管理规划主要的研究对象是城市固体废物,因此在这里仅以城市固体废物管理规划的技术路线进行介绍分析。概括地说,城市固体废物管理系统规划的主要技术路线为基础数据调查分析、污染源预测分析、规划模型建立和调整、规划方案权衡分析。

第三节　固体废物管理规划体系

一、固体废物现状调查分析和预测

(一)固体废物现状调查分析

对城市生活垃圾、工业固体废物、危险固体废物等的产生情况和处理处置方式进行调查,分析固体废物处理处置及管理中存在的问题。固体废物现状调查分析的意义在于弄清楚规划区域内的固体废物底物浓度或数量,对于其存在和污染状况有一个全面的认识和了解,从而能够制定出符合客观实际的污染防治对策。

1.固体废物现状调查

(1)环境背景资料。主要收集、调查规划区域内相关的环境质量、水文、气象、地形地貌等基础资料。

(2)社会经济状况调查。收集、调查区域内人口、经济结构、产业结构与布局、土地利用、居民收入与消费水平、交通,以及社会与经济发展规划、城市或区域总体发展规划等。

(3)环境规划资料。主要指先前的环境规划、计划及其基础资料。

(4)固体废物的来源及数量。调查和收集固体废物的来源,各种固体废物的产生数量,并对固体废物特征进行分析。

(5)固体废物处理处置情况调查。根据固体废物的类别,固体废物处理处置情况调查分为三种情况。第一,生活垃圾处理处置情况调查,调查内容主要包括分类收集方式、现有的垃圾回收站点、垃圾清运站数量、垃圾转运点的分布、垃圾搬运方式和储存管理方式及垃圾运输方式;生活垃圾现有回收利用方式、回收利用率;现有的生活垃圾处理设施基本信息,如地理位置、处理或处置方式、处理能力、设施运营机构;管理水平、设施运行状况等。第二,工业固体废物处理处置调查情况,调查内容主要包括固体废物来源、产量、处理量、处置率、堆存量、累计占地面积、占耕地面积、综合利用量、综合利用率、产生利用量、产值、利润、非产品利用量、工业固体废物集中处理场数等。第三,危险废物处理处置情况调查,调查内容包括危险废物种类、产生量、处置量、处置率、储存量、储存位置、利用量、利用率、危险废物集中处置设施、处置能力等。

2.调查范围、对象与评价技术方法

调查范围是固体废物管理规划的区域范围,若相邻区域有固体废物流入,则应考虑外来固体废物流入对规划区域的影响。调查时,一般按各行政辖区或地理单元划分。

针对不同的调查对象,调查重点也有所差异。对于城市生活垃圾,重点调查居民垃

坂、街道保洁垃圾,以及大型商业、餐饮业、旅馆业等服务业垃圾;对于工业固体废物,一般以严重污染的大中型企业为重点调查对象;对于危险废物,所有产生危险废物的单位均应列入调查对象。

评价技术方法可采用排序法进行统计和分析。排序法是指按对固体废物排放总量进行排序,确定主要污染物和主要污染源,结合污染物排放特征,找出存在的主要环境问题,同时为制定固体废物污染防治规划提供依据。

(二)生活垃圾产生量预测方法

作为城市固体废物系统规划管理的基础,必须对研究区域的固体废物的产生量做出一个较为准确的预测,从而为进一步的管理规划工作提供数据支持。国内外的专家学者在固体废物的产生量预测方面已经做了大量的工作,并有了一些比较成熟的方法。其中经常使用的方法主要有灰色预测法、回归分析法、比率推算法和时间序列法等。

1. 灰色预测法

灰色预测法是利用灰色模型进行数据预测的方法。在固体废物污染防治规划中,固体废物是"部分信息已知,部分信息未知"的灰色系统,可以利用灰色模型(Grey Model, GM)对产生量和与之相关的值进行预测。灰色预测模型的基本思想是把已知的现实和过去的、无明显规律的时间数据进行系列加工,通过序列生成寻求现实规律,其特点就是通过较少的数据建模,实现较高准确性的预测。

灰色模型已被广泛应用于固体废物产量的预测。例如,林艺芸等人以1998—2005年中国的工业固体废物产生量为基础,建立了工业固体废物产生量的灰色模型,预测了2015年中国工业固体废物产生量;薛立强等人采用建筑面积估算法对天津市2010—2019年建筑垃圾产量进行估算,利用灰色GM(1,1)模型预测出天津市2020—2025年建筑垃圾年产量,预测2025年天津市建筑垃圾产生量将增加到4056.84万吨;国内一些学者在针对佛山市、长春市等地的城市固体废物产生量预测的研究中也采用了灰色模型法;另外,在灰色模型的基础上,H. W. Chen和Ni-Bin Chang提出了灰色模糊动态模型(GFM),并将其用来预测台南市的固体废物产生量,以确定日处理量为900吨的焚化炉是否足以应对台南市固体废物产生的增长趋势。

2. 回归分析法

回归分析法是建立在"假设一个系统的输入和输出之间存在着某种因果关系"的基础之上的,即认为输入变量的变化会引起系统输出变量的变化。回归分析法通常包括简单回归模型、多变量回归模型等。其中,简单回归模型实用性较强、操作简单,但往往预测精度受限。多变量回归模型解释性较强,对因果关系的处理十分有效,但数据量要求大,相应的计算工作量也大。在固体废物预测中,简单回归模型、多变量回归模型都得到了较为广泛的应用。

杨小妮等人基于西安市历年来城市生活垃圾产生量及其影响因素的基础数据,通过对其相关系数的计算,确定了西安市城市生活垃圾产生量的4个主要影响因素,建立了生活垃圾产生量的多元回归预测模型,引入 ARIMA 模型,对所需因子进行预测,应用多元回归模型,对西安市 2019—2020 年的生活垃圾产生量进行了预测,发现 2019—2020 年西安市城市生活垃圾产生量将分别达到 4.922×10^6 t、5.219×10^6 t,且这两年的垃圾产生量增长率将达到 6.0%。郭华等综合考虑了政策法规、居民的垃圾丢放习惯等多种社会因素和内在因素,建立了多元线性回归理论模型,依据 2006—2015 年垃圾清运量对我国生活垃圾产量进行了预测。

3. 比率推算法

这里的比率是指城市固体废物的产率,根据选用预测基数的不同,比率推算法分为人均指标法和年增长率法,预测时可根据实际情况选取。对城市固体废物产生历史趋势的比较,通常以人均产生率为基准,其单位为千克/(人·天)。对废物的监测工作显示出城市固体废物量与人口数量密切相关,而商业、工业废物与经济活动的关系同样重要,因此,生活废物和商业、工业废物应该分开考虑。比率推算法和回归分析法计算生活垃圾产生量的具体步骤可参考《生活垃圾产生量计算及预测方法》(CJ/T 106—2016)。

在实际预测过程中该方法应用较为广泛,主要是由于其简便、易用,同时在历史资料数据较为充分的情况下,预测结果能够达到相当高的精确度。

固体废物污染预测技术路线如图 8-2 所示。

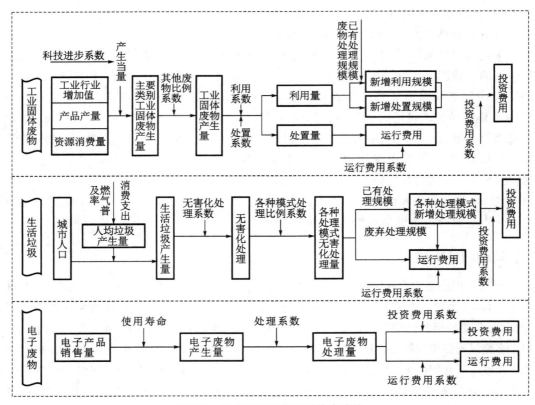

图 8-2　固体废物污染预测技术路线

4. 时间序列法

固体废物的产生是一个多维的随机过程,其影响因素错综复杂,影响资料难以获取。因此,用单一变量和时间综合代替固体废物产生的各种因素,将其作为一维过程进行处理分析,这就是通过一维随机过程的演变规律来预测固体废物产生量与产生过程的时间序列法。

时间序列预测法可用于短期、中期和长期预测。根据分析方法的不同,又可分为简单序时平均数法、加权序时平均数法、移动平均法、加权移动平均法、趋势预测法、指数平滑法、季节性趋势预测法、市场寿命周期预测法等。其中,指数平滑法比较常用。平滑计算实际上就是对时间序列过去数据进行加权平均,权重的大小取决于 $a(1-a)^{t-1}$(a 为平滑系数,取值范围为 $0\sim1$)。可以利用过去连续观测值进行预测,也可以附加一个独立的趋势(如线性、指数和衰减)。李金惠等在中国工业固体废物产生预测研究中,便采用了幂指数平滑的时间序列分析法,对 1981 年以来中国固体废物产生量的数据进行分析,并对 2015 年中国县及县以上工业企业固体废物产生量做了预测,取得了很好的结果。

(三)固体废物的预测案例

1. 生活垃圾产生量预测

生活垃圾产生量预测可采用人均产污系数预测法和回归分析法。

(1)人均产污系数预测法。

$$SSc(t)=a(t)P(t) \tag{8-1}$$

式中:$SSc(t)$ 为预测年生活垃圾产生量;$a(t)$ 为人均垃圾排放系数,$a(t)$ 值一般根据统计资料确定;$P(t)$ 为预测年人口总数。

(2)回归分析法。

生活垃圾产生量也可应用数学回归模型进行预测,统计近 5~10 年的人口数量与垃圾产生量,建立起人口与垃圾产生量的相关关系与回归模型:

$$y=a+bx \tag{8-2}$$

式中:x 为统计人口数量;y 为统计垃圾产生量。

根据已有数据建立模型,求取 a、b 值,结合现有人口数据,即可预测生活垃圾产生量。

2. 工业固体废物产生量预测

工业固体废物主要包括矿渣、粉煤灰、炉渣、煤矸石、化工渣、尾矿等。其产生量一般用万元产值排污系数法,其中炉渣、粉煤灰利用能源消耗系数计算,煤矸石产生量利用万吨原煤产煤矸石系数计算。在工业固废产量预测中,对工业固体废物产生量、处理处置量、综合利用量、排放量也应进行分析。

（1）工业固体废物产生量

$$SW_i(t) = \beta_i(t)X(t) \tag{8-3}$$

式中：$SW_i(t)$ 为预测年工业固体废物产生量；$\beta_i(t)$ 为不同工业部门污染物产生系数或排放因子；$X(t)$ 为产值、能源消耗量。

（2）工业固体废物处理处置量

$$SW_{id}(t) = \beta_1(t)SW_i(t) \tag{8-4}$$

式中：$SW_{id}(t)$ 为污染物处理处置量；$\beta_1(t)$ 为污染物处理处置率。

（3）工业固体废物综合利用量

$$SW_{ir}(t) = \beta_2(t)SW_i(t) \tag{8-5}$$

式中：$SW_{ir}(t)$ 为污染物综合利用量；$\beta_2(t)$ 为污染物综合利用率。

（4）工业固体废物排放量

$$SW_d(t) = SW_i(t) - SW_{id}(t) - SW_{ir}(t) \tag{8-6}$$

式中：$SW_d(t)$ 为污染物排放量。

若考虑技术进步因素，可采用的预测模型为

$$ISW_i = ISW_0(1-k)^{\Delta t}E_i \tag{8-7}$$

式中：ISW_i 为预测年工业固体废物排放量；ISW_0 为基准年工业固体废物排放量；k 为工业固体废物递减率，单位为％；E_i 为预测年工业总产值；Δt 为基准年至预测年的时段。

3. 危险废物产生量预测

危险废物产生量预测常用的方法包括以下方式：应用数理统计建立线性或非线性回归方程；采用单位产品产生危险废物系数或万元产值排污系数进行预测等。以后者为例，危险废物产生量预测方法如下：

$$DW(t) = \gamma(t)\omega(t) \tag{8-8}$$

式中：$DW(t)$ 为预测年危险废物产生量；$\gamma(t)$ 为单位产品危险废物系数或万元产值排污系数；$\omega(t)$ 为预测年产品产量或产值。

4. 其他固体废物产生量预测

1）医疗固体废物产生量预测

医疗固体废物主要产生于医院等医疗机构及场所，可以根据就医人数，结合现实资料及未来生活水平的变化趋势，推算医疗垃圾产生系数。此外医疗固体废物根据产生源可分为住院和门诊产生源，其中住院产生源为主要产生源，因此可以将医疗废物总量分摊在床位，根据床位数量及单位床位医疗废物产生量测算医疗废物产生量。

2）建筑垃圾产生量预测

建筑数量、规模由国家法令规定，不能随意建筑，因此固体废物产生量可根据城市建设规划来预测。根据城市规划目标，得出未来建筑规模，从而根据现实资料预测未来建筑垃圾的产生量，同时考虑未来生活水平的提高将可能导致建筑装饰垃圾增加。

3）餐厨垃圾产生量预测

餐厨垃圾产生量与人口直接相关，可按人口数量推算未来餐厨垃圾产生量。

二、固体废物管理规划的目标与指标体系

（一）规划目标

环境规划的目的就是为了实现预定的环境目标,因此制定恰当的环境目标是环境规划的关键。首先根据总量控制原则,结合规划区域特点以及经济和技术支撑能力,确定有关固体废物综合利用和处理处置的数量与程度的总体目标。在此基础上根据不同行业、不同类型固体废物的预测量与环境规划总体目标的差距,明确固体废物的消减数量和程度,并落实到各部门、各行业的固体废物污染防治控制目标方案之中。固体废物污染防治规划目标总体上要体现减量化、资源化和无害化的"3R"基本原则。

（二）规划指标

固体废物管理规划指标对不同类型固体废物略有差异,对于生活垃圾来说,主要指标有生活垃圾无害化处理率、生活垃圾资源化率、生活垃圾分类收集率等;对于工业固体废物来说,主要指标有工业固体废物减量率、工业固体废物综合利用率、工业固体废物处理处置率等;对于危险废物与医疗废物来说,主要指标有危险废物处理处置率、城镇医疗垃圾处理率等。

三、固体废物处理处置方案决策

（一）城市固体废物处理处置方式

固体废物处理是指通过各种物理、化学、生物等方法,将固体废物转变成适于运输、利用、贮存或最终处置的形态的过程。其目的是实现固体废物的减量化、资源化和无害化。固体废物的处理方法有物理处理、化学处理、生物处理、热处理、固化处理,应用较广的方法有堆肥、焚烧发电、卫生填埋等。

物理处理方法包括压实、破碎、分选、增稠、吸附、萃取等。物理处理通过浓缩或相变化来改变固体废物的结构,使之成为便于运输、储存、利用或处置的状态过程。

化学处理方法包括氧化、还原、中和、化学沉淀和化学溶出等。化学处理采用化学方法破坏固体废物中的有害成分从而达到无害化,或者将其转变成为适于进一步处理处置或资源化的状态。

生物处理方法包括好氧处理、厌氧处理和兼性厌氧处理。生物处理利用微生物对有机固体废物的分解作用实现其无害化和资源化的过程,可以将有机固体废物转化为能源、饲料和肥料,还可以用来从废品和废渣中提取金属,是进行固体废物处理与资源化的有效方法。

热处理通过焚烧、焙烧、热解、气化、湿式氧化、等离子体等高温破坏和改变固体废物的组成和结构,使废物中的有机有害物质得到分解或转化;同时,通过回收处理过程中产

生的余热或有价值的分解产物,使废物中潜在的资源得到再生利用。

固化处理采用固化基材将废物固定或包裹起来,以降低其对环境的危害,使其便于安全运输和处置,主要用于处理有害废物和放射性废物。

固体废物处置是指最终处置或安全处置,是固体废物污染控制的末端环节,解决固体废物的归宿问题。一些固体废物虽然经过处理和利用,但由于技术、经济条件限制,总会有部分残渣很难或无法再加以利用,同时这些残渣又富集了大量有毒有害成分,将长期地保留在环境中,是一种潜在的污染源。为了控制其对环境的污染,必须进行最终处置,使之最大限度地与生物圈隔离,故固体废物处置又称安全处置。

固体废物的处置方法有两大类:一种是海洋处置,包括深海投弃和远洋焚烧;另一种是陆地处置,包括土地耕作、工程库或贮留池贮存、土地填埋等。

(二)城市固体废物处理处置方法选择

在固体废物处理系统中,处理处置技术的筛选至关重要。在选择处理处置技术过程中,应着眼于垃圾资源化新技术的合理运用,以利于资源化和无害化的处理目标。此外,处理处置技术的筛选有必要充分考虑地区规模、自然及社会条件、财政情况、人力资源等,充分调查和评价各种技术,慎重决定即将采用的技术。针对城市固体废物,在选择处理处置技术时要考虑的因素众多,如固体废物产生量、城市居民生活水平、生活习惯、城市总体规划、城市建设水平等。

面对城市固体废物不断增加的态势,发达国家较早提出在实现固体废物分类收集的基础上通过综合处理,实现固体废物减量化、无害化和资源化的思路,并建立起相当完备的固体废物分类收集处理设施。不同固体废物有不同的处理处置方法,在选择处理处置方式时应该充分考虑以下原则。

(1)城市生活垃圾:优先考虑集卫生填埋、堆肥、焚烧等技术于一体的综合处理系统;在易选择填埋场地的地区,优先选择卫生填埋技术;在餐厨垃圾收集场,优先选择堆肥技术;在土地资源紧张,垃圾热值高的地区,应注重应用焚烧技术并考虑配套建设焚烧残渣填埋场;在保证环境目标的前提下,多技术有机组合,实现总费用最低。

(2)工业固体废物:在规划期内,可回收的工业固体废物由废品回收系统进行回收;有毒有害的工业固体废物由省、自治区环保局负责管理。所有的工业固体废物可由产生单位运输至特种固体废物处置中心进行处理处置。

(3)建筑垃圾:建筑垃圾的处理处置同样要贯彻"三化"基本原则,在建筑垃圾减量化、无害化的基础上实现资源化利用,在条件成熟的前提下逐步推动建筑垃圾市场经营模式,并采用互联网进行渣土、开挖土和混凝土块等的交易。同时,通过交易市场使得有不同建筑垃圾产生的单位和有综合利用需要的建筑单位之间互通有无,从源头上进行调配和建筑垃圾的消纳及综合利用,以减轻对处理场的压力。对大工程而言,尽量做到自身开挖土石方平衡。与此同时在垃圾填埋场内建设建筑垃圾综合利用处理车间。在前期选址时就要将其用地需要考虑进去,增加必要的专门设备和人员进行对建筑垃圾综合利用和再生作业,并产生一定的经济效益。

（4）医疗垃圾：医疗单位进行分类、分装，主要负责部门或企业上门收集、运输至焚烧场的密闭仓库，24 小时内送入焚烧炉，焚烧后将残渣包装储存、输运至填埋场填埋。医疗垃圾处理处置可分近期、远期进行规划，逐步完善管理体系。

（5）城市污泥：对污泥进行浓缩脱水等预处理后，在减量化、无害化的基础上实现资源化，以卫生填埋、堆肥为最基本的处置方式，根据现有条件和实际情况逐步推行堆肥、焚烧（热能利用）、资源化利用与卫生填埋相结合的方法进行处理处置。

综上所述，城市固体废物的收运、处理处置，要结合城市的具体情况，联系当地的收运方式、处理处置方法的特点，考虑社会、经济、环境等综合因素，实现因地制宜，不能简单地将一种或几种固定化方法生搬硬套。对于城市固体废物的产业化，要以顶层设计为引领，优化固体废物产业布局。城市固体废物综合管理规划坚持经济、环保、安全、以人为本和可持续发展的原则，制订适合的城市固体废物收运、处理处置方案。

（三）城市固体废物处置设施选址方法

在固体废物处置设施选址的研究中，经常使用的方法是层次分析法。另外，近年也有使用问卷调查法和 GIS 方法等进行研究的实例，接下来将简单介绍不同选址方法。

1. 层次分析法

层次分析法是美国运筹学家 T. L. Stay 于 20 世纪 70 年代提出的，是一种定性与定量相结合的多目标、多层次决策分析方法。该方法将决策者的经验判断给予量化，在目标（或因素）结构复杂且又缺乏必要数据的情况下尤为适用。

层次分析法用于填埋场选址的基本思路是：先根据当地的城市规划、交通运输条件、环境保护、环境地质条件等，拟定若干可选场地（段），再将这些场地（段）的适应性影响因素与选择原则结合起来，构造一个层次分析图，再将各层次中各因素进行一一量化处理，得到每一层各因素的相对权重值，直至计算出方案层中各个方案的相对权重，计算这些权重并进行评判。层次分析法既能综合处理具有递阶层次结构的场地（段）适宜性影响因素之间的复杂关系，又易于操作和理解，其计算步骤如下。

首先，构造判断矩阵。把场地适宜性作为目标层 A，制约因素依次为 B 和 C，根据各层次因素对填埋场的相对重要性，可构造下列矩阵，目标层 A 与制约因素层 B 的判断矩阵为

$$\begin{bmatrix} a_{11} & a_{12} & \cdots & a_{1k} \\ a_{21} & a_{22} & \cdots & a_{2k} \\ \vdots & \vdots & & \vdots \\ a_{k1} & a_{k2} & \cdots & a_{kk} \end{bmatrix} \tag{8-9}$$

其次，计算各因子的相对权重。建立场地适宜性综合评价数学模型。用多目标决策的线性加权方法来描述场地适宜性评价系统，建立广义目标函数：

$$Z = \sum_{i=1}^{n} \omega_i Z_i \tag{8-10}$$

$$Z_i = \sum_{j=1}^{m} \omega_{ij} Z_{ij} \tag{8-11}$$

式中：Z 为垃圾填埋场适宜性总分；i 为 B 层第 i 项制约因素，$i=0,1,2,\cdots,n$；n 为填埋场 B 层制约因素个数；ω_i 为第 i 项制约因子权重；Z_i 为 B 层制约因素下第 i 项因素的得分；m 为 B 层第 j 项制约因素下的 C 层制约因素总数；ω_{ij} 为 B 层制约因素第 i 项制约因素下的 C 层 j 项制约因子权重；Z_{ij} 为 B 层制约因素第 i 项制约因素下的 C 层 j 项制约因素的总分。

最后，场地适宜性综合评价。利用层次分析法求得各因素权重，对各因子进行打分，代入评价模型，即可对场地适宜性进行综合评价，并依据评价结果确定适宜性等级，一般为最佳、适宜、较适宜、勉强适宜、不适宜、极不适宜等级别，从而为选址提供决策依据。表 8-2 是采用百分制打分的填埋场适宜性等级标准。

表 8-2　填埋场适宜性等级标准

等级	最佳	适宜	较适宜	勉强适宜	不适宜	极不适宜
分值	90～100	80～90	70～80	60～70	50～60	低于 50

层次结构系统模型如图 8-3 所示。

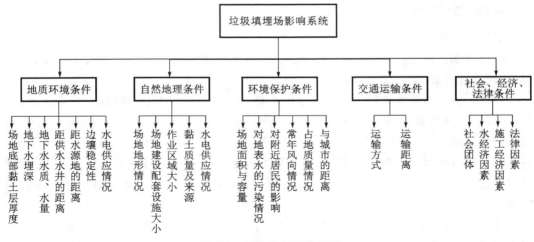

图 8-3　层次结构系统模型

2. 问卷调查法

我国城市化进程加快，可供利用的城市总面积日益减少，诸如此类的原因促使固体废物处理处置的难度日益增大。据此，国外的许多专家学者认为固体废物处理场地的选址已经不是一个单纯的技术性问题，而是涉及经济、社会和政治等诸多方面的综合性问题。而对这些因素的分析，一个很好的方法就是问卷调查法。这也正是社会学领域里常用的研究方法。在实际应用中，问卷调查法需要根据研究对象的实际情况来确定不同的具体操作方案，设计具有较强针对性的调查问卷。

针对固体废物处理处置，调查问卷的内容一般包括：①某一家庭的社会经济特性，如家庭规模、年收入等;②产生固体废物的数量,如垃圾袋的体积、每周产生的垃圾袋数量等;③经常使用的垃圾站以及路径;④对于拟建的垃圾转运站的偏好程度。通过对调查结果采用统计学方法加以分析,得到家庭规模、收入与固体废物产生量之间的关系,并结合从垃圾运输部门得到的有关数据,计算对各垃圾站的需求情况,估计拟建转运站的容量。

在实际应用中,问卷调查法需要注意遵循社会调查统计方面的有关原则,如样本的选取方式、样本数量的确定等。保证样本的可信度,这样才能保证预测的准确性。

3. GIS方法

GIS(地理信息系统)是集地球科学、信息科学与计算机技术为一体的高新技术,具有分析、检索空间数据的功能,还可以将空间数据形成图像。目前该方法在土地规划方面应用最多。在城市固体废物管理规划中,利用GIS空间分析工具,结合区域地形、人口密度、交通网络等因素,对不同地点进行分析,为填埋场选址提供科学的支撑。

该方法的工作思路是将搜集到的对选址区域起决定性作用的限制性因素绘制成各种图形,然后将其绘出的各种图形进行对比和叠加,选择出不受限制性因素制约的空间位置,如市区道路、土地利用、最高洪水位标高等填埋场选址限制因素都要输入计算机,然后利用GIS软件的功能,可直观地在屏幕中显示可能被选为场址的范围和位置,再在这些有效的空间位置中进行对比分析,最终确定理想场址。

实质上,应用GIS优选场址是专家系统和GIS软件功能相结合的产物。选址的限制性因素由专家给定,GIS只能按专家的指令去工作,确定出具有可选性的区域,最后还得由专家在可选性的区域内选择出理想的场地位置。

GIS选址工作流程如图8-4所示。

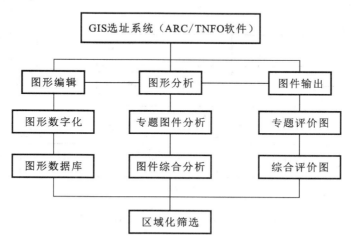

图8-4 GIS选址工作流程

GIS在固体废物管理规划中,除了用于选址,还可以用于固体废物信息管理以及城市垃圾收运规划等。固体废物信息管理GIS应用:利用GIS的数据采集与编辑、信息查询、数据库管理、统计制图、空间分析等功能,管理者可将已经编码的空间数据组合起来,并确定其地理位置,同时揭示不同信息间的相互关系,尤其可对空间数据进行分析和运算。李劲等设计了基于组件式 GIS 平台 MapX 的城市固体废物规划管理信息系统,如图 8-5 所示。

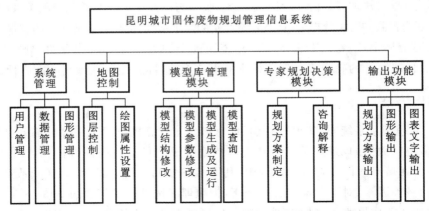

图 8-5 GIS 支持的昆明城市固体废物规划管理信息系统

城市固体废物空间决策模型体系如图 8-6 所示。

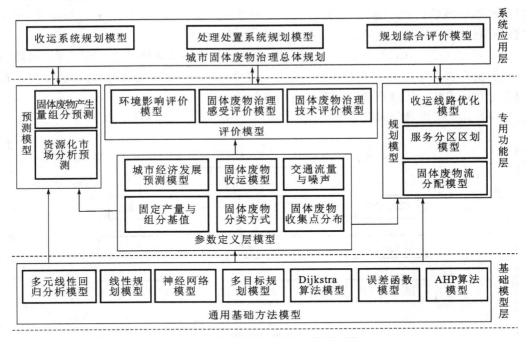

图 8-6 城市固体废物空间决策模型体系

城市垃圾收运规划 GIS 应用:GIS 与各种环境模型的有机结合是它们在环境管理领域广泛应用的主要原因。传统的垃圾收运规划模型主要用于经济分析,其目标函数是可以定量表示的费用效益,但是其限制条件,包括垃圾的产量与分布、设施的容量与布置、交通状况、噪声影响、区域功能等,有很强的空间分布特性。因此利用 GIS 强大的空间分析功能,尽可能直观、全面地观察和分析研究对象,是使垃圾收运规划研究由传统的经济分析向综合效益分析转变的有效载体。

四、固体废物管理综合规划

根据产业结构特点及经济、人口发展趋势和社会消费预测,以减少固体废物产生、大力开展固体废物综合利用和保障固体废物安全处置为基本目标,制定固体废物污染防治规划,提出工程、管理的技术对策和措施,主要包括生活垃圾、工业固体废物、危险废物、医疗废物、电子废物、建筑垃圾以及污水处理厂污泥处理处置等。根据固体废物的全过程管理,从固体废物产生的源头、收运的方式以及处理处置三方面提出固体废物管理规划方案。

(一)源头管理规划

固体废物源头管理的目标是要求商品的生产和包装尽量采用低废或无废的工艺,同时改变居民的生活和消费习惯,以最大限度地减少生活垃圾的产生,并且在源头实现分类。

源头管理的重要环节是明确生活垃圾的来源和数量,鉴别、分类,同时建立必要的垃圾档案,其次是对生活垃圾进行记录,明确生活垃圾的种类、特征、有害成分的含量,以及在运输、处理过程中的注意事项等。源头管理规划的最终目的是尽可能地降低固体废物的收运量,以及处理处置和资源化成本。

1. 生活垃圾源头减量措施

生活垃圾源头减量是一项系统工程,主要是通过改变产品设计、产品重复利用和公众消费习惯来减少固体废物的产生。生活垃圾源头减量广泛存在于产品生产、流通、消费等环节,生产者和消费者都是生活垃圾源头减量的主体。它引导人们采取对环境友好的生产、生活行为,通过推进清洁生产、发展绿色物流来倡导绿色消费和绿色生活方式。

(1)减少产生量:积极调动各有关部门协调统筹安排,合理规划垃圾源头产生量减少措施。在生产、流通、消费及日常生活领域采取多种措施,变生活垃圾产生后的被动处理处置为产生前的主动管理,减少垃圾产生量。

(2)减少清运量:垃圾源头分类收集是实现垃圾无害化、减量化、资源化的关键环节,也是生活垃圾有效管理的必要前提。分类收集是从生活垃圾产生的源头开始,按照生活垃圾不同性质、不同处理方式的要求,将其分类后进行收集、储存及运输。

(3)限制一次性用品:一次性用品消费量大,废弃量大,存在较大的资源消耗问题、环境污染问题、卫生问题等。首先通过宣传,培养广大市民的环保意识,鼓励市民减少对一次性用品的使用,其次通过立法限制一次性商品的生产、销售和使用。

(4)采用易于社会循环利用的包装材料和包装方法:产品的过度包装是产品全过程资源浪费的一个重要环节,生产者在不影响产品运输和销售的前提下,要尽量采用简洁包装,避免过度包装。此外,鼓励采用可回收的包装材料,提倡产品生产厂家对自己产品的包装进行回收,重复利用。

2. 其他固体废物源头减量措施

(1)间接措施:①通过法律和政策约束固体废物排放行为,以实现固体废物源头减量,以规划为先导,从城市总规、详细规划及专项规划层面进行引导和管控。②采用经济手段,针对固体废物源头减量建立合理的奖惩机制,同时可对有明显固体废物减量作用的原材料和产品进行价格优惠,推动企业采用清洁、环保材料进行生产。③向社会公布回收利用已经取得的成果,对有助于固体废物减量的行为进行鼓励,增强人们的环保意识,在日常生活中自觉选择有益于环境的行为方式。

(2)直接措施:①生产厂家的行动,对企业而言,固体废物减量的意义不仅仅是节约固体废物处理处置成本,更重要的是在企业内部和外部树立一个良好的环保形象,有利于企业职工进行自觉行动,支持固体废物减量;②商业领域的行动,商场是连接生产者和消费者之间的桥梁,通过优先选择环保产品,影响厂家的产品生产,同时也能够通过提供可供选择的环保产品及宣传和咨询等影响消费者行为;③家庭和办公场所的固体废物减量,家庭和个人的生活习惯、消费行为与固体废物减量直接相关,因而没有个人和家庭的合作,固体废物减量几乎是不可行的。

(二)收运管理规划

收运管理是针对从不同的产生地将固体废物集中运送到中转站,再转运至每一个处理厂、处置场或综合利用设施的过程管理。它包括收集容器和运输工具的选择、收运方式的选择、收运管理模式运行机制的建立等。

1. 固体废物收运系统

收运系统是衔接源头管理系统及处理处置和资源化系统的中间环节,它在整个生活垃圾管理系统占有十分特殊的地位,是城市生活垃圾管理系统重要的环节之一。一个完整的垃圾收运系统包括收集和运输环节及上游垃圾分类和下游末端处理。任何过程处理不当都会影响收运系统的效率,增加运营成本,甚至导致环境污染。例如,收运方式中的分类收集对垃圾的资源化具有重大影响,而垃圾的资源化应是垃圾处理处置的归宿。

固体废物收集系统可分为以下四个阶段:第一阶段,垃圾从垃圾产生源到附近的垃圾桶的过程;第二阶段,垃圾车按收集路线对垃圾桶内的垃圾进行收集,并运送到垃圾收集点的过程;第三阶段,垃圾从垃圾收集点到垃圾中转站的过程;第四阶段,垃圾从垃圾中转站到处理处置设施的过程。

固体废物收运系统可分为以下五个阶段:第一阶段,居民将垃圾从家庭运到垃圾桶的过程;第二阶段,垃圾装车的过程,对于有压缩装置的车辆还包括压缩过程;第三阶段,垃圾车按收集路线将垃圾桶内垃圾进行收集;第四阶段,垃圾由各个存放点运到垃圾场或中转站的过程;第五阶段,垃圾由各中转站运送到处理处置设施的过程。

固体废物收运系统如图 8-7 所示。

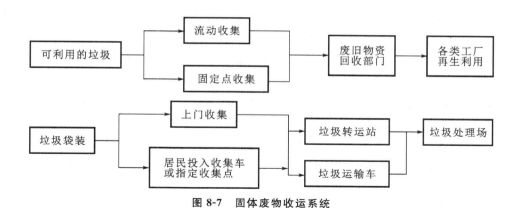

图 8-7　固体废物收运系统

一般情况下,工业固体废物生产较多的工厂在厂外均建有自己的堆场,且有厂内工作人员负责收集和运输工作。零散的固体废物由商业部所属的废旧物资系统负责收集。在部分地区,有关部门组织城市居民、农村基层供销社代收废旧物资。针对不同的工厂规模,固体废物回收方式有所差异。大型工厂由回收公司进厂回收,中型工厂定人定期回收,小型工厂划片包干巡回回收,并配备管理人员,设置废料仓库,建立各类废物"积攒"资料卡,开展经常性的收集和分类存放活动。

产生者暂存的桶装或袋装的危险废物可由产生者直接运往收集中心或回收站,也可以通过地方主管部门配备的专用运输车辆按规定路线运往指定地点贮存或做进一步处理。

危险废物收集系统如图 8-8 所示。

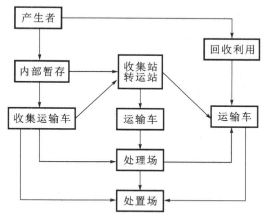

图 8-8　危险废物收集系统

2. 固体废物收运系统的优化

国内外针对固体废物收运系统的优化研究主要集中在收运模式优化管理、收运路线优化、转运站分布及数量优化、车辆调度及配置优化等方面。目前研究较多的为运输路线和转运站点规划两个方面。在收运路线优化方面,通常以车辆路径问题为特征。

主要问题是如何使收集车辆通过一系列的单行线或双行线线路行驶,从而获得整个行驶路线距离最短的效果。通常线路设计分为以下四步。

第一步,在商业、工业或住宅区的大型地图上标出每个垃圾桶的位置,垃圾桶的数量和收集频率。

第二步,根据这张平面图,将收集频率相同的收集点的数目和每天需要出空的垃圾桶数目列表。

第三步,从调度站或垃圾停车场开始设计每天的收集路线。

第四步,当各种初步路线设计出后,应对垃圾桶之间的平均距离进行计算。

通常,在研究较为合理的实际路线时需考虑以下几点:每个作业日、每条路线限制在一个地区,尽可能紧凑,没有断续或重复的线路;平衡工作量,使每个作业日、每条线路的收集和运输时间都大致相等;收集线路的出发点从车库开始,要考虑交通繁忙和单行街道的因素;在交通拥挤的时间,避免在繁忙的街道上收集垃圾。

从理论上来看,城市固体废物的收集和处置设置的选址是一个复杂的问题,需要进行综合考虑。但实际规划过程中,城市可利用空间有限,多数情况下是针对固定位置的处理设施来研究城市固体废物收集系统的最优化,以降低固体废物处理处置费用。因此我们把固体废物处置的选址和固体废物收集分开描述。在城市固体废物收集系统规划研究中,优化模型多数以运筹学理论为基础,常用的优化方法是数学规划法,如线性规划、非线性规划、整数规划、动态规划、多目标规划、图论与网络流等。在不同的地域,针对不同的实际情况,所选用的方法以及具体的运用都有很大的不同,但总体来说混合整数线性规划是目前应用最多,也是应用最为成熟的方法。

(三)处理处置管理规划

固体废物的处理处置管理规划的目标是选用先进、科学的处理工艺,使生活垃圾处理逐步实现无害化、减量化和资源化再利用。

首先,在工业固体废物综合规划中需要提出必要的处理处置以及与其配套的工程建设项目,以保证基础设施的建设。按照国家关于工程、管理经费的概算方法或参照已建同类项目经费使用情况,进行重点工程和管理项目的经费概算,提出实现规划目标的时间进度安排,包括各阶段需要完成的工程项目、年度实施计划等。同时,应提出固体废物资源化利用及其产业化的规划方案。通过制定与实施相关政策扶持并促进与固体废物资源化相关的企业或行业的发展,建立并规范固体废物及再生资源交易市场,以促进固体废物资源化的发展并融入区域循环经济建设之中。另外,还需加强固体废物管理,提升处置效率及技术水平。

此外,建立城市废物信息化管理数据库也是目前管理规划的一个重要环节,通过信息网络在源头对废物进行分类的废物管理总体控制。城市固体废物管理规划的科学性和实施的高效性,与可靠的废物种类、数量和处理成本等数据有着很强的相关性,精准的数据不仅有利于各级政府科学地编制废物管理的战略规划,还有助于保证区域范围城市废物回收利用体系建设的科学性、前瞻性与联动性,为城市固体废物回收、处理以及再生利用等相关产业的投资决策提供基本的数据支撑。

最后,固体废物处理处置与资源化利用技术的发展可以提高固体废物的处理、处置效率及资源化利用的效率与效益,也可为固体废物的产业化提供技术支撑。

(四)方案的筛选及评定方法

固体废物规划过程中,常常遇到系统评价和优化的问题,如各类固体废物最佳的处理处置方案选择、处理设施地址选择、最优收集方式等。解决这类问题常用系统最优化技术分析、层次分析与费用-效益分析。

1. 系统最优化技术分析

对一些系统分析问题,可以用最优化技术与系统的数学模型结合,形成最优化模型。最优化模型的一般形式为

$$\text{Max}(\text{Min})Z = \boldsymbol{X}(X_1, X_2, \cdots, X_n) \tag{8-12}$$

$$\text{s.t.} \begin{cases} g_1(X_1, X_2, \cdots, X_n) \leqslant, = 或 \geqslant b_1 \\ g_2(X_1, X_2, \cdots, X_n) \leqslant, = 或 \geqslant b_2 \\ \vdots \\ g_m(X_1, X_2, \cdots, X_n) \leqslant, = 或 \geqslant b_m \end{cases} \tag{8-13}$$

式(8-12)为目标函数,$\boldsymbol{X}$ 为系统的状态向量,由描述系统的状态组成,状态向量 $\boldsymbol{X}(X_1, X_2, \cdots, X_n)$ 中包含了决策选择。式(8-13)为约束条件方程组,符号 s.t. 是 such that 或 subject to 的缩写,表示系统的约束条件,右端的 $b_1, b_2, \cdots, b_m$ 是相应的参数。

最优化的目标函数可以最大化或最小化为目标要求;约束条件方程组决定了决策变量的可行值,其函数与约束值的关系可以是等式或不等式,满足约束条件方程组的决策变量,$X_1, X_2, \cdots, X_n$ 任何组合均为最优化模型的可行解;最大或最小 Z 的可行解是模型的最优解。

2. 层次分析

层次分析是一种定性与定量分析相结合的多目标决策分析,通过分析复杂问题所包含的因素及其相互关系,将问题分解为不同的要素,并将这些要素归并为不同层次,形成多层次结构,在每一层次可按某一规定准则对该层要素进行逐个比较,建立判断矩阵。通过计算判断矩阵的最大特征值及对应的正交化特征向量,得出该层要素对该准则的权重,最终算出不同方案的权值,从而选择出最优方案。

3. 费用-效益分析

费用-效益分析是应用环境-经济学原理进行系统分析的一种方法,通过对各种备选项目的全部预期费用和全部预期效益现值的权衡来评价备选项目。从环境-经济的观点出发,将环境质量看成一种商品,而为了获得这种商品,社会需要投入一定数量的资源。通过效益和支出费用的比较来判断某项目或方案是否可取。比较多个项目或方案的效

益,效益大的为宜。费用-效益分析与其他的最优化系统分析方法不同在于一般不需要建立模型,而是着重对费用和效益两方面的计算和多方案的比较。费用-效益分析在实践中又可称为成本-效益分析、效益-费用分析、经济分析、国民经济分析或国民经济评价等。它最初是国家公共事业部门投资的评价标准,之后逐渐发展起来成为一种较为广泛的方法,特别是作为评价各种项目方案的社会效益的一种模型。随着环境问题的日益严峻,费用-效益分析的应用从经济领域拓展到环境领域,成为很多国家政府和国际机构对环境-经济分析的一种最基本的方法。

费用-效益分析的基本思路是,通过对比所选方案的所有直接、间接或潜在的费用和效益,从而对方案可行与否进行决策。根据净效益的大小对不同的方案进行排序,从而实现对稀缺资源的有效配置。这种模型不仅可以分析具体方案或项目方案,还可以对各种规划方案以及政策进行评估。

1)费用估计方法

经济成本的计算:经济成本是指人类生产活动中实际耗用的包括基建费用和运转费用在内的资金。在市场机制比较完善的条件下,经济成本的计算可采用市场价格作为计算价格;当市场不完善、不合理或市场失灵时,只能采用影子价格作为经济成本计算基础数据。此外,计算过程中通常采用贴现的方法消除时间因素对项目支出和收入的影响,贴现率就是指把将来一定时期的收入和支出换算成现在某一时刻的价格所采用的折扣率。在我国,贴现率通常采用银行的年储蓄利息率。

影子价格:影子价格是指当社会经济处于某种最优状态时,能够反映社会劳动的消耗、资源程度和对最终产品需求情况的价格,这是依据一定原则确定的,是比财务价格更为合理的价格,它能更好地反映产品的价格、市场供应和状况、资源的稀缺程度,从而使资源向优化方向发展。更严格地说,影子价格是指资源投入量每增加一个单位年所带来的追加收益或资源投入的潜在边际收益。

环境损害:环境损害是指由于人类活动使环境的某些功能退化,引起环境质量下降,从而给社会带来危害,造成了经济损失。环境损害造成的经济损失包括国民经济损失、社会心理损害及自然生态系统损害引起的经济损失。国民经济损失比较具体,一般可由市场价格很方便地计算。社会心理损害及自然生态系统损害属于间接损失,由于间接损失受多因素影响,且没有参照物,同时环境价值具有多维性,因此间接损失估价困难,只能通过机会成本、影子价格或意愿调查法间接地加以计算。

2)经济效益

经济效益分为直接效益和间接效益。其中直接效益包括因劳动生产率提高、产品产量的增加使收益单位实际利润增加,因环保设施运行而使直接环保费用减少,这是所称的环保费用。例如,污染补偿费及罚款、预防与治理污染费、环境管理费等,因环保设施运行而使资源、能源消耗或流失减少等所取得的效益。

间接收益包括因环境质量改善而使受害单位生产、营业状况和产品情况改善所得到的净利润增值,各种资源的恢复所带来的收益,因污染而支付的污染防治费、医疗保健费的减少及受害单位环保费用的减少等。

3）费用-效益分析结果的评定标准

对项目方案应用费用-效益分析法认证其优劣的方法主要有三种。

（1）净现值法。

在一定时间段内，按总净效益的现值大小排序，确定其优势。总净效益现值为负的方案是不合理的、不可行的方案；反之则是可行的、合理的方案。不同方案的比较中，以总净效益现值最大者为优。

（2）偿还期法。

$$偿还期（年）＝生产的总费用投资/生产后的年净效益$$

本方法中偿还期指的是项目投产后完全收回该项目方案所有投资费用（包括运转费用及折旧费用，现值为0）所需的年限。优点是估算简便，切实可行；缺点是精度较差，属于表态分析，而且市场变化对偿还期的影响较大。

（3）费用-效益比值法。

$$E＝方案的总效益/方案的总费用$$

$E>1$ 的方案是合理的、可行的方案；$E<1$ 的方案是不可行的方案。这是一个很重要的差别准则，E 称为经济效果。

（五）城市生活垃圾优化管理方案的决策

1. 优化管理的基本原则

（1）区域优化原则。

在城市生活垃圾管理中，区域优化应受到广泛关注，这有两方面的原因。一方面，区域优化能达到规模经济效应要求。由于城市生活垃圾的各种处理方法（填埋、堆肥、焚烧和资源回收利用）的设备费用、操作费用都具备规模效应条件，各种处理设备对于不同处理容量有不同的单位处理费用，并且在一定范围内，处理容量越大，其单位处理费用越低。另一方面，区域优化能做到因地制宜，充分利用各地区条件优势实现经济性目标。区域优化原则在城市中的应用在于：一是其能够达到规模经济效应，城市的各种处理方法及其机械设备都有一定的规模，在一定范围内其处理量越大，单位处理费用就越低；二是区域优化可因地制宜，根据各地不同的垃圾状况和城市条件，选取合适的管理方法进行优化。

（2）长期优化原则。

随着经济的发展、人民生活水平的提高，我国中小城市生活垃圾产量和成分将有很大变化。所以，在中小城市生活垃圾管理中，必须要对生活垃圾产量和成分组成变化有充分的长期性认识，对城市生活垃圾的管理有长期性的统筹规划，同时兼顾土地资源利用的可持续性原则，以更好地实现规划期间中小城市生活垃圾的处理。

（3）综合处理优化原则。

综合处理优化原则就是将卫生填埋、堆肥、焚烧和资源回收利用等方法有机结合，优势互补，共同用于生活垃圾的处理。

2. 优化管理模型程序

根据城市生活垃圾优化管理基本原则和垃圾处理的自身要求,确定出城市生活垃圾优化管理模型程序,如图 8-9 所示。

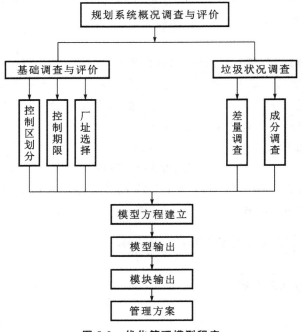

图 8-9　优化管理模型程序

3. 模型方程

建立模型方程的目的是指在长期规划中,在保证城市生活垃圾无害化处理的前提下,使得系统的总处理费用现值实现最小化。这里系统的总处理费用是指所有运输费用、处理处置设施成本、运营费用总和,以及垃圾处理后产生的能量、肥料及可回收利用物质出售收入的差值。

目标函数构架:

$$\text{Min}Z = 运输费用 + 填埋费用 + 堆肥费用 + 焚烧费用 + 回收费用 - 回收材料收入 - 堆肥肥料收入 - 能量收入$$

(六)城市生活垃圾综合处理方案的决策

以城市生活垃圾处理系统为研究对象,运用多层次、多目标模糊决策模型理论,采用二元对比法客观地确定定性指标与权重,并运用评价结果发散的单元系统模糊优选理论模型进行合成评价,确定出环境可持续、经济可承受以及社会可接受的垃圾处理处置系统。

1. 影响因素及评价因子指标分析

对现有城市垃圾处理系统进行分析,并借鉴国外的经验,选取分别属于环境因素、经济因素与社会限制因素的评价指标作为评价方案优越性的准则,如图 8-10 所示。

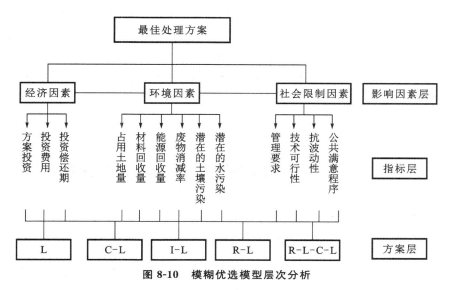

图 8-10 模糊优选模型层次分析

2. 指标相对优属度的确定

在模糊优选过程中,起决定作用的不是指标特征值的绝对值,而是其相对大小。

3. 权重分析

根据影响因素或评价指标所处的地位和相对重要性,赋予不同的权重。确定该模型的两级权重:评价指标对所属影响因素的一级权重;影响因素对目标的二级权重。两者的确定方法相同。

首先,确定最重要的影响因素或指标,将其属于"重要性"的隶属度定为 1,它比其他因素或指标的重要程度由 11 种语气算子加以描述,转换成相应的隶属度值,再归一化得到权重。

4. 方案的优劣排序

采用单元系统模糊优选模型,对相对优属度与权重进行综合加权评价,确定方案的优劣排序。单元系统模糊优选模型与一般的线性平均加权法相比,得出的评价结果具有更大的分散性,易于决策与选择。首先利用单元系统模糊优选模型对指标的相对优属度与一级权重进行一级综合评价,然后再次利用单元系统优选模型对影响向量构成的矩阵和二级权重进行二级综合评价。

5.结论

固体废物综合规划与管理以源头减量化、过程资源化为优先原则,以避免向自然环境排放废物为目标,但废物仍有一部分产生,并最终需要进入环境固体废物综合处理系统,可以为多种处理技术的任意组合,但必须含有卫生填埋处置方法,处理形式可以是多种处理技术融合于同一处理场址内,也可以是各种处理设施建于不同的处理场址。从固体废物各种处理方法的分析中可以看出,目前采用的各种处理方法,由于技术和费用等原因,都存在着一些不足,没有一种处理方法能独立实现固体废物的资源化、减量化和无害化的总目标。只有综合处理才是经济的、合理的,也是实现社会、经济和生态环境可持续发展的重要保证。

第四节 固体废物管理规划案例分析

一、湛江市区生活垃圾分类专项规划

本节以湛江市区生活垃圾分类专项规划为例,对固体废物环境规划的步骤和技术方法等加以说明。湛江市区生活垃圾分类专项规划以 2020 年为基准年,编制的目的在于提高垃圾末端处置安全性,实现垃圾源头减量、资源循环利用,促进城市精神文明与生态环境建设。

(一)规划区背景

1.城市总体概况

湛江,旧称"广州湾",别称"港城",是广东省辖的地级市,位于中国大陆最南端雷州半岛上,地处粤桂琼三省区交汇处。湛江是粤西和北部湾经济圈的经济中心,是中国大陆通往东南亚、欧洲、非洲和大洋洲航程最短的港口城市,是 1984 年全国首批 14 个沿海开放城市之一。

湛江地处北回归线以南的低纬地区,属热带和亚热带季风气候,终年受海洋气候调节,冬无严寒,夏无酷暑。年平均气温 23 ℃,年平均雨量 1417～1802 mm。4～9 月为多雨季节,8 月雨量最多;10～3 月雨量较少,常有旱情出现。夏、秋之间热带风暴和台风较为频繁。

2.规划范围及年限

规划范围为湛江市区,即下辖市区范围为赤坎区、霞山区、坡头区(含海东新区)、麻章区、湛江经济技术开发区范围。

规划年限为 2020—2035 年,分为近期、远期。近期为 2020—2025 年,远期为 2026—2035 年。

3. 规划目标与指标

按照"统一规划,分清层次,完善配套,逐步推进"的总体思路,大力推进湛江市区生活垃圾分类投放、收运和处置工作,逐步建立健全垃圾分类收集、分类运输、分类处置全过程管理体系。分阶段、分区域、分类别推进分类收集,逐步提高生活垃圾的资源化利用比例,减少垃圾焚烧和填埋的份额,提高垃圾末端处置安全性,实现垃圾源头减量、资源循环利用,促进城市精神文明与生态环境建设。

湛江市区生活垃圾分类主要实施指标如表 8-3 所示。

表 8-3　湛江市区生活垃圾分类主要实施指标

指标	近期	远期	备注
生活垃圾无害化处理率/(%)	100	100	强制性
城镇居民家庭生活垃圾分类收集率/(%)	80	90	引导性
机关、企事业单位生活垃圾分类收集率/(%)	95 以上	95 以上	强制性
城镇家庭厨余垃圾实施分类比例/(%)	50	70	引导性
农村生活垃圾分类收集率/(%)	50	90	引导性
生活垃圾回收利用率/(%)	40	45	强制性
集贸市场生活垃圾分类实施比例/(%)	75	80	引导性
餐饮垃圾集中收集处理率(%)	90	95	引导性

4. 分类对象

本规划中生活垃圾是指在日常生活中或者为日常生活提供服务的活动中产生的固体废物,以及法律、法规规定视为生活垃圾的固体废物,分为可回收物、厨余垃圾、有害垃圾和其他垃圾四类,如图 8-11 所示。

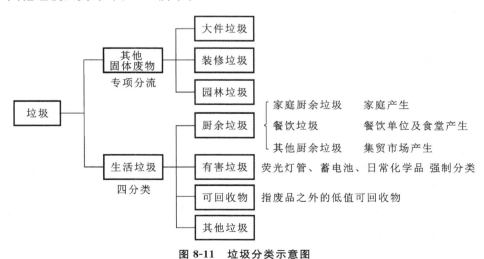

图 8-11　垃圾分类示意图

(二)湛江市区垃圾收运处置现状

1. 生活垃圾收运处理现状

1)无害化处理量

相对其他发达国家,我国的生活垃圾无害化处理起步较晚。湛江市在这方面属于走在前列的城市之一。早在1999年6月,湛江市就建成并运行广东省首个生活垃圾无害化处理场——湛江市生活垃圾无害化处理场一期工程。该生活垃圾无害化处理场采用了卫生填埋处理方式,负责处理来自湛江市区,包括霞山、赤坎、麻章、坡头及开发区的生活垃圾。按照垃圾产生量和人口增长量计算,继续采用以填埋为主的垃圾处理方式,对土地资源日益紧缺而言无疑是巨大挑战。

2016年5月,湛江市生活垃圾焚烧厂建成后,湛江市区生活垃圾处理方式逐步从"卫生填埋"向"焚烧发电为主,应急填埋为辅"转变。根据调研数据显示,2012—2019年湛江市区生活垃圾收运范围逐步扩大,在中心城区收集范围的基础上逐步将城区周边乡镇、农村垃圾纳入统一的收运管理系统,市区生活垃圾处置量总体呈上升趋势。2019年平均每天清运生活垃圾约1681吨,比2012年增长95%。2012—2019年湛江市区生活垃圾处置量统计如表8-4所示。

表8-4 湛江市区生活垃圾处置量统计 　　　　　　　　　　　　　(单位为t/d)

区域	2012	2013	2014	2015	2016	2017	2018	2019
赤坎区	277	261	267	275	274	301	337	396
霞山区	396	355	366	354	397	449	491	523
坡头区	46	46	55	81	120	165	180	216
麻章区	59	71	79	101	140	201	233	256
开发区	82	89	101	119	130	193	241	290
合计	860	822	868	930	1061	1309	1482	1681

注:数据摘自湛江市区各年生活垃圾报表。

2)人均垃圾量

根据《湛江市统计年鉴2018》,2018年湛江市区常住人口170万,城镇化率68%,人均垃圾处置量为0.87 kg/d。结合各区常住人口数据,各区人均垃圾处置量(包含城区和乡镇)为0.50~1.12 kg/d,存在明显差异(其中坡头区、开发区较低,赤坎区、霞山区较高)。结合赤坎区、霞山区常住人口统计,测算城镇人口人均垃圾量应在0.92~1.12 kg/d,根据实地现场调研,周边农村人均垃圾产生量为0.6~2.2 kg/d(农村生活垃圾混入秸秆类农业垃圾)。根据对麻章区的相关统计数据验证,湛江市区的城镇人口人均垃圾量0.93 kg/d,农村人口人均垃圾量0.35 kg/d较为适宜。

湛江市区人均生活垃圾处置量统计如表8-5所示。

表 8-5　湛江市区人均生活垃圾处置量统计

区域	人口/万人			垃圾量/(t/d)			人均垃圾量/(kg/d)		
	总人口	城镇人口	农村人口	垃圾量	城镇	农村	镇村	城镇	农村
赤坎区	29.87	29.23	0.64	337	323	14	1.13	1.11	2.19
霞山区	43.69	41.55	2.14	491	444	47	1.12	1.07	2.20
坡头区	35.17	14.74	20.43	180	52	128	0.51	0.35	0.63
麻章区	27.51	11.51	16	233	91	142	0.85	0.79	0.89
开发区	33.41	20.11	13.3	241	145	96	0.72	0.72	0.72
小计	169.65	117.14	52.51	1482	1055	427	0.87	0.90	0.81

3）生活垃圾组分

我国生活垃圾中的纸类、织物、塑料、渣石等组分的含水率显著偏高,原因在于我国生活垃圾的食品废物含量高,混合收集过程中水分在组分间迁移。

根据 2013 年中国科学院广州能源研究所对湛江市生活垃圾的理化特性抽样检测,采样区包括麻章区、坡头区、赤坎区、霞山区和经济开发区。湛江市城市生活垃圾以动植物类易腐有机垃圾为主,均值达到 35%,可回收物占 46.42%,其中塑料橡胶类占 20.33%。湛江市城市生活垃圾的含水率均值是 55.61%。湛江市城市生活垃圾的湿基低位发热量均值为 4853.03 kJ/kg。湛江市城市生活垃圾中易腐有机物(动植物)的养分总氮、总磷有机物含量均值均超过国家规定的最低限值;重金属含量均值除汞超过国家规定的最低限值外,其余指标均低于国家控制标准。

4）生活垃圾分类实施情况

2017 年 3 月,湛江市人民政府办公室印发了《湛江市市区实施生活垃圾分类工作方案》,提出市区分类收集的范围、目标、主要任务及部门职责。复制借鉴金沙湾片区生活垃圾分类试点"1533"的成功经验。其中"1"就是一个机制,即以"区为主、市协调"为原则,区政府(管委会)为垃圾分类管理工作的主体,市住房城乡建设局为统筹协调主管部门,市直有关部门配合;"5"就是垃圾五分,做到分类、分袋、分放、分运、分责;第一个"3"就是三个一,即每日一通报、每周一活动、每月一奖励;第二个"3"就是三个办法,即投入、宣传、督导的有效办法。湛江市区已开展生活垃圾分类试点,分类工作由住建局牵头推进,选择五个区的 8 个住宅小区,共 2697 户。分类方式为两分类,即可回收物和其他垃圾。虽然国家对有害垃圾有强制分类要求,但因未确定有害垃圾的去向暂时还未开展有害垃圾分类。

2. 其他固体废物收运处理现状

1）大件垃圾的收运处理现状

大件垃圾普遍体积规格较大、收运时占用空间较大、无法压缩收运。湛江市区的大件垃圾主要指居民家中的旧家具、旧沙发、马桶、浴缸等。可利用的大件垃圾,基本通过旧货市场或个体上门收购流入二手市场,修缮后进行再利用。不可利用的大件垃圾,目前没有单独收运,均投放至垃圾房或周边空地,由环卫工人将可以拆分的木质类大件垃圾简单拆分后,混入生活垃圾,收集至转运站,运往焚烧厂处理,非木质类大件垃圾(如马桶、浴缸等),运往填埋场处理。

2)建筑垃圾的收运处理现状

湛江市区建筑垃圾主要分为工程渣土、工程垃圾、拆除垃圾、装修垃圾、工程泥浆五类。目前,湛江市区建筑垃圾运输有8家具专业资质的运输队伍,200多辆建筑垃圾运输车。湛江市建筑垃圾管理站成立了整治办公室联合执法。执法内容主要包括检查工地出入口、散体沙石和散体物料污染、建筑垃圾排放。

目前湛江市区工程渣土中上层余泥可利用低洼地进行回填,下层余泥不能回填使用,晾晒后进行填埋处置;拆建垃圾需进行分拣,不可利用的需进行填埋处置。湛江市区现有1处建筑垃圾填埋场,并拟规划建设1座建筑垃圾综合利用厂。装修垃圾无明确处理方式,基本混入生活垃圾或空地随意堆放。

3)园林垃圾的收运处理现状

园林植物废物(以下简称园林垃圾)主要成分为木质纤维素,是城市固体废物的组成部分。据统计,一万株行道树每年可产生600 t的园林垃圾,而北京、上海、广州等地每年的园林垃圾产量都在10万吨以上。

湛江市区的园林垃圾由城市管理局负责管理。主要处理方式有两种:一是运往焚烧厂焚烧处理;二是将园林垃圾分类收集后,制作颗粒,作为可燃材料。湛江市对园林垃圾的资源化利用进行了积极探索,认为肥料技术过程比较复杂,而且土杂肥来源比较多(秸秆、鸡肥、生活及农用的进行堆肥的肥料),地表保暖之类的没有需求。在遂溪附近有厂家对园林垃圾做生物质发电,且产品有较好的出路。湛江台风较为频繁,且破坏力极大。在台风过后,环卫部门多以各种车辆将园林垃圾运输至园林垃圾应急堆放场或生活垃圾处置厂。台风来临时刮倒的树干、树枝及树叶等,这部分垃圾产量较多,高峰时仅市区的园林垃圾就需要运输几百车次,且由于树干等体积较大、机械化程度较低等,一般需要数天进行清运,急需配置园林垃圾应急堆放场。

3.湛江市区固体废物管理水平评价

生活垃圾无害化处理暂未全覆盖、转运系统有待进一步优化。生活垃圾混合收集,机械化、密闭化收集有待进一步提高。垃圾分类全程体系尚未完全构建,可复制、可推广模式尚未形成。

大件垃圾处理处置尚未得到重视,急需建立规范的回收体系,提高资源化利用水平。建筑垃圾基本实现规范化收运,监管需进一步提高。建筑垃圾的资源化水平较低,装修垃圾未有效管理,管理体系基本建立,但信息化水平较低。考虑到湛江的地理位置,急需在城市四周落实若干园林垃圾应急堆放场,保证台风等特殊天气城市的正常运行。有必要进一步提高园林垃圾资源化利用水平,建立市、区、大型绿地及公园三个层面的园林垃圾资源化利用厂(站),减少园林垃圾混入生活垃圾。

(三)生活垃圾量预测

生活垃圾量预测:到2020年,生活垃圾清运量为1250 t/d。

1. 本规划服务人口预测

本规划结合 2016 年市区人口 168 万,2020 年中心城区城市人口 125 万、市区总人口 219 万等重要数据,综合考虑国家计划生育政策积极影响,预测湛江市区人口规模(包括常住人口和暂住人口)2025 年为 230 万(中心城区 140 万),2035 年为 250 万(中心城区 160 万),如表 8-6 所示。

表 8-6 湛江市区人口量预测　　　　　　　　　　（单位:万人）

区域	2020 年		2025 年		2035 年	
	中心城区	周边镇村	中心城区	周边镇村	中心城区	周边镇村
赤坎区	42	2	42	0	42	0
霞山区	53	2	53	0	53	0
坡头区	12	39	25	36	41	33
麻章区	12	21	13	21	14	21
开发区	6	30	7	33	10	36
小计	125	94	140	90	160	90
合计	219		230		250	

2. 生活垃圾量预测

我国城市生活垃圾产生量显著增长至 2016 年的 2.04 亿吨,以厨余类为主要成分。

规划预测 2017—2025 年湛江市城区人均垃圾量年增长率为 2%~3%,到 2025 年,约 1.05 kg/d;2026—2035 年人均垃圾量年增长率按 2% 预测,到 2035 年,约 1.10 kg/d。本规划参考珠三角地区的经验数据,预测 2025 年农村人均垃圾量为 0.45 kg/d,2035 年农村人均垃圾量为 0.50 kg/d。镇区人均垃圾量产生水平介于城区、农村之间,更接近城区,因此 2025 年、2035 年分别取 0.80 kg/d、1.00 kg/d。

3. 处理需求量

预测湛江市区 2025 年垃圾产生量为 2020 t/d,其中中心城区 1480 t/d;2035 年垃圾产量为 2460 t/d,其中中心城区 1760 t/d,如表 8-7 所示。

表 8-7 湛江市区垃圾量预测　　　　　　　　　　（单位:t/d）

区域	2025 年		2035 年	
	中心城区	周边镇村	中心城区	周边镇村
赤坎区	440	0	460	0
霞山区	560	0	585	0
坡头区	265	215	450	255
麻章区	140	125	155	165
开发区	75	200	110	280
小计	1480	540	1760	700
合计	2020		2460	

4.分类垃圾量

(1)可回收物约占生活垃圾的3%,各阶段可回收物分别为94 t/d、122 t/d。

(2)有害垃圾占生活垃圾的3‰～5‰,本规划按照3‰进行计算,各阶段有害垃圾分别为4 t/d、5 t/d。

(3)厨余垃圾又分为餐饮垃圾、其他厨余垃圾、家庭厨余垃圾。

①餐饮垃圾,根据《餐厨垃圾处理技术规范》(CJJ 184—2012),人均餐饮垃圾日产生量基数宜取0.1 kg。修正系数可按以下要求确定:经济发达城市、旅游业发达城市、沿海城市可取1.05～1.10;经济发达旅游城市、经济发达沿海城市可取1.10～1.15;普通城市取1.00。根据湛江城市特点及各区功能划分,取平均餐饮垃圾产生量每万人每天0.8～1.2 t,废弃食用油脂产生量取餐饮垃圾产生量的10%。

湛江市区各区餐饮垃圾产生量预测如表8-8所示。

表8-8　湛江市区各区餐饮垃圾产生量预测

行政区划	平均产生量/(吨/(天·万人))	2025年		2035年	
		人口/万人	产生量/t	人口/万人	产生量/t
赤坎区	1.2	42	50	42	50
霞山区	1.2	53	64	53	64
坡头区	1	25	25	41	41
麻章区	1	13	13	14	14
开发区	0.8	7	6	10	8
合计	—	140	158	160	177

注:考虑到中心城区以外区域餐饮垃圾产量较小,运输费用较高,规划中不考虑集中处置。根据规划目标90%、95%收运覆盖率,预测2025年、2035年分别需处理餐饮垃圾142 t/d、168 t/d,废弃油脂按照100%收集,分别需要处理16 t/d、18 t/d。

②其他厨余垃圾,约占城镇生活垃圾的7.5%,分别为101 t/d、136 t/d。

③家庭厨余垃圾,分城镇居民家庭厨余垃圾、农村家庭厨余垃圾,按照厨余垃圾占生活垃圾组分及实施垃圾分类比例,分别为134 t/d、318 t/d。

最终需要进行焚烧或填埋的生活垃圾,各阶段分别为1506 t/d、1629 t/d。

5.其他固体废物垃圾量预测

据相关调查,城市木质类大件垃圾产生量约占生活垃圾产生量的1%～2%。初步估算,2025年、2035年分别产生木质类大件垃圾16 t/d、25 t/d。

按照建筑垃圾的分类,本规划主要预测新建建筑施工垃圾、拆迁废料和装修垃圾的量。建筑垃圾产生量主要有三种预测方法:一是按照新建建筑面积进行预测;二是按照建筑垃圾产量历年统计数据进行预测;三是采用弹性系数法来构建建筑垃圾的产量估算。由于缺少历年建筑垃圾产量的有效数据,因此本规划选择新建建筑面积作为建筑垃圾产生的主要控制因素进行预测。根据相关资料,规划取1万平方米的建筑面积产生550 t新建建筑施工垃圾。拆迁废料按照新建建筑施工垃圾量1:1进行估算。根据《湛江市城市总体规划(2010—2020年)》,2020年建设用地面积为111.66 km²。装修垃圾主要产生于城镇化区域,其产生量与城市规模、装潢频次直接相关。按照居民生活习惯,通常每10~15年装潢一次,规划按照近期每户15年装潢一次、远期每户12年装潢一次;装修垃圾产生量指标通常为6~8吨/(户·次),规划按照7吨/(户·次)计算;户数按照每户3人折算。规划预测2025年、2035年装修垃圾分别为40万吨、50万吨。湛江市区建筑垃圾处置量预测如表8-9所示。

表8-9　湛江市区建筑垃圾处置量预测

规划期限	新建建筑施工垃圾/万吨	拆迁废料/万吨	装修垃圾/万吨
2025年	45	45	40
2035年	50	50	50

注:由于缺少2035年相关规划数据,规划根据城市发展进程及经验估算新建建筑施工垃圾、拆迁废料的2025年和2035年产量。

根据全国其他城市核算的绿地和行道树单位面积垃圾产生量。经统计,每万平方米绿地每年产生绿化垃圾量约为15 t,每万平方米林地每年产生绿化垃圾量约为42 t。公园绿地相对道路绿地修剪次数少,产生的绿化垃圾很大一部分直接回归绿地,按每万平方米绿地每年产生绿化垃圾量10 t计算。由于缺乏规划绿地面积,本规划估算湛江市区约产生园林绿化垃圾10万吨/年。

(四)生活垃圾"四分类"收运处理体系

1. 可回收物

本规划中可回收物的分类收集回收工作的职责部门为商务局。

1)可回收物回收方案

目前各城市对居民的分类收集工作,通常的做法是正向激励,因此往往是通过积分、实物兑换或直接购买等方式实现。其中积分、实物兑换方式属直接针对居民正向激励的方式;直接购买方式通常是针对收购环节进行补贴的激励方式,直接补贴对象是收购站点。两种方式的优劣如表8-10所示。

表8-10　湛江市区可回收物分类收集适用性比选分析

项目	方案一 积分、实物兑换	方案二 直接购买
方案阐述	由政府指定队伍(环卫队伍或再生资源队伍或街道居委等)派驻在小区内,进行日常可回收物的兑换	第一步,鉴于湛江源头生活垃圾收集设施没有专人保洁员,因此其收购环节不宜在小区内(如金华的农村可回收物的收购环节是在堆肥房旁对可回收物进行分拣后卖给收购人员,不适用湛江),而应直接在废品回收站点对原价格较低或不收的低值可回收物重新定价收购。 第二步,小区内仍放置低值可回收物收集容器,便于不卖可回收物的居民分类投放。 重点做第一步

项目	方案一 积分、实物兑换	方案二 直接购买	
直接补贴对象	居民	收购环节,通常是废品收购站点或相关人员,实际最终是居民受益	
实施主体	政府指定的清运队伍	宜为政府指定的废品回收站点或政府购买服务的供销社下属公司	
所需硬件设施	小区内的分类收集房	供销系统的废品回收站点	
适用性分析	(1)目前湛江金沙湾模式在人员配置上类似方案一,人员设备投入较大,效率不高。但方案二的重点在于利用或重新完善再生资源回收体系,通过该体系并利用价值平台的搭建完成低值可回收物的回收,人员费用投入较低,具有较好的持续性。 (2)方案一中,需要在源头投放环节投入大量人员,但目前湛江源头生活垃圾收集设施是未设专人保洁员的,与湛江目前的收集体系差别较大,不宜实施。 (3)目前湛江再生资源回收系统也正在进行再生资源回收体系功能构建的进一步完善,有助于方案二的实施		
结论	建议将费用直接补贴至回收环节,即原来不收的低值可回收物的废品回收站点,现在在政府补贴基础上由供销系统废品回收站点回收。对于不卖可回收物的居民,仍设置可回收物分类收集容器,便于投放。综上,本规划推荐方案二		

2)可回收物分类收集措施

(1)高附加值废品由废品回收市场的再生资源回收网点回收,商务部门牵头对湛江市的废品回收企业及回收站点进行规范性设置及管理。

(2)低值可回收物(如废玻璃类、废木质类、废软包装类、废塑料类等)实现与生活垃圾的"两网融合",通过政府补贴站点回收、政府购买服务上门回收方式,最终纳入湛江市或广东省的再生资源回收体系。

(3)利用再生资源集散园区场地实现低值可回收物的分拣、打包、分流。

可回收物收运体系如图8-12所示。

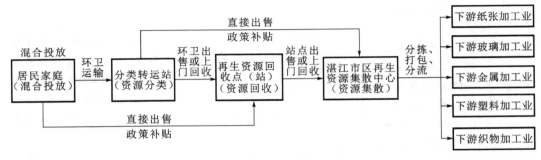

图8-12　可回收物收运体系

2. 有害垃圾

(1)源头投放至有害垃圾收集箱,由环卫部门收至各区级有害垃圾暂存点暂存,运至市级有害垃圾集中暂存点存放;再由有环保资质的运输队伍将市级集中暂存点的有害垃圾运至市内或省内的各危废处理单位,并接受环保部门监管。

(2)需设置区级有害垃圾暂存点、市级有害垃圾集中暂存点。

(3)建立"本地处理、区域统筹"相结合的有害垃圾处理体系。

湛江市有害垃圾基本可在广东省内得到妥善处理。湛江市有害垃圾收运流程如图8-13所示。

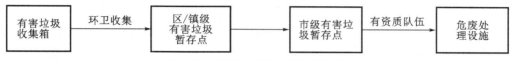

图 8-13   湛江市有害垃圾收运流程

3. 厨余垃圾

1)餐饮垃圾

湛江市区餐饮垃圾采用"相对集中处理"的处理模式,近期建设一处餐厨垃圾处理厂,一期规模 300 t/d,适时启动扩建,二期规模 300 t/d,远景考虑垃圾分类实施效果,预留三期规模 300~500 t/d。湛江市餐厨垃圾处理设施运行采用"收集、运输和处理一体化"市场运作模式。

近期重点收集赤坎区、霞山区、开发区等城市中心区域的餐饮垃圾,远期逐步向外围拓展。在保障餐饮垃圾处理的基础上,协同处理部分集贸市场其他厨余垃圾。

鼓励机关单位、大型企业食堂设置就地生化处理机就地处理餐饮垃圾。

2)其他厨余垃圾

湛江市区其他厨余垃圾采取"就地处理、餐厨垃圾处理厂协同处理"相结合模式。近期,结合大型农贸市场、果品批发市场(10000 m² 以上),各区设置一座其他厨余垃圾生化处理机,处理规模为 5~10 吨/座;待湛江市餐厨垃圾处理厂建成后,无法设置就地处理设备的农贸市场其他厨余垃圾至湛江市餐厨垃圾处理厂协同处理。

3)家庭厨余垃圾

中心城区近期开展居民小区"四分类"试点,可在小区内设置生化处理机或结合附近集贸市场生化处理机,实现就地就近处理。待餐饮垃圾处理厂建成后,实现集中处理。

农村,近期,特呈岛、东头山岛等岛屿厨余垃圾就地堆肥处理,其余纳入焚烧厂处理;远期,可逐步以实现"户分类投放、村分拣收集、镇回收清运、厨余垃圾有机垃圾还田"的目标,以镇为单位,结合生活垃圾转运站,设置生化处理设备,以规范集中处理,规模为5~10 t/d;对交通不便的自然村,可因地制宜,采取以村为单位就地进行堆肥处理。

4. 其他垃圾

湛江市生活垃圾将形成"生活垃圾焚烧为主、应急填埋为辅"的处理处置格局,城乡生活垃圾无害化处理率达到 100%，原生生活垃圾零填埋。

近期，保留现状垃圾焚烧厂，并适时启动三期扩建工程，三期规模 1500 t/d，总规模达 3000 t/d，新增用地 132 亩，满足市区远期生活垃圾处理和易腐垃圾处理残渣等需求。远期，于坡头区下水尾村附近，预留 1 座东部生活垃圾焚烧厂，规模约 2250 t/d，占地 150 亩。

(五)其他固体废物"专项分流"收运处理体系

1. 大件垃圾

本规划利用再生资源回收体系的完善来规范旧货市场，对可修复的废旧家具进行修复整新后进入二手市场进行重复使用。近期建设一处大件垃圾分拣处置中心，大件垃圾采用转运方式集中至大件垃圾分拣处置中心拆解、破碎、利用，无法利用的木质大件垃圾纳入生活垃圾处理设施处理。各区结合现有或规划的中转设施至少设置一座区级大件垃圾暂存点。

2. 建筑垃圾

按照"拆迁垃圾资源化、工程渣土市场化、装修垃圾属地化"的原则建立建筑垃圾分类处理体系，分类工作重点为装修垃圾。工程渣土按"源头减量、就地平衡"的原则，以与公园、绿化建设等相结合的回填、堆山造景为主就地利用。各区设置 1~2 处建筑垃圾调配场(为临时设施)，用于调配、分拣转运建筑垃圾(工程渣土、装修垃圾为主)。拆迁废料和新建建筑施工垃圾按"源头分类、资源利用"的原则，近期集中设置建筑垃圾综合利用厂，在工地部分分类垃圾回收后运至该厂，对拆迁垃圾中的砖石、混凝土块等建筑垃圾进行回收利用。装修垃圾按"规范收集、相对集中分拣转运、集中利用"原则将装修垃圾纳入建筑垃圾综合利用厂处理利用。其中装修垃圾的收集运输需要政府加强监管；新建居民小区应设置装修垃圾收集点，老旧小区宜以街道为单位适当设置装修垃圾集中收集点以便收集；利用建筑垃圾临时调配场作为装修垃圾的分拣中转场所。

3. 园林垃圾

构建湛江"市区两级、集中为主、分散为辅"的园林绿化垃圾处置体系，近期建设一座集中式园林绿化垃圾资源化利用厂，集中应急处理湛江市区的园林绿化垃圾。建议各区可结合郊野公园、大型绿地等采用"利用破碎＋再生利用"的方式就地利用园林垃圾。

(六)湛江市固体废物静脉产业园

湛江市固体废物静脉产业园是湛江市固体废物处理处置的保障基地，园区以生活垃圾末端处置(应急填埋、飞灰库区)、生活垃圾焚烧处理、生活垃圾填埋、餐厨垃圾处理、建筑垃圾综合利用(含炉渣)、大件垃圾拆解和综合利用、有害垃圾分类储存、园林垃圾处理、配套渗滤液处理等为主体，结合湛江市区环卫培训发展需求，配套建设湛江市区环卫培训中心,并预留一定发展用地。基地按照园区化管理模式,构建一个以固体废物处理(静脉产业)为主、以业务培训为辅的综合基地,占地 1600 亩。

湛江市固体废物静脉产业园建设项目用地需求如表 8-11 所示。

表 8-11　湛江市固体废物静脉产业园建设项目用地需求

园区		序号	项目名称	建设规模	占地面积/亩
固体废物静脉产业园区	西部园区	1	生活垃圾焚烧厂	3000 t/d (含扩建 1500 t/d)	212 (其中新增 132 亩)
		2	生活垃圾卫生填埋场 (含飞灰)	110 万立方米	538(现状)
		3	餐厨垃圾处理厂	600 t/d (一期 300 t/d)	133(含远景三期规模 300~500 t/d 预留用地)
		4	渗滤液处理站	1000 t/d	26
			小计	—	909
	东部园区	5	建筑垃圾综合处理厂	200 万吨/年	153.5
		6	大件垃圾分拣处理中心	25 t/d	5
		7	有害垃圾分类存储中心	2 t/d	1.5
		8	园林绿化垃圾资源化利用厂	2 万吨/年	30
		9	基地管理区、环卫培训中心	—	1
		10	预留有害垃圾处理设施	—	50
		11	预留发展用地(预留工业固废、危废、再生资源、厨余等项目)	—	450
			小计	—	691
合计					1600

(七)综合效益分析

通过推行垃圾分类,能够提高市民垃圾环保意识,促进城市文明和生态文明建设的进一步提升,构建新型现代的再生资源回收利用体系,实现资源、环境与消费体系的大循环,开启一条通往资源永不枯竭的城市矿山之路。

通过垃圾分类,可实现源头减量,从根本上减少由后续垃圾治理环节所带来的环境污染;回收利用,减少由垃圾处理处置所带来的环境污染;处理利用,减少垃圾的最终处置量,减少由填埋带来的环境污染,同时将塑料分拣出来减少了焚烧尾气中的二噁英污染。

通过垃圾分类,将厨余垃圾、可回收物、有害垃圾等进行分类收集,省去了垃圾进场后预处理的步骤,提高再生资源利用率,减少有害垃圾混入生活垃圾带来的环境影响,实现终端处置量的减少,降低垃圾运输费用与处理成本。

总的来说,湛江市通过垃圾分类可实现良好的环境效益、社会效益和经济效益。

二、海口市装修垃圾收运路线的方案比选

近年来,随着垃圾分类制度不断成熟,各地对固体废物的管理规划做得越来越详细,固体废物管理规划的应用实例较多,本节以《海口市城乡环境卫生设施专项规划(2020—2035)》对建筑垃圾的收运处理设施规划为背景,选取建筑垃圾之一的装修垃圾进行收运路线的方案比选,采用层次分析法和模糊综合评价法相结合的方法,分析论证海口市装修垃圾收运模式,从三个备选方案中得出最优方案。

(一)海口市概况

海口市是海南省省会城市,是海南自由贸易试验区的首善之城,海口市位于海南岛北部,与广东省海安镇相隔18海里(1海里=1.852千米);东面邻接文昌市,南面与文昌市、定安县接壤,西面与澄迈县相邻。

海口市辖4个区(秀英、龙华、琼山、美兰),下设21个街道、22个镇、1个开发区,有196个社区、248个行政村、2227个自然村。全市总面积3158.27 km²,其中土地面积2296.83 km²,海域面积861.44 km²。城乡建设用地3.05万公顷,占全市陆域总面积的13.28%,其中城镇建设用地2.18万公顷,农村居民点用地0.87万公顷;其他建设用地0.67万公顷,占全市陆域总面积的2.92%,其中区域基础设施用地0.45万公顷,特殊用地0.15万公顷,采矿盐田用地0.07万公顷。2019年末全市常住人口232.79万人,年末户籍人口182.89万人,其中城镇人口183.39万人,占比78.78%;乡村人口49.40万人,占比21.22%。从区域年末常住人口分布看,秀英区40.00万人、龙华区68.51万人、琼山区52.37万人、美兰区71.91万人。

(二)装修垃圾分类收运现状

海口市目前尚未建立起完善的装修垃圾收运系统,暂时交由各个行政区负责生活垃圾收运的PPP环卫服务企业进行收运,海口市装修垃圾主要包括废旧沙发、床垫、废塑料、玻璃、木材等。这些装修垃圾混在生活垃圾中由PPP环卫服务企业运送至颜春岭垃圾处理场进行填埋处理。

根据《海口市城乡环境卫生设施专项规划(2020—2035)》,目前海口市末端有一座建筑垃圾处理场,每个行政区有一个装修垃圾调配站(点)。因此,源头的装修垃圾可以通过直运至建筑垃圾处理场,也可以先转运至装修垃圾调配站(点),再运至末端建筑垃圾处理场。源头的装修垃圾处理可分为不分类、粗分类和细分类三种,根据国家和海南省关于垃圾分类的政策文件,禁止源头混合收运,因此对源头的装修垃圾可采取粗分类和细分类的方式进行处理。

海口市建筑垃圾处理场位于永兴镇海愉中线永兴派出所旁,占地大约200亩,是多个石场开采过后遗留的废弃矿坑,矿坑库容300万立方米,计划每年回填渣土和泥浆40

万立方米,在回填渣土的基础上,建成建筑垃圾资源化利用项目,每年处置装修垃圾 58 万吨,建筑垃圾 50 万吨,再生骨料 60 万吨,拟生产再生骨料、绿色混凝土和绿色环保砖等。海口市拟在每个行政区建设一个装修垃圾调配站(点)。秀英区装修垃圾调配站(点)位于长流镇美楠村高展机电维修厂处,场地面积在 80 亩左右;龙华区装修垃圾调配站(点)位于羊山大道观澜湖南边,场地面积约 60 亩,周边可以扩建;琼山区装修垃圾调配站(点)位于永田村村委会旁,场地面积在 5 亩左右;美兰区装修垃圾调配站(点)位于桂云三路排溪坡附近,场地面积约 30 亩,周围可扩建,属于集体用地,非政府直接管辖,可以向农村长期租用。海口市建筑垃圾处理场和装修垃圾调配站(点)位置如图 8-14 所示。

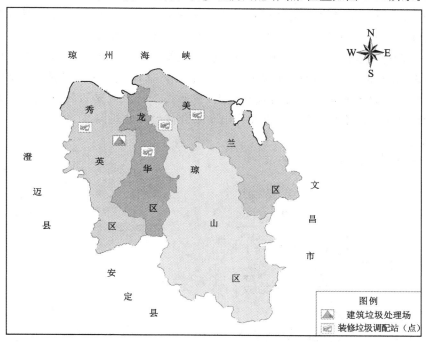

图 8-14　海口市建筑垃圾处理场和装修垃圾调配站(点)位置

(三)装修垃圾收运系统比选

1. 装修垃圾收运方案设计

本案例根据海口市统计年鉴数据,2019 年海口市户籍人口 182.89 万,常住人口 232.79 万;结合近几年海口市统计年鉴及人口发展特点,并衔接海口市总体规划,取 3.50% 的增长率进行初步预测,预测 2025 年海口市的服务人口为 286.16 万人。根据海口市历年垃圾产生量数据等经验数据,预测 2025 年海口市生活垃圾产生量为 4091 t/d。

对海口市装修垃圾收运现状进行实地调研后,发现海口市目前并未针对装修垃圾单独建立收运系统。因此,海口市的装修垃圾产生量并无准确数据,可通过生活垃圾产生量并衔接《海南省垃圾无害化处理设施规划(2020—2030 年)》中对装修垃圾产生量的预测而得出。装修垃圾产生量计算公式为

$$Q_{dw} = \lambda \cdot Q_{MSW} \qquad\qquad (8\text{-}14)$$

式中：Q_{dw} 为装修垃圾产生量，单位为 t/d；Q_{MSW} 为生活垃圾产生量，单位为 t/d；λ 为产生量关系系数，根据基础数据分析，λ 取 3%。

根据式(8-14)，计算得 2025 年海口市装修垃圾产生量为 123 t/d。综合考虑装修垃圾产生量的波动和收运环节的其他不确定因素，收运设施放大系数取 1.2，得到收运设施需求量为 148 t/d。根据各行政区人口数之比，计算得 2025 年秀英区、龙华区、琼山区和美兰区的装修垃圾收运设施需求量分别为 25 t/d、44 t/d、33 t/d 和 46 t/d。

本案例设计了三种装修垃圾收运模式：源头粗分类直运模式；源头细分类直运模式；源头粗分类、集散转运模式。通过对海口市的装修垃圾收运现状分析，从而对海口市装修垃圾方案进行具体化设计，包括收运车辆选型和收运路线设计。

海口市装修垃圾的收运车辆采用平板运输车或厢式运输车。结合建筑垃圾处理场及装修垃圾调配站(点)的选址，并根据海口市道路交通状况及相关规定，运用 GIS 系统布局各装修垃圾收运车辆的行驶路线与范围，按照每个行政区是否转运装修垃圾至调配站(点)设计 2 条运输线路，因此初步设计出 8 条装修垃圾收运路线。

1)秀英区

秀英区收运路线如图 8-15 所示。

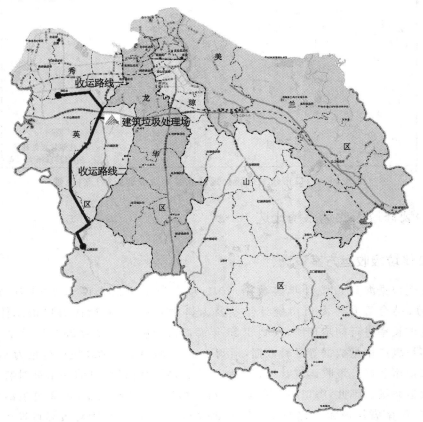

图 8-15　秀英区收运路线

路线一：起点高展机电维修厂→乡镇道路→椰海大道→火山口大道→G98海南环岛高速→224国道，到达海口市建筑垃圾处理场，运输距离为14 km。

路线二：起点东中路→249乡道→224国道→260县道→G9811海三高速→224国道，到达海口市建筑垃圾处理场，运输距离为28 km。

2）龙华区

龙华区收运路线如图8-16所示。

图8-16　龙华区收运路线

路线一：起点昌茂村→乡镇道路→羊山大道→205乡道→G9811海三高速→G98海南环岛高速→224国道，到达海口市建筑垃圾处理场，运输距离为15 km。

路线二：起点冼夫人大道→新坡大道→美仁坡服务区→158县道→144县道→224国道→G9811海三高速→G98海南环岛高速→224国道，到达海口市建筑垃圾处理场，运输距离为38 km。

3）琼山区

琼山区收运路线如图8-17所示。

路线一：起点永田村村委会→新大洲大道→椰海大道→丘海大道→G9811海三高速→G98海南环岛高速→224国道，到达海口市建筑垃圾处理场，运输距离为26 km。

路线二：起点三门坡镇→223国道→S82机场联络线→G9811海三高速→224国道，到达海口市建筑垃圾处理场，运输距离为53 km。

图 8-17 琼山区收运路线

4）美兰区

美兰区收运路线如图 8-18 所示。

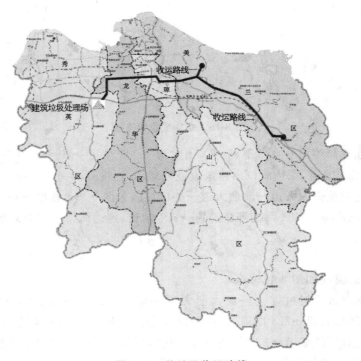

图 8-18 美兰区收运路线

路线一:起点桂云三路→夏云路→新大洲大道→椰海大道→224国道,到达海口市建筑垃圾处理场,运输距离为33 km。

路线二:起点勤政街→琼文街→G9812海文高速→桂林洋大道→夏云路→新大洲大道→椰海大道→224国道,到达海口市建筑垃圾处理场,运输距离为55 km。

2. 指标取值

在所有子准则层的指标中,定量指标为固定费用、可变费用和公众支持程度,通过调研数据确定指标值;定性指标为设施对居民的影响、二次污染情况、改造建设难度、识别和实施难度、收运系统稳定性、执行难度、管理难度、设施设备复杂程度,利用Delphi法进行定量分析,确定指标值,咨询专家为环卫领域的八位高级工程师。

1)固定费用

根据对海口市装修垃圾收运设施需求量的推算,海口市各主城区装修垃圾收运量为秀英区25 t/d、龙华区44 t/d、琼山区33 t/d、美兰区46 t/d。

海口市统一采用中型运输车运输装修垃圾,车辆载荷5 t,备用系数取1.05,日均收集为2车次/工日,装载系数取0.6。利用下列公式进行测算:

$$装修垃圾运输车辆数 = \frac{日均装修垃圾清运量 \times 车辆备用系数}{车辆载荷 \times 日均收集次数 \times 装载系数}$$

5 t的装修垃圾运输车辆单价为25万元/辆,经计算,各区所需装修垃圾收运车数量及成本如表8-12所示。

表8-12　各区所需装修垃圾收运车数量及成本

所属区	中型运输车数量/辆	中型运输车成本/万元
秀英区	5	125
龙华区	8	200
琼山区	6	150
美兰区	8	200

此外,方案三需要建设装修垃圾调配站(点),经过实地调研考察并与海口市相关管理部门商议,装修垃圾调配站(点)备选站址及征地成本如表8-13所示。

表8-13　装修垃圾调配站(点)备选站址及征地成本

所属区(服务范围)	位置	坐标	征地成本/万元
秀英区	高展机电维修厂旁	(110.199779,19.967016)	32
龙华区	羊山大道观澜湖旁	(110.306913,19.883534)	24
琼山区	永田村村委会旁	(116.65127,39.790333)	6
美兰区	桂云三路排溪坡处	(110.459777,19.992711)	13

根据以上分析可以得到各装修垃圾收运方案的固定费用,如表8-14所示。

表 8-14 收运方案的固定费用

指标	方案一	方案二	方案三
固定费用/万元	775.60	790.80	880.80

2)可变费用

海口市装修垃圾收运系统的可变费用主要包括设施设备的维修维护费用以及管理人员的工资,装修垃圾收运车辆司机的人力费用、燃油费用、维修费用及折旧费用等运营成本。每辆装修垃圾收运车配备一位司机和一位清洁工人,按照海口市薪酬待遇,装修垃圾收运车司机工资为 5000 元/月,清洁工人工资为 3000 元/月;装修垃圾收运车的油耗为 0.15 L/km,根据调研得知海口市柴油的市场价格为 6.3 元/升;中大型车辆的报废里程为 40 万千米,按照此标准计算出单位折旧费为 0.625 元/千米。

目前,海口市的装修垃圾统一运往位于永兴镇海愉中线永兴派出所旁的建筑垃圾处理场进行后续处理,根据设计路线算得各区平均运输距离如表 8-15 所示。

表 8-15 海口市各区平均运输距离

服务区	秀英区	龙华区	琼山区	美兰区
平均运输距离/km	21.0	26.5	39.5	44.0

计算得到各装修垃圾收运方案的可变费用如表 8-16 所示。

表 8-16 收运方案的可变费用

方案	方案一	方案二	方案三
可变费用/(元/吨)	188.65	192.75	169.43

3)改造建设难度

装修垃圾投放点是将原有生活垃圾投放点部分场地改建而成的,因此需要考虑改造建设的难度。方案二采用源头细分类,需要足够大的作业场地完成装修垃圾的预处理,因此对原有生活垃圾投放点的空间要求较高,改造难度也大;方案三中需要征地来建设装修垃圾调配站(点),也会增加改造难度。由行业专家对三种收运方案的改造建设难度进行评估,结果如表 8-17 所示,得分取值为[0,10],得分越高表示改造建设难度越大。

表 8-17 收运方案改造建设难度

方案	方案一	方案二	方案三
改造建设难度	1.70	2.40	3.40

4)公众支持程度

公众支持度可以通过实地调研,并将居民满意度进行量化,得到各收运方案的居民满意度数据,如表 8-18 所示。

表 8-18 收运方案公众支持程度

方案	方案一	方案二	方案三
公众支持程度	0.86	0.62	0.76

5）识别和实施难度

对于装修垃圾投放者而言,要正确实施装修垃圾分类需要具备一定的要求,方案二中采用源头细分类的方式,在对装修垃圾进行分拣分类的过程中,可以对装修垃圾投放者起到指示作用,有利于提升分类准确率,并提高投放者参与装修垃圾分类的积极性,从而降低识别和实施难度。结合现状并向专家咨询,得出不同收运方案的识别和实施难度,结果如表 8-19 所示,得分取值为[0,10],得分越高说明识别和实施难度越大。

表 8-19　收运方案识别和实施难度

方案	方案一	方案二	方案三
识别和实施难度	3.50	2.10	3.50

6）设施对居民的影响

装修垃圾收运系统中设施对周边居民的影响包括建设和运营两个方面,方案一和方案三只采取源头粗分类,因此在装修垃圾投放点对周边居民产生影响较小,主要影响来自装修垃圾收运车辆;方案二中采取源头细分类,会在投放点停留较长时间,且进行分拣过程中会产生噪声、灰尘等污染,对居民影响较大。除此之外,方案三中建设装修垃圾调配站(点)会在建设期对周边居民产生较大影响。综合以上分析并咨询行业专家,得出不同收运方案对周边居民的影响,结果如表 8-20 所示,得分取值为[0,10],得分越高说明对周边居民影响程度越大。

表 8-20　收运方案对居民影响程度

方案	方案一	方案二	方案三
设施对居民的影响	1.50	3.40	2.60

7）二次污染情况

装修垃圾收运过程中可能存在垃圾撒漏的情况,不仅会影响市容市貌,而且会导致交通堵塞、车辆通行不便等问题,既影响装修垃圾收运的效率,又会对市民的日常生活产生干扰,另外运输过程中产生的汽车尾气也会对环境造成污染。方案一和方案二采用直运至建筑垃圾处理场的方式,比起方案三采用集散转运,减少了一次卸料和上料的过程,因此垃圾撒漏程度更轻;另外方案二采用细分类的方式后,垃圾撒漏情况会更少。询问环卫领域行业专家后,得到不同收运方案二次污染情况,结果如表 8-21 所示,得分取值为[0,10],得分越高意味着二次污染情况越严重。

表 8-21　收运方案二次污染情况

方案	方案一	方案二	方案三
二次污染情况	2.50	2.10	3.60

8）收运系统稳定性

收运系统稳定性主要由对服务区域的覆盖程度和设备使用情况等因素所决定。方案二中贯彻源头开始细分类的原则,从资源化利用和环境影响的角度来看更有利于收运系统的运行,对收运设备的损耗也会相对更小。方案三采用集散转运的方式可以降低收运频率,也有利于收运系统的稳定性。通过上述分析,得到不同收运方案稳定性如表8-22所示,得分取值为[0,10],得分越高收运系统稳定性越好。

表 8-22　收运方案稳定性

方案	方案一	方案二	方案三
收运系统稳定性	7.50	8.50	8.90

9)执行难度

执行难度主要由装修垃圾运输车辆装卸垃圾的难易程度所决定。方案二在源头需要对装修垃圾进行细致的分选,所以会增大装卸的难度;方案三在装修垃圾调配站(点)会进一步分选,降低了末端处理场分拣的难度与任务量。结合分析和环卫专家的咨询意见,可以得到各收运方案的执行难度,如表 8-23 所示,得分取值为[0,10],得分越高代表执行难度越高。

表 8-23　各收运方案执行难度

方案	方案一	方案二	方案三
执行难度	2.40	3.60	1.80

10)管理难度

一般情况下,收运系统组成越复杂,则其管理难度越大,方案二对装修垃圾投放点的管理人员要求更高,需要熟练掌握装修垃圾分选分类知识,同时在投放点进行细分类后,场地清洗管理难度也会相应增大;方案三增设装修垃圾调配站(点),需要安排人员按相应规定管理,也会增加管理难度。除上述分析外,咨询相关环卫专家,得到各收运方案的管理难度,如表 8-24 所示,得分取值为[0,10],得分越高表示管理难度越大。

表 8-24　收运方案管理难度

方案	方案一	方案二	方案三
管理难度	1.60	2.30	3.60

11)设施设备复杂程度

装修垃圾收运车辆的配置应考虑与收集和处理设施的对接,方案三中的建设装修垃圾调配站(点)可能会受到邻避效应的影响而增大相关设施的配备难度。方案二中采取细分类,会有不同类型的对接方式,也会增大设施设备复杂程度。收运方案的设施设备复杂程度如表 8-25 所示,得分取值为[0,10],得分越高说明其设施设备配置难度越大。

表 8-25　收运方案的设施设备复杂程度

方案	方案一	方案二	方案三
设施设备复杂程度	1.90	2.60	3.20

综上所述,三种海口市装修垃圾收运方案的各指标数值如表 8-26 所示。

表 8-26　三种海口市装修垃圾收运方案的各指标数值

方案	环境影响指标 B_1			经济效益指标 B_2		社会影响指标 B_3			技术难度指标 B_4		
	设施对居民的影响 C_1	二次污染情况 C_2	改造建设难度 C_3	固定费用/万元 C_4	可变费用/(元/吨) C_5	识别和实施难度 C_6	公众支持程度 C_7	收运系统稳定性 C_8	执行难度 C_9	管理难度 C_{10}	设施设备复杂程度 C_{11}
方案一	1.50	2.50	1.70	775.60	188.65	3.50	0.86	7.50	2.40	1.60	1.90
方案二	3.40	2.10	2.40	790.80	192.75	2.10	0.62	8.50	3.60	2.30	2.60
方案三	2.60	3.60	3.40	880.80	169.43	3.50	0.76	8.90	1.80	3.60	3.20

3. 权重计算

1) AHP 确定主观权重

通过德尔菲法对指标进行赋值，结合实地调研、网络调查以及向环卫领域的专家和海口市负责环卫的管理人员进行调查和咨询，分析得到准则层判断矩阵如表 8-27 所示。

表 8-27　准则层判断矩阵

A	B_1	B_2	B_3	B_4	W_i	一致性检验
B_1	1	2/3	2	3/4	0.2283	$\lambda_{max}=4.0023$
B_2	3/2	1	7/2	5/4	0.3654	
B_3	1/2	2/7	1	3/8	0.1098	$CR=0.0008/0.9=0.00086<0.1$
B_4	4/3	4/5	8/3	1	0.2964	

各个子准则层（指标层）的判断矩阵分别如表 8-28、表 8-29、表 8-30、表 8-31 所示。

表 8-28　B_1-C 判断矩阵

B_1	C_1	C_2	W_i	一致性检验
C_1	1	7/3	0.7	$\lambda_{max}=2$
C_2	3/7	1	0.3	$CR=0<0.1$

表 8-29　B_2-C 判断矩阵

B_2	C_3	C_4	C_5	W_i	一致性检验
C_3	1	6/5	5/4	0.3795	$\lambda_{max}=3.0007$
C_4	5/6	1	9/8	0.3245	$CR=0.003/0.58$
C_5	4/5	8/9	1	0.2960	$=0.0006<0.1$

表 8-30　B_3-C 判断矩阵

B_3	C_6	C_7	W_i	一致性检验
C_6	1	6/4	0.6	$\lambda_{max}=2$
C_7	4/6	1	0.4	CR＝0＜0.1

表 8-31　B_4-C 判断矩阵

B_4	C_8	C_9	C_{10}	C_{11}	W_i	一致性检验
C_8	1	2	5/2	5/6	0.3274	$\lambda_{max}=4.0148$
C_9	2	1	3/2	4/9	0.1748	
C_{10}	2/5	2/3	1	3/7	0.1341	CR＝0.0049/0.9
C_{11}	6/5	9/4	7/3	1	0.3638	＝0.0055＜0.1

综上,根据准则层各影响因素的相对权重,求得指标层各因素对目标层的影响程度,如表 8-32 所示。

表 8-32　指标影响综合权重

准则层	准则层权重	指标层	指标层权重	综合权重
环境影响指标 B_1	0.2283	设施对居民的影响 C_1	0.7000	0.1598
		二次污染情况 C_2	0.3000	0.0685
经济效益指标 B_2	0.3654	改造建设难度 C_3	0.3795	0.1387
		固定费用 C_4	0.3245	0.1186
		可变费用 C_5	0.2960	0.1082
社会影响指标 B_3	0.1098	识别和实施难度 C_6	0.6000	0.0659
		公众支持程度 C_7	0.4000	0.0439
技术难度指标 B_4	0.2964	收运系统稳定性 C_8	0.3274	0.0970
		执行难度 C_9	0.1748	0.0518
		管理难度 C_{10}	0.1341	0.0397
		设施设备复杂程度 C_{11}	0.3638	0.1078

2)熵权法确定客观权重

由于指标单位性质不同,并且收运系统稳定性和公众支持程度等属于正向指标,固定费用和可变费用等属于负向指标,因此首先根据公式进行标准化处理。

对于正向指标(效益型),标准化处理运用下式:

$$\overline{X_{ij}}=\frac{X_{ij}-X_{min}}{X_{max}-X_{min}} \tag{8-15}$$

对于负向指标(成本型),标准化处理运用下式:

$$\overline{X_{ij}}=\frac{X_{max}-X_{ij}}{X_{max}-X_{min}} \tag{8-16}$$

对判断矩阵 $\boldsymbol{X}$ 进行标准化处理:

$$Y_{ij} = \frac{X_{ij}}{\sum\limits_{i=1}^{m} X_{ij}}, \quad 0 \leqslant Y_{ij} \leqslant 1 \tag{8-17}$$

得到标准化矩阵：

$$\boldsymbol{Y} = (Y_{ij})_{m \times n}, \quad i = 1, 2, \cdots, m; \quad j = 1, 2, \cdots, n \tag{8-18}$$

对数据进行标准化处理，得到指标标准化处理结果如表 8-33 所示。

表 8-33　指标标准化处理结果

指标	方案一	方案二	方案三
C_1	0.3778	0.2933	0.3289
C_2	0.3440	0.3624	0.2936
C_3	0.3689	0.3378	0.2933
C_4	0.3681	0.3550	0.2769
C_5	0.3159	0.3017	0.3824
C_6	0.3110	0.3780	0.3110
C_7	0.3836	0.2780	0.3384
C_8	0.3012	0.3414	0.3574
C_9	0.3423	0.2883	0.3694
C_{10}	0.3733	0.3422	0.2844
C_{11}	0.3632	0.3318	0.3049

然后利用式(8-19)计算各个指标的信息熵值，再利用式(8-20)计算指标的加权系数，即客观权重，计算结果如表 8-34 所示。

$$H_j = -(\ln m)^{-1} \sum_{i=1}^{m} Y_{ij} \ln Y_{ij}, \quad j = 1, 2, \cdots, n \tag{8-19}$$

$$W_j = \frac{1 - H_j}{\sum\limits_{j=1}^{n} (1 - H_j)}, \quad j = 1, 2, \cdots, n \tag{8-20}$$

表 8-34　各指标的信息熵值和客观权重

指标	方案一	方案二	方案三	信息熵值	客观权重
C_1	−0.3677	−0.3598	−0.3657	0.9951	0.0959
C_2	−0.3671	−0.3678	−0.3598	0.9965	0.0691
C_3	−0.3679	−0.3666	−0.3598	0.9960	0.0779
C_4	−0.3679	−0.3676	−0.3556	0.9932	0.1343
C_5	−0.3640	−0.3615	−0.3676	0.9950	0.0974

指标	方案一	方案二	方案三	信息熵值	客观权重
C_6	−0.3632	−0.3677	−0.3632	0.9960	0.0785
C_7	−0.3675	−0.3559	−0.3667	0.9922	0.1523
C_8	−0.3614	−0.3669	−0.3677	0.9977	0.0455
C_9	−0.3670	−0.3586	−0.3679	0.9953	0.0927
C_{10}	−0.3678	−0.3670	−0.3576	0.9944	0.1107
C_{11}	−0.3678	−0.3661	−0.3622	0.9977	0.0456

根据式(8-19)计算准则层指标熵值：

$$H_i = \sum_{j=1}^{n} W_j H_j, \quad j=1,2,\cdots,n \tag{8-21}$$

准则层指标权重按下式计算：

$$W_i = \frac{1-H_i}{\sum_{i=1}^{m}(1-H_i)}, \quad i=1,2,\cdots,m \tag{8-22}$$

计算出准则层指标的最终权重，如表 8-35 所示。

表 8-35　准则层指标的最终权重

准则层指标	环境影响指标 B_1	经济效益指标 B_2	社会影响指标 B_3	技术难度指标 B_4
客观权重	0.1651	0.3096	0.2308	0.2945

3）主、客观赋权融合

$$\omega_j = \frac{\omega_j^{1}\omega_j^{2}}{\sum_{j=1}^{n}\omega_j^{1}\omega_j^{2}} \tag{8-23}$$

根据式(8-21)，采用乘法合成归一法对指标元素的主、客观权重进行融合，其中主观权重向量为 $\boldsymbol{\omega}_1 =$ (0.1598, 0.0685, 0.1387, 0.1186, 0.1082, 0.0659, 0.0439, 0.0970, 0.0518, 0.0397, 0.1078)，客观权重向量为 $\boldsymbol{\omega}_2 =$ (0.0959, 0.0691, 0.0779, 0.1343, 0.0974, 0.0785, 0.1523, 0.0455, 0.0927, 0.1107, 0.0456)。计算得到指标的最终权重如表 8-36 所示。

表 8-36　指标的最终权重

指标	主观权重	客观权重	最终权重
设施对居民的影响 C_1	0.1598	0.0959	0.1747
二次污染情况 C_2	0.0685	0.0691	0.0540
改造建设难度 C_3	0.1387	0.0779	0.1232
固定费用 C_4	0.1186	0.1343	0.1815
可变费用 C_5	0.1082	0.0974	0.1201

续表

指标	主观权重	客观权重	最终权重
识别和实施难度 C_6	0.0659	0.0785	0.0590
公众支持程度 C_7	0.0439	0.1523	0.0762
收运系统稳定性 C_8	0.0970	0.0455	0.0503
执行难度 C_9	0.0518	0.0927	0.0548
管理难度 C_{10}	0.0397	0.1107	0.0501
设施设备复杂程度 C_{11}	0.1078	0.0456	0.0560

指标的最终权重比例如图 8-19 所示。

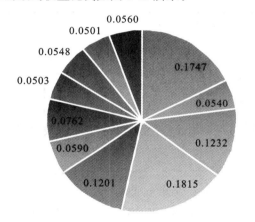

0.0560
0.0501
0.0548
0.0503
0.0762
0.0590
0.1201
0.1747
0.0540
0.1232
0.1815

设施对居民的影响 C_1
二次污染情况 C_2
改造建设难度 C_3
固定费用 C_4
可变费用 C_5
识别和实施难度 C_6
公众支持程度 C_7
收运系统稳定性 C_8
执行难度 C_9
管理难度 C_{10}
设施设备复杂程度 C_{11}

图 8-19 指标的最终权重比例

4)模糊综合评价结果

由表 8-34 可知,各指标值标准化后形成相应的具体模糊评价矩阵如表 8-37~表 8-40 所示。

表 8-37 环境影响指标模糊评价矩阵 R_1

指标	方案一	方案二	方案三
C_1	0.3778	0.2933	0.3289
C_2	0.3440	0.3624	0.2936

表 8-38 经济效益指标模糊评价矩阵 R_2

指标	方案一	方案二	方案三
C_3	0.3689	0.3378	0.2933
C_4	0.3681	0.3550	0.2769
C_5	0.3159	0.3017	0.3824

表 8-39　社会影响指标模糊评价矩阵 R_3

指标	方案一	方案二	方案三
C_6	0.3110	0.3780	0.3110
C_7	0.3836	0.2780	0.3384

表 8-40　技术难度指标模糊评价矩阵 R_4

指标	方案一	方案二	方案三
C_8	0.3012	0.3414	0.3574
C_9	0.3423	0.2883	0.3694
C_{10}	0.3733	0.3422	0.2844
C_{11}	0.3632	0.3318	0.3049

分别对子准则层中的各指标进行比选，公式如下：

$$S=(s_1,s_2,\cdots,s_m)=WR=(w_1,w_2,\cdots,w_p)\begin{bmatrix} r_{11} & r_{12} & \cdots & r_{1m} \\ r_{21} & r_{22} & \cdots & r_{2m} \\ \vdots & \vdots & & \vdots \\ r_{p1} & r_{p2} & \cdots & r_{pm} \end{bmatrix} \tag{8-24}$$

得出三种海口市装修垃圾收运方案在环境影响、经济效益、社会影响和技术难度方面的优劣程度，为得到最佳方案提供参考。

（1）环境影响指标比选：

$$S_{B1}=W_1R_1=(0.3698,0.3096,0.3206) \tag{8-25}$$

根据式(8-25)，可计算出环境影响指标的比选结果为：方案一＞方案三＞方案二。源头粗分类的收运方案对周边居民的生活环境影响更小，而在装修垃圾投放点进行细分类会产生噪声、灰尘等，收运车辆停留时间也会更久，较大程度地影响居民生活；另外采用直运的方式，垃圾撒漏情况会更少，对环境的二次污染更小。因此从环境影响层面分析，方案一最佳。

（2）经济效益指标比选：

$$S_{B2}=W_2R_2=(0.3536,0.3349,0.3115) \tag{8-26}$$

根据式(8-26)，可计算出经济效益指标的比选结果为：方案一＞方案二＞方案三。建设装修垃圾调配站(点)会增加建设成本，而采用直运的方式会增加运输成本，结合海口市的运输路线及相关建设成本等计算后得到，直运方式的经济成本更低，而在源头进行装修垃圾细分类需要增加相关管理的运营成本以及更高的投放点改建成本。因此从经济效益层面分析，方案一最佳。

（3）社会影响指标比选：

$$S_{B3}=W_3R_3=(0.3519,0.3216,0.3264) \tag{8-27}$$

根据式(8-27)，可计算出社会影响指标比选结果为：方案一＞方案三＞方案二。根据调查数据显示，源头粗分类直运方式得到公众支持率最高，尽管采用源头细分类模式可以提高公众参与装修垃圾分类的参与度和分类准确率，但公众对这项方案的支持率最低。因此从社会影响层面分析，方案一最佳。

(4)技术难度指标比选：

$$S_{B4} = W_4 R_4 = (0.3454, 0.3253, 0.3293)$$ (8-28)

根据式(8-28)可知社会影响指标比选结果为：方案一＞方案三＞方案二。从技术难度来看，虽然采用源头细分类和集散转运的收运方式时收运系统的稳定性更高，但其可操作难度、管理难度和设施设备配置难度都会相应增大，通过分析和计算后，在目前海口市装修垃圾收运系统不完善的情况下，仍然是采用源头粗分类直运的方式在技术上更可行。因此从技术难度层面分析，方案一最佳。

(5)综合决策：

$$S_A = WR = (0.3533, 0.3253, 0.3193)$$ (8-29)

根据式(8-29)，最终综合决策结果为：方案一＞方案二＞方案三。

从目前的情况分析，"源头粗分类直运模式"＞"源头细分类直运模式"＞"源头粗分类、集散转运模式"。在理想情况下，"源头细分类直运模式"既有利于装修垃圾的资源化利用，又对环境影响最小，但现阶段海口市装修垃圾收运系统不健全，源头的投放及预处理工作还达不到相关标准的要求。因此，采取"源头粗分类直运模式"会使收运工作更加简便，有利于推进装修垃圾收运系统，是目前最适合海口市的装修垃圾收运方案。

习　题

1. 简述城市固体废物管理系统规划技术路线。

2. 怎样对某城市中固体废物产量进行预测？

3. 固体废物的收运分为哪几个阶段？

4. 固体废物可能带来哪些环境问题？

5. 简述固体废物源头减量措施。

6. 什么是"无废城市"？实现"无废城市"的路径有哪些？

7. 固体废物规划内容主要包括哪些方面？

8. 固体废物现状调查的主要内容是什么？

9. 在固体废物规划过程中，常常遇到系统评价和优化问题，通常可采哪些方法进行优化筛选？请查阅相关资料，简述不同方法的原理及优缺点。

10. 某黄磷厂生产一吨黄磷需消耗磷矿石 8.5 t，所用矿石中 P_2O_5 含量为 30%，经统计分析，磷矿石生产黄磷过程中磷渣产生量与矿石用量间存在下述关系：

$$G_{磷渣} = 1.12 G_{矿石}(1 - 0.44 P_p)$$

式中：G 为相关物质的量；P_p 为矿石中 P_2O_5 的质量分数。

试求该厂年生产黄磷 1000 t 时的磷渣产生量。

11. 某钢厂电炉车间年生产钢坯 2 万吨，试用本章提供的方法，查阅相关资料，测算其钢渣产生量。

12. 查阅相关资料，采用回归分析方法解析我国某城市生活垃圾中食品垃圾和塑料类垃圾的组成变化趋势。

REFERENCES

参考文献

[1] 徐涛.资源环境存在的问题及解决对策探析[J].农家参谋,2018(21):195.

[2] 王敬国.资源与环境概论[M].2版.北京:中国农业大学出版社,2011.

[3] 国家环保局计划司《环境规划指南》编写组.环境规划指南[M].北京:清华大学出版社,1994.

[4] 刘建秋.环境规划[M].北京:中国环境科学出版社,2007.

[5] 宗良纲.环境管理学[M].北京:中国农业出版社,2005.

[6] 黎雨,袁伟.中国生态环境保护工作指导[M].北京:中国大地出版社,2001.

[7] 戴洪厚.环境保护和可持续发展[M].长春:吉林人民出版社,2005.

[8] 《浙江环境保护丛书》编委会.浙江环境发展规划[M].北京:中国环境科学出版社,2012.

[9] 王金南,蒋洪强.环境规划学[M].北京:中国环境出版社,2014.

[10] 郭琳琳,周怀龙,王凌云.我国自然资源"十三五"规划评估实践探索[J].中国国土资源经济,2021,34(2):74-80.

[11] 靳利飞,刘天科,南锡康.统一规划体系下自然资源规划顶层设计初探[J].中国国土资源经济,2019,32(7):52-57.

[12] 吴佳.国土资源改革发展的趋势与对策[J].纳税,2018,12(25):240.

[13] 王萍.城市生态环境发展规划分析[J].甘肃科技,2016,32(21):58-59.

[14] 严法善.环境经济学概率[M].上海:复旦大学出版社,2003.

[15] 何德文,刘兴旺,秦普丰.环境规划[M].北京:科学出版社,2013.

[16] 何德文.环境规划[M].北京:科学技术出版社,2019.

[17] 刘传江,侯伟丽.环境经济学[M].武汉:武汉大学出版社,2006.

[18] 刘思华.可持续发展经济学[M].武汉:湖北人民出版社,1997.

[19] 刘思华.对可持续发展经济的理论思考[J].经济研究,1997,(03):46-54.

[20] 北京市科学技术委员会.可持续发展——词语释义[M].北京:学苑出版社,1997.

[21] 埃班·古德斯坦,斯蒂芬·波拉斯基.环境经济学[M].7 版.北京:中国人民大学出版社,2019.

[22] 孟伟庆.环境规划与管理[M].2 版.北京:化学工业出版社,2022.

[23] 张开远.环境经济学[M].北京:中国环境科学出版社,1993.

[24] 张洪军.生态规划——尺度、空间布局与可持续发展[M].北京:化学工业出版社,2007.

[25] 张素珍.环境规划理论与实践[M].北京:中国环境出版社,2016.

[26] 张象枢.环境经济学[M].北京:中国环境科学出版社,1999.

[27] 李克国,魏国印.环境经济学[M].北京:中国环境科学出版社,2003.

[28] 洪银兴.可持续发展经济学[M].北京:商务印书馆,2000.

[29] 海热提.环境规划与管理[M].北京:中国环境科学出版社,2007.

[30] 焦露.环境与自然资源经济学导引与案例[M].北京:经济科学出版社,2017.

[31] 王克强,赵凯,刘红梅.资源与环境经济学[M].上海:复旦大学出版社,2015.

[32] 王玉庆.环境经济学[M].北京:中国环境科学出版社,2002.

[33] 王金南.环境经济学——理论·方法·政策[M].北京:中国环境科学出版社,1994.

[34] 查尔斯·D·科尔斯塔德.环境经济学[M].2 版.北京:中国人民大学出版社,2016.

[35] 董小林.环境经济学[M].北京:人民交通出版社,2019.

[36] 蔡继明.宏观经济学[M].北京:人民出版社,2002.

[37] 郭怀成,尚金城,张天柱,等.环境规划学[M].3 版.北京:高等教育出版社,2021.

[38] 阮贤瞬.环境经济学[M].哈尔滨:哈尔滨地图出版社,1992.

[39] 陆雄文.管理学大辞典[M].上海:上海辞书出版社,2013.

[40] 马中.环境与资源经济学概率[M].北京:高等教育出版社,1996.

[41] 马克思.资本论[M].北京:人民出版社,1972.

[42] 魏彦强,李新,高峰,等.联合国 2030 年可持续发展目标框架及中国应对策略[J].地球科学进展,2018,33(10):1084-1093.

[43] 孙新章.中国参与 2030 年可持续发展议程的战略思考[J].中国人口·资源与环境,2016,26(01):1-7.

[44] 黄超.联合国可持续发展目标峰会:从言辞到行动[J].世界知识,2023,(21):48-49.

[45] 姚建.环境规划与管理[M].北京:化学工业出版社,2020.

[46] 尚金城.城市环境规划[M].北京:高等教育出版社,2008.

[47] 郭怀成.环境规划方法与应用[M].北京:化学工业出版社,2006.

[48] 朱发庆.环境规划[M].武汉:武汉大学出版社,1995.

[49] 许振成,彭晓春,贺涛,等.现代环境规划理论与实践[M].北京:化学工业出版社,2012.

[50] 刘天齐,黄小林,龚学栋,等.区域环境规划方法指南[M].北京:化学工业出版社,2001.

[51] 孟伟庆.环境管理与规划(资源环境类专业适用)[M].北京:化学工业出版社,2011.

[52] 何盛明.财经大辞典[M].北京:中国财政经济出版社,1990.

[53] 孙强.环境科学概论[M].北京:化学工业出版社,2012.

[54] 吴运金,邓绍坡,何跃,等.土壤环境功能区划的体系与方法探讨[J].土壤通报,2014,45(5):1042-1048.

[55] 张永利,杜纪山.资源环境规划与信息技术的应用[J].林业经济,2000,(5):43-46.

[56] 刘天齐,孔繁德,刘常海.城市环境规划规范及方法指南[M].北京:中国环境科学出版社,1993.

[57] 宋国君,徐莎.论环境规划实施的一般模式[J].环境污染与防治,2007,(05):382-386.

[58] 宋国君.环境规划与管理[M].武汉:华中科技大学出版社,2015.

[59] 刘人和,姜凤兰,张义生,等.区域环境规划的内容和指标体系[J].环境科学研究,1989,(06):14-18.

[60] 苏宁征.浅谈开发区规划环评中评价指标体系的环境目标可达性分析[J].海峡科学,2011,(06):41-42.

[61] 陆雍森.环境评价[M].上海:同济大学出版社,1990.

[62] 袁鹰,刘明源.浅议空气质量指数(AQI)与空气污染指数(API)的差异[J].广州化工,2014,42(12):164-166.

[63] 刘玲花,吴雷祥,吴佳鹏,等.国外地表水水质指数评价法综述[J].水资源保护,2016,32(01):86-90,96.

[64] 刘贵利.城市规划决策学[M].南京:东南大学出版社,2010.

[65] 何霞.决策方法与工具[M].上海:上海财经大学出版社,2015.

[66] 吴仁群.常用决策方法及应用[M].北京:中国经济出版社,2012.

[67] 郭雪琪,吴仁海,张毅强,等.费用-效益法在环境影响经济损益分析中的应用[J].环境科学与技术,2019,42(07):227-236.

[68] 陆旻丰.3S技术应用[M].上海:上海人民出版社,2016.

[69] 胡求光,余璇.中国海洋生态效率评估及时空差异——基于数据包络法的分析[J].社会科学,2018(01):18-28.

[70] 周敬宣.环境规划新编教程[M].武汉:华中科技大学出版社,2010.

[71] 刘琨,李永峰,王璐.环境规划与管理[M].哈尔滨:哈尔滨工业大学出版社,2010.

[72] 黄焕春,王世臻,张赫,等.国土空间规划原理[M].南京:东南大学出版社,2021.

[73] 陈飞燕.基于"反规划"理念的旅游产业土地利用专项规划编制理论技术方法[D].昆明:昆明理工大学,2011.

[74] 金云峰,马唯为,周晓霞.风景名胜区总体规划编制——以西樵山为例基于土地利用协调

专项规划研究[J].广东园林,2015,37(06):4-8.

[75] 胡荣桂,曹治平,宋能文.生态城市建设的理论与实践[C]//武汉市首届学术年会论文集.华中农业大学资源与环境学院,武汉市环境保护局科技处,华中农业大学资源与环境学院,2004.

[76] 生态环境部.规划环境影响评价技术导则 总纲:HJ 130—2019[S].北京:中国环境出版集团有限公司,2020.

[77] 王佳丽,於忠祥."土地利用专项规划"课程教学创新探索[J].中国地质教育,2013,22(02):129-132.

[78] 湖南省人民政府.湖南省主体功能区规划获省政府批准[EB/OL].2012-12-26[2024-5-16].https://www.hunan.gov.cn/xxgk/fzgh/201212/t20121227_4902960.html.

[79] 全国人大常委会办公厅.中华人民共和国城乡规划法[M].北京:中国民主法制出版社,2007.

[80] 欧盛强,杜葵.旅游产业土地利用专项规划中用地供需研究——以丽江市玉龙县为例[J].江西农业学报,2011,23(05):184-186.

[81] 樊杰.地域功能-结构的空间组织途径——对国土空间规划实施主体功能区战略的讨论[J].地理研究,2019,38(10):2373-2387.

[82] 樊杰.主体功能区划技术规程[M].北京:科学出版社,2019.

[83] 樊杰.中国主体功能区划方案[J].地理学报,2015,70(02):186-201.

[84] 杨志峰,徐琳瑜.城市生态规划学[M].2版.北京:北京师范大学出版社,2019.

[85] 杨小波,吴庆书.城市生态学[M].北京:科学出版社,2014.

[86] 李孝芳.土地资源评价的基本原理和方法[J].地理学报,1989.

[87] 彭补拙,周生路,陈逸,等.土地利用规划学[M].修订版.南京:东南大学出版社,2013.

[88] 张占录,张正峰.土地利用规划学[M].北京:中国人民大学出版社,2006.

[89] 周琪.基于可持续理念的城市发展理论与应用述评[J].可持续发展,2021,11(3):281-286.

[90] 叶文虎,张勇.环境管理学[M].3版.北京:高等教育出版社,2013.

[91] 刘俊,孟鹏,龚暚杰.应加快推进《土地管理法》新一轮修改完善工作——推进依宪修改完善《土地管理法》专题研究座谈会综述[J].中国土地科学,2015,(05):16-21.

[92] 于勇,周大迈,王红,等.土地资源评价方法及评价因素权重的确定探析[J].中国生态农业学报,2006,(02):213-215.

[93] 中央全面深化改革领导小组第三十八次会议.关于完善主体功能区战略和制度的若干意见[Z].2017-08-29.

[94] 中华人民共和国国务院.中华人民共和国土地管理法实施条例[EB/OL].2021-07-02[2024-5-16].https://www.gov.cn/gongbao/content/2021/content_5631813.htm.

[95] 中华人民共和国住房和城乡建设部.绿色建筑评价标准:GB/T 50378—2019[S].北京:中国建筑工业出版社,2019.

[96] 中华人民共和国住房和城乡建设部.城市绿地规划标:GB/T 51346—2019[S].北京:中国建筑工业出版社,2019.

[97] 中华人民共和国住房和城乡建设部.城市环境规划标准:GB/T 51329—2018[S].北京:中国建筑工业出版社,2018.

[98] Ministry of Sustainability and the Environment. Singapore Green Plan 2030[EB/OL]. 2021-02-10[2024-5-16]. https://www. greenplan. gov. sg/news/press-releases/2021-02-10-press-release-on-green-plan/.

[99] Veldkamp A,Lambin E F. Predicting land-use change[J]. Agriculture,ecosystems & environment,2001,85(1-3):1-6.

[100] 环境保护部.全国环境保护"十二五"规划[EB/OL]. 2013-1-25[2024-5-16]. https://www. gov. cn/gongbao/content/2013/content_2396624. htm.

[101] 董伟.环境保护总体规划理论与实践[M].北京:中国环境科学出版社,2012.

[102] 刘立忠.环境规划与管理[M].北京:中国建材工业出版社,2015.

[103] 林田野.基于滦河流域水环境治理与保护的思考[J].水资源开发与管理,2020.01:14-17.

[104] 林锋.关于太湖水环境治理的思考[J].环境与发展,2017,29(08):182-183.

[105] 林洪孝.水资源管理理论与实践[M].北京:中国水利水电出版社,2010.

[106] 马亚斌.政府主导下的武汉市水环境综合治理对策研究[D].武汉:湖北工业大学,2014.

[107] 宋思铭.哈尔滨市中小河流河岸缓冲地带挺水植物筛选研究[J].水利科技与经济,2018,24(10):47-53.

[108] 苏建成.地表水中温度、溶解氧、氨氮的关系研究[J].科技创新与应用,2020(14):44-45.

[109] 王磊,李磊.水环境综合治理技术应用研究——以沣西新城新河为例[J].科学大众,2019,05,100-101.

[110] 岳春雷.河流湿地的生态修复[J].浙江林业,2014(S1):22-23.

[111] 郑英.城市河道水环境治理与景观设计[D].天津:天津大学,2007.

[112] Anon. Governance and Development[M]. Washington DC:World Bank,1992.

[113]《环境科学大辞典》编委会.环境科学大辞典(修订版)[M].中国环境科学出版社,2008.

[114] 环境保护部,国家质量监督检验检疫总局.环境空气质量标准:GB 3095—2012

[S].北京:中国环境科学出版社,2012.

[115] 国家环境保护局,国家技术监督局.制定地方大气污染物排放标准的技术方法：GB/T 3840—1991[S].北京:中国标准出版社,1991.

[116] 王新生.浅谈风玫瑰图在城市规划中的应用[J].武测科技,1994,03:36-38.

[117] 李宗恺.空气污染气象学原理及应用[M].北京:气象出版社,1985.

[118] 童志权.大气环境影响评价[M].北京:中国环境科学出版社,1988.

[119] 曾凡刚.大气环境监测[M].北京:化学工业出版社,2003.

[120] 国家环境保护总局环境工程评估中心.环境影响评价技术导则与标准汇编[M].北京:中国环境科学出版社,2005.

[121] 全浩.环境管理与技术[M].北京:中国环境科学出版社,1994.

[122] 李爱贞.大气环境影响评价导论[M].北京:海洋出版社,1997.

[123] 王晋刚,唐雪娇,沈伯雄.固体废物处理与处置[M].2 版.北京:化学工业出版社,2018.

[124] 曲向荣.环境规划与管理[M].北京:清华大学出版社,2013.

[125] 杨军.城市固体废物综合管理规划[M].成都:西南交通大学出版社,2011.

[126] 樊庆锌,任广萌.环境管理与规划[M].哈尔滨:哈尔滨工业大学出版社,2011.

[127] 田良.环境管理与规划[M].合肥:中国科学技术大学出版社,2014.

[128] 李苓瑜.固体废物及其危害与处置方式分析[J].绿色环保建材,2021(05):23-24.

[129] 李金惠."无废城市"建设:生态文明体制改革的新方向[J].人民论坛,2021(14):30-32.

[130] 王琛,李晴,李历欣.城市生活垃圾产生的影响因素及未来趋势预测——基于省际分区研究[J].北京理工大学学报(社会科学版),2020,22(01):49-56.

[131] 秦莉,陈波,胡菊,等.GIS 在固体废弃物管理规划中的研究应用[J].环境科学与技术,2009,32(01):194-197.

[132] 李劲,王华.GIS 支持的城市固体废弃物规划管理信息系统构建[J].测绘工程,2008(01):60-63.

[133] 王泽镝,滕云,回茜,等.考虑垃圾处理与调峰需求的可持续化城市多能源系统规划[J].中国电机工程学报,2021,41(11):3781-3797.

[134] 林艺芸,张江山,刘常青.中国工业固体废物产生量的预测及对策研究[J].环境科学与管理,2008(07):47-50.

[135] 薛立强,曹丹丹.基于灰色 GM(1,1)模型的超大城市建筑垃圾产量预测——以天津市为例[J].城市,2021(02):71-79.

[136] Chen H W,Chang N B. Prediction analysis of solid waste generation based on

grey fuzzy dynamic modeling[J]. Resources,Conservation and Recycling,2000,29
(1-2):1-18.

[137] 张淑娟,范常忠,李雁,等.佛山市垃圾产生量变化规律及其灰色预测[J].中山大学
学报(自然科学版),1996(S2):131-136.

[138] 苏小四,阎静齐.吉林省长春市垃圾产量特征及其灰色预测[J].长春科技大学学
报,1999(04):360-364.

[139] 杨小妮,张凯轩,杨宏刚,等.西安市城市生活垃圾产生量的多元回归及 ARIMA 模
型预测[J].环境卫生工程,2020,28(02):37-41.

[140] 郭华,李佳美,邱明杰,等.我国生活垃圾产量的多元线性回归预测分析[J].环境与
发展,2018,30(01):61-63.

[141] 李金惠,聂永丰,白庆中.中国工业固体废物产生量预测研究[J].环境科学学报,
1999(06).

[142] 刘如珍,郑爱君,熊锦莲.湛江市生活垃圾无害化处理的现状分析与建议[J].现代
商业,2016(06):191-192.

[143] 郭艳华,阮晓波,周晓津.广州生活垃圾处理的思路与对策[J].环境监测管理与技
术,2010,22(06):6-10.

[144] 杨娜,邵立明,何品晶.我国城市生活垃圾组分含水率及其特征分析[J].中国环境
科学,2018,38(03):1033-1038.

[145] 梁卫坤,余亚莉,陈海滨,等.大件垃圾收运处理模式初探[J].环境卫生工程,2017,
25(03):31-37.

[146] 孙健,罗文邃,汪洋.园林植物废弃物资源化利用现状与展望[C]//中国环境科学
学会.2013中国环境科学学会学术年会论文集(第五卷).中国科学院城市环境研
究所、中国科学院大学研究生院、河北科技师范学院,2013.

[147] 魏潇潇,王小铭,李蕾,等.1979—2016年中国城市生活垃圾产生和处理时空特征
[J].中国环境科学,2018,38(10):3833-3843.

[148] 张烨.建筑垃圾资源化标准现状[J].中国资源综合利用,2020,38(9):141-144.

[149] 朱建军.层次分析法的若干问题研究及应用[D].沈阳:东北大学,2005.

[150] 庄锁法.基于层次分析法的综合评价模型[J],合肥工业大学学报(自然科学版),
2000,23(4):582-585,590.

[151] 陈海滨,李丹婷,杨禹.基于模糊综合评价的垃圾分类收运模式浅析[J].环境卫生
工程,2013(6):47-49.